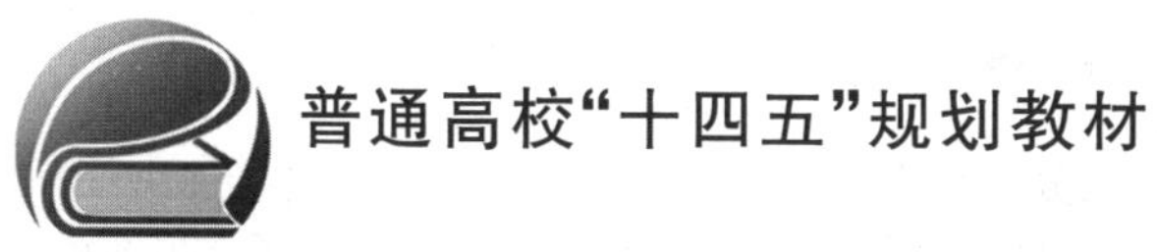

“新工科”电子电路实验与能力训练

刘一清　劳五一　丰 颖　沈 昕　张聪慧　编著

北京航空航天大学出版社

内 容 简 介

本书基于“理解概念和原理—掌握课程方法和技能—发展综合设计能力—提炼专业思维”的教学指导思想，突破了传统电子电路实验教材以“面包板”为核心的方式，本书设计了专用的实验电路板，锻炼学生自己动手规划实验方案、购买电子元器件、焊接和调试电路板。本书知识体系完整，由浅入深，基本实验完成后数字部分介绍了一个简易的“药品生产线控制器”，模拟部分介绍了一个简易的“电子琴”。这是一种“引领式”教学模式，目标是把所有的验证性教学活动串联起来，让学生在动手中理解概念，在动手中掌握方法，在动手中培养能力，在动手中体会逻辑思维。

本书适合作为“电类”（电子工程、电信工程、电机工程、计算机工程和通信工程）专业大学本科生的实验教材。

图书在版编目(CIP)数据

“新工科”电子电路实验与能力训练 / 刘一清等编著. -- 北京 ：北京航空航天大学出版社，2021.1

ISBN 978-7-5124-3233-8

Ⅰ. ①新… Ⅱ. ①刘… Ⅲ. ①电子电路－实验－高等学校－教材 Ⅳ. ①TN710-33

中国版本图书馆 CIP 数据核字(2020)第 020949 号

“新工科”电子电路实验与能力训练

刘一清　劳五一　丰　颖　沈　昕　张聪慧　编著

策划编辑　胡晓柏　　责任编辑　胡晓柏　张　楠

*

北京航空航天大学出版社出版发行

北京市海淀区学院路 37 号(邮编 100191)　http://www.buaapress.com.cn

发行部电话：(010)82317024　传真：(010)82328026

读者信箱：emsbook@buaacm.com.cn　邮购电话：(010)82316936

涿州市新华印刷有限公司印装　各地书店经销

*

开本：710×1 000　1/16　印张：25.25　字数：538 千字

2021 年 1 月第 1 版　2021 年 1 月第 1 次印刷　印数：3 000 册

ISBN 978-7-5124-3233-8　定价：69.00 元

自序

当今时代，新概念层出不穷，“云计算”“物联网”还在云里雾里，又出来了“工业4.0”和“互联网＋”、“家用机器人”，4G 网络还远未充分利用，5G 网络出现了，6G 网络又开始规划了，乍一看，实在是变化太快了；有人说 1950 年以前，知识的半衰期平均为 50 年，21 世纪知识的半衰期平均为 3.2 年，ICT 行业为 1.8 年。果真是这样吗？当然，从手机、电视机、家用电器及汽车等消费电子的角度看确实如此，人们刚刚买了“iPhone 10”还沉浸在喜悦之中，正准备在朋友面前“show”一下时，发现朋友已经用上“华为 P4 Pro”了。但是作为一位电子工程师，真正“本专业”的那种，剥开“手机”的外衣，用专业的眼光来扫描一下“肚皮里面”的货色，就会发现它们并没有本质上的不同，都是电子元件（电阻、电容、电感和集成电路等），只是它们的体积越来越小。其核心元件“电子电路”的本质和机理也没有什么变化，与 30 年以前还一样，变化的是知识形态和应用。因此，作者经常告诉学生，ICT 行业永葆青春也没有那么难，只要“真正把握了电子电路”就可以了！消费电子产品，虽然它一会儿化为“云”，一会儿又幻作“雾”，那只是表象，它永远都是以晶体管（含 MOS 管）为细胞的电子电路还是变不了的，它用 0 和 1 表达万事，用 0 和 1 控制万物的方法是变不了的，大胆预测至少 20 年内还变不了。

大学中电子信息类专业（含电子工程、通信工程、电机工程和电气自动化）作为培养电子工程师和软件工程师的摇篮，电子电路基础教学的重要性就显得尤为突出。因为只有从骨子里，理解了电子电路的概念、原理、方法和思维，才能练就“穿云透雾”的火眼金睛。很多人割裂软件和硬件，抛开硬件（电子电路）谈什么“可信软件”，如果没有了状态机（数字电路的计数器），哪来软件和编程？更谈不上人工智能。

作为电子工程师，电子电路的要求分为 4 个递进的层次，第一层是专业基础知识，这个很好理解，即本专业的基本概念、物理机理等；第二层是专业方法，是数学工具与本专业的概念和原理结合在一起，形成的独特的方法，例如布尔代数与晶体管特性的有机结合构造了数字电路、8 大功能函数，进一步构建了计算机；第三层是专业能力，理解了专业概念、掌握了专业方法，如果脑子中还有那么一点想法，通过专业实践就可以设计电子产品、解决实际工程问题，即为专业能力；第四层是专业思维，如果能把这种专业能力深入骨髓，上升到哲学，转移到其他的非专业的应用即为"专业思维"，例如，数字电路中把千变万化的世界化作只有"0"和"1"就包含了一个"化繁为简"的哲学思想；世界万事万物可以用"0"和"1"去控制，就与老子《道德经》中"道生一，一生二，二生三，三生万物"的思想和方法契合；真值表的方法就包含了"全面看问题"的哲学思想；状态机的方法就包含了"有序"、"规律"、"周而复始"的哲学思想。

如何达到电子电路的这 4 个层次呢？第一个层次主要靠学生个人，预习为主的努力学习；第二个层次既要靠学生的努力又需要老师的引导；第三个层次主要靠实践，特别是老师指导下的实践，能快速地提高学生的能力；第四个层次要靠学生日后多年的实际工作积累，结合自己的思考、总结、感悟和提高，当然遇上"大师"的提携可以缩短这个时间。

编写本教材的目的就在于配合电子电路的教学实践，作者为第一个层次的学习，安排了验证性实验，有助于读者理解基本概念和基本原理；为第二个层次的学习安排了方法训练型实验，为第三个层次的学习安排了综合型实验，配合课程的"小论文"则有助于提升思想境界。

本书是在科学出版社 2011 版《数字逻辑电路实验与能力训练》和 2016 版《电子电路实验与能力训练》的基础上改编而来的，一方面，增加了电路分析基础实验部分，从电路实践训练的角度更趋完善；另一方面，也结合这几年的实验教学反馈，模拟电路部分和数字电路部分进一步优化，还改进了数字模拟综合实验内容。

刘一清
于华东师范大学樱桃河畔
2020 年 9 月

前 言

在工业界做了20年的电路工程师之后，作者重新回到母校成了一名大学教师。带着对电路的理解和体会，作者承担了《数字逻辑电路及实验》这门课的教学任务，决心从一名优秀的工程师向成为一名优秀的教师努力，希望把全部经验和工程师的心得，尽可能地传递给学生。一干就是13年，在学校的13年中我一刻也没有脱离工程实践，并指导学生科创实践、专业竞赛(全国大学生电子设计竞赛、中国研究生电子设计竞赛等)，为初创公司设计产品、解决工程问题。

在这20年的工程师生涯中，作者设计的产品有幸销往世界各地；也有幸能同德国工程师团队一起设计产品，同美国工程师一道开发项目，而日本工程师则成了客户。作者发现不同文化背景下的工程师在讨论问题时，相互之间的理解和沟通都很好，虽然英文大多数情况下都不作为母语，因为有着共同的语言——国际工业标准。作者也发现中国工程师和外国工程师有着很大的区别，德国工程师非常严谨，美国工程师更富于创造，日本工程师则体现出深厚的电路功夫——他们有时更喜欢用晶体管而不是集成电路来解决问题；中国工程师设计电路时喜欢凭经验，西方工程师设计电路时则更喜欢先进行理论计算和仿真分析；中国工程师为数不多的人设计电路时考虑信号完整性(SI)、电磁干扰(EMI)、电源完整性(PI)的问题，很少人能说明自己设计的产品寿命有多长(MTBF)的问题，而这是西方工程师必须回答的问题。这些差异的本源可以追溯到——对电路的本质的理解问题；进一步地追索，可以发现中国的电路教材与西方电路教材的不同。中国的教材注重理论，西方的教材注重实践；还发现中国的教师是天生的教师——没有离开过大学；西方的大学教师则是后天的教师——大多来自于工业界。

作者不能凭一己之力改变中国大学电路教学的现状，但希望做点什么——从中国大学最薄弱的电路实验开始。因此，作者组织了3位都有20年以上工业经验的工程师，尝试着编一本培养未来中国工程师的实验教材。教材的思想宗旨是帮助学生准确理解基本电路概念，培养基本的实验技能，学习数字电路系统设计的基本方法，在此基础上提高他们分析问题排除故障的能力，给渴望日后成为工程师的学生一个工程素养的启蒙教育！

目 录

第三篇：模拟电子电路实验

第四篇:数字电路实验

绪 论

“电子电路”包含的《模拟电子技术》和《数字逻辑电路技术》两门课程是电子工程、自动化工程、通信工程、计算机工程和信息处理工程等一系列专业的核心基础课程，其既是一门抽象的理论课，也是一门操作性很强的实验课，还是一门工程素质培养的启蒙课程，因此，这是一门比较难上的课程。经调查发现，目前大多数大学在教学中，偏重于理论，重理论而轻实践，理论课的课时较长，实验课的课时较短，这样培养出来的学生，适合于应试，是应试“思维”；另有一些大学理论和实践并重，一学期纯理论课另一学期纯实验课；还有的学校是一边上理论课一边上实验课，在一学期内完成；在教学效果上也存在不尽如人意的地方，对于把理论课和实验课独立分为两个学期来上的安排，通常学生觉得太抽象难以理解，再加上大多数学生不预习，因此教学效果不佳，老师吃力，学生评教时还反映不满意。本《电子电路》课程教研小组经过几年的教学实践，探索了一套新型的教学方法，取得了较好的教学效果；其基本思想是理论与实验并重，理论教学和实验教学紧密结合；理论教学的同时也进行实验教学，但此时实验教学的目的是实验的入门教学和概念的理解教学，称之为数字电路的概念性实验；理论教学结束后，再进行第二阶段的实验，此时实验教学的目的是对电子电路的基本设计方法和基础仪器的使用技巧进行训练，称之为电子电路的技能性实验；第三阶段，老师给学生出一些数模综合性的有一定的功能性和实用性的题目，由学生自己选题，自己提出实验方案，称之为电子电路的综合性能力拓展实验；之后，再结合科创项目和学科竞赛的训练，提升学生的电路设计能力，取得了不错的教学效果。

0.1 电子电路实验的任务

“电子电路”课程是电类专业的核心基础课程。电子电路实验既是所有专业实践课程的基础，又是学生产生专业兴趣的导引。因此，赋予电子电路实验课程以下几项任务：

其一，电子电路基本概念的理解。

电子电路的概念比较抽象，例如‘0’和‘1’的概念，学生在托儿所和幼儿园就建立起来了，小学、初中及高中都没有变化，其是一个数量多少的表示；而电子电路中对其进行了拓展,其还可以表示"是"和"否","有"和"无","开"和"关","大"和"小",一切的"非此即彼"二值逻辑,其形态也从抽象变成了具体:一个电压信号的大小(TTL 逻辑小于 0.8 V 表示'0',大于 2 V 表示'1'),后续课程进一步拓展(一串脉冲定义为"1",另一串脉冲定义为"0");没有实验的体会提供感性认识,这个概念的理解是不可能完成的。

其二,电子电路设计方法起步。

电子电路设计又分为数字逻辑电路和模拟电路设计,其中数字逻辑电路的数学基础是布尔代数,它在电路和数学工具之间架起了一道桥梁,其直接导致了计算机的诞生和当今这个信息社会的来临。因此,数字电路的设计方法是一套严密的体系,从逻辑变量的真值表,到卡诺图,从特征方程到状态方程,从状态转换表到状态图,再到具体的电路实现,由简单到复杂,由具体到抽象再回到具体。数字电路设计方法的本质就是化繁为简,怎样使用这种方法,就是从做数字电路实验开始起步的。模拟电路是建立在晶体管和运算放大器的基础之上的,有其独特的思路和方法。

其三,电子电路设计技能的培养。

电子电路概念的建立,电子电路设计方法的学习和实践,逐步就会变成一种技能,这种技能的培养需要一个过程,这个过程就是电子电路实验,在实验中领会把握概念,在实验中体会方法和流程,当学生能不由自主地把概念和方法运用到解决工程问题时,这些概念和方法就变成了技能。

其四,工程素养培养的起步。

工程专业的主要目的是为社会培养合格的工程师,而合格的工程师不是一天培养出来的,也不是一两门课,一两个项目培养出来的,其核心是工程素养的培养。什么是工程素养?作为工程师所必须具备的概念和知识,方法和习惯,而且这些概念、知识、方法和习惯与人融合成了一个不可分割的整体,举手投足之间都能看到这些概念、知识、方法和习惯的作用和体现,这就是所谓的工程素养。从工程师设计的产品,画的图纸、编的程序、写的方案之中,就可以体会到这些素养;而数字电路实验正是培养这种工程素养的起步训练。

其五,专业入门的训练。

电子电路实验是学生进入大学以后,第一个有关专业的实验课程,其与中学物理和化学的实验是有较大区别的;中学的实验主要目的是验证,而在大学的实验中,验证只是开始,还需要进一步拓展、分析、发掘实验现象背后隐含的规律,在此基础上学生去创造发明;因此,电子电路实验还是一个电子工程类专业入门的一种训练,这种训练包括:

(1) 基本实验仪器的使用(万用表、示波器、信号发生器、电源等)。

(2) 基本实验方法的掌握。

(3) 正确的实验习惯的养成。

0.2 电子电路的实验过程

电子电路的实验过程可以分为3个阶段:实验前的准备阶段、实验操作阶段、实验结果分析及处理阶段,各阶段的任务都不相同。

实验前的准备阶段工作:

(1) 学习实验内容。

(2) 理解实验目的。

(3) 选定实验方案。

(4) 实验仪器的准备。

(5) 理解实验原理图并确定使用的电子元件型号。

(6) 查阅电子元件参数手册,对实验结果进行推理。

(7) 制订实验操作步骤。

(8) 设计实验数据记录表。

(9) 实验过程中可能出现的问题的推测,及应对策略的考虑。

实验阶段的任务:

(1) 佩戴静电手套,并与仪器大地相连接。

(2) 检查实验仪器是否工作正常,并正确设置工作状态。

(3) 连接实验电路板和实验仪器。

(4) 检查实验仪器与电路板连接是否正确。

(5) 开电源并观察有无异常情况(火花、冒烟、仪器上指示的大电流或者电压跌落等)。

(6) 如实验有异常情况发生:马上断电、检查原因,直到故障排除。

(7) 按实验步骤操作并记录数据填写实验数据记录表。

(8) 实验预期步骤完成后,首先关掉电源,断开电路板和仪器设备的连接。

(9) 所有的实验设备放回原处,整理实验台。

实验结果分析及处理:

(1) 实验数据处理(画曲线、统计)。

(2) 与理论值比较,看是否有不合理结果。

(3) 分析试验结果,得出结论。

(4) 思考实验的现象和原理之间的联系。

(5) 撰写实验报告。

0.3 实验预习

根据作者观察,大部分大学生做基础实验时,很盲目——不知道要在实验室干什

么;很危险——胡乱地连线,忙乱地开电源,损坏电路元件和实验设备的事经常发生;很机械——按照书上的实验步骤操作一遍;很无助——碰到一点书上没有提到的现象,就不知所措;收获很可怜,离开实验室什么都不知道;造成这种现象的原因是没有做实验预习。怎样做实验预习呢?首先要理解实验的目的,电子电路有 3 种类型的实验,对不同类型的实验,预习的内容也不同。

第一种类型是理解概念型实验,这种实验比较简单而直观。

以集成电路 74LS04 非门功能验证实验为例,

(1) 首先学生要反复学习非门的概念,理解非门的功能是取反;即输入“0”时,输出“1”,输入“1”时,输出“0”;把概念和要测量的电参数联系起来,给实验中的“0”和“1”赋予了几伏电压,得到的“0”和“1”又是几伏的电压?

(2) 其次,学习实验仪器的特性,掌握其基本操作技巧,这个实验只用到直流电源和万用表。

(3) 然后,学习实验用电子元件的数据手册,了解电子元件基本工作条件,工作电源电压是多少?输入阻抗是多少?输入最大电流又是多少?输入最大电压是多少?输出负载能力又是多少?其最高工作频率又是多少?等按照实验的目的不同,还有很多问题可以问。

(4) 再次,把“非门”这个抽象的概念与实验的芯片“74LS04”联系起来,哪个引脚是“输入”,哪个引脚是“输出”。

(5) 又次,设计实验数据表。

(6) 最后,制订实验步骤,把进实验室的所有操作都设想一遍,并列出先后次序;对实验过程中可能出现的问题,也要提出一些设想,并列出查找的对策;例如:实验过程中发现输入为“0”时,输出引脚没有测到“1”,怎么查找问题之所在呢?在思考的基础上,列出所有的可能性,针对这些可能性,准备好检测排除方案。

第二种类型是电子电路方法学习型实验,这种类型的实验比概念理解型略为复杂一些。

(1) 首先,学生也要复习实验过程中用到的概念,同时还要运用这些概念,体会数字电路的分析法;数字电路的分析设计方法不是很多,有如下几种;

A. 数学推理法;

B. 真值表法;

C. 卡诺图法;

D. 状态方程法

E. 状态转换表法(状态机法)。

数字电路实验中经常会用到一种或几种方法。模拟电路通常要关注电压、电流静态工作点、频响特性曲线、抗干扰能力等。

(2) 其次,学习实验仪器的特性,掌握其基本操作技巧,针对实验的目的,巧用活用实验仪器。

(3) 学习实验原理图,请参阅“怎样看实验原理图”。

(4) 学习实验用主要电子元件手册,请参阅“怎样看电子元件参数手册”。

(5) 制订实验详细步骤,请参阅“怎样编制实验步骤”。

(6) 设计实验数据记录表,请参阅“怎样设计实验数据表”。

(7) 实验异常情况设想与处理对策表。

第三种类型是电子电路设计方法训练及设计能力培养型实验,这是一种综合型实验;既包含了对电子电路概念的理解,也包括了电子电路设计方法的运用,还包括了电路综合设计能力的培养,对这种类型的实验的预习准备比较花时间。

(1) 首先要理解实验题目,把抽象的实验题目与电子电路的概念和方法建立起联系,对学生来说这通常是最困难的,但是,这个才是学习电子电路的根本目的,即用电路的概念和方法解决实际的工程问题(这也是这本教材最重要的特色之一,即把大量的工程题目与电子电路建立起了联系)。

(2) 把实验题目中定性的量转化为定量的电参数量,制订实验电参数量规格书。

(3) 按实验电参数量规格书设计可行的解决方案,画出电路图。

(4) 查阅主要电子元件手册,对各元件的输入和输出结果进行推理。

(5) 设计电路参数关键测试点,对各点电特征参数进行推理(电平、波形等)。

(6) 制订详细的实验计划,列出实验步骤。

(7) 准备实验设备,针对实验参数,提出最优的使用方案。

(8) 制订实验参数参量表。

(9) 对实验过程中可能的故障进行预测,并制订可能的解决方案。

0.4　电子元件参数手册学习

电子元件对于电子工程师来说,就像建筑材料之于建筑师;工程师掌握电子元件越多,就能提出越多的工程解决方案;工程师对电子元件特性的理解越深刻,设计出来的产品性能价格比就越高,产品也越可靠,对电子元件的理解和认识是一个长期积累的过程;因此,怎样学习电子元件参数手册,是每一个电子工程师必须掌握的方法。

对一个电子元件,工程师应该关注如下几个方面的内容:

(1) 推荐工作条件,包括电源电压、工作电流、环境温度、湿度、大气压等;

(2) 接口条件,包括输入输出电平特性、负载特性、频率特性、启动、复位等;

(3) 功能特性,可以实现的功能函数,精度指标、AC 特性曲线、时序图等;

(4) 安全特性,极限工作电压、极限工作电流、静电防护等。

对一个没有经验的工程师,很容易忽略以下参数:

(1) 封装信息,一颗同样功能的集成电路芯片,往往有多种封装(DIP,SOIC,SSOP,PQFP,BGA 等),不同的封装性能略有差别;在选用封装时要先看清楚;有不少工程师,在焊接电路板时,才发现选错了封装;

(2) 采购信息，一颗芯片的参数手册上，通常对不同的封装信息有不同的编码，应该按这种编码去采购；买错了芯片的事在工厂时有发生；

(3) 在工程设计中，通常可以被选用的芯片有很多，此时怎样来决策呢？首先要选用生产批量最大的芯片，其次，在同一工程设计中，尽可能用较少种类的芯片；这样采购的成本是最低的。

0.5 电路原理图阅读

网上常常看到有刚刚参加工作的网友在问怎样看电路原理图的问题？是的，这是高等教育的缺失，还很少看到中国大学教学计划中有关电子电路识图的课程和训练；要看懂电路原理图，先要了解电路原理图：

0.5.1 电子电路图的意义

电路图是人们为了研究和工程的需要，用约定的符号绘制的一种表示电路结构的图形。通过电路图可以知道实际电路的情况。这样，工程师在分析电路时，就不必把实物翻来覆去地琢磨，而只要拿着一张图纸就可以了；在设计电路时，也可以从容地在纸上或电脑上进行，确认完善后再进行实际安装，通过调试、改进，直至成功；而现在，工程师更可以应用先进的计算机软件来进行电路的辅助设计，甚至进行虚拟的电路实验，大大提高了工作效率。

0.5.2 电子电路图的分类

常遇到的电子电路图有原理图、方框图、装配图和印板图等。

1. 原理图

电路图，又称"电原理图"。由于这种图直接体现了电子电路的结构和工作原理，所以一般用在设计和分析电路中。分析电路时，通过识别图纸上所画的各种电路元件符号，以及它们之间的连接方式，就可以了解电路的实际工作。原理图就是用来体现电子电路的工作原理的一种电路情况。

2. 方框图(框图)

方框图是一种用方框和连线来表示电路工作原理和构成概况的电路图。从根本上说，这也是一种原理图，不过在这种图纸中，除了方框和连线，几乎就没有别的符号了。它和上面的原理图主要的区别就在于原理图上详细地绘制了电路的全部的元器件和它们的连接方式，而方框图只是简单地将电路按照功能划分为几个部分，将每一个部分描绘成一个方框，在方框中加上简单的文字说明，在方框间用连线(有时用带箭头的连线)说明各个方框之间的关系。所以方框图只能用来体现电路的大致工作原理，而原理图除了详细地表明电路的工作原理之外，还可以用来作为采集元件、制作电路的依据。

3. 装配图

它是为了进行电路装配而采用的一种图纸，图上的符号往往是电路元件的实物的外形图。工程师只要照着图上画的样子，依样画葫芦地把一些电路元器件连接起来就能够完成电路的装配。这种电路图一般是供初学者使用的。

装配图根据装配模板的不同而各不一样，大多数作为电子产品的场合，用的都是下面要介绍的印刷线路板，所以印板图是装配图的主要形式。

在初学电子知识时，为了能早一点接触电子技术，工程师选用了螺孔板作为基本的安装模板，因此安装图也就变成另一种模式。

4. 印板图

印板图的全名是"印刷电路板图"或"印刷线路板图"，它和装配图其实属于同一类的电路图，都是供装配实际电路使用的。

印刷电路板是在一块绝缘板上先覆上一层金属箔，再将电路不需要的金属箔腐蚀掉，剩下的部分金属箔作为电路元器件之间的连接线，然后将电路中的元器件安装在这块绝缘板上，利用板上剩余的金属箔作为元器件之间导电的连线，完成电路的连接。由于这种电路板的一面或两面覆的金属是铜皮，所以印刷电路板又叫"覆铜板"。印板图的元件分布往往和原理图中大不一样。这主要是因为，在印刷电路板的设计中，主要考虑所有元件的分布和连接是否合理，要考虑元件体积、散热、抗干扰、抗耦合等诸多因素，综合这些因素设计出来的印刷电路板，从外观看很难和原理图完全一致；而实际上却能更好地实现电路的功能。

随着科技发展，现在印刷线路板的制作技术已经有了很大的发展；除了单面板、双面板外，还有多面板，已经大量运用到日常生活、工业生产、国防建设、航天事业等许多领域。

在上面介绍的 4 种形式的电路图中，电原理图是最常用也是最重要的，能够看懂原理图，也就基本掌握了电路的原理，绘制方框图，设计装配图、印板图这都比较容易了。掌握了原理图，进行电器的维修、设计，也是十分方便的。因此，关键是掌握原理图。

0.5.3 电路图的组成

电路图主要由元件符号、连线、节点、注释四大部分组成。

元件符号表示实际电路中的元件，它的形状与实际的元件不一定相似，甚至完全不一样。但是它一般都表示出了元件的特点，而且引脚的数目都和实际元件保持一致。

连线表示的是实际电路中的导线，在原理图中虽然是一根线，但在常用的印刷电路板中往往不是线而是各种形状的铜箔块，就像收音机原理图中的许多连线在印刷电路板图中并不一定都是线形的,也可以是一定形状的铜膜。

节点表示几个元件引脚或几条导线之间相互的连接关系。所有和节点相连的元件引脚、导线,不论数目多少,都是导通的。

注释在电路图中是十分重要的,电路图中所有的文字都可以归入注释一类。细看以上各图就会发现,在电路图的各个地方都有注释存在,它们被用来说明元件的型号、名称等。

看电路原理图要有一些基础的知识:

(1) 认识电路中各种图形符号的物理意义:每一种电子元件都有一个符号,例如电阻符号、电感符号、电容符号等,其都出自国际有关行业标准。但更多的符号是由设计工程师自己定义的符号,如大多数的集成电路符号等,有的电路是用一个符号表示就行了,有的电路引脚特别多,会分成多个符号表示,有时甚至有几十个符号。

(2) 标准的电路图通常画成一个矩形的实线框;实线框有固定的尺寸规格,如 A 号图纸,B 号图纸,C 号图纸等,行坐标标注为(A,B,C,D,…)列坐标标注为(1,2,3,4,…);电子元件通常都安放在实线框内。

(3) 电子元件的标识由一个字母加一串数字组成,例如电阻 R0、R1,电容 C0、C1、集成电路 IC1、IC2 等。

(4) 图纸的最右边通常会列出本页图中各电子元件的坐标信息,以便于查找。

(5) 图纸中电子元件引脚连接到一根横线,横线上的一串字符(英文加数字),通常表示信号名;具有相同的信号名所有引脚在 PCB 上是连在一起的。

(6) 电路原理图通常把实现某一特定功能的模块放在一起。

(7) 通常把外部输入的信号放在左边,并连接一个输入标志,把输出的信号放在电路图的右边,并连接一个输出标志。

(8) 电路图中有时有电子元件被虚线框围绕,表示选装元件。

(9) 一张电路图上通常会有多种电源符号和地线符号,不同的符号没有连接关系;多张图纸上相同的电源符号和地线符号 PCB 上在具有连接关系。

0.6 实验过程中的异常情况处理

对于刚开始动手做实验的学生来说,实验过程中出现异常情况是难免的;对异常情况进行分析,应对预案的准备,一方面有助于减少实验设备的损坏,另一方面有助于学生应变能力的培养和良好实验习惯的养成。

常见的实验故障有:

(1) 打开电源实验电路板就冒烟,电源过流保护,可能的问题:

A. 电源正负极接反;

B. 电源输出电压调整得太高;

C. 电子元件安装错误(电解电容正负极装反、二极管正负极装反、集成电路装反);

D. 在电容的位置上安装了小阻值,小功率电阻;

E. 跳线错误,致电源接地。

(2) 电解电容爆炸,可能的问题:

A. 电源正负极接反;

B. 电源输出电压调整得太高;

C. 电解电容正负极安装反了;

D. 电容漏电,过热致爆炸;

E. 电解电容安装在散热器旁边,过热致爆炸。

(3) 水等饮料洒在实验设备及电路板上,致实验设备损坏;

(4) 实验设备开机无输出;可能的问题:外部 220 V 电源接触不良,输出短路,电源保险丝损坏;

(5) 示波器探头损坏;

(6) 万用表探头损坏,万用表干电池用尽。

实验中出现任何异常状况,第一个动作,就是切断电源,分析异常状况产生的原因,直到排除这个原因,再开启电源,否则会导致更大的损失。

0.7 实验故障排除

数字电路试验中,通常只有 3 种类型的故障:

A. 连接短路:没有连接关系的电路连接到了一起;

B. 连接断路:应该连通的没有连接;

C. 电子元件损坏:由于某种原因致电路损坏。

短路和断路故障排除的最直接的办法是使用万用表的欧姆挡,对照电路图测量电阻。电子元件损坏的判断应该先排除短路和断路故障,再结合电子元件参数手册,分析工作条件是否满足,工作条件满足而不工作,可以判断为损坏;有时也有因数字电路没有正确复位,导致不工作而误判损坏的;碰到电子元件损坏,不要立即更换好的电子元件,要先分析损坏原因,排除致损的原因,再安装好的电子元件,避免重复损坏。

模拟电路的故障还包括静态工作点、放大倍数设计失当、频响特性设计不当、抗干扰能力太差和电路工作方式等的设计错误。

0.8 实验步骤的编制

实验步骤对提高试验效率,避免仪器设备和实验电路的损坏至关重要。试验步骤依据实验内容的不同,有些是共同的,如:仪器的准备,电路的连接等;更多是不同的,如:试验目的不同,使用电子元件不同,测试方法不同,实验数据不同,实验过程不同等,导致实验步骤的不同。

实验步骤的编制原则是把实验过程中重要的动作和关键点根据自己的理解按照从前到后的操作顺序列出来,以便实验过程中遵照执行。

实验步骤应该由实验者本人编制,不能由老师或其他人代劳;因为编制实验步骤,对实验者而言是一个强迫自己了解试验原理、学习实验仪器、逻辑推理演算、分析实验结果的过程,也是一个自我管理的实践过程,是实践能力培养的重要手段。

0.9 实验数据表的设计

预习时设计实验数据表,对实验者来说是一个好的习惯,有利于加深对实验目的的理解,同时,也有利于提高实验效率,取得更好的实验效果;实验数据表通常包括以下几方面的内容:

A. 选择测试点;

B. 定义测试条件;

C. 输入条件及变化范围;

D. 输出结果及变化范围;

E. 预测的实验结果;

F. 注释。

同样实验数据表应该由实验者自己设计,不能由他人代劳。

0.10 实验结果的处理

电子电路实验通常有两个目的,一是欲知某个基本电路或整个电路系统的工作状态,及电路的运行情况;二是了解电路或整个系统的特性,当某些条件(如输入频率、幅度、负载、时间等)改变时,系统会出现什么反应。不管是哪种目的,首先都需要获取足够的原始数据,然后对这些原始数据进行加工、整理、分析,才能做出结论。因此,实验时仅获得一些测量数据还远达不到实验目的,还必须对其进行处理。

对实验结果的处理通常采用两种方法:列表法和曲线法。

1. 列表法

列表法就是将测取的原始数据进行整理分类后放在一个特制的表格里,其目的是为了将所有数据有序地放在一起,既可以使实验结果一目了然,也为对其进行分析提供方便。用列表法能否达到上述目的,制表是关键,因此制表时要注意以下问题:

(1) 项目齐全。即原始数据、中间数据、最终结果,以及理论值、误差分析等不可缺项。

(2) 项目名称简练易懂。项目名称可采用字母或文字,但一定要符合习惯。有量纲的要给出单位,间接量要给出计算公式;如果公式不易在表中给出,可在表后用加注的方法给出。

(3) 测试条件明确。大多数测试都是在特定条件下进行的,因此,只有当给出测试条件时,测试结果才有意义。当测试条件不变时,可以把测试条件放在表格里;也可以放在表格外明显的地方,如右上角。

(4) 制表规范、合理,易读懂,表达的信息完整。制表可能会被认为是一件简单的事情,但是要制出一种非常有效的表格,全面、正确地反映实验情况,则必须经过认真考虑、仔细斟酌,才能达到目的。制表可以使用 Microsoft 的 excel 工具,方便分析处理。

2. 作图法

常用图包括曲线图、折线图、直方图等,所用图纸有直角坐标、极坐标、对数坐标纸等几种,表达实验结果的曲线通常有两种类型:特性曲线和响应曲线。

(1) 特性曲线

用列表法可以把所有的实验数据有序地集中在一起,以便对其进行观察和分析。但在研究器件、电路的特性时(如伏—安特性、频率特性),仅有数据表格还不能准确地反映出电路的变化规律。原因是一般电路的变化规律是连续的,而表格中的数据却是有限的、间断的。因此,这就需要把表格中的数据作为点的坐标放于坐标系中,然后用线段将这些点连接起来,形成一条曲线。用这样的方法绘制曲线叫做描点法,绘制的曲线叫做电路的特性曲线。用特性曲线描述实验结果,具有直观完整、可获取更多信息的优点,但在绘制时要注意以下几点:

① 建立完备且合适的坐标系。完备即坐标轴的方向、原点、刻度、函数变量及单位俱全;合适是指坐标轴刻度的比例大小合适,它决定了曲线图形的大小。

② 测量时要将所有的特殊点(如最大点、最小点、零点等)取到,此外应按照曲线曲率小的地方多取、曲率大的地方少取的原则,取足够数量的点。

③ 绘制曲线时,可剔除坏点(坏点可以标在图上,但曲线不用通过该点,只供分析时用)。坏点是指因操作或其他原因引起的测量结果与理论不符、脱离正常规律的点。

④ 曲线要光滑,粗细一致。特性曲线的绘制原则上是用线段逐一将各点连接起来,但由于取点不可能无限多,再加上有测量误差的存在,这样绘出的曲线往往会是一段折线。此时允许在理论的指导下,按照函数的变化规律去处理曲线,即曲线可以不通过所有的测量点,这和处理数据时取平均值是一个道理。

(2) 响应曲线

在实验室进行实验,对电路进行测量可看成是用仪器对电路进行求解。测量结果有的只是一个数值,但大多数情况则是一个函数(波形)。为了记录测量结果,就必须从测量仪器(多为图形显示仪器)上将其画下来。绘制的近似程度直接影响着测量结果的准确程度,因此在画图时一定要保持和原图一致或对应成比例。在绘制时,要注意做到以下几点:

① 首先将响应曲线的位置、大小调整合适，使曲线既携带了全部信息，又便于绘制。

② 绘制时使用坐标纸(因一般显示屏上有坐标格)。先在坐标纸上标出与图形对应的一些点(具有一定特点)，然后再对这些点进行连线。当两点之间曲线的曲率较小、不易连接时，可在这两点之间再插入点。

③ 考虑是否建立坐标系。一旦建立坐标系，其刻度要与曲线的变量幅度对应起来。

④ 当一个坐标系中有多条曲线时，要对这些曲线文字加以说明，并用不同的线型或颜色加以区别。

⑤ 绘制的曲线要光滑。

另外，还有一些图形，如后面要学到的相位调整，其测量结果不是和整个图形有关，而只是和图形上个别点有关。这时对图形的调整要把注意力放在与结果有关的点上，绘制时要把这些点的位置找准，因为其他部分只会影响图形的美观而不会影响测量结果。作图也可以使用 Microsoft 的 Excel 工具。

0.11 电子电路实验报告的撰写

把实验的全过程作一个总结和归纳就是一份很好的实验报告了，主要包括以下几方面的内容：

(1) 实验前准备阶段的工作过程；

(2) 实验室实验操作的过程；

(3) 实验后结果分析处理的过程；

(4) 实验心得体会。

因此，每个实验者的实验报告应该是不同的，特别不应该出现统一的，千篇一律的实验报告。

第一篇：基本实验仪器的使用实验

电子电路实验的基础仪器包括直流电源、万用表、示波器和低频信号发生器等。电路工作离不开电源，直流稳压电源是电子电路实验的基础仪器，正确使用直流电源是开展电子电路实验的根本。万用表是电子电路实验最基本、最常用的测量工具，它的熟练使用是电子工程师的基本功。而示波器就像电子工程师的眼睛，是电子电路最重要的分析工具。低频信号发生器是电子电路调试的必备仪器，能为实验提供准确的测试信号。各种实验仪器的熟练使用，是开始电子电路实验的基础，是未来电子工程师应具备的基本功。

第 1 章

直流电源的使用实验

直流稳压电源是电子电路实验的基础仪器，电路工作离不开电源，正确使用直流电源能避免实验电路和仪器的损坏。

直流稳压电源分机械式和数字式，如图 1.1 和图 1.2 所示。

本教材使用的可编程线性直流电源 SPD3303D，轻便、可调和多功能工作配置。具有 3 组独立输出：两组可调电压和电流，一组固定可选择电压输出，最大输出电压为 32 V，最大输出电流为 3.2 A，3 位半 LCD 显示，恒压与恒流自动转换，同时，具有输出短路和过载保护功能。

图 1.1　机械式电源

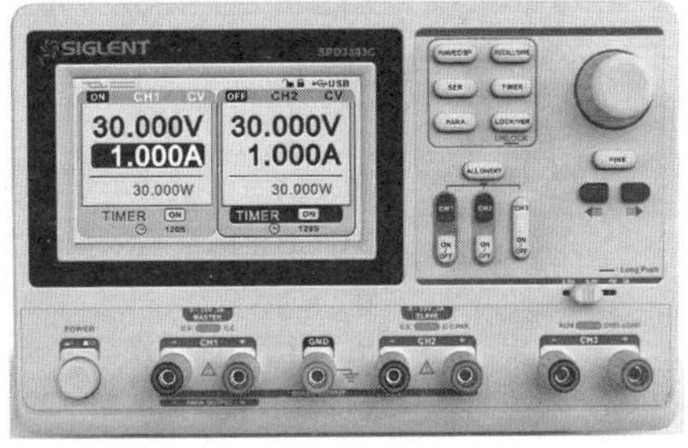

图 1.2　数字式电源

1.1　实验目的

（1）了解 SPD3303D 可编程线性直流电源性能及使用方法。

（2）初步掌握用 SPD3303D 可编程线性直流电源输出电源的方法。

1.2　预习要求

熟悉 SPD3303D 可编程线性直流电源的使用方法。

1.3　SPD3303D 可编程线性直流电源

1. SPD3303D 可编程线性直流电源前面板简化示意图(见图 1.3)

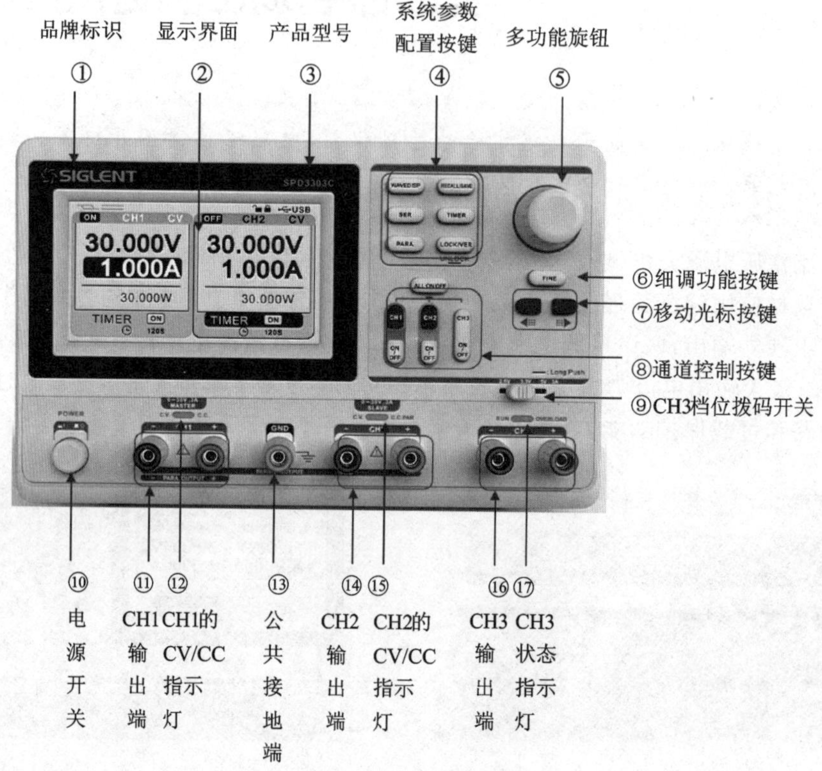

图 1.3　可编程线性直流电源前面板简化示意图

"系统参数配置按键"的功能如表 1.1 所列。

表 1.1　系统参数配置

按键名称	功　能
WAVEDISP	打开/关闭波形显示界面
SER	CH1/CH2 串联模式
PARA	CH1/CH2 并联模式
RECALL/SAVE	调出/存储
TIMER	定时
LOCK/VER	长按该键,开启/关闭锁键功能,短按该键,进入系统信息界面

“通道控制按键”的功能如表 1.2 所列。

表 1.2　通道控制按键

按键名称	功　能
ALL-ON/OFF	开启/关闭所有通道
CH1	选择 CH1 为当前操作通道
CH2	选择 CH2 为当前操作通道
CH1-ON/OFF	开启/关闭 CH1 输出,指示灯亮/暗
CH2-ON/OFF	开启/关闭 CH2 输出,指示灯亮/暗
CH3-ON/OFF	开启/关闭 CH3 输出,指示灯亮/暗

2. 独立输出模式

按电源开关(图 1.3),打开电源,按图 1.4 方法连接,CH1、CH2、CH3 输出工作在独立控制状态,CH1/CH2 通道可输出电压:0～32 V,电流 0～3.2 A,CH3 通道可输出可选固定电压。同时,CH1、CH2、CH3 与地隔离。

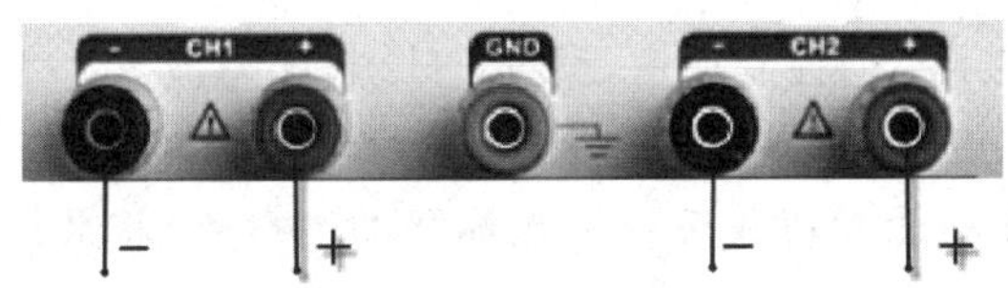

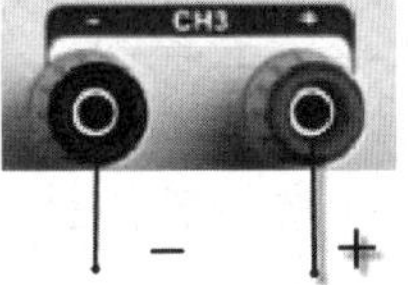

图 1.4　独立模式

(1) 选择操作通道:按一下 CH1/CH2/CH3 软键。

(2) 设置 CH1/CH2 输出电压和电流:首先,按一下移动光标软键(⬅/➡),选择需要修改参数电压/电流,然后,使用多功能旋钮改变相应值。按一下 FINE 按键,指示灯被点亮,可以细调电压/电流值。

若选择 CH3 通道,请用 CH3 档位拨码开关选择固定输出电压 2.5 V/3.3 V/5 V,电流:3 A。

(3) 打开输出:按一下 CH1/CH2/CH3 对应的 ON/OFF 软键,指示灯被点亮,输出显示 CV 模式(绿灯)或 CC 模式(红灯)。

3. CH1/CH2 电压输出检查

(1) 仪器空载,开启电源,并确认通道的电流设置不为零。

(2) 按一下 CH1/CH2 软键以及对应的 ON/OFF 键,通道处于恒压模式,调节多功能旋钮,检查电压可否从 0 调节到最大值 32 V。

4. CH1/CH2 电流输出检查

(1) 打开电源,使用一根绝缘导线,连接 CH1/CH2 的(＋)(－)输出端。

(2) 按一下 CH1/CH2 开关(ON/OFF)软键,关闭其输出(指示灯不亮)。

(3) 按一下移动光标(⬅/➡)软键,选择电压,旋转多功能旋钮调节电压设置为32 V。

(4) 再按一下移动光标(⬅/➡)软键,选择电流,旋转多功能旋钮,检查电流是否可以从0 A变化到最大值3.2 A。

5. 恒压(CV)模式

输出电流小于设定值,并通过前面板控制。前面板指示灯亮绿灯(CV),电压值保持在设定值。而当输出电流值达到设定值,则返回恒流模式。

6. 恒流源(CC)模式

输出电流为设定值,并通过前面板控制。前面板指示灯亮红色(CC),电流维持在设定值,此时电压值低于设定值,而当输出电流低于设定值时,则返回恒压模式。

7. 串联输出模式

按图1.5方法连接,输出电压是单通道的2倍,CH1为控制通道,输出电压0～64 V可调,电流0～3 A可调,通过CH1指示灯可以识别输出状态CV/CC(CV为红灯,CC为绿灯)。

(1) 按一下CH2软键,屏幕显示当前控制通道,设置CH2输出电流为3 A。

(2) 按一下SER软键,指示灯被点亮,屏幕左上角显示“—”。

(3) 按一下CH1软键,使用多功能旋钮及按一下光标移动(⬅/➡)软键设定电压和电流值。

(4) 按一下CH1的ON/OFF键,CH1和CH2指示灯同时被点亮,此时,输出电压值是CH1和CH2两通道电压显示值之和,电流就是CH1显示值。

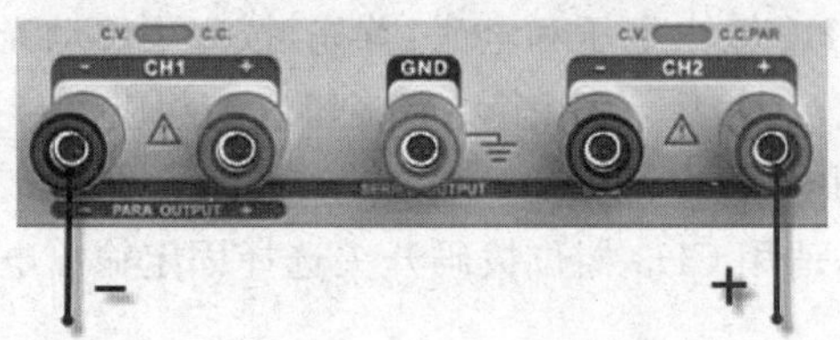

图1.5 串联模式

8. 并联输出模式

按图1.6方法连接,此输出电流是单通道的2倍,CH1为控制通道,输出电压0～32 V可调,电流0～6 A可调,通过CH1指示灯可以识别输出状态CV/CC(CV为红灯,CC为绿灯),并联模式下,CH1只工作在CC模式下。

(1) 按一下PARA键,指示灯被点亮,屏幕左上角显示“═”。

(2) 按一下CH1软键,使用多功能旋钮及光标移动(⬅/➡)软键设定电压和电流值。

(3) 按一下CH1的ON/OFF键,CH1和CH2指示灯同时被点亮,此时,输出电流值是 CH1 和 CH2 两通道电流显示值之和，电压就是 CH1 显示值。

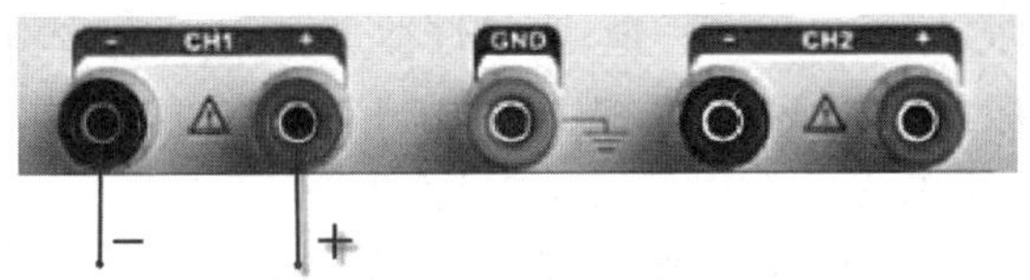

图 1.6　并联模式

9. 波形显示

(1) 按一下 CH1/CH2 软键，屏幕显示界面如图 1.3 所示。

(2) 设置 CH1/CH2 输出电压和电流值。

(3) 按一下 WAVEDISP 软键，指示灯被点亮，进入波形显示界面如图 1.7 所示。

(4) 按一下 CH1/CH2 的 ON/OFF 键，指示灯被点亮，此时，可以实时观察通道的电压/电流变化情况。

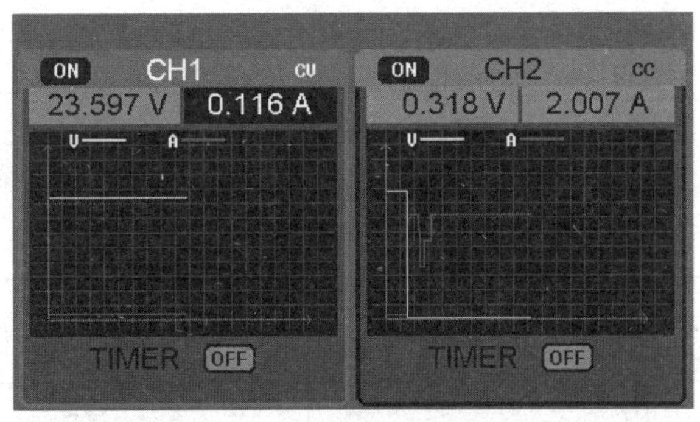

图 1.7　波形显示界面

10. 保存/删除设置数据

可保存 5 组设置数据。设置内容：独立/串联/并联模式；电压/电流；定时器。

(1) 设定要保存的状态。

(2) 按一下 RECALL/SAVE 软键，指示灯被点亮，进入保存/调出界面。

(3) 按光标移动⬅/➡软键，选择 FILE CHOICE(选中黑底白字)，通过旋转多功能旋钮选择保存文件为 File1/File2/File3/File4/File5。

(4) 按一下光标移动⬅/➡软键，移动光标至 OPEN CHOICE(选中黑底白字)，旋转多功能旋钮，移动光标至 STORE(选中黑底白字)，按一下多功能旋钮，出现 OK/Cancel 字符，用多功能旋钮选择 OK，再按一下多功能旋钮，即保存当前设定，显示“保存成功”。

11. 调出设置数据

(1) 按一下 RECALL/STORE 键,指示灯被点亮,进入保存/调出界面。

(2) 按一下光标移动⬅/➡软键,选择 FILE CHOICE(选中黑底白字),通过旋钮选择文件,即准备调出的文件 File1/File2/File3/File4/File5。

(3) 按一下光标移动⬅/➡软键,移动光标至 OPEN CHOICE(选中黑底白字),旋转多功能旋钮选择 RECALL,按一下多功能旋钮,出现 OK/Cancel 字符,用多功能旋钮选择 OK,再按一下多功能旋钮,即读取保存的文件。

1.4 实验内容与步骤

(1) CH1/CH2 电压输出检查,写明操作步骤,并画出接线图。

① ____________________ ② ____________________

③ ____________________ ④ ____________________

(2) CH1/CH2 电流输出检查,写明操作步骤:

① ____________________ ② ____________________

③ ____________________ ④ ____________________

⑤ ____________________ ⑥ ____________________

(3) 按表 1.3 所设定电源参数,调出电源输出,并写明操作步骤。

表 1.3 电源输出参数

电压值	2.5 V	3.3 V	5 V	9.08 V	12.56 V	15.88 V
电流值	3 A	3 A	3 A	0.01 A	0.63 A	1.29 A
通道	CH3	CH3	CH3	CH1	CH2	CH1

① ____________________ ② ____________________

③ ____________________ ④ ____________________

(4) 调出电源输出:电压 36 V,电流 568 mA,并写明操作步骤及画接线图。

① ____________________ ② ____________________

③ ____________________ ④ ____________________

⑤ ____________________ ⑥ ____________________

(5) 调出电源输出:电压 5 V,电流 3.6 A,并写明操作步骤及画接线图。

① ____________________ ② ____________________

③ ____________________ ④ ____________________

⑤ ____________________ ⑥ ____________________

(6) 按表 1.4 所设定的参数,保存设置数据,并写明操作步骤:

表 1.4　保存设置数据

保存文件名	1	2	3	4
电压值	10.08 V	12.53 V	15.68 V	36.39 V
电流值	3.68 A	0.63 A	1.79 A	0.52 A
通道		CH2	CH1	

① ______________________ ② ______________________
③ ______________________ ④ ______________________
⑤ ______________________ ⑥ ______________________

(7) 关闭电源，再开启电源，调出上一个实验保存的 4 个设置，并写明操作步骤：

① ______________________ ② ______________________
③ ______________________ ④ ______________________
⑤ ______________________ ⑥ ______________________

(8) 删除保存的 4 个设置文件，并写明操作步骤。

① ______________________ ② ______________________
③ ______________________ ④ ______________________
⑤ ______________________ ⑥ ______________________

1.5　实验器材

(1) 稳压电源 SPD3303D　　1 台。
(2) 绝缘电源导线　　1 组。

1.6　实验报告要求

写明各项操作步骤及画接线图。

1.7　思考题

(1) 在什么情况下，恒压(CV)/恒流(CC)模式会自动转换？
(2) 波形显示界面的设计意义是什么？
(3) 恒压模式下，设置的电流值含义是什么？
(4) 公共接地端的作用是什么？

第 2 章

万用表的使用实验

万用表是电子电路最基本、最常用的测量工具，万用表的使用是电子工程师的基本功，万用表的使用通常也能体现工程师的专业素养。

万用表分指针式万用表（如图 2.1 所示）和数字万用表（如图 2.2 所示）。

本教材使用的 3 位半数字万用表是由交流（AC220V）供电，最大读数为 1 999、具有手动量程、自动显示极性、过量程提示等功能。可用于测量交直流电压、交直流电流、电阻、频率、电容、℃、三极管 hFE、二极管和蜂鸣通断等。

图 2.1 指针式万用表

图 2.2 数字万用表+附件

2.1 实验目的

(1) 了解 UT8803N 数字万用表性能及使用方法。

(2) 掌握用数字万用表测量电阻（含等效电阻测量）、电容（含损耗因数测量）、电感（含品质因素测量）、交直流电压、电流、电容、频率、三极管放大倍数、二极管极性、电路通断等方法。

2.2 预习要求

熟悉 UT8803N 数字万用表的使用方法。

2.3　UT8803N 数字万用表

1. UT8803N 数字万用表前面板简介

前面板简化示意图如图 2.3 所示。

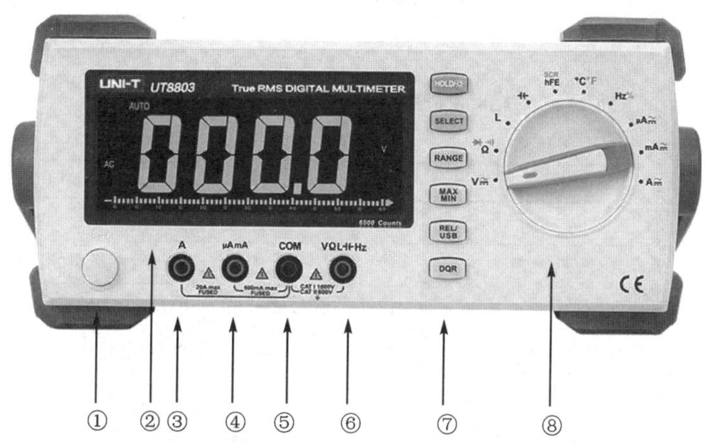

图 2.3　UT8803N 数字万用表前面板简化示意图

① 电源开关。

② LCD 显示屏。

③ 20 A 电流输入插孔。

④ μA 和 mA 电流输入插孔。

⑤ COM 输入端。

⑥ 电压、电阻、电感、电容、频率、通断、二极管及占空比测量输入端。

⑦ 按键：

HOLD：数据保持/背光调节；

SELECT：功能切换；

RANGE：量程切换；

MAX/MIN：最大值/最小值切换；

REL/USB：相对值测量/USB 通讯切换；

DQR：电容损耗因数、电感品质因素、等效电阻测量。

⑧ 旋钮选择开关。

2. LCD 显示信息

LCD 显示信息示意图如图 2.4 所示。LCD 显示信息内容表如表 2.1 所列。测量单位及档位表如表 2.2 所列。

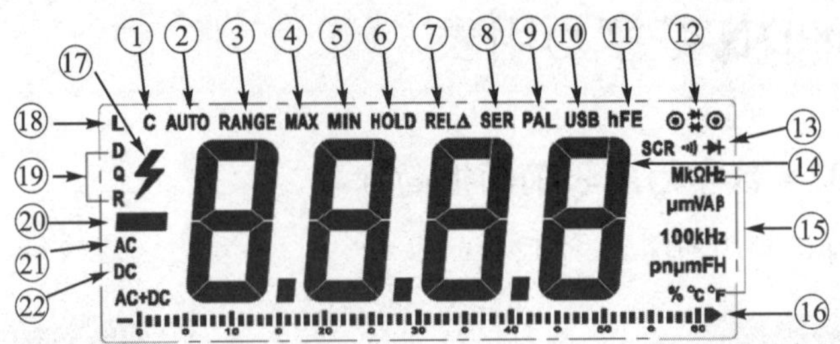

图 2.4 UT8803N 数字万用表 LCD 显示信息示意图

表 2.1 LCD 显示信息内容表

序号	字符	含义	序号	字符	含义
1	C	电容测量符	12	⊙⇆⊙	二极管和晶闸管测量提示符
2	AUTO	自动量程提示符	13	SCR ➝⊢ ·)))	晶闸管、二极管、通断测试提示符
3	RANGE	手动量程提示符	14	十进数字	测量读数区
4	MAX	测量最大值提示符	15	见表 2.2	测量单位符
5	MIN	测量最小值提示符	16	–|ıııı|▶	模拟条显示区
6	HOLD	数据保持提示符	17	ϟ	高电压提示符
7	RELΔ	相对值测量提示符	18	L	电感测量符
8	SER	串联提示符	19	DQR	电容损耗因数、电感品质因素、等效电阻测量提示符
9	PAL	并联提示符	20	—	测量值负号符
10	USB	USB 通信打开提示符	21	AC	交流测量提示符
11	hFE	三极管放大倍数提示符	22	DC	直流测量提示符

表 2.2 测量单位及挡位表

英文	中文	量程挡位
mV、V	电压单位：毫伏、伏	直流：600 mV、6 V、60 V、600 V、1 000 V
		交流：600 mV、6 V、60 V、600 V、1 000 V
μA、mA、A	电流单位：微安、毫安、安培	直流：600 μA、6 mA、60 mA、600 mA、20 A
		交流：600 μA、6 mA、60 mA、600 mA、20 A 范围：40 Hz～15 kHz
Ω、kΩ、MΩ	电阻单位：欧姆、千欧姆、兆欧姆	600 Ω、6 kΩ、60 kΩ、600 kΩ、6 MΩ、60 MΩ
nF、μF、mF	电容单位：纳法拉、微法拉、毫法拉	6 nF、60 nF、600 nF、6 μF、60 μF、600 μF、6 mF
μF、mH、H	电感单位：微亨、毫亨、亨	600 μH、6 mH、60 mH、600 mH、6 H、60 H、100 H
Hz、kHz、MHz	频率单位：赫兹、千赫兹、兆赫兹	600 Hz、6 kHz、60 kHz、600 kHz、6 MHz、20 MHz

续表 2.2

英文	中文	量程挡位
β	三极管放大倍数:贝塔	1β
℃/℉	温度单位:摄氏度/华氏度	0 ℃、400 ℃、1 000 ℃
		32 ℉、752 ℉、1 832 ℉

3. 测试连接示意图

测试连接示意图如图 2.5 所示。

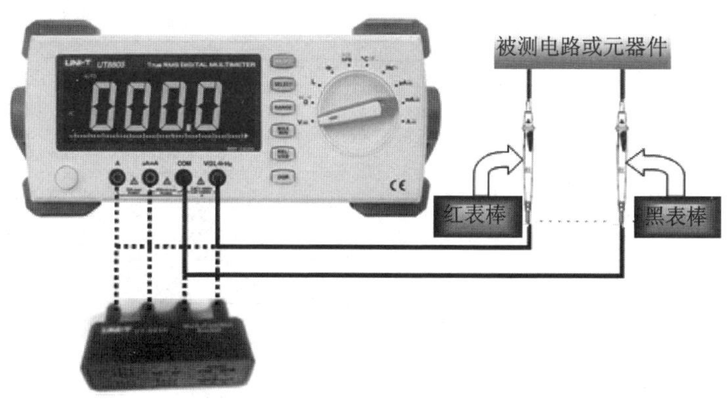

图 2.5　UT8803N 数字万用表测试连接示意图

4. 功能简介

UT8803N 数字万用表功能表如表 2.3 所列。

表 2.3　UT8803N 数字万用表功能表

功能档位	输入端口		功能说明	备　注
	红表棒插入	黑表棒插入		
V⎓	VΩL⊣⊢Hz	COM	直流电压测量	≤1 000 V
V～	VΩL⊣⊢Hz	COM	交流电压测量	≤750 V～,显示真正弦波有效值
Ω	VΩL⊣⊢Hz	COM	电阻测量	测小电阻值时,须表棒短路后按 Δ 键,自动减去表棒短路显示值后再测
•)))	VΩL⊣⊢Hz	COM	通断测量	＜10 Ω,蜂鸣器连续发声,显示被测数
Hz/%	VΩL⊣⊢Hz	COM	频率、占空比测量	输入＜30 V 的被测频率及占空比电压
C	VΩL⊣⊢Hz	COM	电容测量	8 pF～6.6 mF,＞600 μF 需较长时间测量
L	VΩL⊣⊢Hz	COM	电感测量	＞1 H,需较长时间稳定读数

续表 2.3

功能档位	输入端口		功能说明	备　注
	红表棒插入	黑表棒插入		
D	VΩL ⊣⊢ Hz	COM	电容损耗因数测量	本仪器测量值仅供参考
Q	VΩL ⊣⊢ Hz	COM	电感品质因素测量	本仪器测量值仅供参考
R	VΩL ⊣⊢ Hz	COM	等效电阻测量	
μAmA⎓	μAmA	COM	μA/mA 直流电流测量	应与被测电路串联
A⎓	A	COM	A 直流电流测量	应与被测电路串联
μAmA～	μAmA	COM	μA/mA 交流电流测量	应与被测电路串联
A～	A	COM	A 交流电流测量	应与被测电路串联
▶⊢	V	COM	二极管(LED)测量显示正向导通 PN 结电压	显示⊣◀,红表棒为正极
				显示▶⊢,红表棒为负极
	转接插座 UT-S03A			显示⊣◀,测试孔右边为正极
				显示▶⊢,测试孔右边为负极
hFE	转接插座 UT-S03A		三极管放大倍数测量	三极管的 e、b、c 脚插入对应的插孔
SCR	转接插座 UT-S03A		晶闸管测量显示 0.1 V～2 V	晶闸管的 G、A、K 脚插入对应的插孔
				显示⊙⇅⊙,说明 SCR 极性双向
				显示⊣◀,说明 SCR 极性单向
℃/℉	转接插座 UT-S03A		温度测量	热电偶(有极性)插入 TC 插孔

注意事项:

a. 量程位置,需旋钮选择开关与按键(SELECT, RANGE, MAX/MIN, REL/USB, DQR)配合使用。

b. 除测电压、电流、频率和占空比外,测量其他前,必须先将被测电路内的所有电源关断,元器件必须是一个独立的个体,必须放尽残余电量和电荷。

c. 电感测量时,只在 1 kHz(开路清零)和 10 kHz(短路清零)须清零。

开路清零:表棒开路,待频率稳定在 1 kHz 时,按下 REL 键清除底数。

短路清零:表棒短路,待频率稳定在 10 kHz 时,按下 REL 键清除底数。

d. 电容测量时,只在 1 kHz(开路清零)和 100 Hz(短路清零)须清零。

开路清零:表棒开路,待频率显示稳定在 1 kHz 时,按下 REL 键清除底数。

短路清零:表棒短路,待频率显示稳定在 100 Hz 时,按下 REL 键清除底数。

e. 超量程将显示“OL”

2.4　实验内容与步骤

1. 电阻:用 R 表示,单位:欧姆(Ω)

(1) 电阻标称值系列如表 2.4 所列。

表 2.4　电阻标称值系列

精度	电阻标称值											
±5%	1.0	1.1	1.2	1.3	1.5	1.6	1.8	2.0	2.2	2.4	2.7	3.0
	3.3	3.6	3.9	4.3	4.7	5.1	5.6	6.2	6.8	7.5	8.2	9.1
±10%	1.0	1.2	1.5	1.8	2.2	2.7	3.3	3.9	4.7	5.6	6.8	8.2
±20%	1.0	2.2	3.3	4.7	6.8							

(2) 直插色环电阻定义如图 2.6 所示。

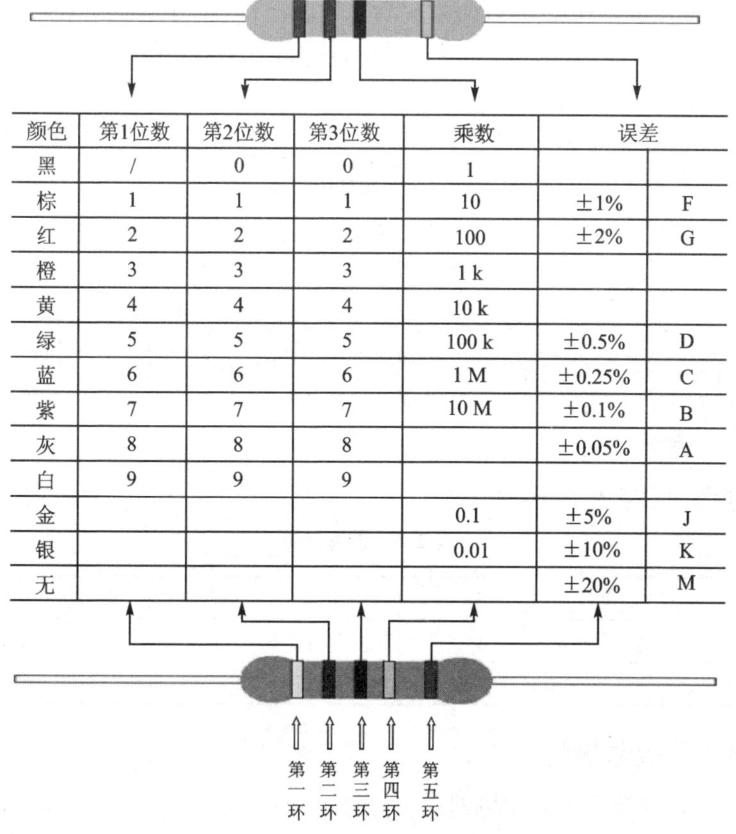

颜色	第1位数	第2位数	第3位数	乘数	误差	
黑	/	0	0	1		
棕	1	1	1	10	±1%	F
红	2	2	2	100	±2%	G
橙	3	3	3	1 k		
黄	4	4	4	10 k		
绿	5	5	5	100 k	±0.5%	D
蓝	6	6	6	1 M	±0.25%	C
紫	7	7	7	10 M	±0.1%	B
灰	8	8	8		±0.05%	A
白	9	9	9			
金				0.1	±5%	J
银				0.01	±10%	K
无					±20%	M

图 2.6　色环电阻定义

举例：电阻色环显示：棕绿黑橙金，读数为：150×1 k=150 k(1±5%) Ω。

图 2.7 贴片电阻

(3) 贴片电阻

贴片电阻如图 2.7 所示。

E24 系列：精度为±5%；3 位数命名方法，前两位为有效数字，第三位表示有效数字后零的个数。"000"表示跨接电阻，即 0 Ω。小数点用 R 表示。

举例：表示方式：183 实际阻值：18 kΩ

表示方式：1R5 实际阻值：1.5 Ω

E96 系列：精度为±1%；4 位数命名方法，前 3 位为有效数字，第四位表示有效数字后零的个数。

举例：表示方式：6803 实际阻值：680 kΩ

贴片电阻阻值范围：0.1 Ω~20 MΩ。

贴片电阻功率：1/20W、1/16W、1/8W、1/10W、1/4W、1/2W、1W。

贴片电阻封装：0201，0402，0603，0805，1206，1210，1812，2010，2512。

(4) 测量色环电阻值

测量色环电阻值如表 2.5 所列。

表 2.5 测量电阻值

标称值	8.2 Ω	560 Ω	1.5 kΩ	43 kΩ	270 kΩ	2.2 MΩ
色环(五环)						
实测值						
误差率%						

2. 测量通断

测量通断如表 2.6 所列。

表 2.6 测量通断

标称值	导线 1	导线 2	导线 3	导线 4	导线 5	导线 6
实测值						
误差率%						

3. 测量二极管极性

测量二极管极性如表 2.7 所列。

表 2.7　测量二极管极性

型号	1N4148(玻璃)	1N4007(黑色)	FG112001(发光)
原理图	正　负		正　负
实物图	正　负		短-负 长-正
实测值(红标棒接正)			
实测值(红标棒接负)			

4. 测量频率

(1) 常用对数值如表 2.8 所列。

表 2.8　对数值

lg1=0	lg10=1	举例
lg2=0.301	lg100=2	lg20=lg2×10=1+0.301
lg3=0.4771	lg1 000=3	lg300=lg3×100=2+0.477 1
lg4=0.602 1	lg10 000=4	lg4 000=lg4×1 000=3+0.602 1
lg5=0.699	lg100 000=5	lg50 000=lg5×10 000=4+0.699
lg6=0.778 2	lg1 000 000=6	Lg600 000=lg6×100 000=5+0.778 2
lg7=0.845 1	lg10 000 000=7	Lg700 000=lg7×1 000 000=6+0.845 1
lg8=0.903 1	lg100 000 000=8	Lg800 000=lg8×10 000 000=7+0.903 1
lg9=0.954 2	lg1 000 000 000=9	Lg900 000=lg9×100 000 000=8+0.954 2

从表 2.8 可以看出,一个很大的数字取了对数以后就变得很小了,利用这个原理,对数值大大方便了电子工程师,绘制频率特性曲线等就得心应手了。

(2) 半对数纸如图 2.8 所示。

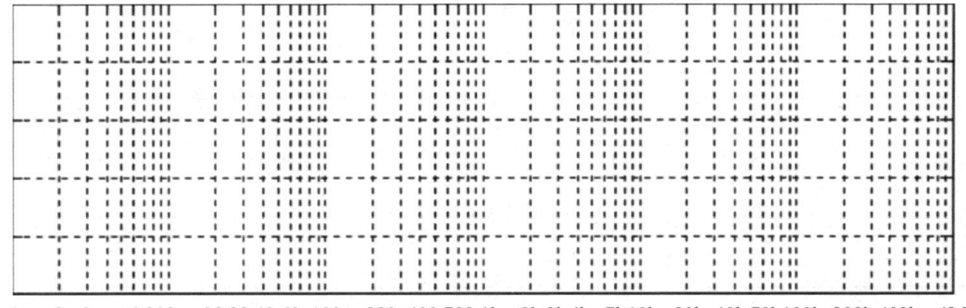

图 2.8　半对数坐标纸

从图 2.8 可以看到半对数坐标纸的 X 轴有 6 大格,每大格间距是相同的,而每大格内的 10 小格却不是相同间距的,这是因为它取了对数。

可以理解为,每经过一个大格,每一小格所代表的大小都翻了 10 倍,这样就可以实现在一个坐标轴的取值范围很大的同时,仍然可以看见它的各段的细节,这就是对频率取对数和使用单对数坐标纸的意义。

(3) 测量交流信号的频率值,测量市电的电压和频率表如表 2.9 所列。

表 2.9　测量市电的电压和频率

电压	
频率	

5. 测量直流电压

测量直流电压值,如表 2.10 所列。

表 2.10　测量直流电压值

标称值	2.5 V	3.3 V	5 V	9.08 V	12.56 V	15.88 V
实测值						
误差率%						

6. 测量交流电压

(1) 交流电压的幅度一般用有效值或峰值或峰峰值来表示,它们的关系如表 2.11 所列。

表 2.11　交流电压幅度的有效值、峰值和峰峰值的关系

参数 / 信号类型	波形	有效值 U_{rms}	峰值 U_m	峰峰值(V_{pp})
正弦波	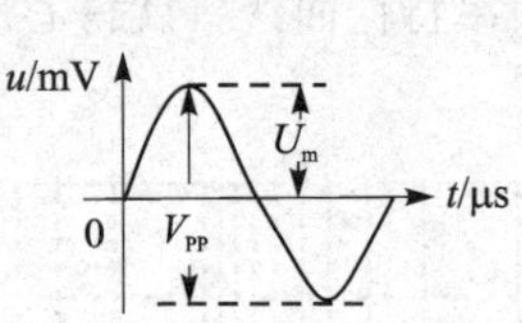 u/mV, U_m, t/μs, 0, V_{PP}	1	$\sqrt{2}$	$2\sqrt{2}$
方波	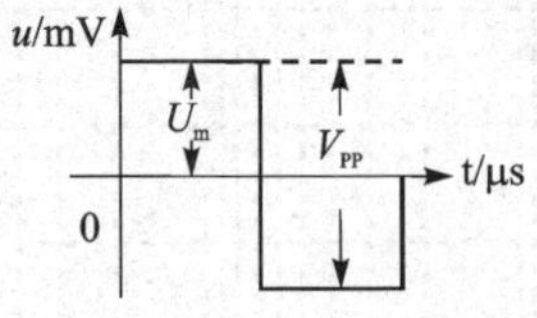 u/mV, U_m, V_{PP}, t/μs, 0	1	1	2

(2) 测量交流电压值,如表 2.12 所列。

表 2.12　测量信号源上的交流电压值(200 Hz)

信号幅度	$1V_{pp}$	$5\ V_{pp}$
实测 V_{rms}		

7. 电容:用 C 表示,单位:法拉(F)

(1)电容标称系列值如表 2.13 所列。

表 2.13　电容标称值系列

电容标称值系列											
1.0	1.1	1.2	1.3	1.5	1.6	1.8	2.0	2.2	2.4	2.7	3.0
3.3	3.6	3.9	4.3	4.7	5.1	5.6	6.2	6.8	7.5	8.2	9.1

(2) 直插瓷片、云母、涤纶、独石等电容如图 2.9 所示。

E12 系列:精度为±10%,3 位数表示法,前面两位数字为有效数字,第三位数字为 0 的个数;单位为 pF,小数点用 R 代表。

举例:表示方式:680　　实际值:68 pF

表示方式:121　　实际值:120 pF

表示方式:222　　实际值:2 200 pF

表示方式:104　　实际值:0.1 μF

图 2.9　直插电容

E6 系列:精度为±20%,二位数表示法,两个数字,或两个数字中间加"n"表示电容器的容量,"n"表示"nF"相当于 1 000 pF。

举例:表示方式:18　　实际值:18 pF

表示方式:2n2　　实际值:2 200 pF

(3) 电解电容器的标称由耐压值和容量两部分构成,极性、电容值等其他参数,直接标注在电容器上,如图 2.10 所示。

图 2.10　电解电容

一般标称耐压值为 16 V、25 V、50 V、100 V、400 VAC、1 kVAC 等。

"—"对应的引脚为负极,另一个引脚为正极。

长引脚为正极,短引脚为负极。

(4) 贴片电容如图 2.11 所示。

图 2.11　贴片电容

由于材料关系,一般贴片电容上不写任何字,只能从它的包装上直接读取相关信息。

举例:	0805	CG	222	J	500	N	T
	封装	材料	容值	精度	额定电压	端头类别	包装方式

容值表示方式:头两位数字为有效数字,第三位数字为 0 的个数;R 为小数点。

举例:表示方式:0R5　　实际值:0.5 pF

表示方式:102　　实际值:1 000 pF

表示方式:224　　实际值:0.22 μF

额定电压表示方式:头两位数字为有效数字,第三位数字为 0 的个数;R 为小数点。

举例:表示方式:6R3　　实际值:6.3 V

表示方式:500　　实际值:50 V

表示方式:201　　实际值:200 V

表示方式:102　　实际值:1 000 V

贴片电容封装:0201,0402,0603,0805,1206,1210,1812,2010,2512,3035。

(5) 测量直插瓷片和电解电容值,如表 2.14 所列。

表 2.14　测量电容值

标称值	0.01 pF	0.1 μF	2.2 μF	22 μF
实测值				
误差率%				
损耗因数				

8. 电感:用 *L* 表示,单位:亨(H)(见表 2.15)

表 2.15　测量电感

标称值	22 μH	10 mH	1 H	22 H
实测值				
误差率%				
品质因数				

9. 测量三极管放大倍数 hFE(见表 2.16)

表 2.16　测量三极管放大倍数

型　号	9012(PNP)	9013(NPN)
管脚	E B C	E B C
hFE 实测值		

10. 测量温度(见表 2.17)

表 2.17　测量温度

元器件	常温电阻	手握电阻
温度实测值		

11. 测量直流电流

方法:按图 2.12 连接,VCC_IN 为 9 V,调节电位器 R_2,使电流表 I_L 按表 2.18 要求显示,达到预定值,并观察发光二极管的亮度变化,将测试数据整理后填入表 2.18 内。测量连接图如图 2.13 所示。

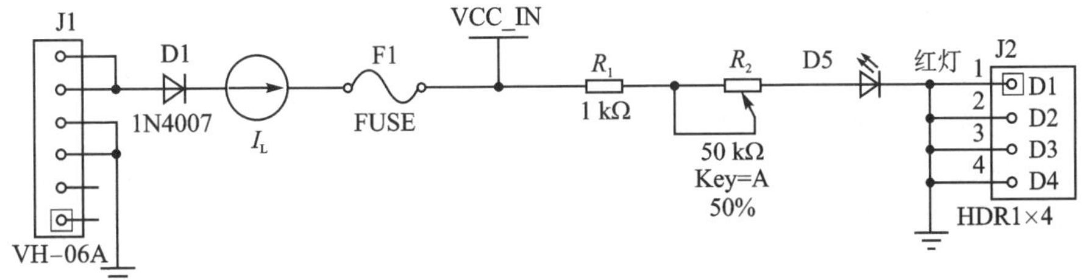

图 2.12　测量直流电流电路图

图 2.13　测量直流电流实测连接图

表 2.18　直流电流测量

I_L/mA	min	0.2	0.4	0.6	0.8	1	2	4	6	max
V_R										
V_D										
发光二极管的亮度变化趋势(目测)										
					请标注哪个电流值开始亮度目测没有变化					

2.5 实验器材

(1) 稳压电源 SPD3303D　1台。

(2) 数字万用表 UT8803N　2台。

(3) 模电实验板　1块。

(4) 实验元器件

电阻:8.2 Ω、560 Ω、1 kΩ、1.5 kΩ、43 kΩ、270 kΩ、2.2 MΩ　各1个;

电位器:50 kΩ　1个;

电容:0.01 μF、0.1 μF、2.2 μF、22 μF　各1个;

电感:22 μH、10 mH、1 H、22 H　各1个;

二极管:IN4148、1N4007　各1个;

发光二极管:红色　1个;

三极管:9012、9013　各1个;

保险丝:FUSE　1个;

6芯插座:VH－06A　1个;

单排插针:4X1　1个;

双排插针:12X2　1个;

导线　6根;

连接线　5根;

短路片　20个。

2.6 实验报告要求

(1) 整理测量数据,并完成各数据记录表格。

(2) 根据测试结果,分析误差率。

2.7 思考题

(1) 在使用数字万用表测试时,若不知被测量的范围大小,则量程应怎么设置?为什么?

(2) 如何用万用表判断三极管的极性?

第3章

示波器的使用实验

示波器是电子工程师的眼睛，是电子电路最重要的分析工具，配合探头，几乎所有的电参量都可以用示波器测量。

示波器分模拟示波器（如图 3.1 所示）和数字示波器（如图 3.2 所示）。

本教材使用 Agilent 公司（现改为是德）的 DSO - X_2012A 数字示波器，是一台四合一多功能仪器，含示波器、数字通道（MSO）、20 MHz 内置信号源和 3 位数字电压表。具有 8.5 英寸 WVGA 显示屏、100 MHz 模拟带宽、2 个模拟通道、8 个数字通道（MSO）、半通道交叉模式 2 GSa/s 最大采样率、半通道模式 100 kpts 最大存储器深度、50 000 波形/秒波形更新速率、利用 USB 端口可方便地保存和共享数据。

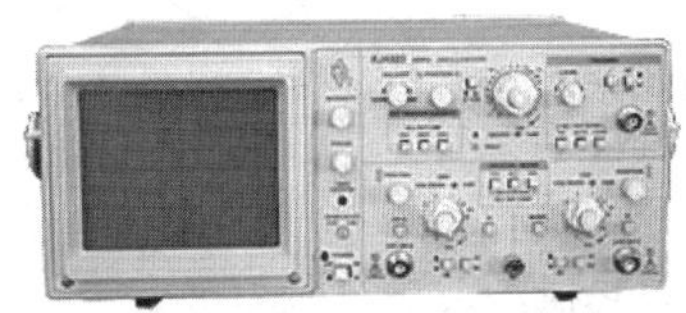

图 3.1　模拟示波器

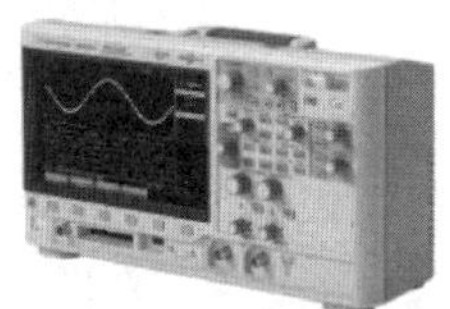

图 3.2　数字示波器

3.1　实验目的

（1）了解 DSO - X_2012A 数字示波器性能及使用方法。

（2）掌握用示波器/数字电压表测量直流电压的方法。

（3）掌握用示波器/数字电压表测量交流信号的幅值和频率等的方法。

（4）掌握用示波器测量两个交流信号相位差的方法。

（5）掌握用数字通道测量数字信号的方法。

3.2　预习要求

熟悉 DSO - X_2012A 数字示波器、内置数字电压表和数字通道的使用方法。

3.3 DSO－X_2012A 数字示波器

1. 前面板按键及屏幕显示信息内容简介

(1) 前面板简化示意图如图 3.3 所示。

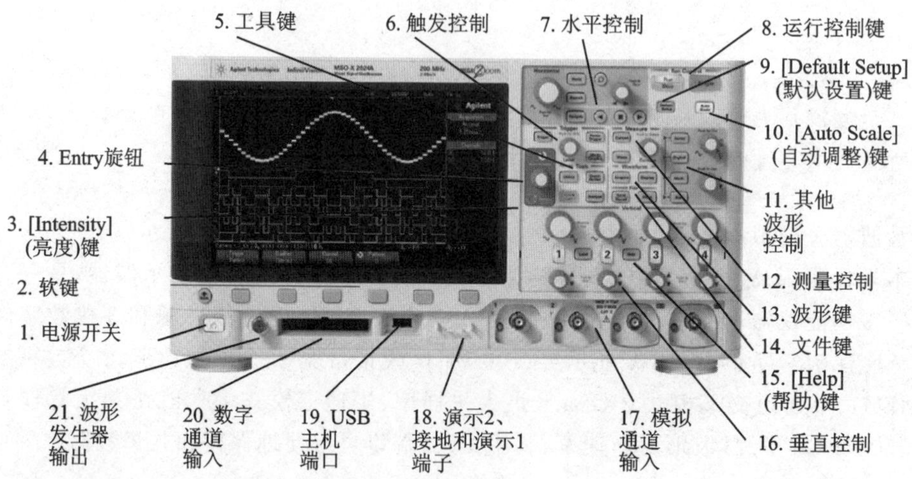

图 3.3 前面板简化示意图

(2) 前面板通用键说明如表 3.1 所列。

表 3.1 前面板通用键

按键或旋钮名称	功 能
2 软键 (图 3.3 标识 2)	显示屏下方的 6 个键
	功能会根据键上方显示的菜单有所改变
4 Entry 旋钮 (图 3.3 标识 4)	用于从菜单中选择菜单项或更改值，旋钮上方的弯曲箭头符号↻会变亮
	功能随着当前菜单和软键选择而变化
	当 Entry 旋钮↻符号显示在软键上时，就可以使用 Entry 旋钮选择值
	有时可以按下 Entry 旋钮启用或禁用选择
	按一下 Entry 旋钮还可以使弹出菜单消失
10Auto Scale(自动调整)键 (图 3.3 标识 10)	可以用软件(AutoOff. gpb)取消此功能屏幕提示："自动定标"已被禁用。请参阅"编程人员参考"启用"自动定标"
	可以用软件(AutoOn. gpb)启用此功能

(3) 屏幕显示模拟信号信息示意如图 3.4 所示。

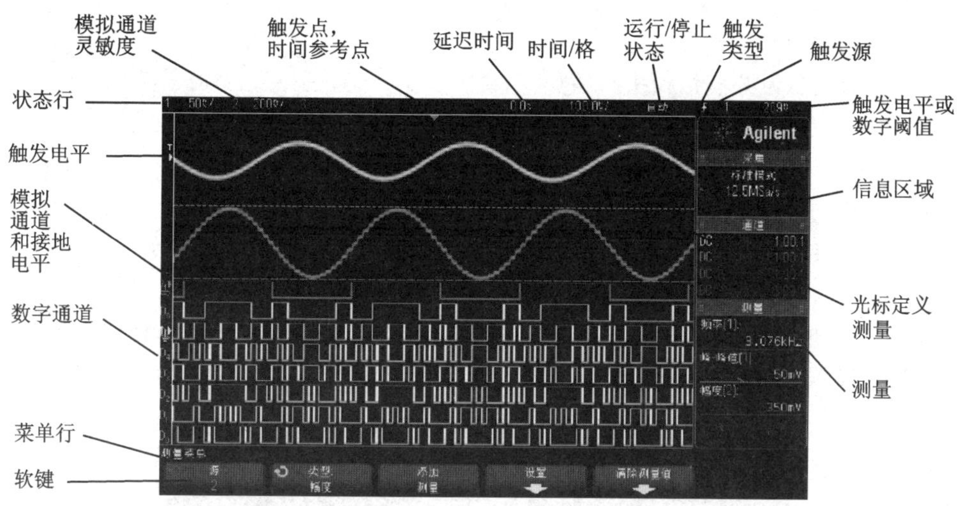

图 3.4　示波器屏幕显示模拟信号信息示意图

2. 无源模拟探头

（1）无源模拟探头外形如图 3.5 所示。

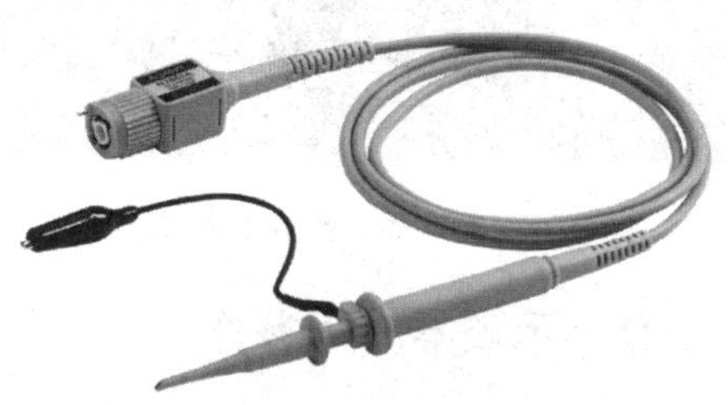

图 3.5　模拟探头

（2）无源模拟探头原理图如图 3.6 所示。

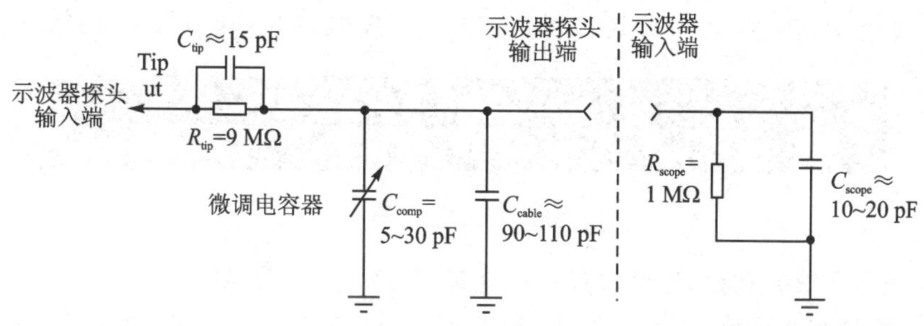

图 3.6　示波器模拟探头原理图

(3) 从此款无源模拟探头原理图可分析出此款探头比例为:10:1。

(4) 示波器无源模拟探头自检(可省略)。

① 连接方法:将示波器探头从通道 1 连接到前面板上的 DEMO2 端子,接地导线连接到接地端子(DEMO2 端子旁边)(见图 3.7)。

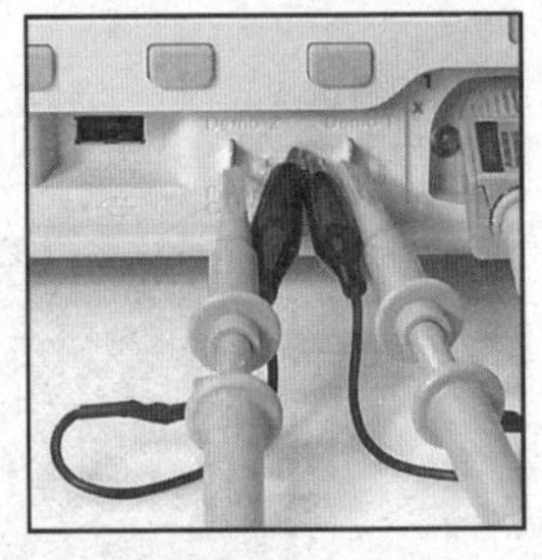

图 3.7 探头自校连接示意图

备注:DEMO2 端子输出方波信号:2.5 V_{pp},1 kHz,直流 1.25 V。

② 若出现如图 3.8 所示无源模拟探头自检波形,则请用非金属工具调整探头上的微调电容器,以获得尽可能平的脉冲。

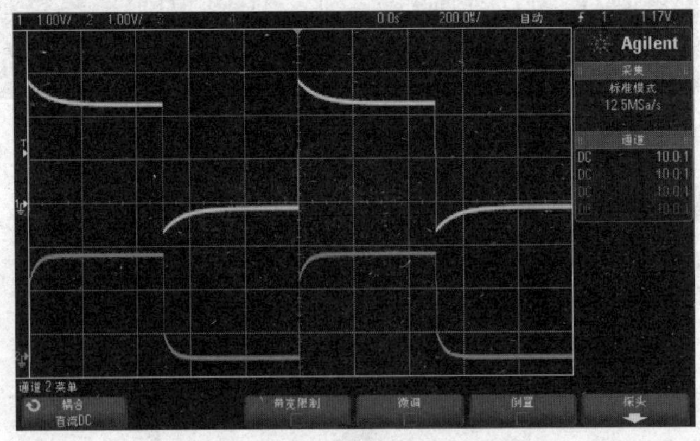

图 3.8 无源模拟探头自检波形

3. DSO - X_2012A 数字示波器一般操作步骤

(1) 开启电源

将电源线连接到示波器的背面,接上 220 V~电源,按下电源开关(图 3.3 标识 1)后示波器开始自检,待示波器完成自检后方可开始使用。

(2) 恢复示波器出厂缺省设置

① 按[Default Setup](默认设置)键(图 3.3 标识 9),打开缺省菜单(图 3.9)。

图 3.9 缺省菜单

② 按出厂缺省软键,然后再按 OK 软键,即完成出厂缺省。

(3) 组建测试系统

将示波器探头从模拟通道 1/2(图 3.3 标识 17)连接到电路测试端(图 3.10)。

(4) 打开所选择的模拟通道。

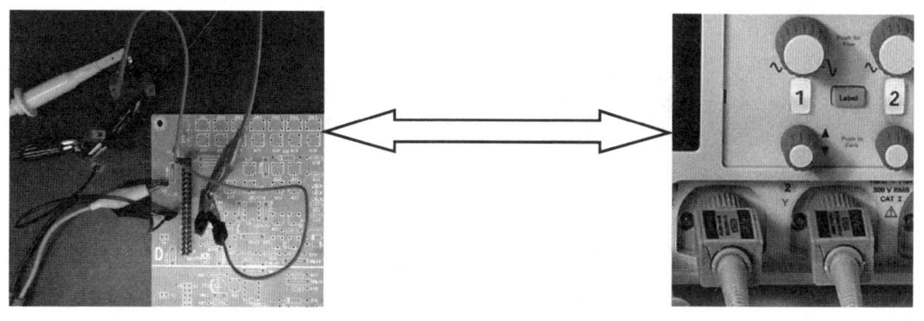

图 3.10　示波器探头连接图

① 按一下[1]/[2]键，指示灯被点亮（黄色）（图 3.10），打开通道 1/2 菜单（图 3.11）。

通道 1 菜单
耦合 直流DC　带宽限制　微调　倒置　探头

图 3.11　通道菜单

❶ 屏幕左上角状态栏显示打开的通道。

❷ 屏幕下方显示通道 1/2 菜单（图 3.11）。

❸ 模拟通道信号的接地电平由屏幕最左侧图标的位置标识（图 3.4）。

❹ 再次按一下[1]/[2]键，即关闭通道[1]/[2]。

② 耦合方式设置，按耦合软键（图 3.11），然后旋转 Entry 旋钮以选择直流耦合/交流耦合（见图 3.12），如表 3.2 所列。

表 3.2　耦合方式

耦合方式	功　能
直流（DC）耦合	只需注意与接地符号的距离，即可快速测量信号的 DC 分量
交流（AC）耦合	将会移除信号的 DC 分量

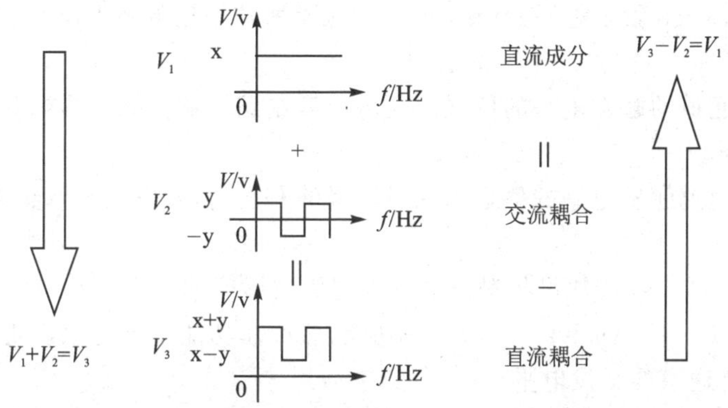

图 3.12　通过改变耦合方式测量信号中含有的直流成分

(5) 调整垂直控制(图 3.13)。

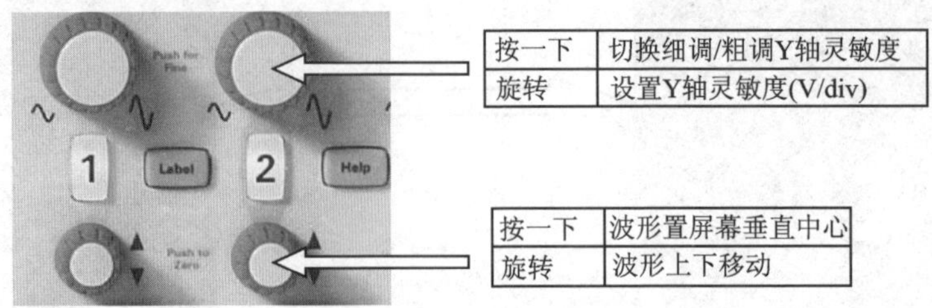

图 3.13　垂直控制

① 旋转∿∿旋钮以选择 Y 轴灵敏度,在屏幕左上方状态栏中显示(图 3.4)。并使波形的整个幅度出现在屏幕中,以此估读出波形幅度值。

Y 轴灵敏度(V/格):以 1-2-5 步进顺序更改模拟通道定标。

② 旋转⇕旋钮,调整波形上下位置。

(6) 触发电平

触发:示波器何时采集和显示数据。在"正常时间"模式中,触发前出现的信号被绘制在触发点的左侧,而触发后的事件被绘制在触发点的右侧。

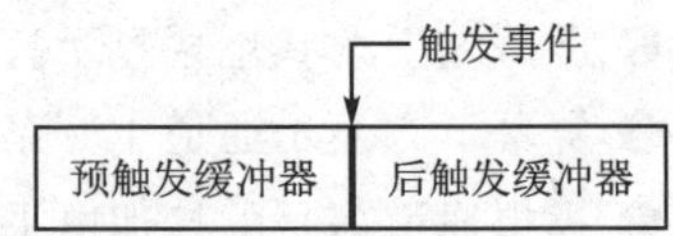

① 按一下[Trigger]按键(图 3.3),打开触发菜单(图 3.14),按一下源软键,然后旋转 Entry 旋钮以选择通道 1/2。所选择的源通道显示在显示屏的右上角、极性符号旁。

图 3.14　触发菜单

② 旋转 Level(触发电平)旋钮(图 3.3)调整所选通道的触发电平,即边沿检测的垂直电平。

❶ 模拟通道的触发电平的位置由显示屏最左侧的触发电平图标T▸指示(如果模拟通道已打开)。

❷ 模拟通道触发电平的值显示在显示屏的右上角,触发电平调整大约在整个波形幅度的 50%。

❸ 按一下 Level 旋钮可将触发电平设置为波形值的 50%。

③ 通过按一下[Analyze](分析)>功能,然后在功能里选择触发电平,调阈值也可以更改所有通道的触发电平。

(7) 调整水平控制(图 3.15)

图 3.15　水平控制

① 旋转∿∿旋钮以选择 X 轴灵敏度，在屏幕上方中间偏右状态栏中显示(图 3.4)。并使一个或 2 个周期的波形出现在屏幕中，以此估读出波形的时间参数。

X 轴灵敏度(水平时间/格)：以 1－2－5 步进顺序更改水平定标。

显示屏顶部的▽符号表示时间参考点。

备注：❶ 波形可能不稳定，触发设置正确后，波形会稳定。

❷ 按◎(缩放)键，可以展开正常显示的水平视图的一部分。

② 旋转◂▸旋钮，调整波形左右位置，延迟值显示在状态行中，更改延迟时间将水平移动触发点(实心倒置三角形)，并指示它距时间参考点(空心倒置三角形▽)的距离。这些参考点沿着显示网格的顶端指示。

(8) 添加自动测量

① 按一下[Meas](测量)键(图 3.3)，打开测量菜单(图 3.16)。

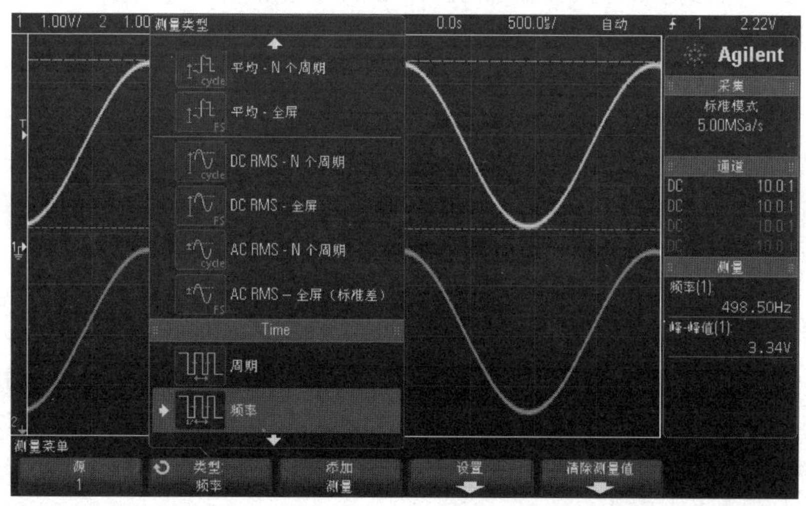

图 3.16　测量菜单

② 按一下源软键(图 3.16)，然后旋转 Entry 旋钮以选择通道 1/2(图 3.3)。

❶ 只有显示的通道、数学函数或参考波形可用于测量。

❷ 如果测量所需的波形部分没有显示或没有显示足够的分辨率以进行测量，结果将显示“无边缘”“被削波”“低信号”“＜值”或“＞值”，或类似的信息指示测量值不

可靠。

③ 按类型软键(图 3.16),然后旋转 Entry 旋钮以选择要进行的测量参数(图 3.16)。

④ 按一下添加测量软键(图 3.16),所选测量类型将显示在屏幕右下角测量信息区。

备注:只能显示 4 行测量信息,超出部分自动溢出。

(9) 保存设置、屏幕图像或数据

① 插入 U 盘(图 3.3 标识 19)。

备注:个别 U 盘不能操作。

② 按[Save/Recall](保存/调用)键(图 3.3),打开保存/重调设置菜单(图 3.17)。

图 3.17 保存/重调菜单

③ 按保存菜单软键(图 3.17),打开保存轨迹和设置菜单(图 3.18)。

图 3.18 保存轨迹和设置菜单

④ 按一下格式软键(图 3.18),然后旋转 Entry 旋钮以选择 8 位位图图像(*.bmp)/24 位位图图像(*.bmp)/ PNG24 位图像(*.png)。

备注:若不设置,则自动保存至 U 盘根目录下。

⑤ 按下保存软键(图 3.18),即完成文件的保存。

❶ 屏幕将显示一条消息,指示保存是否成功。

❷ 保存屏幕图像时,示波器将使用在按下[Save/Recall](保存/ 调用)键之前访问的最后一个菜单。这样可将所有相关信息保存在软键菜单区域中。

❸ 要保存在底部显示"保存/调用菜单"的屏幕图像,可按下[Save/Recall](保存/调用)键两次,然后再保存图像。

4. 部分功能预设置(基础实验有时可省略,需要时再改变设置)

(1) 语言选择

① 按[Help](帮助)键(图 3.3 标识 15),打开帮助菜单(图 3.19)。

图 3.19 帮助菜单

② 按一下语言软键(图 3.19)旋转 Entry 旋钮,选择简体中文/繁体中文/英语/法语/德语/意大利语/日语/韩语/葡萄牙语/俄语/西班牙语。

(2) 设置或清除余辉

① 按一下[Display]键(图 3.3),打开显示设置菜单(图 3.20)。

图 3.20　显示设置菜单

② 按一下余辉(图 3.20),然后旋转 Entry 旋钮以选择关/∞余辉/可变余辉,显示将开始累积多个采集,如表 3.3 所列。

表 3.3　余辉

余　辉	功　能
关	余辉关闭后,按下捕获波形软键可执行单次∞余辉
	将以降低的亮度显示单个采集的数据,该数据将保留在显示屏上,直到清除余辉或清除显示为止
∞余辉	永不擦除先前采集的结果
	使用∞余辉测量噪声和抖动、查看变化波形的最差情形、查找定时违规或捕获罕见事件
可变余辉	先前采集的结果将在一定时间后被擦除
	按一下时间软键并使用 Entry 旋钮可指定显示先前采集的时间

③ 要从显示中擦除先前采集的结果,可按清除余辉软键(图 3.20)。示波器将再次开始累积采集。

④ 要使返回正常显示模式,可关闭余辉,然后按下清除余辉软键(图 3.20)。

备注:关闭余辉不会清除显示。如果按下清除显示软键,则会清除显示。

(3) 采集控制

① 采集基本概念简介

❶ 可使用两个前面板键启动和停止示波器的采集系统:[Run(绿色)/Stop(红色)](运行/ 停止)(图 3.3 标识 8)和[Single](单次)。

❷ 当按一下[Single](单次)时,将清除显示屏中的内容,触发模式临时设置为"正常"(以防止示波器立即自动触发),接通触发电路,[Single](单次)键点亮,示波器在显示波形之前会一直等待触发条件的出现。

❸ 要显示多次采集的结果,可使用余辉。

② 采集控制设置方法

❶ 按一下[Acquire](采集)键(图 3.3),打开采集设置菜单(图 3.21)。

图 3.21　采集设置菜单

❷ 按一下采集模式软键，然后旋转 Entry 旋钮以选择正常/峰值/平均/高分辨率。

(4) 光标测量。

① 按一下[Cursors](光标)键(图 3.22)，打开光标测量菜单(图 3.23)。

② 按一下光标软键(图 3.23)，然后旋转 Entry 旋钮以选择光标 X1/X2/X1X2 锁定/Y1/Y2/Y1Y2 锁定。

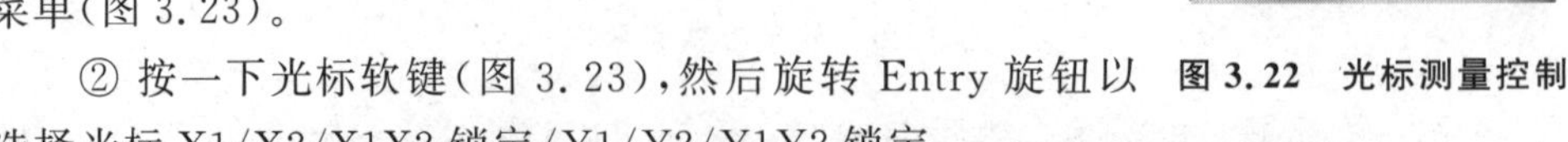

图 3.22　光标测量控制

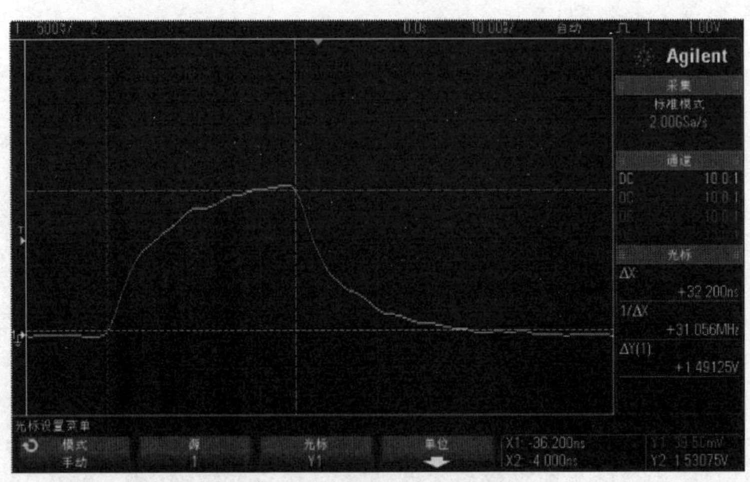

图 3.23　手动模式光标测量菜单

③ 旋转 Cursors(光标)旋钮(图 3.22)，所选光标确定位置，此时测量结果同时显示。

备注：显示屏颜色的设置与相关通道的波形的颜色一致。

(5) XY 模式

① XY 模式基本概念简介

❶ XY 模式可将电压-时间显示更改为电压-电压显示。

❷ 通道 1 幅度在 X 轴上绘制，通道 2 幅度在 Y 轴上绘制。

❸ 可以使用 XY 模式比较两个信号的频率和相位关系。也可用于传感器，显示应力-位移、流量-压力、电压-电流或电压-频率。

② 利用 Lissajous 法测量相同频率的两个信号之间的相差，XY 显示模式的通常用法。

❶ 按一下[Horiz]键(图 3.3)，打开水平设置菜单(图 3.24)。

图 3.24　水平设置菜单

❷ 按一下时基模式软键(图 3.24),然后旋转 Entry 旋钮选择 XY。

❸ 旋转通道 1 和 2 位置(◆)旋钮使信号在显示屏上居中(图 3.25)。

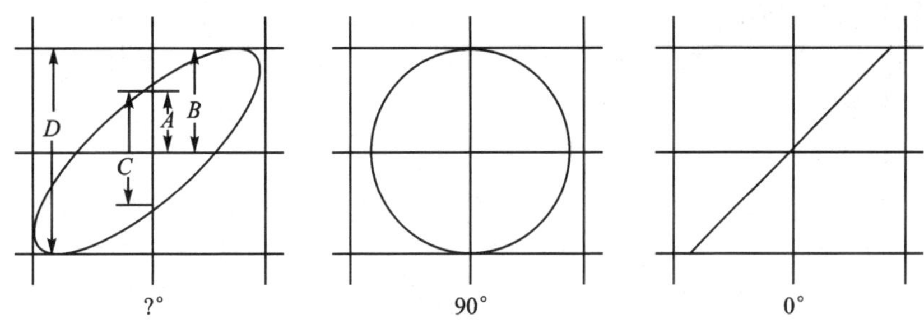

图 3.25　显示在屏幕上的 XY 模式信号

❹ 旋转通道 1 和 2(∿∿)旋钮以及通道 1 和 2 微调软键展开信号(图 3.25)。

方法一:用“光标”测量方法,直接测出 A、B、C、D 值,

然后再使用公式计算相差角 (θ):$\sin\theta=\frac{A}{B}$或$\frac{C}{D}$

(假定两个通道的幅度相同)

方法二:根据∿∿旋钮选择值,直接从屏幕估算出 A、B、C、D 值,然后使用公式计算。

方法三:在光标设置菜单中(图 3.23),按一下单位软键,然后旋转 Entry 旋钮选择相位(°),直接读出相位。

(6) 数学波形

① 显示数学波形

❶ 按一下[Math](数学)键(图 3.3),左侧▶指示灯被点亮,并同时打开“波形数学函数菜单”(图 3.26)。

图 3.26　波形数学函数菜单

❷ 按一下数学函数软键(图 3.26),然后旋转 Entry 旋钮以选择 $f(t)/g(t)$。

在模拟输入通道上执行算术运算(加、减或乘),所产生的数学波形以淡紫色显示。即使选择不在屏幕上显示通道,也可以在通道上使用数学函数。

在模拟输入通道上采集的信号上执行转换函数 (FFT)。

在算术运算的结果上执行转换函数。

❸ 按算子软键(图 3.26),然后旋转 Entry 旋钮以选择+/−/×/÷/FFT。

(7) 数学转换(FFT)

FFT 用于利用模拟输入通道或算术运算 $g(t)$ 计算快速傅立叶变换。FFT 记录

指定源的数字化时间并将其转换为频域。选择 FFT 函数后,FFT 频谱作为幅度以 dBV—频率被绘制在示波器显示屏上。水平轴的读数从时间变化为频率(Hz),而垂直轴的读数从伏变化为 dB。

旋转[Math](数学)键右侧的多路复用的定标(∿∿)和位置旋钮(⬍),允许设置自己的 FFT 垂直定标因数和偏移,用 dB/div(分贝/格)和 dB 表示。并用显示屏的水平中心网格线表示。

举例:4 V、75 kHz 方波连接到通道 1 可获得如图 3.27 所示 FFT 频谱。将水平定标设置为 50 μs/div,将垂直灵敏度设置为 1 V/div,将单位/格设置为 20 dBV,将偏移设置为−60.0 dBV,将中心频率设置为 250 kHz,将频率范围设置为 500 kHz,并将窗口设置为 Hanning。

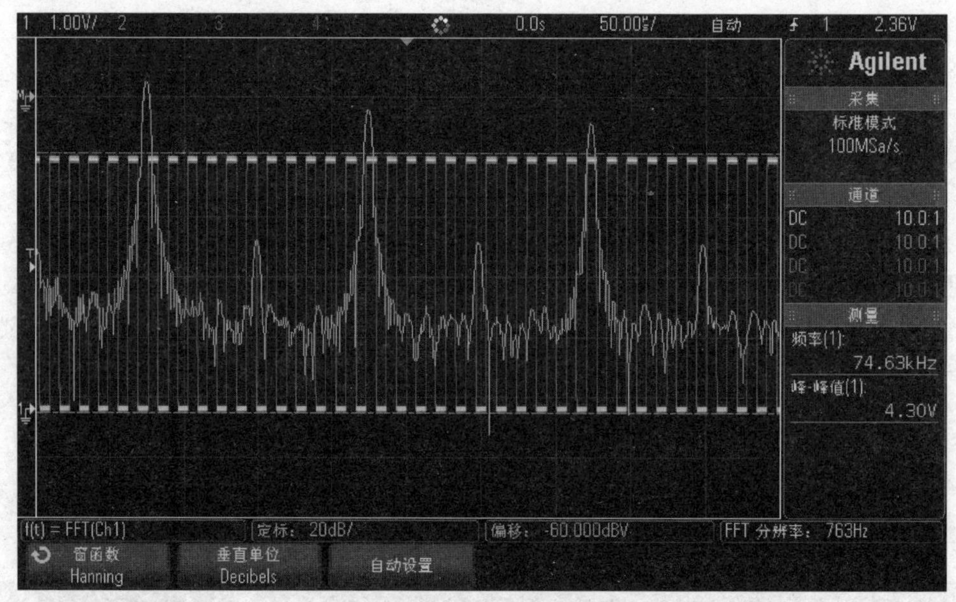

图 3.27 FFT 实例图

5. 数字电压表

要具备数字电压表的功能,在购买示波器时需订购 DVM 选件,或在购买示波器后单独订购 DSOXDVM。数字电压表一般操作步骤如下:

① 按一下[Analyze](分析)键(图 3.3),打开数字电压表菜单(图 3.28)。

② 按一下功能软键,然后旋转 Entry 旋钮以选择数字电压表(DVM)(图 3.28)。

③ 再一次按功能键或按一下 Entry 旋钮,启动数字电压表,显示数字电压表。

备注:■显示蓝色为已开启数字电压表。

④ 按电源软键(图 3.28),然后旋转 Entry 旋钮以选择通道 1/2。

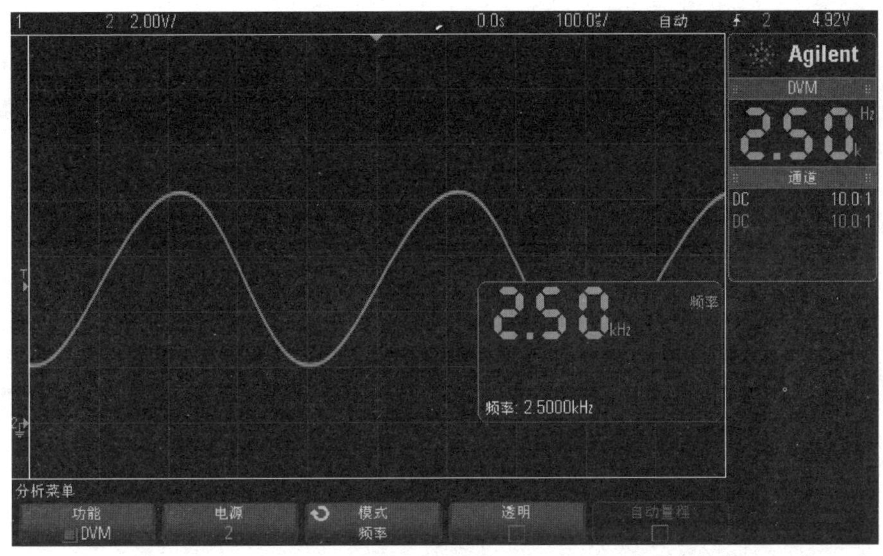

图 3.28　分析菜单

⑤ 按模式软键(图 3.28),然后旋转 Entry 旋钮以选择 AC RMS/DC/直流有效值/频率。

6. 数字通道简介

要具备数字通道的功能,可在 MSOX2000 X 系列型号和安装了 DSOX2MSO 升级许可证的 DSOX2000 X 系列型号上启用数字通道。

(1) 数字通道基本概念简介

① 使用数字通道采集波形

按一下[Run/Stop](运行/ 停止)或[Single](单次)运行示波器时,示波器会检查每个输入探头上的输入电压。当触发器条件满足时,示波器触发并显示采集。

对于数字通道,每次示波器采样时它都将输入电压与逻辑阈值进行比较。如果电压在阈值之上,示波器在采样存储器中存储 1,否则将存储 0。

② 活动指示器

当打开数字通道时,在显示屏底部右侧的状态行上显示一个活动指示器。数字通道可以总是为高 (¯),总是为低 (_) 或活动地切换逻辑状态 (↕)。在活动指示器中,任何已关闭的通道都显示为灰色。

(2) DSO－X_2012A 数字示波器屏幕显示数字通道信息示意图(图 3.29)。

(3) 数字示波器数字探头外形图(图 3.30)。

数字示波器数字直流和低频/高频探头原理图(图 3.31)。

(4) 组建测试数字通道系统

① 将数字探头电缆连接到示波器前面板上的 DIGITAL 端口(图 3.3 标识 20)。

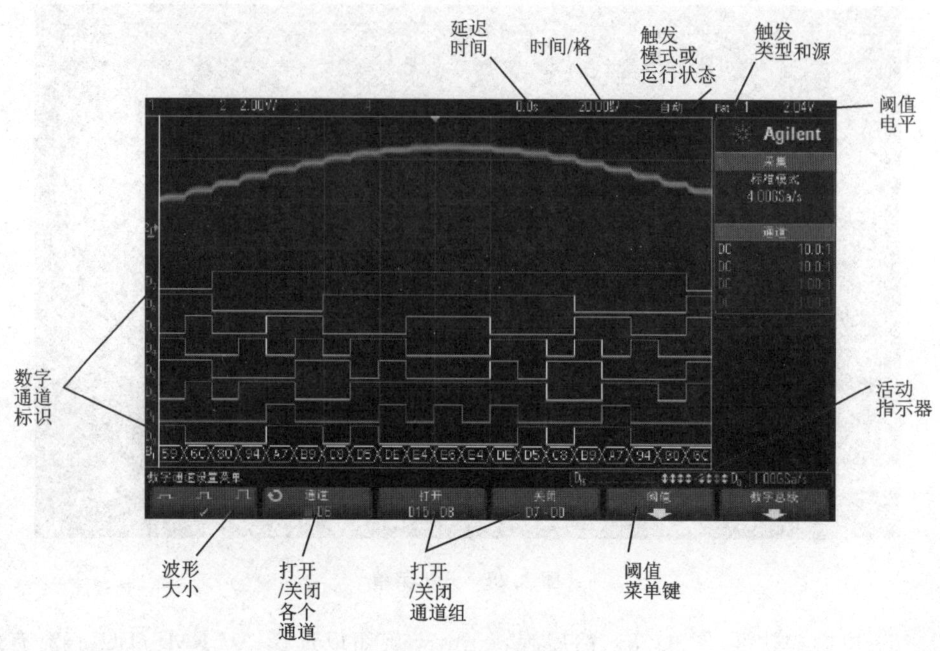

图 3.29 屏幕显示数字通道信息示意图

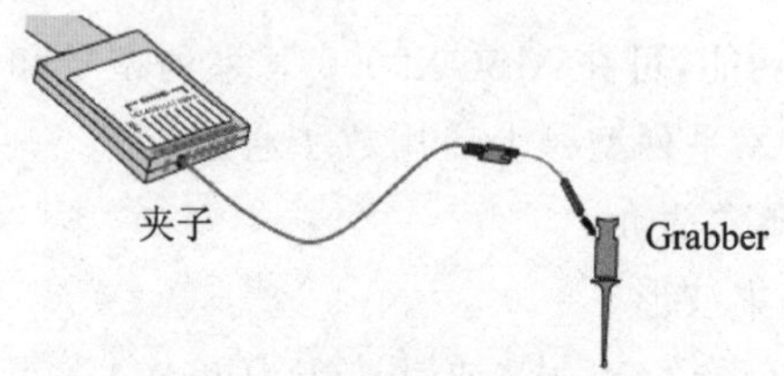

图 3.30 数字探头外形图

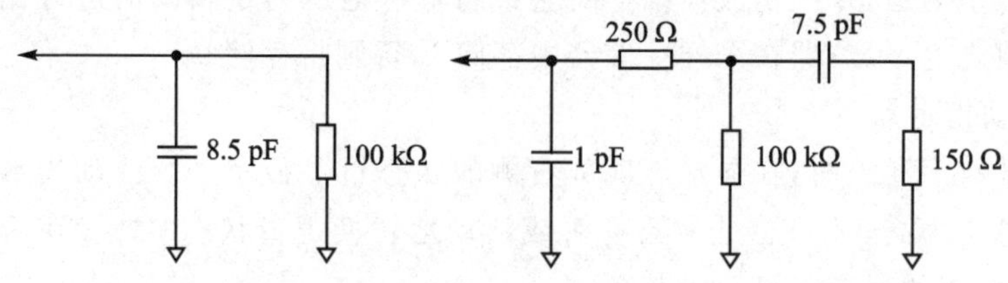

图 3.31 数字示波器(直流和低频/高频)探头等效电路原理图

② 将数字探头连接到被测设备(图 3.32)。

③ 使用探头夹子将接地导线连接到每组通道(图 3.32),使用接地导线可提高传至示波器的信号的保真度,确保准确的测量。

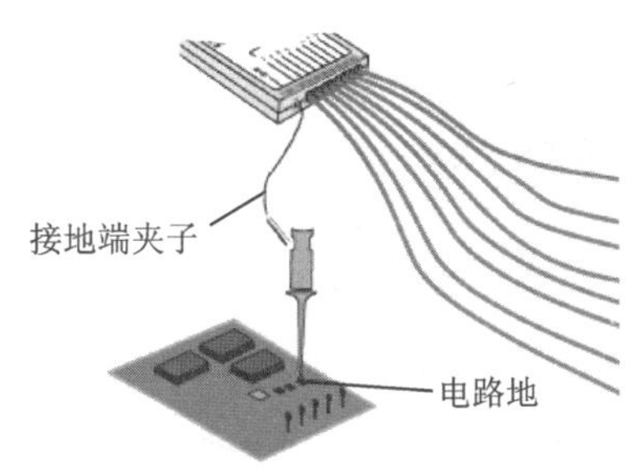

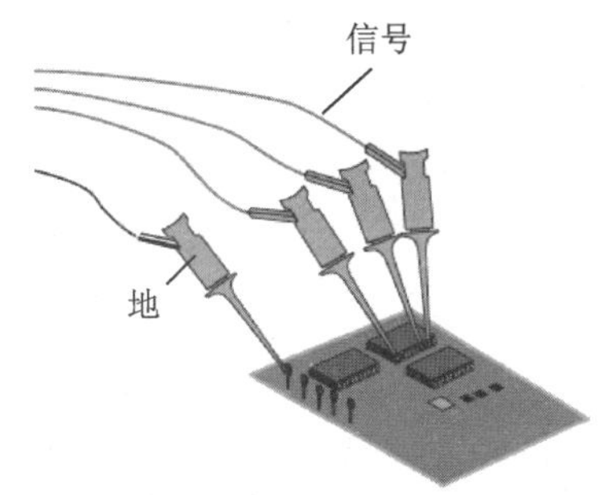

图 3.32　数字探头与被测设备连接图

(5)数字通道一般操作步骤

① 按一下[Digital](数字)键(图 3.3),键左侧的▶指示灯被点亮,打开数字通道设置菜单(图 3.33)。

图 3.33　数字通道设置菜单

② 按大小(⎍ ⎍ ⎍)软键选择数字通道的显示方式,更改数字通道的显示大小。

③ 按通道软键(图 3.33),然后旋转 Entry 旋钮,从弹出菜单中选择所需打开的通道,按一下 Entry 旋钮,打开/关闭所选通道。

备注:通道序号前的■显示蓝色为已打开通道。

④ 按关闭(或打开)D7～D0 软键(图 3.33),打开或关闭所有数字通道组,每次按一下软键,软键的模式将在打开和关闭之间切换。

备注:如果要关闭数字通道,而"数字通道设置菜单"尚未显示,则必须按[Digital](数字)键两次才能关闭数字通道。第一次按下该键将显示"数字通道设置菜单",第二次则会关闭通道。

⑤ 旋转[Digital](数字)键右边的多路复用(∿⇕)旋钮选择通道,所选的通道波形以红色突出显示。

⑥ 旋转[Digital](数字)键右边的多路复用(⇕)旋钮移动选定通道波形。

如果将通道波形重新定位在另一通道波形上,轨迹左边缘的指示器将显示二个通道标识选中的通道打钩。

⑦ 按一下阈值软键(图 3.33),打开数字通道阈值菜单(图 3.34)。

图 3.34　数字通道阈值菜单

按 D7～D0 软键(图 3.34),然后旋转 Entry 旋钮以选择逻辑系列预设值或选择 User(用户)以定义阈值,如表 3.4 所示。

表 3.4　阈　值

逻辑系列	阈值电压
TTL	+1.4 V
CMOS	+2.5 V
ECL	−1.3 V
用户可在	−8 V 至 +8 V 之间变化

❶ 大于所设阈值的值为高(1),小于所设阈值的值为低(0)。

❷ 电平可显示为 1(高于触发电平)、0(低于触发电平)、不定状态(↕)或 X 无关。

❸ 如果阈值软键被设置为用户,请按下通道组的用户定义软键,然后旋转 Entry 旋钮以设置逻辑阈值。每组通道都有一个用户软键。

⑧ 按一下数字总线软键(图 3.32),打开数字总线设置菜单(图 3.35)。

图 3.35　数字总线设置菜单

❶ 按一下数字总线软键(图 3.35)或旋转 Entry 旋钮以选择数字总线 1/数字总线 2,再按一下 Entry 旋钮或再按数字总线软键,将打开数字总线 1/数字总线 2,总线显示在显示屏右下角底部。

备注:▣显示蓝色为已打开。

❷ 按一下通道软键(图 3.35),然后旋转 Entry 旋钮选择要包括在总线中的各个通道。可以旋转 Entry 旋钮并按一下它或按下软键来选择通道。

❸ 可以按一下选择/取消选择 D7～D0 软键,在每个总线中包括或排除由八个通道组成的组。

❹ 按一下进制显示软键(图 3.35),然后旋转 Entry 旋钮以选择十六进制/二进制显示总线。

(6)使用光标读取任何点处的数字总线值

① 按一下[Cursors](光标)键(图 3.3),按一下模式软键(图 3.36),然后旋转 Entry 旋钮以选择十六进制/二进制。

② 按一下源软键(图 3.36),选择数字总线 1/数字总线 2。

③ 旋转 Cursors 旋钮,按光标软键(X1、X2、X1X2)将光标定位在要读取总线值的位置。

④ 按一下[Digital](数字)键以显示“数字通道设置菜单”时,数字活动指示器将显示在光标值所在的位置上,光标处的总线值将显示在内部格线中(图 3.36)。

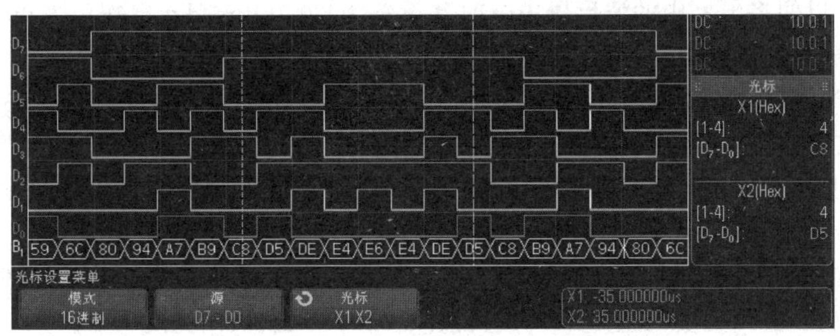

图 3.36　用光标读取时显示总线值

3.4　实验内容和方法

1. 实验内容

分别用估算法、添加测量法、数字电压表和光标法测量 DEMO2 端子输出的方波信号参数，填入表 3.5。要求：写明操作步骤，U 盘保存图像，画出波形参数。

表 3.5　DEMO2 端子输出信号参数

参数		估算法	添加测量法	数字电压表	光标法
波形		课后从 U 盘中读出，画在毫米方格纸上或此处，请标明 Vpp、T、直流成分、坐标和坐标刻度等。			
幅度	Vpp			/	
	Vrms	/			/
周期 T					
偏移量 Δ(直流值)			/	/	/

① ____________________　② ____________________

③ ____________________　④ ____________________

⑤ ____________________　⑥ ____________________

2. 触发、捕获和分析罕见事件

在本实验中，学生将了解如何使用示波器的某些不同余辉显示模式增强罕见毛刺的显示。此外，还将了解如何使用示波器的脉冲宽度触发模式触发毛刺。

(1) 通道 1 探头仍然连接到标记为“Demo1”的端子。

(2) 按示波器前面板上的[Help]键→按培训信号软键→旋转 Entry 旋钮，选择“带偶发毛刺的时钟”信号，然后按输出软键将其打开。

(3) 将通道 1 的 V/div 设置设为 500 mV/div→将通道 1 的位置/偏移设置为

1.00 V,以便将屏幕中的波形居中→时基设置为 20.00 ns/div →按触发电平旋钮,以便将触发电平自动设置为约 50%(约 1.0 V)。

此时,中心屏幕附近会出现罕见且模糊的"闪光"现象。这是示波器捕获的罕见毛刺(或窄脉冲)。尽管示波器通常在时钟信号的上升沿触发,但偶尔也会在此罕见毛刺的上升沿触发。此毛刺显示模糊的原因在于示波器会将常见信号显示得很明亮,而将罕见信号显示得很模糊。这提示我们,此毛刺不会经常出现。

(4) 按[Intensity](亮度)键(图 3.3 标识 3),指示灯被点亮。然后顺时针旋转 Entry 旋钮,直到亮度调整为 100%,再按[Intensity]键,关闭亮度调节。

将波形亮度调整为 100%后,示波器将以同样明亮的亮度显示所有捕获的波形,我们就可以清楚地看到此罕见毛刺,如图 3.37 所示。在任何边沿交叉(默认触发类型)触发的同时捕获此类罕见事件时,需要使用波形更新率非常快(快速图形采集)的示波器。接下来了解一些示波器中可用来进一步增强此毛刺观看能力的特殊显示模式。

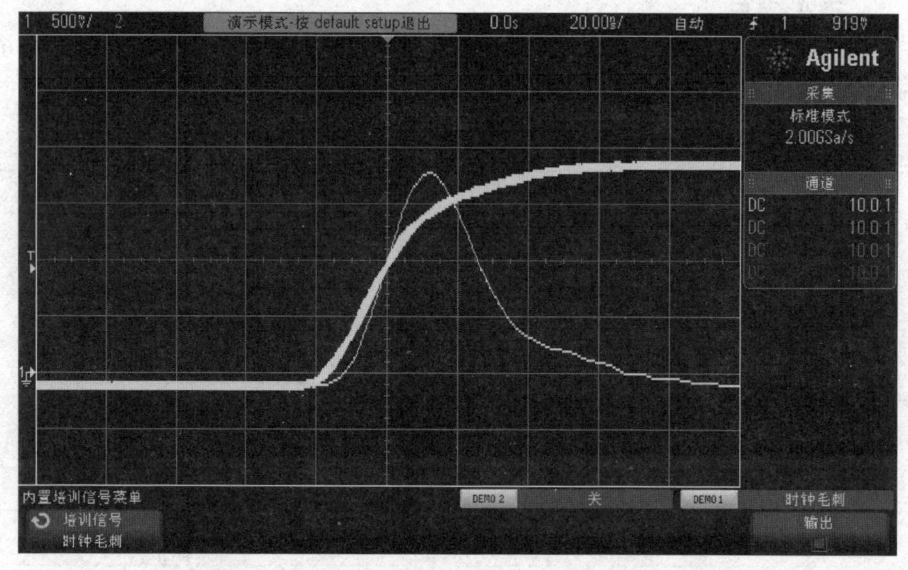

图 3.37 示波器的快速波形更新率可用于捕获罕见毛刺

(5) 按[Display]前面板键→按余辉软键,然后旋转 Entry 旋钮选择∞余辉显示模式。

如果启用"∞余辉"模式,示波器将显示所有捕获波形的永久图像(永不擦除)。如果没有启用"∞余辉"模式,示波器将以 60 Hz 的频率擦除所有捕获的波形。在尝试捕获极为罕见的事件(如可能每两个小时才出现一次的毛刺)时,使用"∞余辉"模式可能极其有帮助。例如,可以设置夜间测试以查看是否会出现任何毛刺,随后在第二天返回实验时确定是否出现。"∞余辉"显示模式对于捕获和显示最差情形定时抖动和噪音也非常有用。请注意,除了"∞余辉"显示模式以外,此示波器还具有"可变余辉”显示模式，在此模式下可以定义波形显示擦除率。现在，使用示波器的脉冲宽度类型触发，将示波器设置为在此罕见毛刺上唯一触发。但是首先，应从视觉上估计一下此脉冲相对于触发电平设置的大约宽度，此宽度应设置为大约+1.0 V，应该大约为 30 ns 宽。

(6) 按余辉软键并选择关闭以关闭余辉显示模式→按清除余辉软键。

(7) 按[Trigger]按键→按触发类型-边沿软键，然后旋转 Entry 旋钮，从默认边沿类型触发更改为脉冲宽度类型触发→按<30 ns 软键，然后旋转 Entry 旋钮，将脉冲宽度时间从<30 ns 更改为<50 ns。

(8) 按前面板触发区中的[Mode/Coupling]键→按触发模式-自动软键→然后旋转 Entry 旋钮选择标准触发模式。

现在应看到一个稳定的显示画面，如图 3.38 显示与图 3.37 类似的窄毛刺。使用“脉冲宽度”类型触发，可以定义要触发的负脉冲或正脉冲的独特宽度。时间变量包括“<”“>”，以及时间范围“><”。实际触发点出现在时间限定脉冲结束之时。在本示例中，由于已将示波器设置为触发宽度小于 50 ns 的正脉冲，因此示波器将触发宽度约为 30 ns 的脉冲的后沿(下降沿)。如果要验证不存在比此 30 ns 脉冲更窄的毛刺，请选择 [Trigger] 菜单，并将脉冲宽度时间值重新调整为其最低设置，并查看示波器是否还会触发。

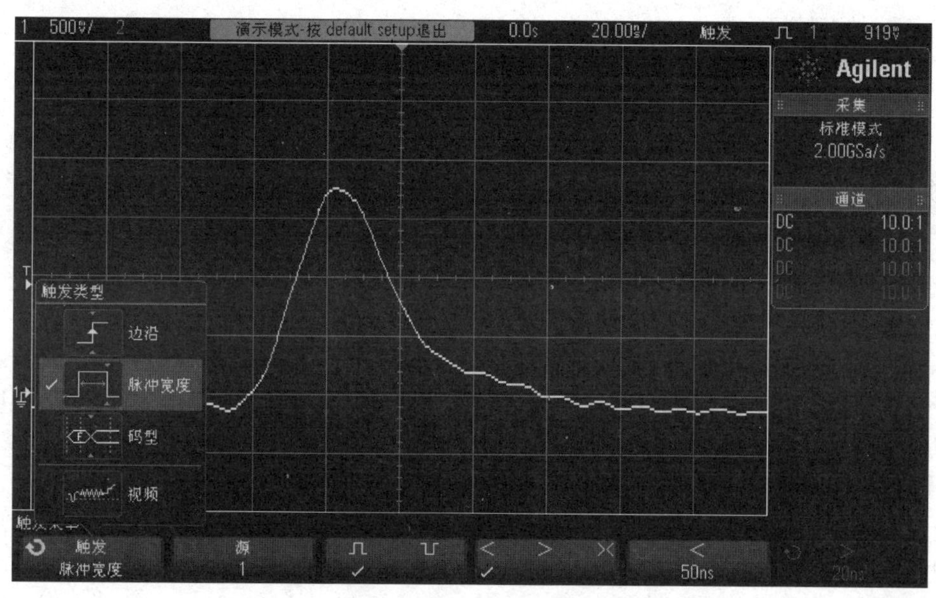

图 3.38　使用脉冲宽度触发限定独特的窄脉冲

脉冲宽度触发不仅对在不需要的毛刺上触发非常有用，而且对在有效的数字脉冲序列内建立唯一的触发点也会非常有用。

3. 捕获单冲事件

如果要捕获的事件是真正的“单冲”事件(意味着仅发生一次),则必须对信号的特征有一定的了解,才能设置示波器来捕获它。捕获重复信号时,通常可以使用各种设置条件查看捕获的波形,然后开始“调节”示波器的标定,直到正确标定波形。

假设要捕获的单冲事件是数字脉冲,幅度应约为 2.5 Vpp,偏移为+1.25 V。换句话说,信号应从地面(0.0 V)摆动约+2.5 V。或许这是仅在引导时发生的系统重置脉冲。用于捕获此信号的良好垂直设置则应为 500 mV/div,该设置可以捕获到 4 Vpp 的信号摆动。良好的偏移/位置设置应为+1.25 V,以便可以使波形位于屏幕中心,而且良好的触发电平也应为+1.25 V(使用标准上升沿触发条件)。

假设单冲事件的宽度约为 500 ns。那么,良好的时基设置应为 200 ns/div。这将提供 2.0 μs 的屏幕捕获时间,应该更足以捕获 500 ns 宽的脉冲,现在设置示波器以捕获此单冲脉冲。

(1) 通道 1 探头连接到标记为 Demo1 的端子。

(2) 按下示波器前面板上的[Default Setup]。

(3) 将通道 1 的 V/div 设置设为 500 mV/div,将通道 1 的垂直位置/偏移设置为+1.25 V,将触发电平设置为+1.25 V,将示波器的时基设置为 200.0 ns/div。

(4) 按[Mode/Coupling]前面板键(触发电平旋钮旁边)→按模式-自动软键,然后从自动更改为标准。

请注意,必须使用正常触发模式来捕获单冲事件。如果将示波器保留在其默认的自动触发模式下,示波器将继续生成其自己的自动异步触发,将错过触发单冲事件。正常触发模式等待有效的触发事件出现(在这种情况下,上升沿在+1.25 V 交叉)后才会捕获并显示任何图像。此时已正确设置了示波器并等待单冲事件出现。

(5) 按[Help]键→按培训信号软键,旋转 Entry 旋钮选择“单次脉冲(带振铃)”信号,然后按输出软键将其打开。

备注:此操作不会生成单冲事件,只会启用此输出。接下来,请不要按自动设置软键。“自动设置”选择将覆盖刚执行的设置。此功能仅对设置示波器以捕获此特定单冲培训信号有用。设置示波器来捕获任意单冲信号(正在尝试模拟的信号)时,此功能不可用。

(6) 按传输单冲软键,以生成单冲事件。

示波器刚捕获了此单冲事件,示波器的显示情况如图 3.39 所示。每次按传输单冲软键时,示波器都会再次捕获该事件。为了捕获此事件,使用示波器的运行采集模式中的正常触发模式。现在将使用示波器的单个采集模式。

(7) 按位于示波器前面板右上角的[Single]键→立即按传输单冲软键。

使用示波器的单个采集模式时,示波器将捕获一次且仅捕获一次单冲事件。要重新接通示波器以捕获另一个单冲事件,必须再次按[Single](单冲出现之前)。还需注意的是,单个采集模式会自动选择正常触发模式。

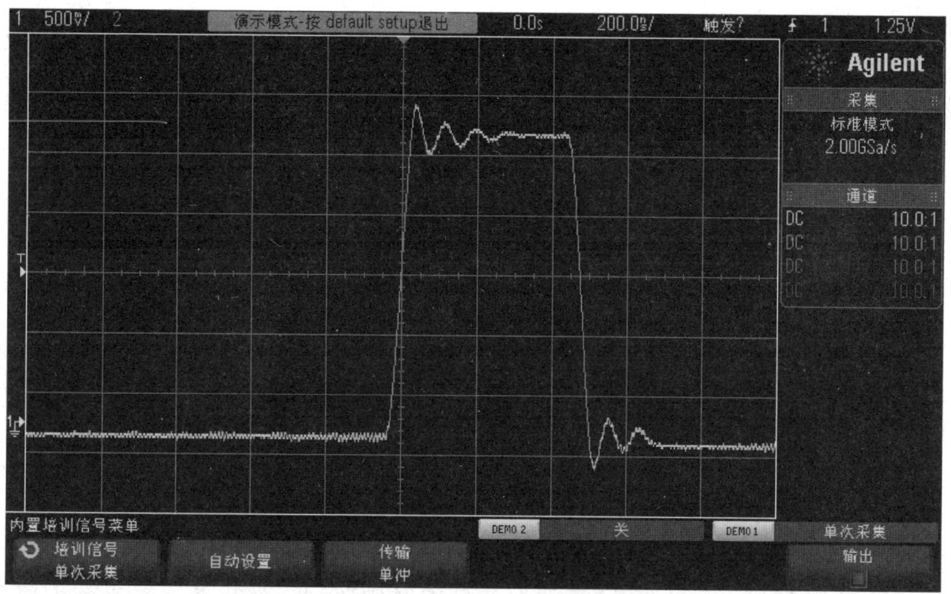

图 3.39　设置示波器以捕获单冲事件

4. 测量相关数据

测量 SPD3303D 可编程线性直流电源上/下电的时间，如表 3.6 所列。

表 3.6　测量电源上电、下电时间的示波器设置及测试数据

	上电时间	下电时间
电源电压	5 V	
Y 轴灵敏度	1 V/div	
耦合方式	直流耦合	
X 轴灵敏度	5 ms/div	200 ms/div
触发模式	标准	
触发电平	2.5 V(50%)	
Y 位移	3 V	
触发类型	边沿	
触发斜率	↑	↓
按[Single]键	[Single]键变橙色	
按 CH3 ON/OFF 键	打开电源，0 V→5 V [Run/Stop]变红灯	关闭电源，5V→0V [Run/Stop]变红灯

续表 3.6

	上电时间	下电时间
波形		
测量上/下电时间 （峰峰值的 10%～90%之间）		

5. 对重复数字时钟执行 FFT 数学函数(见图 3.40)

(1) 按[Help]键，然后按培训信号软键。

(2) 使用 Entry 旋钮选择“带偶发毛刺的时钟”信号，然后按下输出软键将其打开。

(3) 将通道 1 的 V/div 设置设为 500 mV/div。

(4) 将通道 1 的偏移设置为约 1 V，以便将屏幕中的波形居中。

(5) 按触发电平旋钮，以将触发电平设置为约 50%。

(6) 将时基设置为 100 μs/div。在此时基设置下，屏幕中存在时钟信号的许多周期，执行精确 FFT 数学函数时通常需要此信号。

(7) 按[Mach]前面板键，然后按算子软键，使用 Entry 旋钮选择 FFT 数学函数。

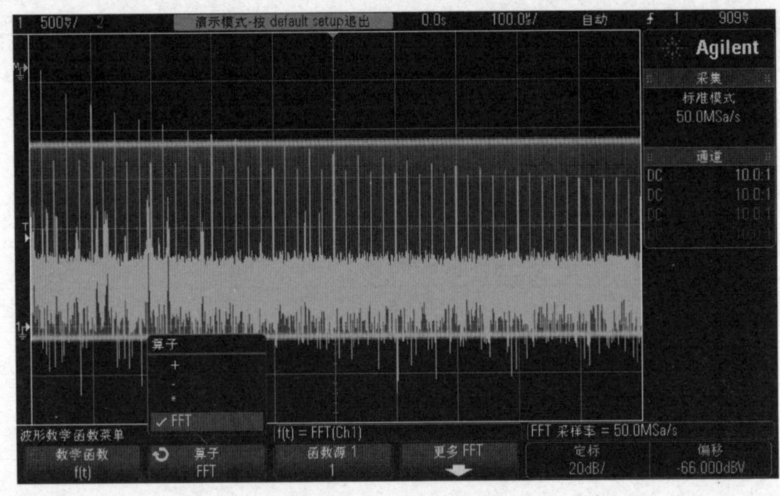

图 3.40 对重复数字时钟执行 FFT 数学函数

(8) 当“光标”菜单打开后，旋转 Entry 旋钮直到 X2 光标位于第二个最高频率峰的顶。

(9) 按源软键，然后旋转 Entry 旋钮将源从通道 1 更改为数学：f(t)

(10) 按光标旋钮并选择 X1 光标，当“光标”菜单打开后，旋转 Entry 旋钮，直到 X1 光标位于最高频率峰的顶部(显示屏左侧附近)，再次按光标旋钮并选择 X2 光标。

什么是 X1 频率，哪一个是基本分量(显示屏底部附近的读数)？ F1 =__________

什么是 X2 频率，哪一个应为第三谐波？ F3 =__________

3.5 实验器材

(1) 数字示波器 DSO - X_2012A　　1 台。

(2) 模电实验板　　1 块。

3.6 实验报告要求

(1) 整理测量数据，并完成各数据记录表格及画波形图。

(2) 画出相位测量波形图，比较几种测试方法的结果，并分析原因。

3.7 思考题

测量 SPD3303D 可编程线性直流电源上/下电的时间，若电源改为 1.8 V，将要调整哪些示波器设置？

第 4 章

信号发生器的使用实验

信号发生器是电子电路调试的必备仪器，为电路提供标准的测试信号。

本教材使用的信号发生器，是德公司 DSO－X_2012A 数字示波器中内置的波形发生器。

4.1 实验目的

掌握用内置信号源输出信号的方法。

4.2 预习要求

熟悉 DSO－X_2012A 数字示波器内置信号源的使用方法。

4.3 DSO－X_2012A 数字示波器内置信号源

内置信号源常用操作步骤如下：

(1) 信号线 BNC 端连接到信号源输出端，即内置波形发生器输出端（图 3.3 中标识 21），连接方法如图 4.1 所示。

(2) 按[Wave Gen]键，指示灯被点亮（蓝色），打开波形发生器菜单（图 4.2）。

备注：❶ 首次打开仪器时，波形发生器输出总是为禁用状态。

❷ 如果对 Gen Out BNC 施加过高电压，则将自动禁用波形发生器输出。

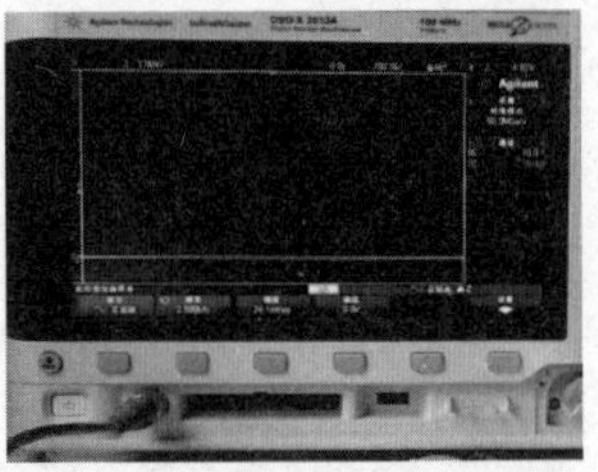

图 4.1　信号线 BNC 端连接

(3) 按波形软键（图 4.2），然后旋转 Entry 旋钮或按波形软键，选择波形类型正弦波/方波/锯齿波/脉冲/DC/噪声。

图 4.2　波形发生器菜单

(4) 按频率软键(图 4.2)，选择参数频率/频率微调/周期/周期微调，然后旋转 Entry 旋钮以调整参数值，如表 4.1 所列。

表 4.1　频率调整范围

波形类型	调整范围
正弦波频率	100 mHz～20 MHz
方波、脉冲	100 mHz～10 MHz
锯齿波	100 mHz～100 kHz

(5) 按幅度软键(图 4.2)，选择参数幅度/高电平/高电平微调，然后旋转 Entry 旋钮，调整参数值如表 4.2 所列。

表 4.2　幅度调整范围

进入什么负载	调整范围
开路	20 mVpp～5 Vpp
50 Ω	10 mVpp～2.5 Vpp

(6) 按偏移软键(图 4.2)，选择参数偏移/低电平/低电平微调，然后旋转 Entry 旋钮，调整参数值，调整范围：−2.5 V～2.5 V。

(7) 按占空比软键，然后旋转 Entry 旋钮，调整%值，占空比调整范围：20%～80%(此步骤仅在方波时使用)。

(8) 按对称性软键，然后旋转 Entry 旋钮，调整%值，对称性调整范围：0%～100%(此步骤仅在锯齿波时使用)。

(9) 按宽度软键，选择参数宽度/宽度微调，然后旋转 Entry 旋钮，调整参数值，脉冲宽度从 20 ns 调整为周期减 20 ns(此步骤仅在脉冲时使用)。

备注：按一下 Entry 旋钮可快速切换粗调和微调。

(10) 将调制添加到波形发生器输出

① 按设置软键(图 4.2)，再按调制软键，打开波形发生器调制菜单(图 4.3)。

② 按下调制软键以启用或禁用调制波形发生器输出(图 4.3)。

图 4.3　将调制添加到波形发生器输出

备注:❶ ■显示蓝色为已启用。

❷ 可以为除脉冲、直流和噪音之外的所有波形发生器功能类型启用调制。

③ 按下类型软键(图 4.3),然后旋转 Entry 旋钮以选择调制类型幅度调制(AM)/频率调制(FM)/频移键控调制(FSK)。

④ 按下波形软键(图 4.3),然后旋转 Entry 旋钮以选择调制波形正弦波/方形波/ 锯齿波。

⑤ 按下 AM/FM 频率软键(图 4.3/图 4.4),然后旋转 Entry 旋钮以指定调制信号的频率。

⑥ 按下 AM 深度软键(图 4.4),然后旋转 Entry 旋钮以指定幅度调制的%量(此步骤仅在 AM 时使用)。

备注:AM 深度指调制将使用的部分振幅范围。例如,随着调制信号从最小振幅上升到最大振幅,80%的深度设置将导致输出振幅从原始振幅的 10%变化到 90%(90%-10%=80%)。

⑦ 按下对称性软键(图 4.4),然后旋转 Entry 旋钮,调整%值(此步骤仅在载波信号为锯齿波时使用)。

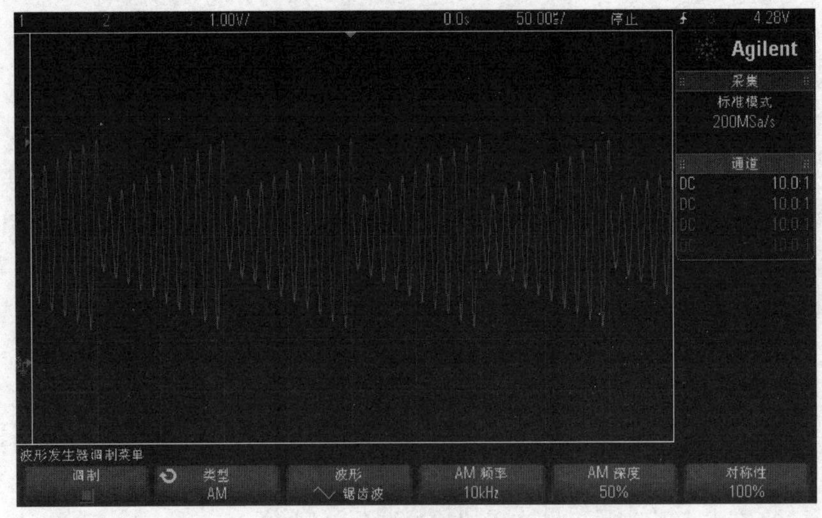

图 4.4 100 kHz 正弦波载波信号的 AM 调制

⑧ 按下 FM 偏差软键(图 4.5),然后旋转 Entry 旋钮来指定与原始载波信号频率之间的频率偏差(此步骤仅在 FM 时使用)。

备注:❶ 当调制信号在其最大振幅时,输出频率为载波信号频率与偏差量之和。

❷ 当调制信号在其最小振幅时,输出频率为载波信号频率与偏差量之差。

❸ 频率偏差不能大于原始载波信号频率。

❹ 原始载波信号频率和频率偏差之和必须小于或等于所选波形发生器函数的最大频率加上 100 kHz 之后的和。

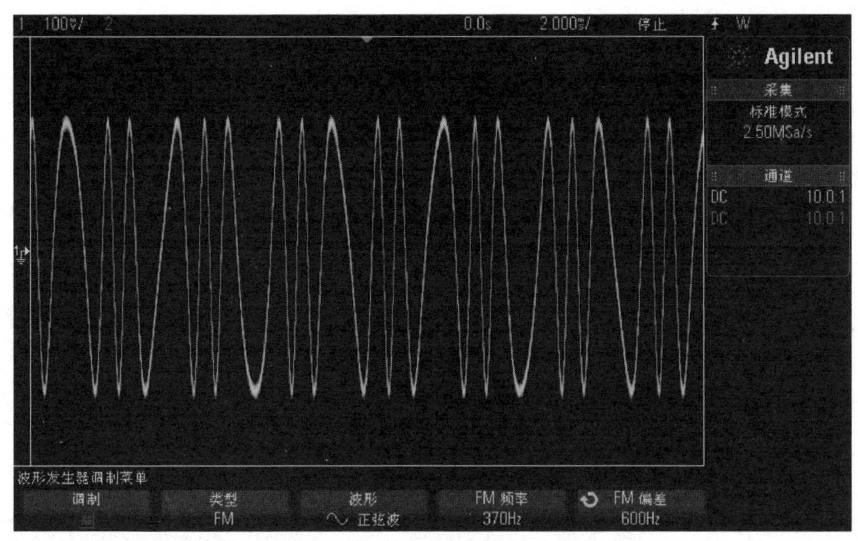

图 4.5　100 kHz 正弦波载波信号的 FM 调制

⑨ 按跳跃频率软键(图 4.6),然后旋转 Entry 旋钮以指定“跳跃频率”(此步骤仅在 FSK 时使用)。

备注:输出频率在原始载波频率和此“跳跃频率”之间“移动”。

⑩ 按 FSK 速率软键(图 4.6),然后旋转 Entry 旋钮以指定输出频率的“移动”速率(此步骤仅在 FSK 时使用)。

备注:FSK 速率指定数字方波调制信号。

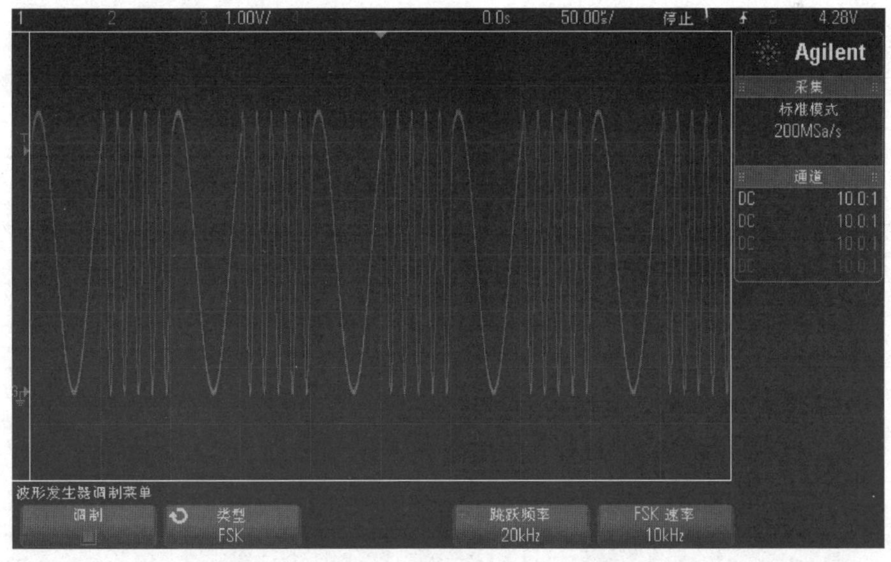

图 4.6　100 kHz 正弦波载波信号的 FSK 调制

4.4 实验内容和方法

(1) 波形参数(幅度)的测量(见表 4.3),用毫米方格纸,作出峰值与有效值曲线。

条件:信号源输出:正弦波;频率 $f=1$ kHz。

表 4.3 波形参数(幅度)测量

信号源输出峰-峰值 V_{PP}/V	0.02	0.2	1	2	3	4	5
实测峰-峰值 V_{PP}/V							
实测有效值 V_{RMS}/V							
有效值理论值 V_{RMS}/V							
峰-峰相对误差(%)							
有效值相对误差(%)							

(2) 内置信号源的幅频特性测量(见表 4.4),用半对数纸,作出幅频特性曲线 $V_{PP}\sim f$。

条件:信号源输出:正弦波;幅度峰-峰 0.5V_{PP}

表 4.4 内置信号源的幅频特性测量

信号源输出 f/Hz	1	20	300	4 k	50 k	600 k	1 M	8 M	20 M
Lgf									
实测有效值/V_{RMS}									
实测峰-峰 V_{PP}									

(3) 时间测量和频率测量(见表 4.5),用双对数纸,作出频率与时间曲线。

条件:内置信号源输出:正弦波;幅度峰-峰 0.5V_{PP}

表 4.5 时间测量和频率测量

f/Hz	5	20	300	400	5 k	60 k	30 k	500 k	1 M	6 M
S/div										
格数(1 个周期)										
T(实测周期)										
f(实测)										

(4) 调幅信号(见表 4.6)的输出。

要求:写明操作步骤,并 U 盘保存图像。

表 4.6 调幅信号

调制信号	锯齿波:10 kHz ;调幅深度:50%;对称性:100%
载波信号	正弦波:100 kHz

①____________________ ②____________________

③____________________ ④____________________

⑤____________________ ⑥____________________

(5) 调频信号(见表 4.7)的输出。要求:写明操作步骤,并 U 盘保存图像。

表 4.7　调频信号

调制信号	正弦波:10 kHz;FM 频率:370 Hz;FM 频偏:600 Hz
载波信号	正弦波:100 kHz

①____________________ ②____________________

③____________________ ④____________________

⑤____________________ ⑥____________________

4.5　实验器材

数字示波器 DSO－X_2012A　　1 台。

4.6　实验报告要求

整理测量数据,并按要求完成各数据记录表格及曲线。

4.7　思考题

怎样选择数字示波器?

第 5 章

电路板的焊接实验

焊接是每个电子工程师必须掌握的基本技能之一。

在焊接模电、数电实验板之前,必须掌握一些相关知识,如焊接工具、焊接工艺、印制板设计规则和预防静电等知识。

5.1 实验目的

焊接模电、数电实验板。

5.2 预习要求

(1) 了解焊接工具。

(2) 掌握焊接工艺。

(3) 测量注意事项。

(4) 熟知预防静电的措施。

5.3 焊接的相关知识

1. 电烙铁

(1) 电烙铁分控温电烙铁和尖头电烙铁,如图 5.1 和图 5.2 所示。

图 5.1 控温电烙铁

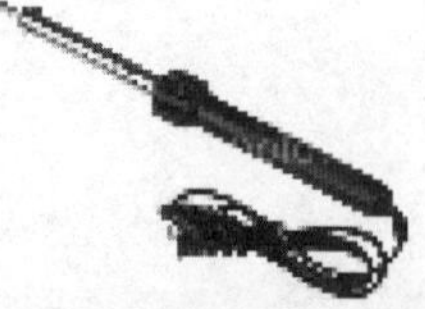

图 5.2 尖头电烙铁

尖头电烙铁分内热式和外热式；功率可分为：15 W、25 W、35 W、50 W、80 W、100 W、150 W、200 W、300 W等。

(2) 烙铁头种类。

① 圆头：用在焊较大的焊点上（如直插元器件）。

② 尖头：用在焊较小的焊点上（如贴片元器件）。

③ 扁头、刀型头：用在焊大焊点上（如大型插座）。

目前电子行业为了环保普遍使用的无铅烙铁头。

(3) 全新烙铁头使用步骤。

控温电烙铁使用步骤如下，尖头电烙铁参考控温电烙铁的使用步骤。

① 将温度设定控制旋钮转至低温位置，打开电源“开关”。

② 加温到达200 ℃后，在烙铁头沾锡面加含助焊剂的锡丝。

③ 在200 ℃持续加温5 min后，再将温度设定控制钮转至适当的使用温度位置。

④ 到达适当的温度后，即可开始使用。

(4)烙铁头的维护保养。

① 不要让烙铁头长时间停留在过高温度，易使烙铁头表面电镀层龟裂。

② 在焊接时，不要给烙铁头加以太大的压力摩擦焊点，易使烙铁头受损。

③ 绝对不要用粗糙的材料或锉刀清理烙铁头，视需要可以用金刚细砂布小心摩擦，并加温到200 ℃立即粘锡防氧化。

(5) 烙铁的正确使用。

① 烙铁的握法：A、低温烙铁：手执钢笔写字状。

B、高温烙铁：手指向下抓握。

② 烙铁头与PCB的理想角度为：45°。

③ 烙铁头需保持干净。

④ 控温太低将减缓焊锡的流动，控温过高会把焊锡中的助焊剂烧焦而转为白色浓烟，造成虚焊或烧伤电路板。一般使用不应该超过380 ℃。如果有需要使用较高温度，使用时间一定要短。

(6) 焊接时间及温度设置。

① 温度由实际使用决定，以焊接一个锡点4 s最为合适，最大不超过8 s，平时观察烙铁头，当其发紫时候，温度设置过高。

② 一般直插元器件，将恒温烙铁头的实际温度设置为(350～370 ℃)；

③ 贴片元器件(SMC)，将恒温烙铁头的实际温度设置为(330～350 ℃)；

④ 特殊元器件，需要特别设置烙铁温度。如FPC，LCD连接器等要用含银锡线，温度一般在290～310 ℃之间；

⑤ 焊接大的元件脚，温度不要超过380 ℃，但可以增大烙铁功率。

⑥ 当用25～40 W的尖头电烙铁时，一般2～3 s后，当看到焊锡流淌并充满焊盘后，即可移开电烙铁，注意保持元件位置不能松动。

(7) 接地线。

① 焊接电子元器件时,为了防止电烙铁上的静电损坏电子元器件,所以三芯电源线的接地端,必须可靠接地,以确保使用安全。

② 如果尖头电烙铁是二芯电源线,那么必须增加一根导线,将室内地线与尖头电烙铁外部的金属外壳相连接。

③ 如果尖头电烙铁有一根线悬空,那么必须将悬空的线接到接地端,确保电源插座接地端与电烙铁的金属外壳相连接。

2. 焊接技术和工艺

焊接是通过加热的烙铁将焊锡丝熔化,再借助于助焊剂的作用,使焊锡丝流入被焊金属之间,待冷却后形成焊接点,是一个物理和化学过程的结合。

(1) 焊接前的准备工作。

① 熟悉电原理图,尽量看懂各元器件的作用。

② 核对清单上所列各元器件的数量和规格。

③ 电路板表面已镀锡防氧化处理,避免手指直接触摸,防止沾上油腻和脏物。

④ 装配印制板最重要的因素是好的焊接技术。建议使用 25～40 W 的尖头电烙铁或恒温烙铁,烙铁的顶部头应保持清洁使之容易上锡,一般可将烙铁头在潮湿的专用海绵上擦去氧化层。

⑤ 只能用优质的松香焊锡丝,助焊剂使用松香酒精溶液。不能用酸性的焊油,防止酸性焊油腐蚀元件和焊盘。

⑥ 元器件焊接原则:A. 先小后大,先低后高;

B. 多引脚元件先焊一个引脚,整理位置后再焊其余引脚。

(2) 正确的焊接步骤:

① 右手电烙铁,把它推向引脚和焊盘,如图 5.3 所示。

② 将少量的焊锡放在烙铁尖上,可以使热量从烙铁上传到焊盘上。然后用左手送上焊锡丝,将焊锡熔化。这时,看到焊锡在焊盘上自由流动,充满整个焊盘,如图 5.4 所示。

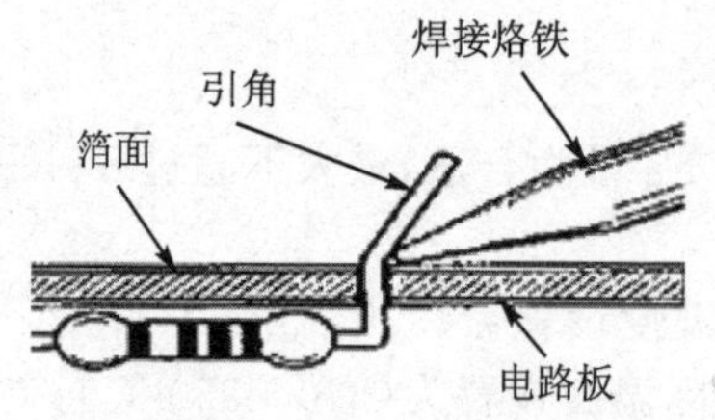

图 5.3　烙铁头接触位置

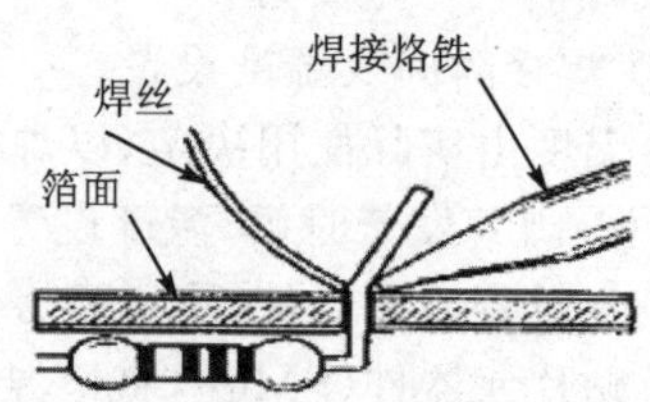

图 5.4　焊丝的供给

(3) 贴片元器件的焊接。

① 选择贴片元器件的一个焊盘预上锡。

② 用镊子夹住贴片元器件放在焊盘上,用烙铁熔化预上锡焊盘的焊锡,将贴片元器件移动到正确位置,把该引脚焊牢。

③ 完成其他引脚的焊接。

(4) 实验板的焊接次序。

① 模电实验板的焊接次序为裸铜导线→电阻→电容→二极管→发光二极管→三极管→集成电路插座→电位器→插针→电源插座→USB 插座→冷却后剪掉多余引脚，脚露出板子的长度大约在 1～1.2 mm 之间→完成模电实验板的焊接工艺。

② 数电实验板的焊接次序为贴片元器件→裸铜导线→发光二极管→集成电路插座→电位器→数码显示管→插针→电源插座→USB 插座→冷却后剪掉多余引脚，脚露出板子的长度大约在 1～1.2 mm 之间→完成数电实验板的焊接工艺。

(5) 焊接质量。

锡点圆满、光滑、无针孔、无松香渍，没有虚焊、少锡、多锡和短路现象。

3. 印制板设计规则

(1) 基本概念。

① 位号：为了区分电路图上同一类元件中的不同个体而分别给其编号。

② 值：表示元件特性的具体数值或器件型号。

③ 库：为了区分电原理路图和印板上不同元件而分别建的图形。

④ 集成电路封装汇总，如图 5.5 所示。

图 5.5　集成电路封装总汇

(2) 实验板所用元器件规则汇总如表 5.1 所列。

表 5.1　实验板所用元器件规则

名　称	位　号	值	原理图库	印制板库
电阻 R	R7	2 kΩ	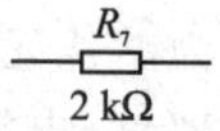 R_7 2 kΩ	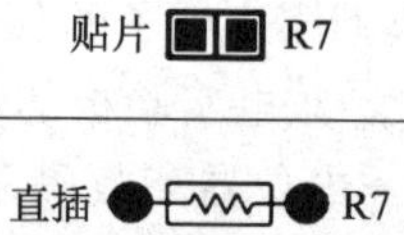 贴片 R7 直插 R7
电位器 VR	VR1	22 kΩ	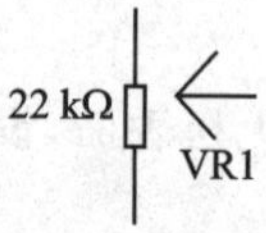 22 kΩ VR1	 VR1 直插
自恢复电阻 F	F1	FUSE/SM	 FUSE/SM F1	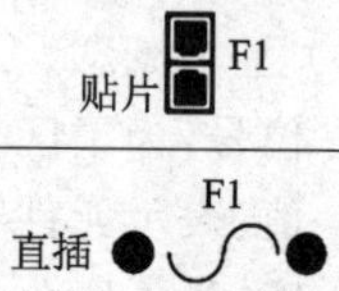 F1 贴片 F1 直插
电容 C	C14	0.1 μF	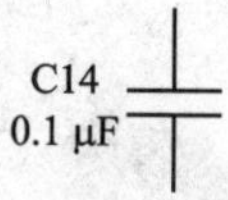 C14 0.1 μF	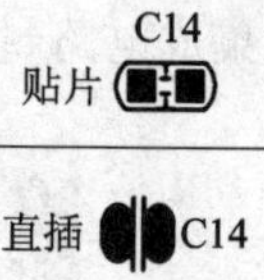 C14 贴片 直插 C14
电解电容 C	C17	16 V－100 μF	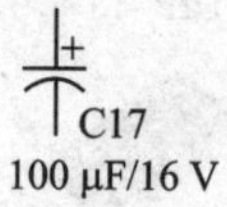 + C17 100 μF/16 V	 C17 直插
二极管 D	D1	Hz5.6	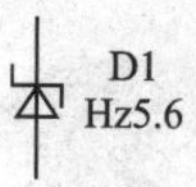 D1 Hz5.6	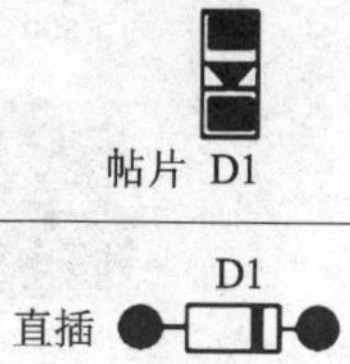 帖片 D1 D1 直插
发光二极管 D	D19	绿灯	 D19 绿灯	 直插 D19
三极管 Q	Q4	2SC1815	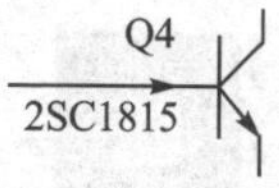 Q4 2SC1815	 Q4 直插 Q4 帖片

续表 5.1

名 称	位 号	值	原理图库	印制板库
集成电路 IC	IC12	74LS04 或 CD4011	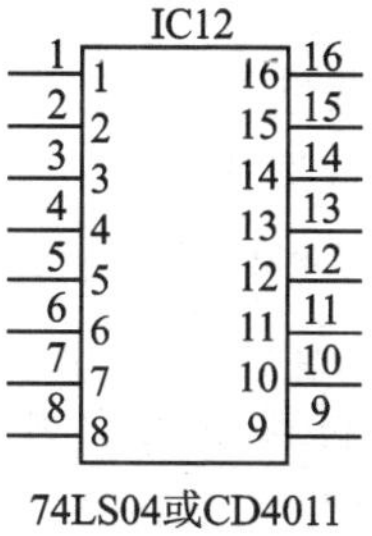	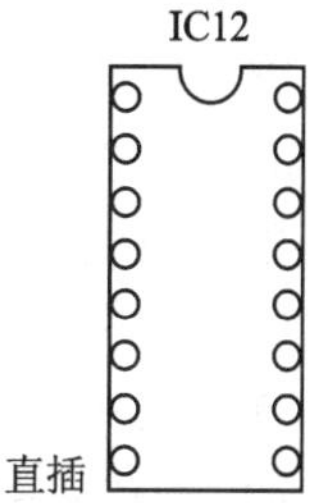
三端稳压 IC	IC1	7805	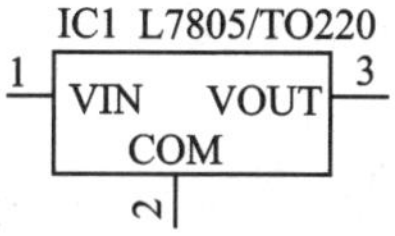	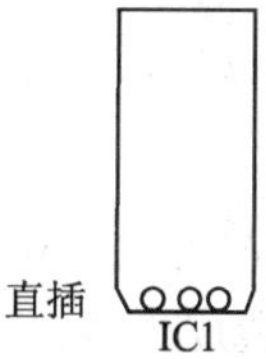
裸铜导线 JMP	JMP32	5 mm	无	
插座 J	J17	2 列 4 排	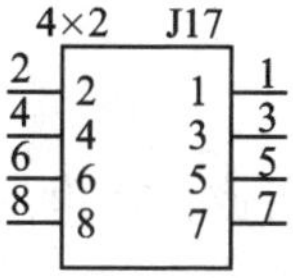	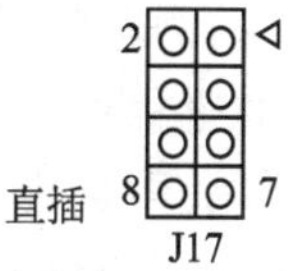
电源插座	J1	TX3－1Z	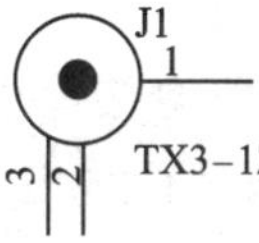	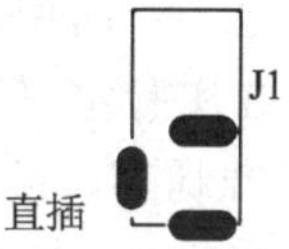

4. 测量注意事项

(1) 要求将电子设备的金属外壳接地。因为万一电子设备漏电,外壳对地有一个电压,如果此电压较高,会使人接触电子设备外壳时触电。当电子设备的金属外壳接地后,电子设备的金属外壳对地电压就很小,确保了安全。

(2) 实验室或家里 220 V 交流电源插座有 3 个插孔,当中一个插孔已将地线接好,只要用三芯插头插入插座,电器外壳就接地了。

5. 静电(ESD)问题

ESD 是 Electro－Static discharge 的缩写,即"静电释放"。静电是一种电能,它存在于物体表面,是正负电荷在局部不平衡时产生的一种现象,当它的电能达到一定程度后,击穿介质而进行放电的现象就是静电放电。

(1) 静电的产生的原因：

① 接触分离起电：两个不同的物体接触后再分离即可产生静电。如脱衣服、剥离一张塑料薄膜而产生的静电。

② 摩擦起电：是一个机械过程，两个不同的物体不断接触与分离的过程即可产生摩擦静电。如物体的移动或摩擦而产生静电。

③ 感应起电：针对导体材料而言，当带电导体接近不带电导体时，会在不带电导体的两端分别感应出正、负电荷，即可产生感应静电。

④ 传导起电：针对导电材料而言，因电子能在它的表面移动，即可产生传导静电。如带电物体接触，将会发生电荷转移，即可产生传导静电。

(2) 静电对电子产品的危害分类：

① 静电放电电流直接通过电路，感应的电压或电流超过电路的允许范围，造成电路损坏。

② 静电放电电流产生的电磁场通过电容耦合、电感耦合或空间辐射耦合等途径对电路造成干扰。

③ 静电电流产生热量导致电子产品的热失效。

④ 由于静电感应出高的电压导致绝缘击穿。

(3) 防静电的措施

① 穿全棉的工作服。

② 实验室铺设抗静电地板或抗静电地毯。

③ 实验人员佩带防静电手腕带、脚腕带和穿防静电鞋。

④ 电子产品用防静电袋包装。

⑤ 在实验室安装单独的防静电接地线。

要控制静电，最有效的措施是让静电以最快的速度落入大地，即人体与大地相“连接”，即接地，以消除其聚集的电能。

通常，接地线埋入地下深度大于 2 m，用 25 mm^2 的铜芯线与地网引线通过铜线连接器紧固件引入实验室内，防静电接地线电阻不大于 0.5 Ω。

防静电接地线主要是针对电子设备及电路的需要而设计安装的，与电子设备及电路工作与否无关。

第二篇:电路分析基础实验

电路分析基础实验是电类专业的入门实验训练,也是电路课程体系中的一个重要环节,为学生学习后续专业课程储备必要的电路知识和实践技能。实验不仅是对理论知识的最好验证,更可以能培养学生的实践动手能力、逻辑分析能力甚至探索创新能力。本篇一共包含3个部分:电路基本现象和基础原理的实验研究、动态电路暂态过程的实验研究、交流稳态电路的实验研究等,各部分实验设计既紧扣电路基础理论的基本现象和经典原理,又有适量的灵活引申,为电路初学者提供了一套难易适中的实验训练案例。

第 6 章

电路基本现象和基础原理实验

6.1 基本元件测试方法和电阻元件伏安特性的测量

电路中常用的基本元件包括电阻器、电容器和电感器等，了解每一个元件的VCR (Voltage Current Relation，电压电流关系)是研究元件特性的基础，它连同基尔霍夫定律就构成了集总电路分析的基础。本章通过简单实验测得电阻元件的VCR了解其电学特性；对于测量电容和电感的元件参数等性质，必须借助专门的仪器或者通过测量其交流特性来获得，但也可借助一些简单测试方法大致判断电容器和电感器质量的好坏。

6.1.1 实验目的

(1) 掌握电阻元件伏安特性的逐点测试法。

(2) 学习直流稳压电源和直流电压表、直流电流表的使用方法。

(3) 了解电容器、电感器的基本性质和掌握简单测试方法。

6.1.2 实验原理

(1) 电阻：任何二端电阻元件的特性可用该元件上的端口电压 V 与通过该元件的电流 I 之间的函数关系 $I=f(V)$ 来表示，即用 $I\sim V$ 平面上的一条曲线来表征，这条曲线称为该电阻元件的伏安特性曲线。根据伏安特性的不同，电阻元件可分为线性电阻和非线性电阻两类。线性电阻元件的伏安特性曲线是一条通过坐标原点的直线，如图 6.1 中的 a 所示，该直线的斜率只由电阻元件的电阻值 R 决定，该阻值为常数，与元件两端的电压 V 和通过该元件的电流 I 无关；非线性电阻元件的伏安特性是一条经过坐标原点的曲线，其阻值 R 不是常数，即在不同的电压作用下，电阻值是不同的，常见的非线性电阻如白炽灯丝、普通二极管、稳压二极管等，它们的伏安特性如图 6.1 中的 b 和 c。在图 6.1 中，$V>0$ 的部分称为正向特性，$V<0$ 的部分称为反向特性。

绘制伏安特性曲线通常采用逐点测试法，即在不同的端电压作用下，测量出相应的电流，然后逐点绘制出伏安特性曲线，根据伏安特性曲线便可计算其电阻值。

(2) 电容：电容器通过容纳电荷来存储能量，广泛应用于电路中的隔直通交、耦

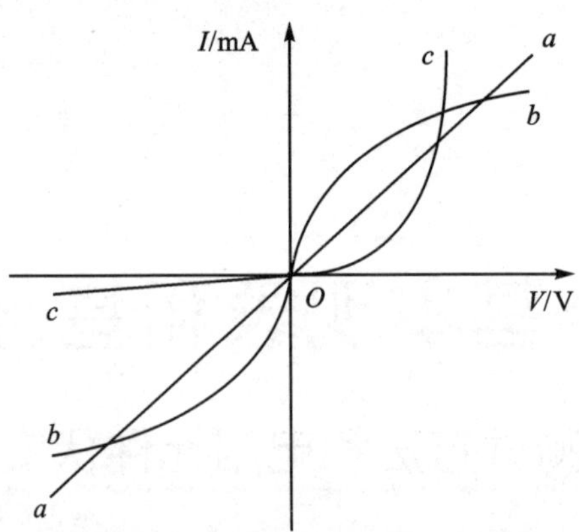

图 6.1　电阻元件伏安特性曲线

合、旁路、滤波、调谐、能量转换和控制等方面。该器件的基本物理量是电容量，用以反映其储存电荷的能力。在实际使用中，往往还需要关注电容器的额定电压、绝缘电阻、频率特性、温度系数等各种指标和必要的注意事项，比如电解电容的正负极偏压不得反偏、加正偏压也不应超过额定电压等。不当或者错误的使用方式会损害电容器的性能和寿命，对于电解电容还可能导致鼓包、漏液甚至爆炸等电路事故。

测量电容器的电容量需要借助专门仪器或者通过测量交流特性等一些实验方法来获得，但可以用普通数字万用表简单测试电容器的好坏。其原理就是观察电容器的充电过程，根据充电过程正常与否和快慢程度可大致判断电容器的好坏与大小。以测试电解电容器为例，首先将数字万用表拨至合适的电阻挡，然后将电容器两脚短接放电一下再分开接触数字万用表的表笔，注意电容器正极接红表笔，电容器负极接黑表笔，如果测试无极性电容则不必做区分，此后观察显示值将从“0”开始逐渐增加，直至显示溢出符号“1”。若始终显示“0”，说明电容器内部短路；若始终显示溢出，则可能是电容器内部极间开路，或可能所选择的电阻挡不合适。注意，此法不适合用于测试小电容，因为即使选择仪表最大的电阻挡也始终显示溢出。

(3) 电感：电感器是通过把电能转化为磁能来存储能量的元件，在电路中主要起到滤波、振荡、延迟、陷波等作用。电感器最基本的物理量是电感量，是表示电感器产生自感应能力的一个物理量。此外电感器的品质因数、分布电容和额定电流等参数也是实际使用过程中常常需要关注的性能指标。

电感器也可以用普通数字万用表简单检测质量好坏，具体方法如下：将万用表打到蜂鸣二极管挡，把表笔放在电感器两引脚上，看万用表的读数。贴片电感的读数应为零，电感线圈的读数在几欧姆，匝数较多的电感线圈的读数可能达到几十～几百欧姆。如果万用表读数过大或显示溢出则表示电感损坏。

6.1.3　实验内容及方法

1. 测定线性电阻的伏安特性曲线

按图 6.2 接线，图中的电源 V_s 为直流稳压电源，通过直流电流表 XMM1 测量待测线性电阻 R_x 的导通电流 I_x，通过直流电压表 XMM2 测量 R_x 的端口电压 V_x。

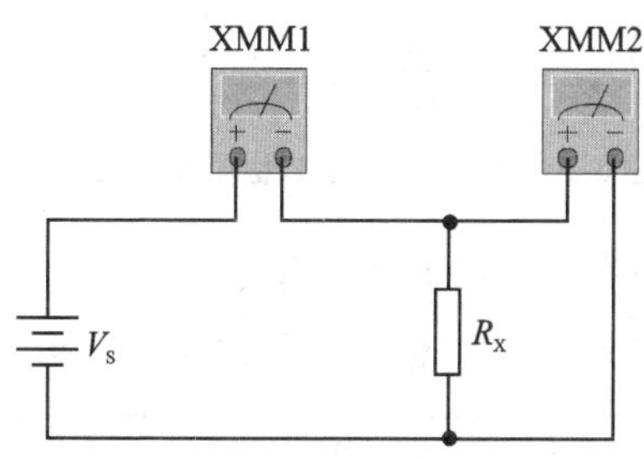

图 6.2　测定线性电阻的伏安特性

① 改变恒压源 V_s 的输出电压，从 0 V 开始逐步地增加，在表 6.1 中记下相应的电压表 V_x 和电流表的读数 I_x，可根据需要对表 6.1 的测量列进行增删。说明，待测线性电阻 R_x 取常用的色环电阻，额定功率取 0.25 W，假设阻值在 1 kΩ 左右，请估算 V_s 的取值上限，确保测量过程中 V_s 不得超过该上限值。直流电流表取“mA”档。

表 6.1　线性电阻伏安特性数据

V_x/V	0	2	4	6	8	10
I_x/mA						

② 根据表 6.1 测量数据绘制待测电阻伏安特性曲线，并算出其阻值。

2. 测定半导体二极管的伏安特性曲线

按图 6.3 接线，图中的电源 V_s 为直流稳压电源，R_1 为限流电阻，二极管 D_1 的型号取 1N4148，通过直流电流表 XMM1 测量二极管导通电流 I_D，通过直流电压表 XMM2 测量二极管端口电压 V_D。

(1) 调节直流稳压电源 V_s 的输出电压使得二极管 D_1 的端口电压 V_D 在 0～0.75 V 的区间内取值，对应测出此时二极管 D_1 的导通电流 I_D，注意 V_D 在 0.6～0.7 V 的区间内应多取几个测量点，将数据记入表 6.2，可根据测量实际情况对表 6.2 的测量列进行增删。说明：①测量二极管 D_1 的伏安特性必须接入限流电阻 R_1，而且由于限流电阻分压，二极管 D_1 的端口电压 V_D 不再等于直流稳压电源 V_s 的输出电压，实验中必须注意区分；②二极管 1N4148 的正向开启电压在 0.7 V 左右，开启后阻值迅速下降，且开启后的正常正向电流大约为 150 mA。如果需要必须从 10 Ω、100 Ω、1 kΩ 这 3 个备选的色环电阻中选择一个作为限流电阻，请问应该选择哪个电阻？③选定限流电阻后，试估算直流稳压电源 V_s 允许的输出电压范围，确

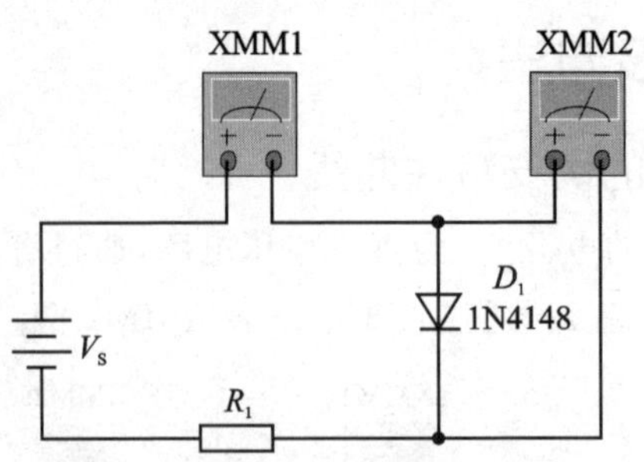

图 6.3　测定半导体二极管的伏安特性

保测正向特性时 V_s 的输出电压不得超过上限。

表 6.2　二极管正向特性实验数据

V_D/V	0	0.20	0.40	0.50	0.60	0.62	0.64	0.66	0.68	0.70	0.72
I_D/mA											
V_D/V											
I_D/mA											

(2) 测反向特性时，将 V_s 的输出端正、负连线互换，调节输出电压使得二极管 D_1 的端口电压 V_D 逐步改变，对应测出此时二极管 D1 的导通电流 I_D，将数据记入表 6.3，可根据需要对表 6.3 的测量列进行增删。

表 6.3　二极管反向特性实验数据

V_D/V	0	−5	−15	−20	−25	−30
I_D/μA						

3. 测定稳压管的伏安特性曲线

按图 6.4 接线，图中的电源 V_s 为直流稳压电源，R_2 为限流电阻，稳压二极管 D_2 的型号取 1N4733A，通过直流电流表 XMM1 测量稳压二极管导通电流 I_D，通过直流电压表 XMM2 测量稳压二极管端口电压 V_D。重复实验内容 2 的测量过程，将数据分别记入表 6.4 和表 6.5 中。

① 先测反向特性，即给稳压二极管 D_2 施加反向偏压，通过调节输出电压测量稳压二极管 D_2 的伏安特性，将数据记入表 6.4，可根据需要对表 6.4 的测量列进行增删。说明：稳压二极管 1N4733A 稳压值为 5.1 V，功率为 1 W，则稳压电流不得超过 196 mA。但考虑到基础电路实验通常配备的电阻元件都是色环电阻，为不失一般性我们就择色环电阻作为本次测量的限流电阻 R_2，若阻值取为 10 Ω，则不难估算出实际导通电流需要控制在 150 mA 以下，请据此估算直流稳压电源 V_s 允许的输出电压范围，确保测反向特性时 V_s 的输出电压不得超过上限。

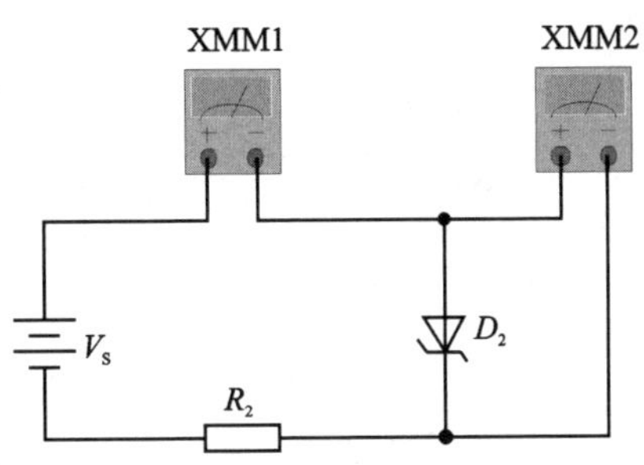

图 6.4　测定稳压二极管的伏安特性

表 6.4　稳压二极管反向特性实验数据

V_D/V	0	−2.0	−4.0	−4.5	−4.9	−5.0	−5.05	−5.1	
I_D/mA									

② 通过调节直流稳压电源 V_s 的输出电压，测量稳压二极管 D_2 的正向伏安特性，将数据记入表 6.5，可根据测量实际情况对表 6.5 的测量列进行增删。说明：同样请估算直流稳压电源 V_s 允许的输出电压范围，确保测正向特性时 V_s 的输出电压不得超过上限。

表 6.5　稳压二极管正向特性实验数据

V_D/V	0	0.20	0.40	0.50	0.60	0.62	0.64	0.66	0.68	0.70	0.72
I_D/mA											
V_D/V											
I_D/mA											

4. 限流电阻研究

限流电阻经常串接于电路中，用以限制所在支路电流的大小，以防电流过大烧坏所串接的元器件。同时限流电阻也能起分压作用。例如，发光二极管也是由 PN 结构成，在发光二极管一端添加一个限流电阻可以减小流过发光二极管的电流，防止损坏元件。普通发光二极管的正向工作电压一般为 1.6～2.1 V，开启后正向电流达到 1 mA 左右即开始发光，且光强随工作电流的上升而增强，但工作电流达到一定数值时光强逐渐趋于饱和。一般将小型发光二极管的正向工作电流设置在 10～20 mA 左右，最大工作电流一般不超过 50 mA。

本例中，请按图 6.5 接线，图中的电源 V_s 为直流稳压电源，R_3 为 100 Ω 电阻，R_4 为 5 kΩ 电位器，R_3 和 R_4 共同起到限流电阻的作用，发光二极管 LED1 选择实验室提供的常用类型即可（建议选择绿色发光二极管能够观察到较为明显的现象变化）。通过直流电流表 XMM1 测量发光二极管导通电流 I_D，通过直流电压表 XMM2

测量发光二极管端口电压 V_D。

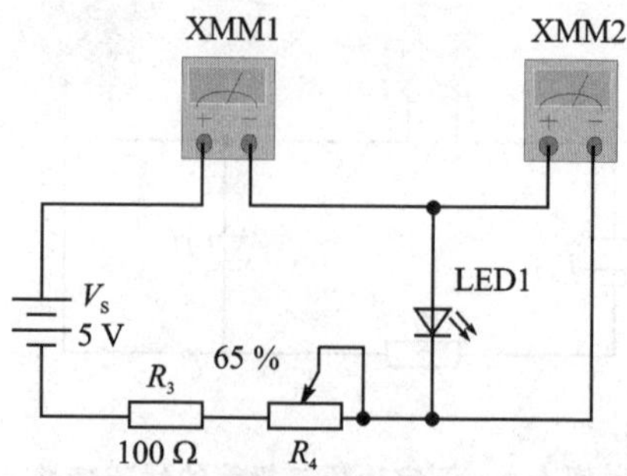

图 6.5　限流电阻的应用示例

① 测量过程中，保持 V_s 输出电压为 5 V 不变，通过调节 R_4 阻值改变电路中的限流电阻值（$=R_3+R_4$），从而引起电压、电流等的变化，进而引起发光二极管电学状态的改变，注意观察并记录实验现象，同时测量限流电阻取不同阻值时发光二极管的电学量，将数据分别记入表 6.6，可根据测量实际情况对表 6.6 的测量列进行增删。

表 6.6　发光二极管关于限流电阻作用的研究

限流电阻/Ω	100	300	600	1 100	1 600	2 100	2 600	3 100	
V_D/V									
I_D/mA									
LED1 亮度									

② 估测出所选发光二极管的正向工作电压，并估算出在 5 V 电压条件下，发光二极管的正向工作电流近似为 20 mA 时所应串接的限流电阻的阻值大小。

5. 电感器、电容器的初步测试研究

本例要求学生采用基本仪器和简易方案对电感器、电容器进行检测，掌握这两类器件的简单测试方法和了解它们的一些使用注意事项。

(1) 用数字万用表测量某未知电感器的内阻。选择蜂鸣二极管档，将表笔与电感器两引脚相连接，观察并记录读数。

(2) 用数字万用表比较一个容值已知电容器和一个容值未知电容器的大小。容值已知电容器选择以 47 μF/16 V 电解电容为例，先将数字万用表调节到量程 200 kΩ 电阻挡，按图 6.6 连接测试电路，注意：①每次测试前电解电容两引脚必须保持短接；②电解电容正极接红表笔、负极接黑表笔，切勿反极接。一切准备就绪开始测试，将电解电容两引脚的连接断开，观察万用表读数从"0"逐步上升到溢出指示的变化过程，大致历时十余秒。然后换用容值未知电容器重复上述操作，观察读数变化，根据现象和历时可判断该电容器与已知电容器的容值大小的比较关系。电容器实验测试结果如表 6.7 所列。

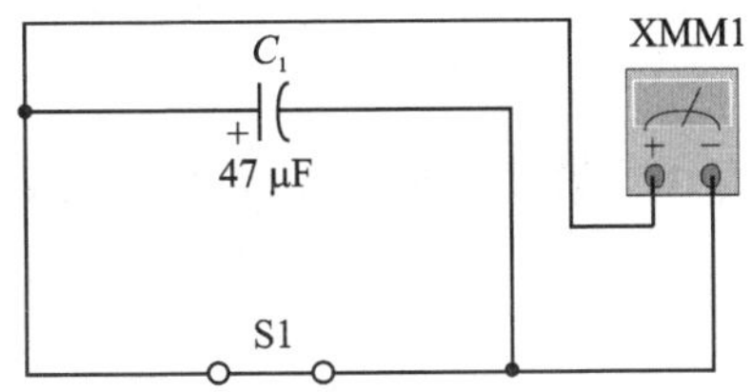

图 6.6　数字万用表测试电解电容实验电路

表 6.7　电容器实验测试结果

	器件标称值	选择挡位	读数现象	过程估时
已知电容器				
未知电容器	—			
结论	容值比较:未知电容器已知电容器			

注:假设实验所选用电容器均完好。

(3) ＊电解电容爆炸现象观察实验。不当使用电容器会损害其性能和寿命,严重地会导致器件烧毁甚至爆炸。本例将通过实验引发一起小型的电解电容爆炸现象,希望通过该实验加深学生对电路安全操作的认知和对电解电容特性的理解。注意:本实验需在一定的安全措施防护下和教师的监督指导下进行。

电解电容爆炸的直接原因是温度升高导致器件内部的电解液急速汽化膨胀,冲破外壳束缚而引起爆炸。一般电压过高、极性接反或者环境温度过高都可能成为电解电容爆炸的诱因。

具体实验操作如下:选择 47 μF/16 V 电解电容,按图 6.7 所示与直流电源连接,直流电源设置为恒压模式的 24 V 电压输出,该电压值已大大超出电解电容的额定电压。一般专用的直流电源设备均有过流保护,如无过流保护可以串接一个 5 kΩ 的保护电阻以预防损坏电源。建议将电解电容放置在一个透明保护罩内,防止爆炸后碎屑和残液的随处飞溅。一切准备就绪后接通回路,片刻后电解电容就会过热爆炸。

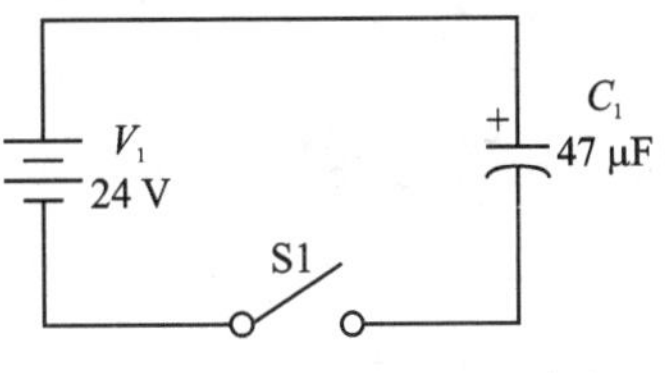

图 6.7　数字万用表测试电解电容实验电路

6.1.4　实验注意事项

(1) 在实际测量时,电源的输出电压 V_s 应由 0 逐渐增加,应时刻注意电压表和电流表,不能超过规定值;

(2) 电源输出端切勿碰线短路;

(3) 测量中,随时注意电流表读数,及时更换电流表量程,勿使仪表超量程;

(4) 电路器件均有一定的使用条件,接入电路前应进行估算,切勿超过额定电压、额定电流等限制条件;

(5) 电解电容的引脚有正负极性区别,使用过程中务必根据正确的指示操作。

6.1.5 实验报告要求

(1) 根据实验数据,分别在方格纸上绘制出各个电阻的伏安特性曲线。

(2) 根据伏安特性曲线,计算线性电阻的电阻值,并与实际电阻值比较。

(3) 记录 DC 扫描曲线,并与逐点绘制的伏安特性曲线比较。

6.1.6 实验器材

(1) 数字示波器　　Agilent DSO - X 2012A。

(2) 数字万用表　　2 台。

(3) 直流电源　　1 台。

(4) 面包板　　1 个。

(5) 实验元器件

电阻　　10 Ω×1,100 Ω×1,1 kΩ×1;

电位器　　5 kΩ×1;

二极管　　1N4148×1;

稳压二极管　　1N4733A×1;

发光二极管　　1 个(绿色);

电感　　10 mH×1;

电解电容　　1μF/50 V×1,47 μF/16 V×1。

6.1.7 思考题

(1) 请举例说明哪些元件是线性电阻,哪些元件是非线性电阻,它们的伏安特性曲线是什么形状?

(2) 如何计算线性电阻与非线性电阻的电阻值? 两类电阻的伏安特性有何区别?

(3) 设某电阻元件的伏安特性函数式为 $I=f(V)$,如何用逐点测试法绘制出伏安特性曲线?

(4) 试分析发光二极管的工作参数,比如最小工作电流、工作电压范围等;假定 V_s 保持 5 V,并要求发光二极管的工作电流为 10 mA 左右,试求限流电阻的近似取值。

6.2　基尔霍夫定律和线性电路定理实验

基尔霍夫定律反映了符合集中参数假设的电路中电压和电流所遵循的基本规律。叠加定理和齐次定理则反映了线性电路系统中的电学激励和响应之间所应具有的约束关系。这些定律和定理是分析和计算较复杂电路系统的根本依据和有效手段。

6.2.1　实验目的

(1) 通过实验验证基尔霍夫定律；

(2) 通过实验验证线性电路的叠加原理和齐次定理；

(3) 通过实验体会叠加原理和齐次定理的适用范围；

(4) 通过实验了解功率不满足可加性和齐次性。

6.2.2　实验原理

基尔霍夫定律是电路理论中最基本的定律之一，它阐明了电路整体结构必须遵守的规律。

基尔霍夫电流定律(简称 KCL)：在任一时刻，流入到电路任一节点的电流总和等于从该节点流出的电流总和，换句话说就是在任一时刻，流入到电路任一节点的电流的代数和为零。例如图 6.8(a)所示为电路中某一节点 N，共有 5 条支路与它相连，5 个电流的参考方向如图所示，根据基尔霍夫定律就可写出：

$$I_1 + I_2 + I_3 = I_4 + I_5$$

如果把基尔霍夫定律写成一般形式就是 $\Sigma I = 0$。显然，这条定律与各支路上接的是什么样的元件无关，不论是线性电路还是非线性电路，它是普遍适用的。

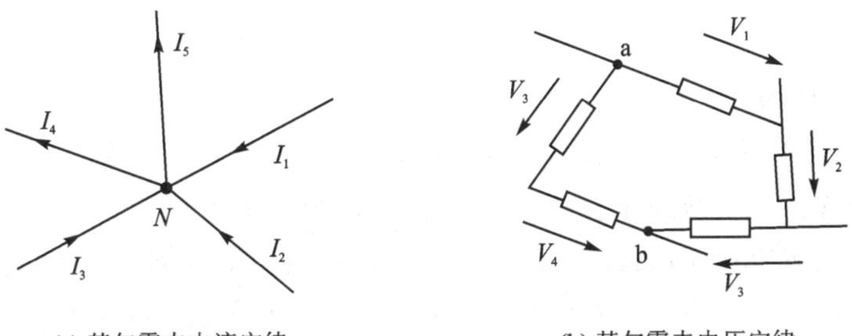

(a) 基尔霍夫电流定律　　(b) 基尔霍夫电压定律

图 6.8　基尔霍夫定律

基尔霍夫电压定律(简称 KVL)：在任一时刻，沿闭合回路电压降的代数和为零。把这一定律写成一般形式，即为 $\Sigma V = 0$。例如在图 6.8(b)所示的闭合回路中，电阻两端的电压参考极性如箭头所示，如果从节点 a 出发，顺时针方向绕行一周又回到 a

点，便可写出：

$$V_1+V_2+V_3-V_4-V_5=0$$

显然，基尔霍夫电压定律也是和沿闭合回路上元件的性质无关，因此，不论是线性电路还是非线性电路，它是普遍适用的。

叠加原理：在有几个电源共同作用下的线性电路中，通过每一个元件的电流或其两端的电压，可以看成是由每一个电源单独作用时在该元件上所产生的电流或电压的代数和。具体方法是，一个电源单独作用时，其他的电源必须去掉（电压源短路，电流源开路，但保留其内阻）；在求电流或电压的代数和时，当电源单独作用时电流或电压的参考方向与共同作用时的参考方向一致时，符号取正，否则取负。在图 6.9 中，有

$$I_1=I'_1-I''_1 \qquad I_2=-I'_2+I''_2 \qquad I_3=I'_3+I''_3 \qquad V=V'+V''$$

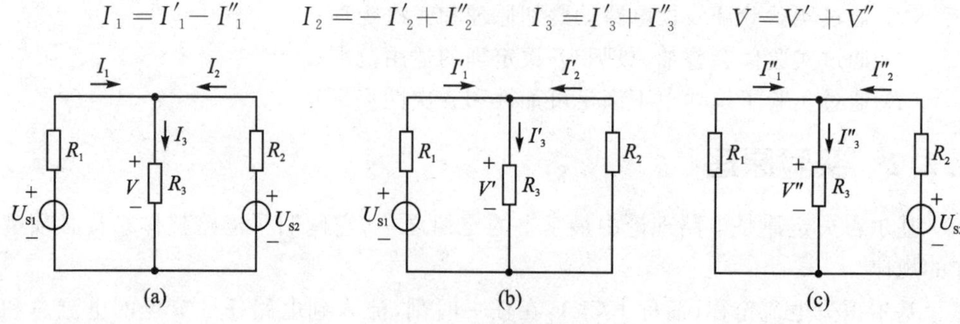

图 6.9　叠加原理

叠加原理反映了线性电路的叠加性。线性电路的齐次性是指当激励信号（如电源作用）增加或减小 K 倍时，电路的响应（即在电路其他各电阻元件上所产生的电流和电压值）也将增加或减小 K 倍。叠加性和齐次性都只适用于求解线性电路中的电流和电压。对于非线性电路，叠加性和齐次性都不适用。

6.2.3　实验内容及方法

1. 线性电路

线性电路条件下，实验电路如图 6.10 所示，图中 $R_1=3.0\ \text{k}\Omega$，$R_2=R_3=R_4=2.0\ \text{k}\Omega$，电源 V_{s1} 用直流稳压源 12 V，V_{s2} 用直流稳压源 4 V。

(1) V_{s1} 电源单独作用：参考图 6.10(b)搭建电路图，用数字万用表测量各支路电流和电压，数据填入表 6.8 对应行。注意电流和电压的参考方向。

(2) V_{s2} 电源单独作用：参考图 6.10(c)搭建电路图，用数字万用表测量各支路电流和电压，数据填入表 6.8 对应行。注意电流和电压的参考方向。

(3) V_{s2} 电源单独作用：保持图 6.10(c)电路图结构不变，调节 V_{s2} 电源输出电压为 8 V，用数字万用表测量各支路电流和电压，数据填入表 6.8 对应行。注意电流和电压的参考方向。

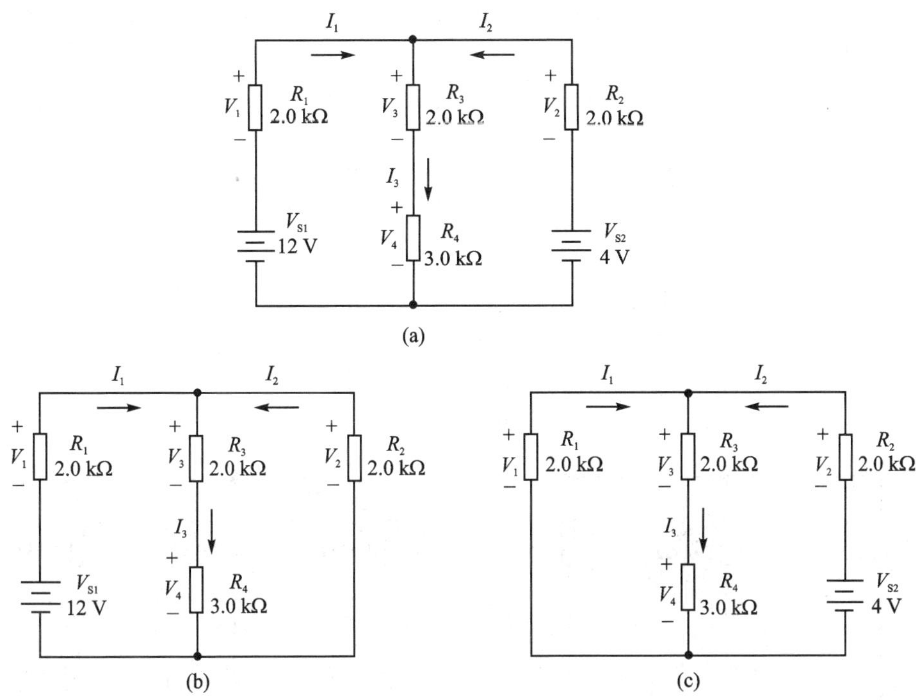

图 6.10　线性元件构成的实验电路

(4) V_{s1} 和 V_{s2} 共同作用:参考图 6.10(a)搭建电路图,用数字万用表测量各支路电流和电压,数据填入表 6.8 对应行。注意电流和电压的参考方向。

(5) V_{s1} 和 V_{s2} 共同作用:保持图 6.10(a)电路图结构不变,将 V_{s2} 电源输出端正负极反接,用数字万用表测量各支路电流和电压,数据填入表 6.8 对应行。注意电流和电压的参考方向。

表 6.8　实验数据一

测量项目 实验内容	V_{s1}/V	V_{s2}/V	I_1/mA	I_2/mA	I_3/mA	V_1/V	V_2/V	V_1/V	V_2/V
V_{s1} 单独作用	12	0							
V_{s2} 单独作用	0	4							
V_{s2} 单独作用	0	8							
V_{s1}、V_{s2} 共同作用	12	4							
V_{s1}、V_{s2} 共同作用	12	−4							

* 注:将第三行数据与第二行数据对比,用于分析电路是否满足齐次性。

2. 非线性电路

非线性电路条件下,实验电路如图 6.11 所示,基本保持图 6.10 实验电路结构不变，仅将 R_4 替换为一只二极管 D_1，型号可取为 1N4148，重复步骤上述实验过程，并将数据记入表 6.9 中。

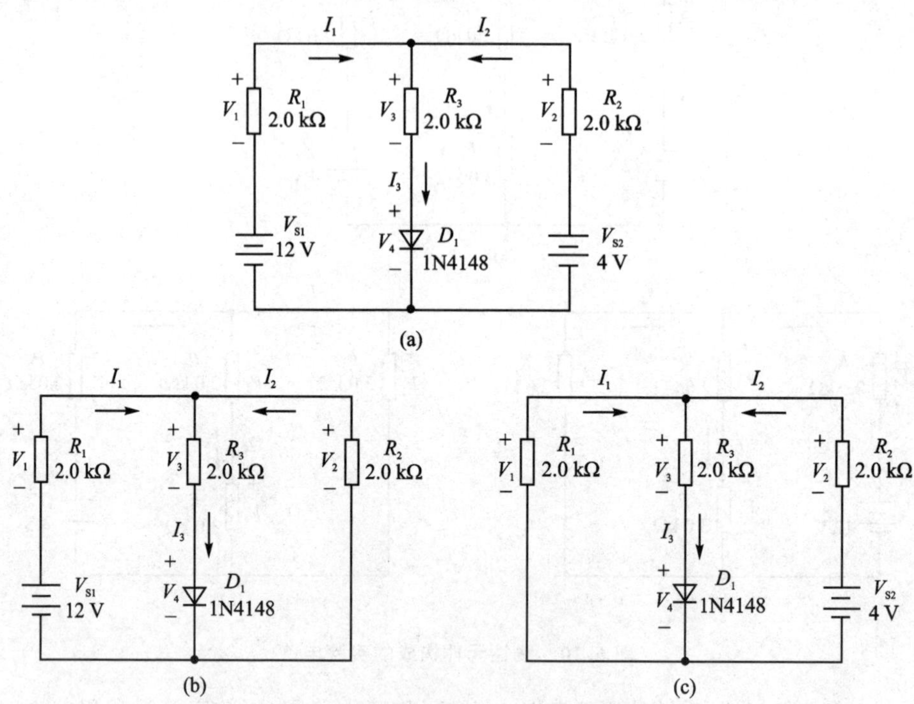

图 6.11　包含非线性元件的实验电路

表 6.9　实验数据二

测量项目 / 实验内容	V_{s1}/V	V_{s2}/V	I_1/mA	I_2/mA	I_3/mA	V_1/V	V_2/V	V_1/V	V_2/V
V_{s1} 单独作用	12	0							
V_{s2} 单独作用	0	4							
V_{s2} 单独作用	0	8							
V_{s1}、V_{s2} 共同作用	12	4							
V_{s1}、V_{s2} 共同作用	12	−4							

＊注：将第三行数据与第二行数据对比，用于分析电路是否满足齐次性。

6.2.4　注意事项

(1) 用电流表测量各支路电流时，应注意仪表的极性，及数据表格中“＋、－”号的记录；

(2) 在实际测量中，要注意仪表量程的及时更换；

（3）电源单独作用时，去掉另一个电压源，不能直接将电源短路，而应将电压源断开再代换成短路线。

6.2.5　实验报告要求

（1）根据表 6.8 实验数据一，通过求各支路电流和各电阻元件两端电压，验证基尔霍夫电流定律和基尔霍夫电压定律；

（2）根据表 6.8 实验数据一，通过求各支路电流和各电阻元件两端电压，验证线性电路的叠加性与齐次性；

（3）根据表 6.8 实验数据一，计算各电阻元件所消耗的功率，检验功率能否用叠加原理得出；

（4）根据表 6.8 实验数据一，计算当 $V_{s1}=12$ V，$V_{s2}=4$ V 时，各支路电流和各电阻元件两端电压；

（5）根据表 6.9 实验数据二，说明叠加性与齐次性是否适用于该实验电路，试分析原因。

6.2.6　实验器材

（1）数字万用　　表 2 台。
（2）直流电源　　1 台。
（3）面包板　　1 个。
（4）实验元器件
　　电阻　　2 kΩ×3，3 kΩ×1；
　　二极管　　1N4148×1。

6.2.7　思考题

（1）验证叠加定理时，将电压源置 0 在实验中应如何操作？为何不能直接将电压源输出短接？如果将电压源输出值调为 0 V 效果是否一样？如果是将电流源置 0 在实验中又当如何操作？

（2）实验电路中，若有一个电阻元件改为二极管，试问叠加性与齐次性还成立吗？为什么？

6.3　戴维南定理——含源二端网络等效参数的测定

戴维南定理和诺顿定理提供了求解含源线性二端网络等效电路及 VCR 的一种方法，并对等效电路及 VCR 提出了普遍适用的形式。戴维南定理和诺顿定理是学习电子电路经常用到的重要定理。

6.3.1 实验目的

(1) 验证戴维南定理、诺顿定理的正确性，加深对该定理的理解。

(2) 掌握测量含源二端网络等效参数的一般方法。

(3) 验证最大功率传输定理。

6.3.2 实验原理

1. 戴维南定理和诺顿定理

戴维南定理指出：任何一个含源二端网络，总可以用一个电压源 V_S 和一个电阻 R_S 串联组成的实际电压源来代替，其中：电压源 V_S 等于这个含源二端网络的开路电压 V_{OC}，内阻 R_S 等于该网络中所有独立电源均置零(电压源短接，电流源开路)后的等效电阻 R_O。

诺顿定理指出：任何一个含源二端网络，总可以用一个电流源 I_S 和一个电阻 R_S 并联组成的实际电流源来代替，其中：电流源 I_S 等于这个含源二端网络的短路短路 I_{SC}，内阻 R_S 等于该网络中所有独立电源均置零(电压源短接，电流源开路)后的等效电阻 R_O。

其中，V_S、R_S 和 I_S、R_S 称为含源二端网络的等效参数。

2. 含源二端网络等效参数的测量方法

(1) 开路电压、短路电流法

在含源二端网络输出端开路时，用电压表直接测其输出端的开路电压 V_{OC}，然后再将其输出端短路，测其短路电流 I_{SC}，且内阻为

$$R_S=\frac{V_{OC}}{I_{SC}}$$

注意，若含源二端网络的内阻很小时，则不宜测其短路电流。

(2) 伏安法

方法 1：用电压表、电流表测出含源二端网络的外特性曲线，如图 6.12 所示。开路电压为 V_{OC}，根据外特性曲线求出斜率 $\mathrm{tg}\varphi$，则内阻为

$$R_S=\mathrm{tg}\varphi=\frac{\Delta V}{\Delta I}$$

方法 2：测量含源二端网络的开路电压 V_{OC}，以及额定电流 I_N 和对应的输出端额定电压 V_N，如图 6.12 所示，则内阻为

$$R_S=\frac{V_{OC}-V_N}{I_N}$$

(3) 半电压法

如图 6.13 所示，当负载电压为被测网络开路电压 V_{OC} 一半时，负载电阻 R_L 的

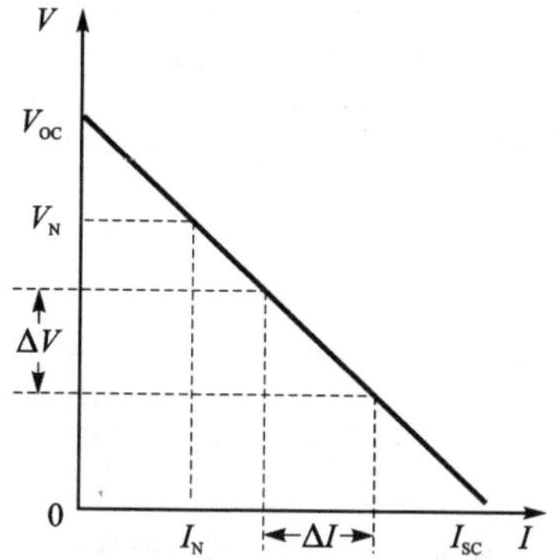

图 6.12　含源二端网络的外特性曲线

大小即为被测含源二端网络的等效内阻 R_S 的数值。

(4) 零示法

在测量具有高内阻含源二端网络的开路电压时，用电压表进行直接测量会造成较大的误差，为了消除电压表内阻的影响，往往采用零示测量法，如图 6.14 所示。零示法测量原理：用一低内阻的恒压源与被测含源二端网络进行比较，当恒压源的输出电压与含源二端网络的开路电压相等时，电压表的读数将为“0”，然后将电路断开，测量此时恒压源的输出电压 V，即为被测含源二端网络的开路电压。

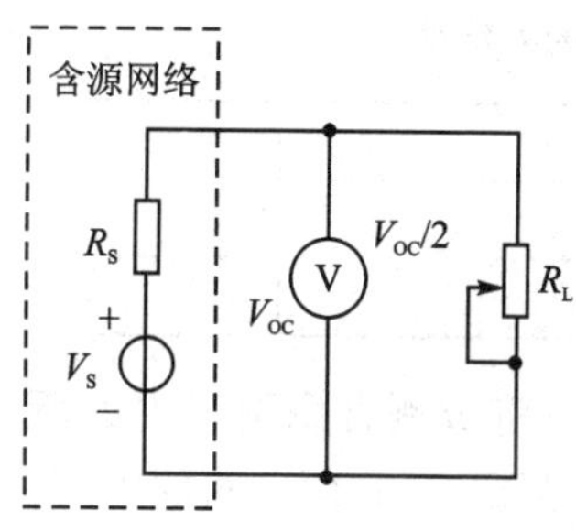

图 6.13　半电压法

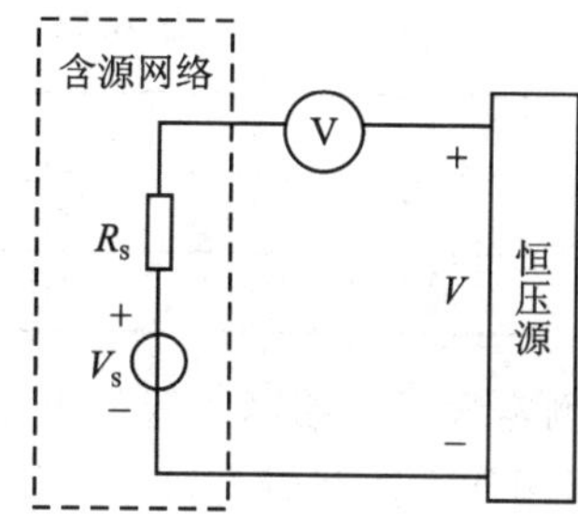

图 6.14　零示法

6.3.3　实验内容及方法

(1) 被测含源二端网络如图 6.15 所示。

① 保持直流稳压源 $V_{s1}=12$ V，$V_{s2}=4$ V，用数字万用表测 A、B 端点开路电压 V_{OC}，填入表 6.10。

② 保持直流稳压源 $V_{s1}=12$ V，$V_{s2}=4$ V，用数字万用表测 A、B 端点短路电流 I_{SC}，填入表 6.10。

③ 根据 $R_O=V_{OC}/I_{SC}$，计算该二端网络等效内阻 R_{eq}，填入表 6.10。

④ 将直流稳压源 V_{s1} 和 V_{s2} 置 0，用数字万用表测 A、B 端点间的输入电阻 R_i，

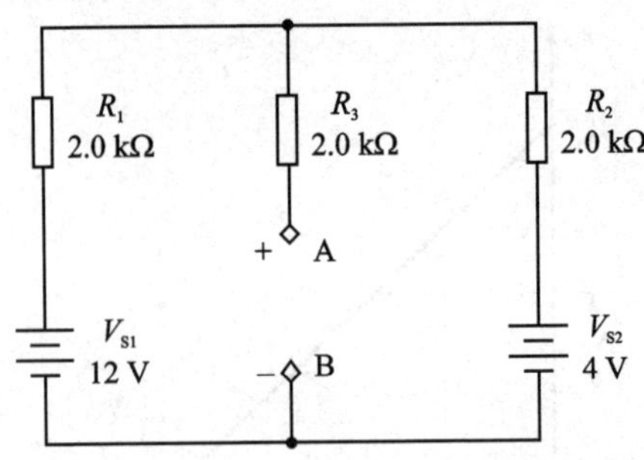

图 6.15　含源二端网络测试

填入表 6.10。

表 6.10　含源二端网络测试结构

V_{OC}/V	I_{SC}/mA	$R_O=V_{OC}/I_{SC}$	R_i/Ω

(2) 外特性测试

将可调电阻 R_L 接入 A、B 端点之间，改变 R_L 阻值，测量含源二端网络的外特性，填入表 6.11。

表 6.11　含源二端网络的外特性

R_L/Ω	5 kΩ	4 kΩ	3 kΩ	2 kΩ	1 kΩ
V/V					
I/mA					

(3) 测定含源二端网络等效电阻的其他方法：将被测含源网络内的所有独立源置零，然后用伏安法或者直接用万用表的欧姆挡，测定 A、B 两点间的电阻，即为被测网络的等效内阻 R_{eq}。

$$R_{eq}= \quad (\Omega)$$

(4) 验证戴维南定理：调整 5 kΩ 电位器的阻值，使其等于按步骤"1"所得的等效电阻 R_O 值，然后令其与直流稳压电源（调到步骤"1"时所测得的开路电压 V_{OC} 之值）相串联，仿照步骤"2"测其特性，对戴维南定理进行验证，结果填入表 6.12。

表 6.12　戴维南定理验证结果

R_L/Ω	5 k	4 k	3 k	2 k	1 k
V/V					
I/mA					

(5) 用半电压法和零示法测量被测网络的等效内阻 R_O 及其开路电压 V_{OC}，填入

表 6.13。

表 6.13　实验测量结果

R_O/Ω	V_{OC}/V

6.3.4　注意事项

(1) 在实际测量时,注意电流表量程的更换;

(2) 改接线路时,要关掉电源。

6.3.5　实验报告要求

(1) 说明戴维南定理和诺顿定理的应用场合。

(2) 预制数据表格,抄重要原理图,画实验电路图。

(3) 补全预习报告中的数据表格,分析实验结果是否能够验证戴维南定理。

6.3.6　实验器材

(1) 数字万用表　　2 台。

(2) 直流电源　　1 台。

(3) 面包板　　1 个。

(4) 实验元器件

电阻　　2 kΩ×3,3 kΩ×1;

电位器　　5 kΩ×2。

6.3.7　思考题

(1) 如何测量含源二端网络的开路电压和短路电流,在什么情况下不能直接测量开路电压和短路电流?

(2) 说明测量含源二端网络开路电压及等效内阻的几种方法,并比较其优缺点。

第 7 章

动态电路暂态过程实验

7.1 一阶 RC 电路实验

在实际电路中,常遇到只含一个线性非时变动态元件的电路,即为一阶电路。一阶电路是电子电路中常见的一种电路结构,研究一阶电路的特性有助于学习电子电路。

7.1.1 实验目的

(1) 学习使用示波器观察一阶 RC 电路响应;

(2) 掌握测定一阶 RC 电路时间常数的方法;

(3) 掌握微分电路和积分电路的设计及电路特性。

7.1.2 实验原理

1. RC 电路的矩形脉冲响应

如图 7.1(a)所示,将矩形脉冲序列信号作用于电压初值为零的 RC 串联电路上,如果使电路参数满足 $t_p \gg \tau$ 的条件(经验值为 t_p 大于 4～5 τ 即可),则可近似认为每次输入电平改变后电容 C 都能够充分完成充放电,则电路中电阻 R 和电容 C 上的电压波形如图 7.1(b)所示。

若矩形脉冲的幅度为 E,脉宽为 t_p,此时电容上的电压可表示为:

$$v_C(t)=\begin{cases} E\left(1-e^{-\frac{t}{\tau}}\right) & 0 \leqslant t < t_1 \\ Ee^{-\frac{t}{\tau}} & t_1 \leqslant t < t_2 \end{cases}$$

电阻上的电压可表示为:

$$v_C(t)=\begin{cases} Ee^{-\frac{t}{\tau}} & 0 \leqslant t < t_1 \\ -Ee^{-\frac{t}{\tau}} & t_1 \leqslant t < t_2 \end{cases}$$

即当 0 到 t_1 时,电容经电阻 R 充电;当 t_1 到 t_2 时,电容器经电阻 R 放电。由于电容两端电压不能突变,而电流可以突变,所以图中电阻两端的电压发生了突变。

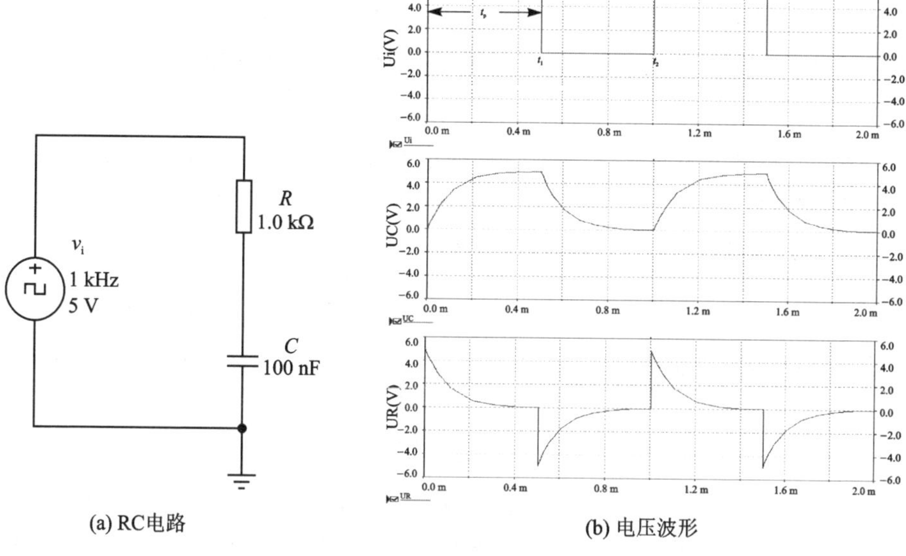

图 7.1　RC 电路的矩形脉冲响应

2. RC 微分电路

取 RC 串联电路中的电阻两端为输出端，并选择适当的电路参数，使时间常数 $\tau \ll t_p$。这样，电容器的充放电进行得很快，因此电容器 C 上的电压 $v_C(t)$ 接近输入电压 $v_i(t)$，这时输出电压即 R 的端电压为：

$$v_o(t)=v_R(t)=Ri_C=RC\frac{\mathrm{d}v_C}{\mathrm{d}t}\approx RC\frac{\mathrm{d}v_i(t)}{\mathrm{d}t}$$

表明输出电压 $v_o(t)$ 近似地与输入电压 $v_i(t)$ 成微分关系，所以该电路称微分电路。电路和输入、输出波形如图 7.2(b)所示。

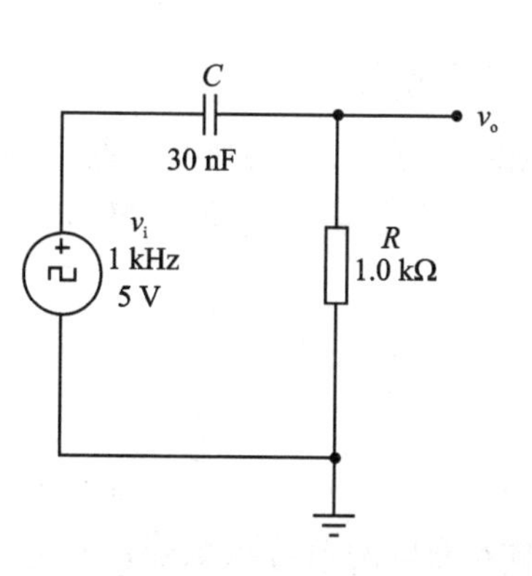

(a) RC微分电路

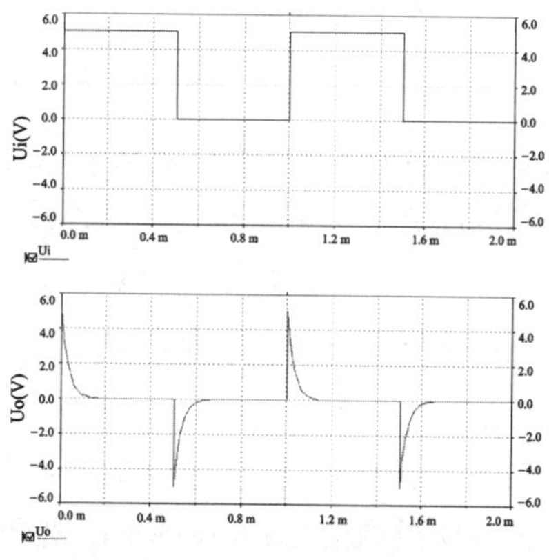

(b) RC微分电路电压波形

图 7.2　RC 微分电路及电压波形

微分电路的作用是：消减不变量，突出变化量。以图 7.2(a)所示电路为例，微分电路把矩形波转换为尖脉冲波，电路的输出波形只反映输入波形的突变部分，即只有输入波形发生突变的瞬间才有输出。而对恒定部分则没有输出。

3. RC 积分电路

取 RC 电路的电容两端作为输出端，使电路参数满足 $\tau \gg t_p$ 的条件，则为积分电路。由于此时电容器充放电进行得很慢，因此电阻 R 上的电压 $v_R(t)$ 近似等于输入电压 $v_i(t)$，这时输出电压 $v_o(t)$ 即 C 的端电压为：

$$v_o(t) = v_C(t) = \frac{1}{C}\int i_C(t)\,dt = \frac{1}{C}\int \frac{v_R(t)}{R}\,dt \approx \frac{1}{RC}\int v_i(t)\,dt$$

表明输出电压 $v_o(t)$ 与输入电压 $v_i(t)$ 近似为积分关系。电路和输入、输出波形如图 7.3(b)所示。

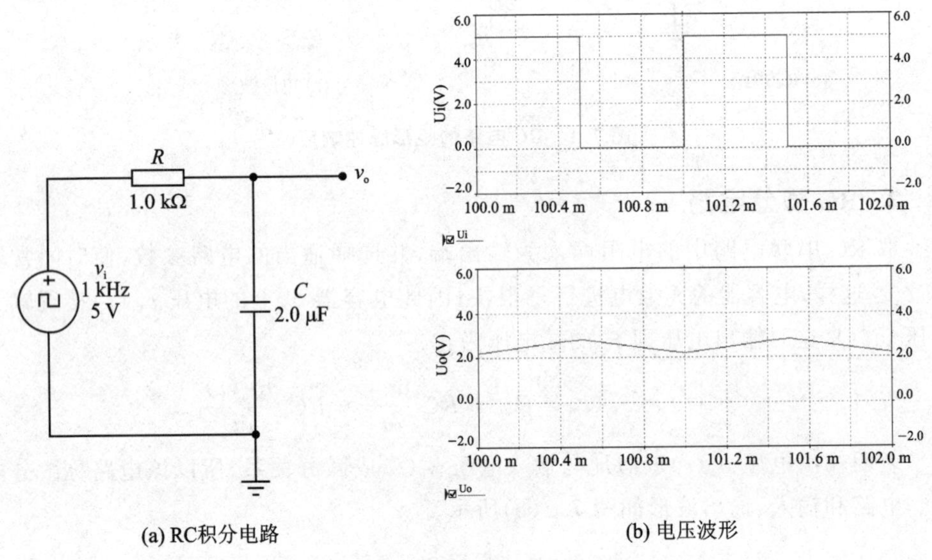

(a) RC积分电路　　(b) 电压波形

图 7.3　RC 积分电路及电压波形

积分电路的作用是：消减变化量，突出不变量。以图 7.3(a)所示电路为例，积分电路在模拟电路中可用于将矩形脉冲波转换为三角波或锯齿波，还可将锯齿波转换为抛物波，其基本原理都是基于电容的充放电。

4. 时间常数 τ 的测量方法

(1) 方法 1

如图 7.4(a)所示，利用方波来模拟阶跃激励信号，即方波的上升沿作为零状态响应的正阶跃激励信号；方波的下降沿作为零输入响应的负阶跃激励信号。注意选择方波的重复周期远大于电路的时间常数，得到的响应如图 7.4(b)所示。

根据零状态响应，有

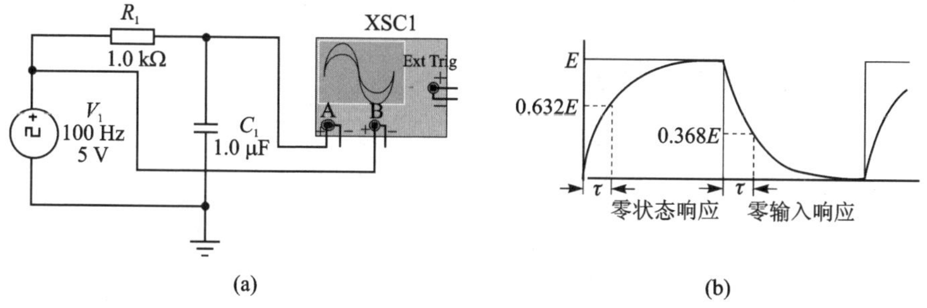

图 7.4　RC 电路及其响应

$$v_C(t) = E\left(1 - e^{-\frac{t}{\tau}}\right)$$

当 $t=\tau$ 时，$v_C(t)=0.632E$，即与此电压对应的时间就等于时间常数，如图 7.4(b)所示。

类似地，根据零输入响应，有

$$v_C(t) = Ee^{-\frac{t}{\tau}}$$

当 $t=\tau$ 时，$v_C(\mathrm{t})=0.368E$，即与此电压对应的时间也等于时间常数，如图 7.4(b)所示。

(2) 方法 2

积分电路的输入输出波形如图 7.5 所示。通过求解电路，可以得到

$$\tau = t_p / \ln \frac{v_b}{v_a}$$

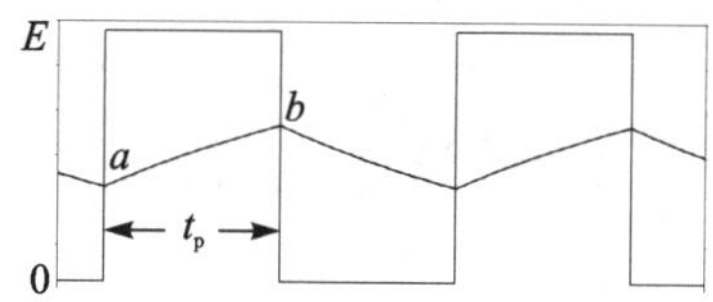

图 7.5　积分电路的输入输出波形

式中 v_a 和 v_b 分别为电容电压的最小值和最大值。利用示波器测得 t_p、v_a 和 v_b 的值，即可间接得到电路的时间常数。或者表示为

$$\tau = t_p / \ln \frac{E + \Delta}{E - \Delta v}$$

式中，$\Delta v = v_b - v_a$ 为三角波的峰峰值。利用示波器测得 E、t_p 和 Δv 的值，也可间接得到电路的时间常数。

当三角波 ab 段近似为直线时，可求得

$$\tau \approx \frac{E}{2} t_p / \Delta v$$

即利用示波器测得 E、t_p 和 Δv 的值,可间接得到电路的时间常数。

7.1.3 实验内容及方法

(1) 按图 7.6(a)构建电路,选择 300 Ω 电阻和 1 μF 电容,输入方波信号可由信号发生器或内置函数信号发生功能的数字示波器产生,以 Agilent DSO－X2012A 为例,利用"WaveGen"功能选择方波波形,设置参数为电压 1 Vpp(峰峰值),偏置 0.5 V,占空比 50%,频率 100 Hz,即可在输出通道上提供本例所需的方波信号。用示波器 2 路模拟通道 CH1 和 CH2 同时观测输入、输出波形,参考波形如图 7.6(b)所示。

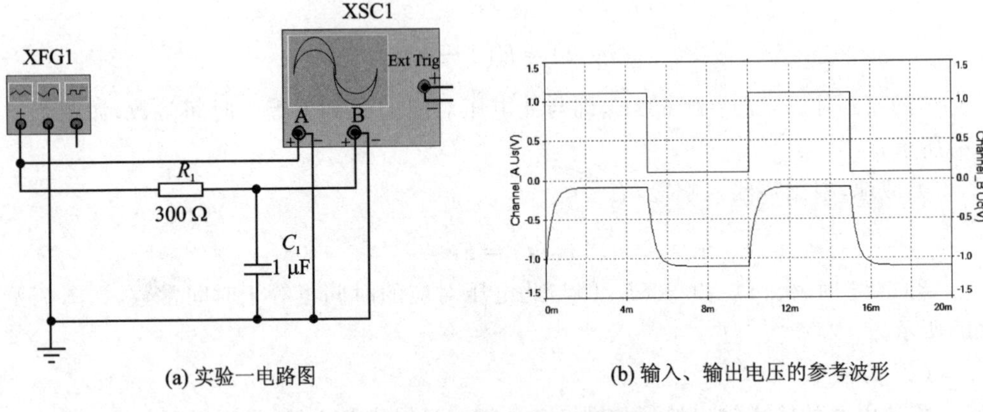

(a) 实验一电路图　　(b) 输入、输出电压的参考波形

图 7.6　实验电路图及参考波形

① 测量该 RC 电路时间常数 τ,并与理论计算值做比较。

② 按表 7.1 重新设置元件参数和输入参数,观察不同情况下的波形,测量并记录各组条件下的时间常数 τ,分析影响 τ 的因素。

表 7.1　实验一测量结果

V_S/Vpp	f_S/Hz	R_1/Ω	C_1/μF	τ/ms
2	100	300	1	
1	200	300	1	
1	100	600	1	
1	100	300	2	

(2) 按图 7.7(a)构建电路,选择 300 Ω 电阻和 1 μF 电容,输入方波信号设置参数为电压 1 Vpp(峰峰值),偏置 0.5 V,占空比 50%,频率 5 kHz。用示波器 2 路模拟通道 CH1 和 CH2 同时观测输入、输出波形,参考波形如图 7.7(b)所示,测量结果填入表 7.2。测量输出波形的频率、最大电压、最小电压。提示:图 7.7(a)所示电路可在图 7.6(a)所示电路的基础上,通过连续调节输入方波信号的频率来获得,因两者仅在输入方波信号的频率上存在差异,注意观察调节过程中示波器显示波形的变化,

试分析造成波形差异的原因。

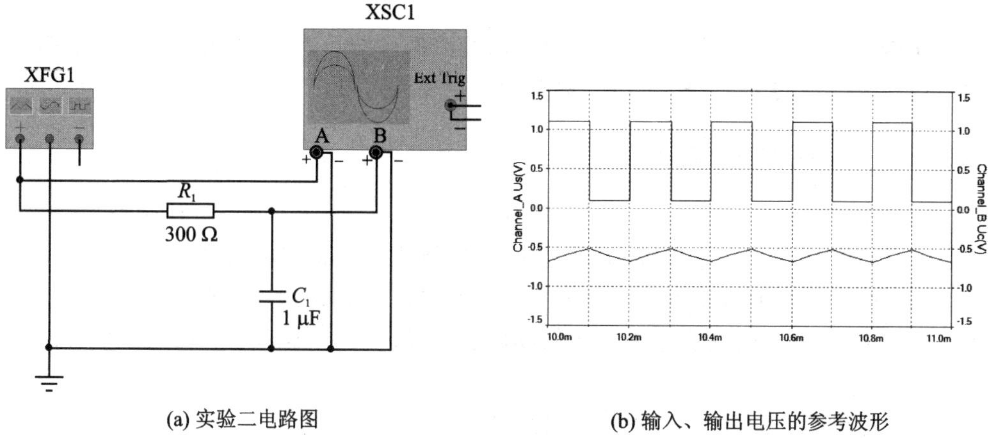

(a) 实验二电路图　　(b) 输入、输出电压的参考波形

图 7.7　实验二电路及参考波形

表 7.2　测量结果

	f_S/Hz	V_{max}/V	V_{min}/V
理论值			
测量值			

(3) 按图 7.8(a)构建电路，选择 300 Ω 电阻和 1 μF 电容，输入方波信号设置参数为电压 1 Vpp(峰峰值)，偏置 0.5 V，占空比 50%，频率 100 Hz。用示波器 CH1 和 CH2 同时观测输入、输出波形，参考波形如图 7.8(b)所示。测量输出波形的频率、最大电压、最小电压。提示：注意图 7.8(a)所示电路与图 7.6(a)所示电路存在电路结构和输入参数两方面的差异，在观测实验现象的过程中，同样可通过连续调节输入方波信号的频率来引起示波器显示波形的变化，请注意观察并分析原因。

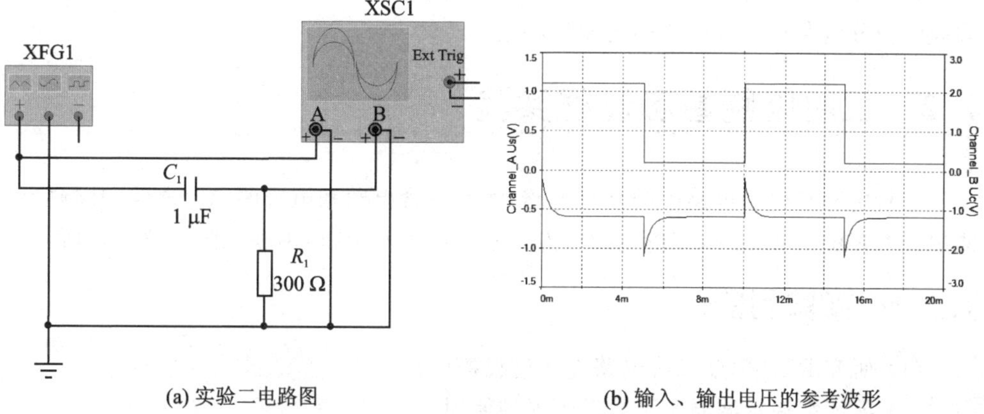

(a) 实验二电路图　　(b) 输入、输出电压的参考波形

图 7.8　实验二电路图及参考波形

7.1.4 注意事项

正确使用函数发生器和示波器，当同时观测两个波形时，特别要注意示波器两个输入端口是共地的，即一根公共线，需正确连接输入信号。

7.1.5 实验报告要求

(1) 要求写清“标题、姓名、学号、组号、同组者、设备、实验内容、预制数据表格”等。有选择性地摘抄重要原理，画实验电路图，预先计算某些电学量的理论值。

(2) 补全预习报告中的数据表格，在毫米方格纸上绘制观测到的示波器波形。实验分析和 Multisim 仿真结果等不做硬性要求，但会在一定程度上被用作加分的考量依据。

(3) 写出设计微分电路、积分电路的过程，画出实验电路。

(4) 用坐标纸在同一坐标系中绘制输入、输出波形曲线，并在图中标出输入、输出电压的幅值。

7.1.6 实验器材

(1) 数字示波器　　Agilent DSO－X 2012A。

(2) 面包板　　1 个。

(3) 实验元器件

电阻　　300 Ω×2；

电容　　1 μF×2。

7.1.7 思考题

(1) 无源一阶 RC 电路构成的积分电路和微分电路有何限制条件？

(2) 请自行查阅书籍资料，尝试寻找一种改进办法来克服无源一阶 RC 电路所构成的积分电路和微分电路的限制性缺陷。

7.2 二阶电路暂态过程实验

二阶电路是电子电路中的常见电路，尤其是含电感和电容的二阶电路，其响应可能出现振荡的形式，是本节讨论的重点。本节特别对 RLC 串联二阶电路进行研究。

7.2.1 实验目的

(1) 研究 RLC 串联二阶电路过渡过程特点；

(2) 熟练掌握示波器及函数发生器的使用。

7.2.2 实验原理

（1）用二阶线性常微分方程来描述的电路称为二阶线性电路。本实验研究由电感、电阻和电容相串联的二阶电路，在方波激励时响应的动态过程。

对于 RLC 串联的二阶电路，无论是零状态响应，还是零输入响应，电路过渡过程的性质完全由特征方程 $LC\lambda^2+RC\lambda+1=0$ 的特征根 $\lambda_{1,2}$ 来决定。

$$\lambda_{1,2}=-\frac{R}{2L}\pm\sqrt{(R/2L)^2-(1/\sqrt{LC})^2}=-\alpha\pm\sqrt{\alpha^2-\omega_0^2}$$

从上式可看出，特征根实际由 R、L、C 这 3 个元件的数值来决定。其中，衰减系数 $\alpha=R/2L$，在一般情况下是一个正实数；而谐振频率 $\omega_0=1/\sqrt{LC}$，必是一个正实数。

1）如果 $R>2\sqrt{L/C}$，特征方程有 2 个不等实根，电路动态过程的性质为过阻尼的非振荡过程，此时 $\alpha>\omega_0$。

2）如果 $R=2\sqrt{L/C}$，特征方程有相等实根，电路动态过程的性质为临界阻尼过程，此时 $\alpha=\omega_0$。

3）如果 $R<2\sqrt{L/C}$，特征方程有共轭复根，电路动态过程的性质为欠阻尼的衰减振荡，此时 $\alpha<\omega_0$。

由此可见，通过改变电路参数 R、L 和 C 的值，均可使电路发生不同性质的过渡过程。

（2）动态过程性质的观察与测量。

用示波器观察动态过程，必须使该过程周期地重复出现。为此，本实验采用周期性方波作为激励，实验中可由函数信号发生器或内置函数信号发生功能的数字示波器产生。方波对电路的作用可以视为两个过程：若电路的实际过渡过程与方波半周期相比很短，则在方波电压的正半个周期，即输入电压由 0 跳变为 V_0，使电路突然与一个直流电压 V_0 接通，相当于电路的零状态响应；在方波电压的后半个周期，输入电压又由 V_0 跳变为 0，相当于电路的零输入响应。这样，通过调整方波源的频率（周期），使其半周期的时间远远大于过渡过程持续时间，就可以由示波器观察到动态过程的零输入响应和零状态响应。

（3）实验方法说明：观察动态过程，可采用激励源频率不变，保持电感、电容参数一定时调电阻的方法，也可保持电阻值一定时调电感、电容的方法。或者，保持电感、电容和电阻值不变，调整激励源频率。

7.2.3 实验内容及方法

（1）按图 7.9(a)构建电路，选择 0.01 μF 电容、10 mH 电感和 3 kΩ 电阻，输入方波信号设置参数为电压 1 Vpp（峰峰值），偏置 0.5 V，占空比 50%，频率 2 kHz。

用示波器 2 路模拟通道 CH1 和 CH2 同时观测输入和 C_1 的波形，参考波形如图 7.9(b)所示。

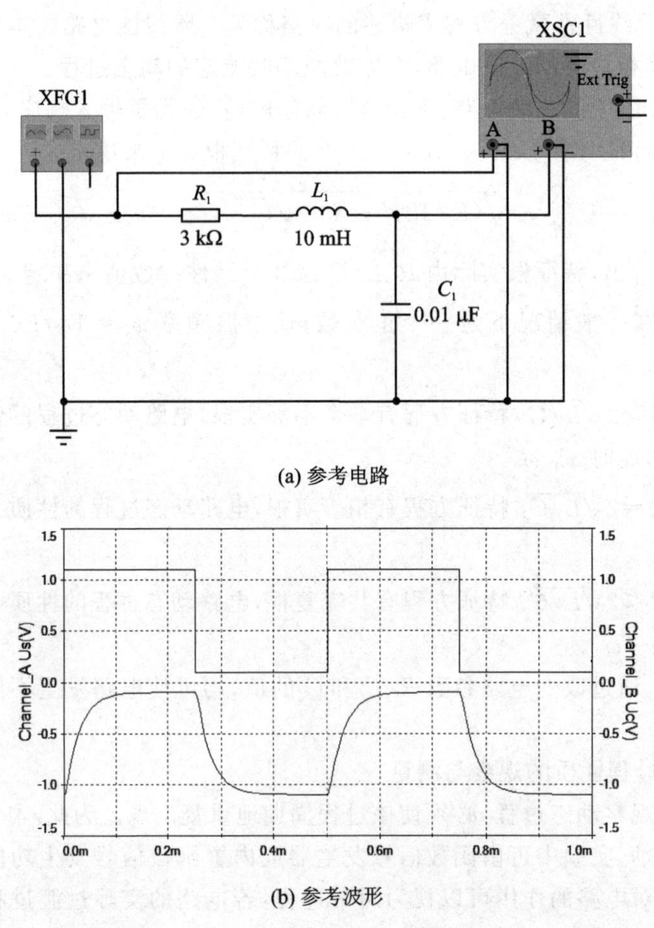

(a) 参考电路

(b) 参考波形

图 7.9 $R>2\sqrt{L/C}$ 参考电路及参考波形

(2) 按图 7.10(a)构建电路，选择 0.01 μF 电容、10 mH 电感和 300 Ω 电阻，输入方波信号设置参数为电压 1 Vpp(峰峰值)，偏置 0.5 V，占空比 50%，频率 200 Hz。用示波器 2 路模拟通道 CH1 和 CH2 同时观测输入和 C_1 的波形，参考波形如图 7.10(b)所示。

(3) 按图 7.11 构建电路，选择 0.01 μF 电容、10 mH 电感、100 Ω 电阻和 5 kΩ 可调电阻，输入方波信号设置参数为电压 1 Vpp(峰峰值)，偏置 0.5 V，占空比 50%，频率 200 Hz。用示波器 2 路模拟通道 CH1 和 CH2 同时观测输入和 C_1 的波形。反复调节可调电阻，通过示波器观察波形从非振荡到振荡(或从振荡到非振荡)的连续变化，分析可调电阻连续变化时电路经历了哪些状态；估算引起电路起振的临界阻值，说明 100 Ω 的保护电阻在电路中如何发挥作用。

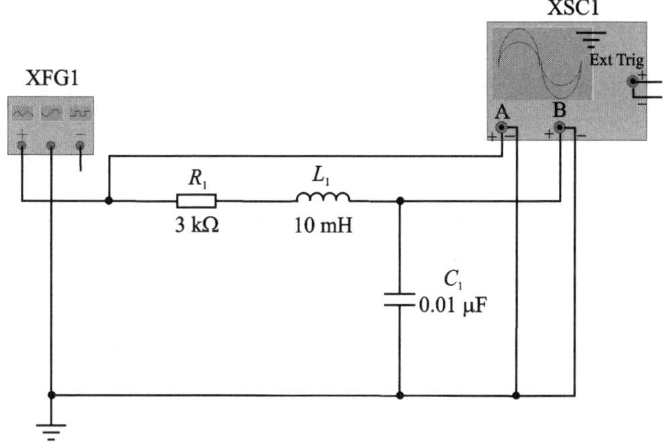

(a) 参考电路

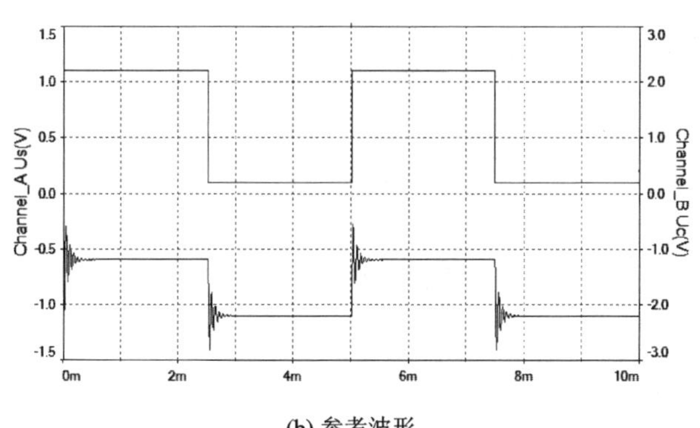

(b) 参考波形

图 7.10　$R<2\sqrt{L/C}$ 参考电路及参考波形

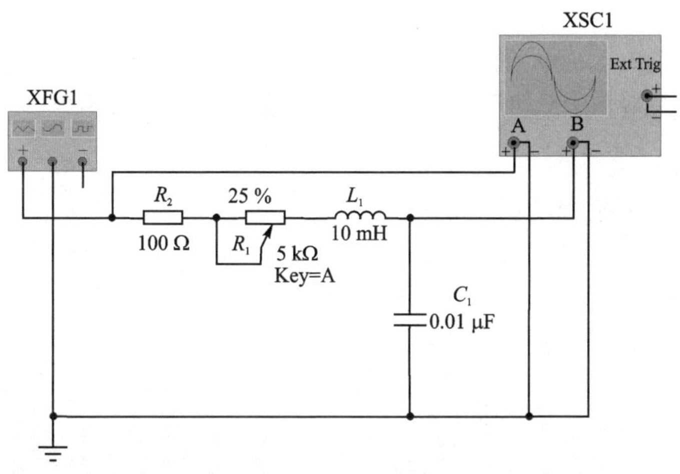

图 7.11　参考电路

7.2.4 注意事项

(1) 复习二阶电路过渡过程相关内容,熟悉 RLC 串联二阶电路各物理量变化规律。

(2) 根据选定参数 L、C 值,计算临界电阻,衰减系数,振荡频率,并由此确定函数发生器输出方波频率,使能在示波器上观察到零状态响应及零输入响应。

7.2.5 实验报告要求

(1) 记录不同阻尼情况下的 3 种典型响应曲线(取电容电压 v_C 作为响应)。

(2) 利用实验测出临界电阻,并与理论值比较。

7.2.6 实验器材

(1) 数字示波器　　Agilent DSO－X 2012A。

(2) 面包板　　1 个。

(3) 实验元器件

电阻　　100 Ω×1,300 Ω×1,3 kΩ×1;

电位器　　5 kΩ×1;

电容　　0.01 μF×1;

电感　　10 mH×1。

7.2.7 思考题

(1) 在图 7.9(a)所示电路基础上,如果保持电阻值和电容值不变,如何调整电感值可以引起电路振荡? 如果保持电阻值和电感值不变,如何调整电容值可引起电路振荡?

(2) 在图 7.10(a)所示电路基础上,如果保持电阻值和电容值不变,如何调整电感值可以消除电路振荡? 如果保持电阻值和电感值不变,如何调整电容值可消除电路振荡?

第 8 章 交流稳态电路实验

8.1 交流阻抗性质实验

交流元件参数的测量和无源二端网络等效参数的测量是电路研究中的重要环节，所以有必要学习各种参数的测量原理和方法。

8.1.1 实验目的

(1) 学习测量交流元件参数的实验方法；

(2) 学习测量无源二端网络的等效参数。

8.1.2 实验原理

(1) 交流参数 R、L、C 的测量方法较多，可用欧姆表、电感电容表或交流电桥直接测得，也可以用交流电压表电流表和功率表(又称三表法)分别测出 V、I、P 这 3 个量后计算得出。其关系式为：

阻抗的模 $|Z|=V/I$，功率因数 $\cos\varphi=P/VI$，等效电阻 $R=P/I^2=|Z|\cdot\cos\varphi$，等效电抗 $X=|Z|\cdot\sin\varphi$。

当 X 求出后，可根据被测元件是电感还是电容进行计算。其方法是：

如被测元件是电感，则 $L=(|Z|\cdot\sin\varphi)/\omega$；

如被测元件是电容，则 $C=1/(\omega\cdot|Z|\cdot\sin\varphi)$。

(2) 无源二端网络等效参数的测量。在给定频率下也可由 RLC 元件串联等效，其等效参数同样采用上述方法进行测量，即分别测出 V、I、P 这 3 个量后进行计算，但算出的 X 值是等效电容还是等效电感，需用下述 3 种方法来判定。

1) 将电压、电流信号输入到示波器，利用波形观察 v、i 的相位关系，从而确定阻抗性质(因为示波器仅接受电压信号，所以电流信号的相位是从串联电路的一个小电阻上的电压相位来获得)。

2) 在被测二端网络(元件)两端并联一个小电容，看并联前后总电流是增大还是减小，减小为感性，增大为容性。

3) 用功率因数表测出 $\cos\varphi$($\varphi>0$ 为感性，$\varphi<0$ 为容性)。

8.1.3 实验内容及方法

(1) 用电压法测量电容参数:实际电容器均存在一定漏电导,但在正确使用条件下该漏电导数值通常极小而可以近似忽略不计,从而仅需关注其电容参数特性。测量一个未知电容的电容参数可以利用 LCR 测量仪等专门仪器直接测量或者通过 RLC 谐振电路测算。这里提供一种利用电压法测量电容参数的实验方法,参考实验如下:用标称 1 μF 电容与 100 Ω 精密电阻串接到函数信号发生器的输出端,输出设置为 1 Vpp(峰峰值),偏置 0.5 V,频率 1 kHz 的正弦信号,如果待测电容有极性,务必确保电容的正极与函数信号发生器的正极连接,如图 8.1 测量电压计入表 8.1 中,根据测量数据及相关公式得出电容参数 C(电容值)。

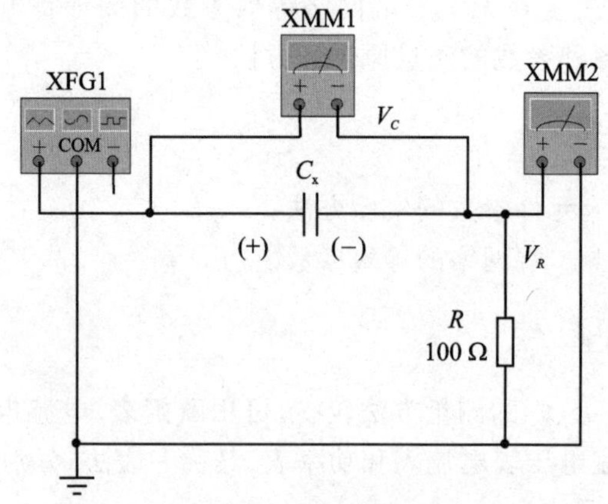

图 8.1 参考电路

表 8.1 电容参数实验测算结果

测量值		计算值
V_C/V	V_R/V	C/μF

(2) 用电压法测量电感线圈参数:实际使用的电感线圈一般由金属导线绕制而成,所以它的等效电路模型是一个理想电感元件和一个理想电阻元件的串联,其中电感表征器件特性参数,而电阻来源于导线内阻。电感线圈的电感值和内阻值可通过仪表直接测量,也可通过电压法测算器件参数,参考实验如下:用标称 10 mH 电感与 100 Ω 精密电阻串接到函数信号发生器的输出端,输出设置为 1 Vpp(峰峰值),频率 1 kHz 的正弦信号,如图 8.2 测量电压计入表 8.2 中,根据测量数据及相关公式得出电感线圈参数 L(电感值)和 r_0(内阻值),注意比较计算所得电感值与标称值的差异。

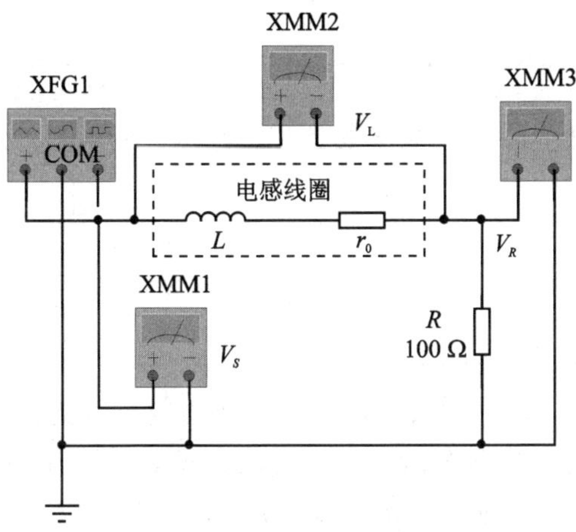

图 8.2　参考电路

表 8.2　电感线圈实验测算结果

测量值			计算值	
V_S/V	V_L/V	V_R/V	r_0/Ω	L/mH

(3) 按图 8.3 构建电路，其中由 50 Ω 电阻、10 mH 电感和 1 μF 电容组成待测一端口电路 N_x，信号源设为电压 2 Vpp(峰峰值)，频率 2.1 kHz 的正弦波。通过并接一个 0.01 μF 小电容来观察信号源输出电流的变化，并根据仪表示数分析电路特性和计算阻抗参数，实验测算结果如表 8.3 所列。

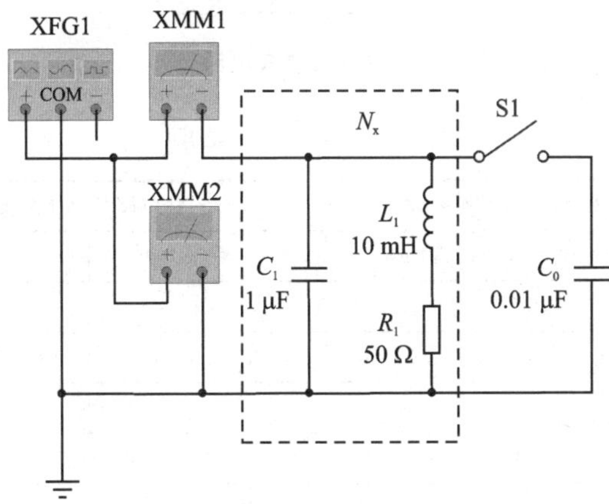

图 8.3　参考电路

表 8.3　实验测算结果

并接小电容前		并接小电容后	
电压表读数	电流表读数	电压表读数	电流表读数
阻抗参数			
$R(\omega)$	$X(\omega)$	$\|Z(X\omega)\|$	$\varphi(\omega)$

(4) 根据上题 N_x 的阻抗参数构建 N_x 的等效阻抗电路，选择近似元件按图 8.4 搭建电路，重复上题的实验操作，观测实验数据（见表 8.4）是否与上题接近。提示：如果 N_x 为感性电路，可根据其阻抗参数计算电阻分量和电抗分量，然后用电阻和电感的串联进行等效；如果 N_x 为容性电路，可计算其导纳参数计算电导分量和电纳分量，然后用电阻和电容的并联进行等效。

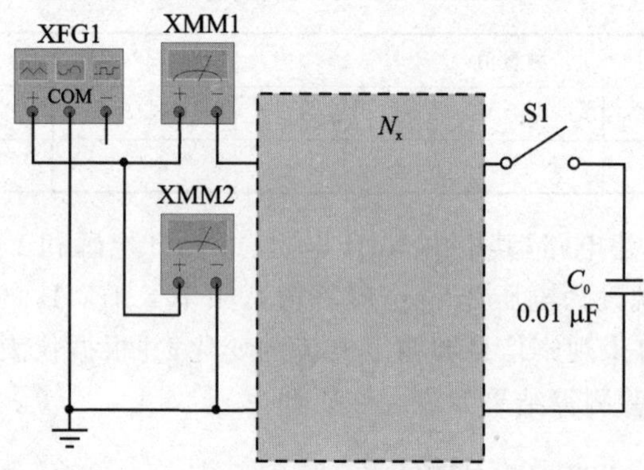

图 8.4　参考电路

表 8.4　实验测算结果

感性电路计算下列参数		容性电路计算下列参数	
$R(\omega)$	$X(\omega)$	$G(\omega)$	$B(\omega)$
$R\approx R(\omega)$	$L\approx X(\omega)/\omega$	$R\approx 1/G(\omega)$	$C\approx B(\omega)/\omega$
并接小电容前		并接小电容后	
电压表读数	电流表读数	电压表读数	电流表读数

8.1.4 注意事项

(1) 复习电路相量模型的有关内容，掌握阻抗、导纳的计算方法，理解电路参数与网络结构、元件参数以及工作频率的关系。

(2) 每次换路需要重新调节信号源输出，使得测试电路端口的电压表读数保持前后一致。

(3) 如电路中用到点解电容，请检查引脚极性，切勿反接。

8.1.5 实验报告要求

(1) 自习 R、L、C 电路电压、电流及功率间的关系。

(2) 画出测量数据表格。

(3) 整理实验数据，计算交流参数。

8.1.6 实验器材

(1) 数字示波器	Agilent DSO - X 2012A。
(2) 面包板	1个。
(3) 实验元器件	
电阻	50 Ω×1，100 Ω×1；
电位器	1 kΩ×1；
电容	0.01 μF×1，1 μF×2；
电感	10 mH×1。

8.1.7 思考题

(1) 测算电容参数实验当中输出的正弦信号通过加偏置到横轴以上的目的是什么？而什么情况下可以不需要加偏置？

(2) 思考为什么并联电容不能选择容值较大的电容？能否用串接小电容方法来判断电路特性，如果可以实验现象应如何分析？

8.2 RLC谐振电路实验

含有两种不同储能性质元件的电路，在某一频率的正弦激励下，可以产生谐振。谐振分为串联谐振和并联谐振，在电子电路中应用很广泛。

8.2.1 实验目的

(1) 加深理解电路发生谐振的条件、特点，掌握电路品质因数(Q值)、通频带的物理意义及其测定方法；

(2) 学习用实验方法绘制 RLC 串联电路不同 Q 值下的幅频特性曲线；

(3) 了解 RLC 并联谐振的电学特性。

8.2.2 实验原理

在图 8.5 所示的 RLC 串联电路中，电路的复阻抗 $Z=R+\mathrm{j}\left(\omega L-\frac{1}{\omega C}\right)$，当 $\omega L=\frac{1}{\omega C}$时，电路发生串联谐振，其特点是：$Z=R$，为最小值，且 $\dot{V}$ 与 $\dot{I}$ 同相，谐振角频率 $\omega_0=\frac{1}{\sqrt{LC}}$，谐振频率 $f_0=\frac{1}{2\pi\sqrt{LC}}$。

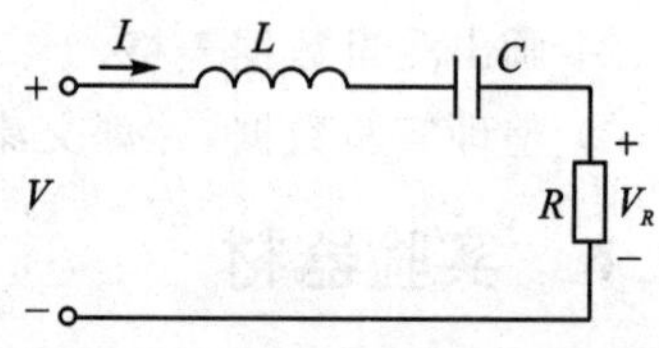

图 8.5 RLC 串联电路

在图 8.5 电路中，以 $\dot{V}$ 为激励信号，$\dot{V}_R$ 为响应信号，其幅频特性曲线如图 8.6 所示，在 $f=f_0$ 时，$A=1$，$V_R=V$；$f\neq f_0$ 时，$V_R<V$，呈带通特性。$A=0.707$，即 $V_R=0.707V$ 所对应的两个频率 f_L 和 f_H 分别为下限频率和上限频率，f_H-f_L 为通频带。通频带的宽窄与电阻 R 有关，不同电阻值的幅频特性曲线如图 8.7 所示。

电路发生串联谐振时，$V_R=V$，$V_L=V_C=QV$，Q 称为品质因数，与电路的参数 R、L、C 有关。Q 值越大，幅频特性曲线越尖锐，通频带越窄，电路的选择性越好。在恒压源供电时，电路的品质因数、选择性与通频带只决定于电路本身的参数，而与信号源无关。在本实验中，用交流表测量不同频率下的电压 V、V_R、V_L 和 V_C，绘制 RLC 串联电路的幅频特性曲线，由 $\Delta f=f_\mathrm{H}-f_\mathrm{L}$ 计算通频带，根据 $Q=\frac{V_L}{V}=\frac{V_C}{V}$或 $Q=\frac{f_0}{f_H-f_L}$计算品质因数。

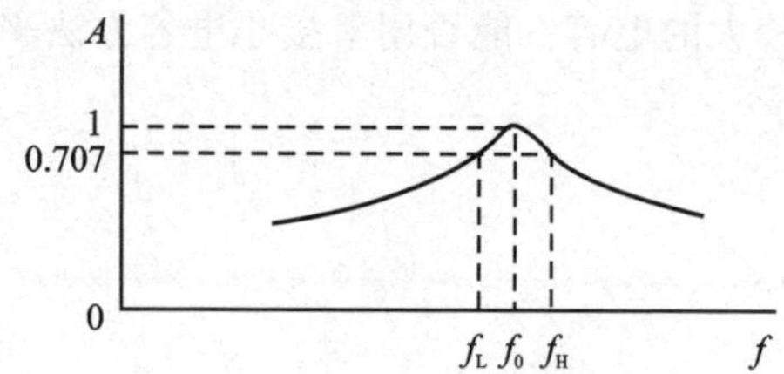

图 8.6 RLC 串联谐振的幅频特性

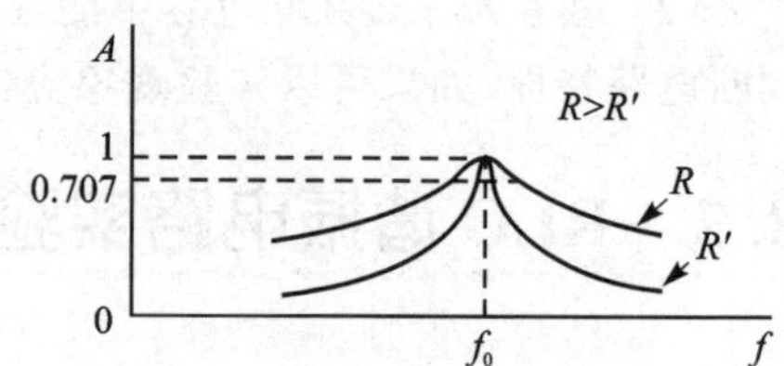

图 8.7 不同电阻值幅频特性曲线比较

在图 8.8 所示的 RLC 并联电路中，电路的复导纳 $Y=G+\mathrm{j}\left(\omega C-\frac{1}{\omega L}\right)$，当 $\omega C=\frac{1}{\omega L}$时，电路发生并联谐振，其特点是：$Y=G$，为最小值，且 $\dot{V}$ 与 $\dot{I}$ 同相，谐振角频率

$\omega_0=\dfrac{1}{\sqrt{LC}}$，谐振频率 $f_0=\dfrac{1}{2\pi\sqrt{LC}}$。

8.2.3　实验内容及方法

(1) 利用 Multisim 软件按图 8.9 构建电路，选择 0.01 μF 电容、10 mH 电感和 100 Ω 电阻，输入方波信号设置参数为电压 1 Vpp（峰峰值），偏置 0.5 V，占空比 50%。通过交流扫描获得谐振电路的幅频特性曲线，从曲线上大致确定谐振频率与带宽。

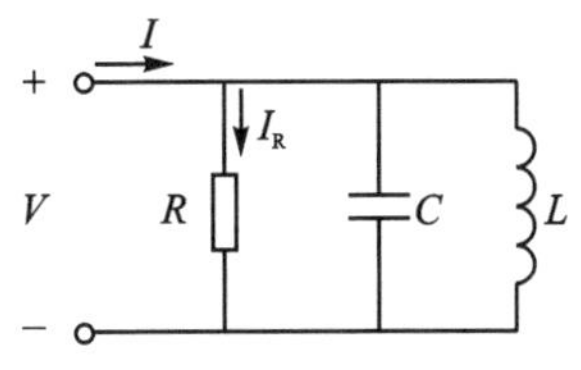

图 8.8　RLC 并联电路

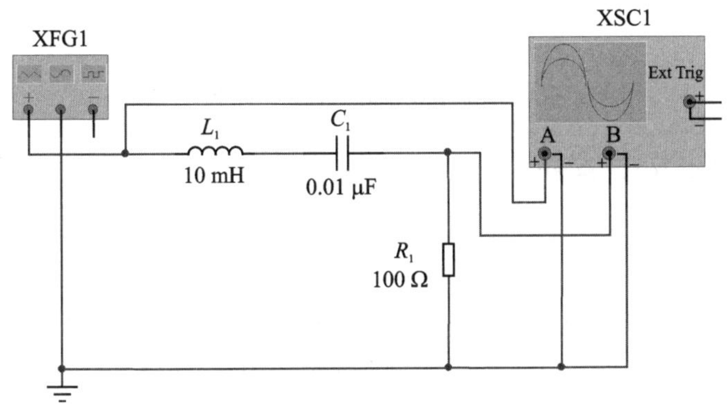

图 8.9　RLC 串联参考电路

(2) 在电路板上按图 8.9 构建电路。调整信号源的频率，使其等于谐振频率 f_0（由仿真实验测得或理论计算获得）。测量电阻 R_1 的端电压 V_R，此时 V_R 的读数应为最大值（$V_R=V=0.707$ V）。若 V_R 的读数不符，可适当调整信号源频率使读数接近符合，此时的频率值即为电路的实际谐振频率 f'_0，并测量此时的 V_C 与 V_L 值，最后计算品质因数。

(3) 自行设计可行方法测量上述电路的选频带宽，允许存在一定误差。

(4) 更换成 2 kΩ 电阻重复上述实验，试分析电阻参数对品质因数及带宽的影响。

(5) 图 8.10 所示电路是观察 RLC 并联谐振的等效电路。按图 8.10 搭建电路，调整信号源的频率，使其等于谐振频率 f_0（由仿真实验测得或理论计算获得），观察此时示波器两个模拟信道 CH1 和 CH2 的波形，请说明当发生并联谐振时，CH1 和 CH2 的波形之间应该具有什么样的关系特征？

8.2.4　注意事项

(1) 测试谐振频率 f_0 时，应将幅频特性曲线靠近谐振频率附近放大，这样得到

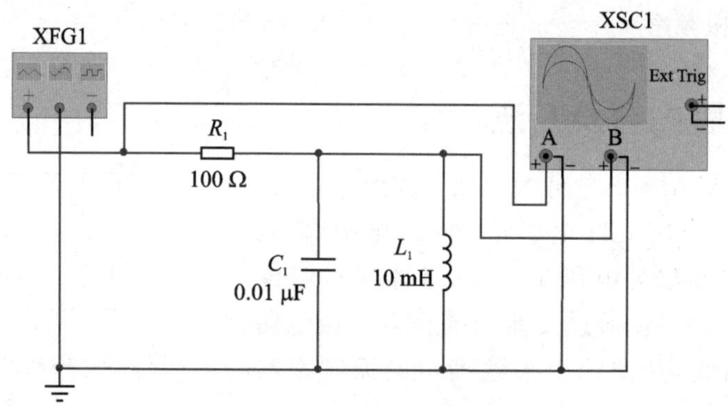

图 8.10 RLC 并联等效电路

的读数较准确；

(2) 在测量 V_L 和 V_C 数值前，应保证电路处于谐振状态。

8.2.5 实验报告要求

(1) 电路谐振时，比较输出电压 V_R 与输入电压 V 是否相等？V_L 和 V_C 是否相等？试分析原因。

(2) 选择元件数据，绘出不同 Q 值的幅频特性曲线：

$$V_R=F_1(f),\quad V_L=F_2(f),\quad V_C=F_3(f)$$

(3) 计算出通频带与 Q 值，说明不同 R 值对电路通频带与品质因素的影响；

(4) 对两种不同的测 Q 值的方法进行比较，分析误差原因。

8.2.6 实验器材

(1) 数字示波器　　Agilent DSO-X 2012A。

(2) 面包板　　1 个。

(3) 实验元器件

电阻　　100 Ω×1，2 kΩ×1；

电容　　0.01 μF×1；

电感　　10 mH×1。

8.2.7 思考题

(1) 根据 RLC 串联电路的频响特性，试分析如何能够在该电路结构基础上实现对输入电压信号的低通滤波、高通滤波、带通滤波以及带阻滤波。

(2) 可以利用 RLC 谐振电路的电学特性测量电容或电感的参数，请根据这种思路，利用已知电感设计实验电路测量一个未知电容的参数，给出电路方法并说明基本实验步骤。

8.3　滤波器特性实验

以上电路实验多为验证性实验，而在实际问题中，更需要培养学生的创造性能力，为此，本节拟增加一个设计性实验，即只提出一个设计任务，由学生自己拟出能得到指定性能指标的电路，自己在仿真界面搭建这个电路，并测试这个电路以证明设计的有效性。

8.3.1　实验目的

(1) 理解无源滤波器的滤波特性和电路原理；

(2) 了解有源滤波器相对于无源滤波器的区别和特点；

(3) 掌握一般滤波器的分析以及设计方法。

8.3.2　实验原理

1. 无源滤波器

无源滤波器仅由 L、C、R 等无源元件构成，利用元件阻抗特性随频率的变化的原理实现。该类滤波器的优点是结构简单，缺点是负载效应明显。根据滤波器的选频特性可分为低通、高通、带通以及带阻等 4 种基本类型。例如，已学过的 RC 积分电路和 RC 微分电路在用作滤波器时分别起到低通滤波和高通滤波的功能，而已学过的 RLC 串联电路可实现带通滤波或者带阻滤波的功能。

1) 无源低通电路示例

以图 8.11(a)所示的 RC 一阶低通滤波电路为例，当输入为 $\dot{V}_1$，输出为 $\dot{V}_2$ 时，网络函数为

$$H(\mathrm{j}\omega)=\frac{\dot{V}_2}{\dot{V}_1}=\frac{1/\mathrm{j}\omega C}{R+1/\mathrm{j}\omega C}=\frac{\omega_0}{j\omega+\omega_0}$$

则根据 $|H(\mathrm{j}\omega)|=\dfrac{\omega_0}{\sqrt{\omega_0^2+\omega^2}}$ 算得的电路幅频特性如图 8.11(b)所示，呈现低通电路特性，其中截止频率 $\omega_0=\dfrac{1}{RC}$。

2) 无源高通电路示例

以图 8.12(a)所示的 RC 一阶高通滤波电路为例，当输入为 $\dot{V}_1$，输出为 $\dot{V}_2$ 时，网络函数为

$$H(\mathrm{j}\omega)=\frac{\dot{V}_2}{\dot{V}_1}=\frac{R}{R+1/\mathrm{j}\omega C}=\frac{\mathrm{j}\omega}{\mathrm{j}\omega+\omega_0}$$

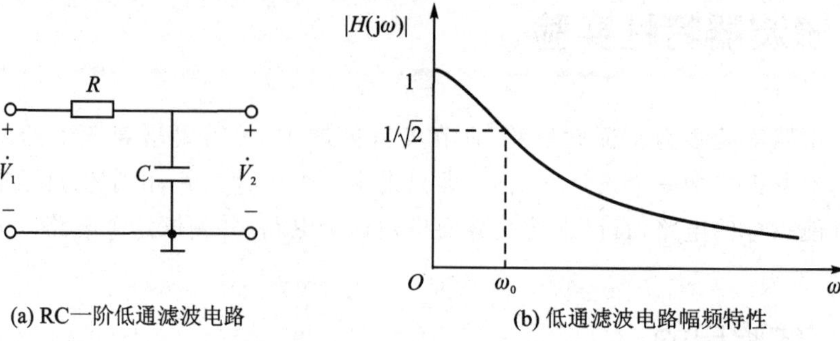

(a) RC一阶低通滤波电路　　(b) 低通滤波电路幅频特性

图 8.11　无源低通电路及幅频特性

则根据 $|H(\mathrm{j}\omega)|=\dfrac{\omega}{\sqrt{\omega_0^2+\omega^2}}$ 算得的电路幅频特性如图 8.12(b)所示，呈现高通电路特性，其中截止频率 $\omega_0=\dfrac{1}{RC}$。

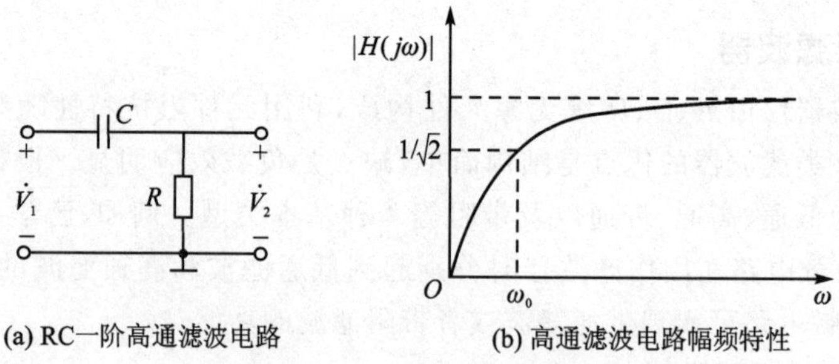

(a) RC一阶高通滤波电路　　(b) 高通滤波电路幅频特性

图 8.12　无源高通电路及幅频特性

3）无源带通、带阻电路示例

很容易通过 RLC 串联电路实现简单的带通、带阻滤波电路，电路结构如图 8.13 所示。

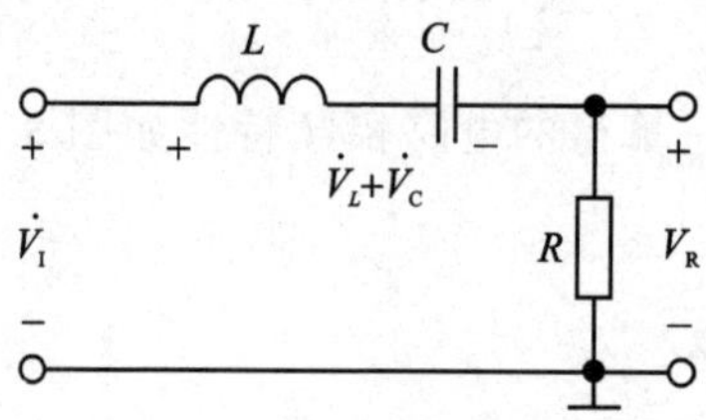

图 8.13　RLC 串联电路构成带通、带阻电路

I. 当输入为 $\dot{V}_I$，当输出为 $\dot{V}_R$ 时，网络函数为

$$H(\mathrm{j}\omega)=\frac{\dot{V}_R}{\dot{V}_I}=\frac{R}{R+\mathrm{j}\omega L+1/\mathrm{j}\omega C}=\frac{1}{1+\mathrm{j}Q\left(\frac{\omega}{\omega_0}-\frac{\omega_0}{\omega}\right)}$$

其中谐振频率 $\omega_0=\frac{1}{\sqrt{LC}}$，品质因数 $Q=\frac{\omega_0 L}{R}=\frac{1}{\omega_0 CR}$。

此时 $|H(\mathrm{j}\omega)|=\frac{1}{\sqrt{1+Q^2\left(\frac{\omega}{\omega_0}-\frac{\omega_0}{\omega}\right)^2}}$，如图 8.14(a)所示的幅频特性呈现带通电路特性。电路的截止频率分别为 ω_1 和 ω_2。

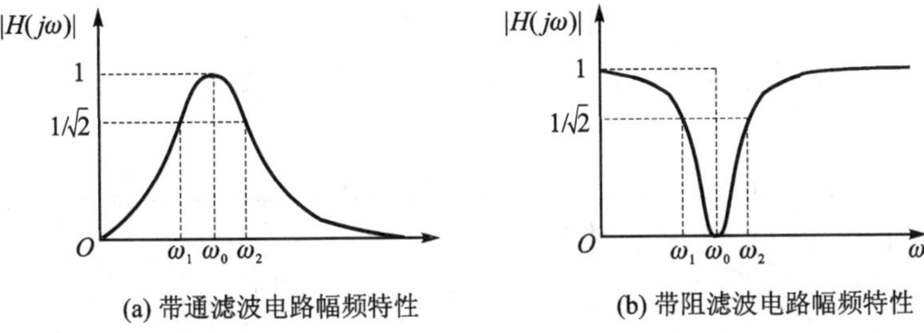

图 8.14　带通、带阻滤波电路幅频特性

II. 当输入为 $\dot{V}_I$，当输出为 $\dot{V}_L+\dot{V}_C$ 时，网络函数为

$$H(\mathrm{j}\omega)=\frac{\dot{V}_L+\dot{V}_C}{\dot{V}_I}=\frac{\mathrm{j}\omega L+1/\mathrm{j}\omega C}{R+\mathrm{j}\omega L+1/\mathrm{j}\omega C}=\frac{1}{1-\mathrm{j}\frac{1}{Q}\left(\frac{\omega}{\omega_0}-\frac{\omega_0}{\omega}\right)^{-1}}$$

其中谐振频率 $\omega_0=\frac{1}{\sqrt{LC}}$，品质因数 $Q=\frac{\omega_0 L}{R}=\frac{1}{\omega_0 CR}$。

此时 $|H(\mathrm{j}\omega)|=\frac{1}{\sqrt{1+\frac{1}{Q^2}\left(\frac{\omega}{\omega_0}-\frac{\omega_0}{\omega}\right)^{-2}}}$，如图 8.14(b)所示的幅频特性呈现带阻电路特性。电路的截止频率分别为 ω_1 和 ω_2。

2. 有源滤波器

有源滤波器由有源器件和 L、C、R 等元件共同构成，通常选用运算放大器作为其中的有源器件。该类滤波器的优点是既可滤波又可放大，负载效应不明显，多级相连时相互影响很小，且很容易构成高阶滤波器，缺点是通带范围受有源器件的带宽限制。

1) 有源低通电路示例

如图 8.15 所示，在 RC 一阶低通滤波电路基础上增加运算放大器构成有源低通滤波电路，当输入为 $\dot{V}_1$，输出为 $\dot{V}_2$ 时，网络函数为

$$H(\mathrm{j}\omega)=\frac{\dot{V}_2}{\dot{V}_1}=\left(1+\frac{R_b}{R_a}\right)\frac{1/\mathrm{j}\omega C}{R+1/\mathrm{j}\omega C}=\mu\ \frac{\omega_0}{\mathrm{j}\omega+\omega_0}$$

与图 8.11 电路相比，网络函数仅增加了一个增益系数 $\mu=1+\frac{R_b}{R_a}$。

2）有源高通电路示例

如图 8.16 所示，在 RC 一阶高通滤波电路基础上增加运算放大器构成有源高通滤波电路，当输入为 $\dot{V}_1$，输出为 $\dot{V}_2$ 时，网络函数为

$$H(\mathrm{j}\omega)=\frac{\dot{V}_2}{\dot{V}_1}=\left(1+\frac{R_b}{R_a}\right)\frac{R}{R+1/\mathrm{j}\omega C}=\mu\ \frac{\mathrm{j}\omega}{\mathrm{j}\omega+\omega_0}$$

与图 8.12 电路相比，网络函数仅增加了一个增益系数 $\mu=1+\frac{R_b}{R_a}$。

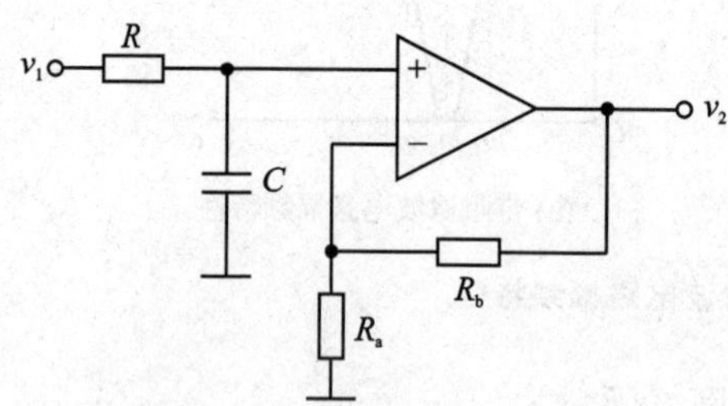

图 8.15　RC 一阶低通滤波电路

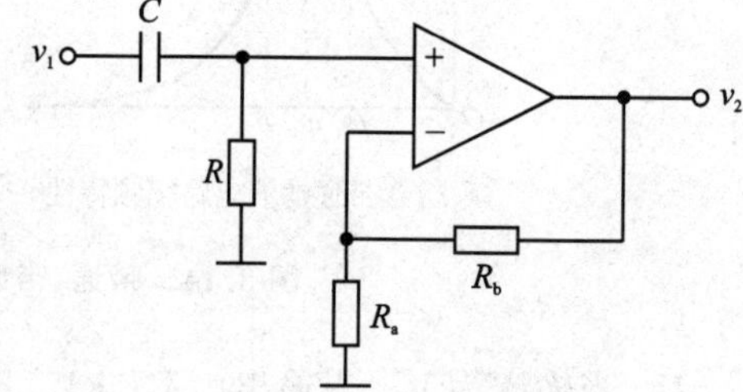

图 8.16　RC 一阶高通滤波电路

3. 滤波器级联

易知，利用一阶高通电路和一阶低通电路的级联，可以实现带通特性，条件是一阶高通电路的下限频率 f_{L} 小于一阶低通电路的上限频率 f_{H}，如图 8.17 所示。

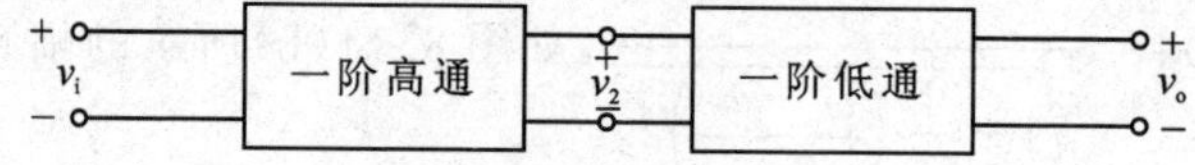

图 8.17　带通电路框图

如果在一阶高通和一阶低通电路之间再加一级隔离放大器，就可以实现一个有增益的带通电路，如图 8.18 所示。

图 8.18　具有增益的带通电路框图

电压放大器可以用同相输入运算放大电路来实现，如图 8.19 所示。其输入电压

v_2 与输出电压 v_3 的关系为

$$v_3=\left(1+\frac{R_b}{R_a}\right)v_2$$

实现图 8.18 框图的电路如图 8.20 所示。

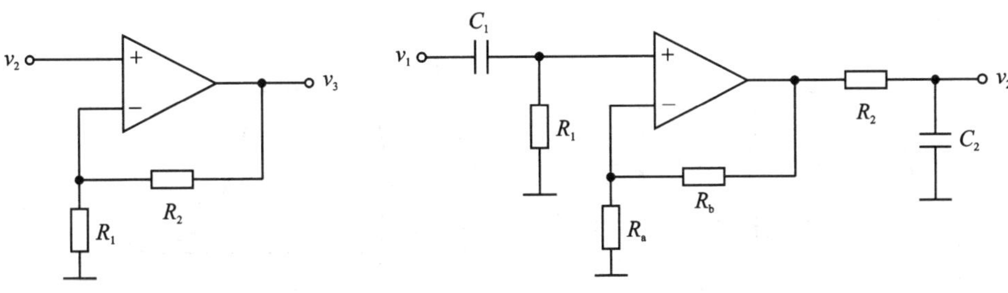

图 8.19　同相输入运算放大电路

图 8.20　具有增益的带通电路

4. 滤波器“并联”

类似可以推得，利用一阶高通电路和一阶低通电路的“并联”，可以实现带阻特性，条件是一阶高通电路的下限频率 f_L 大于一阶低通电路的上限频率 f_H，电路原理如图 8.21 所示。

但事实上，无源滤波器的输出端之间不能直接并联，而通常是通过“双 T 桥”结构实现带阻电路，关于这种电路结构学生们可以自行搜索和了解；另一种能够有效利用低通电路和高通电路实现带阻电路的方法就是借助运算放大器，即构成有源滤波电路实现带阻滤波。

例如，很容易利用运算放大器对图 8.21 所示电路进行改进，电路原理如图 8.22 所示。

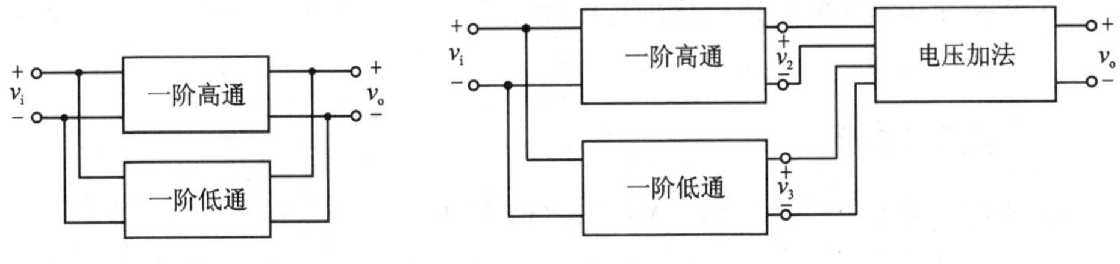

图 8.21　带通电路框图

图 8.22　具有增益的带通电路框图

8.3.3　实验内容及方法

(1) 如图 8.23(a)所示的电路是由 RC 低通滤波电路和 RC 高通滤波电路级联构成的一个无源带通滤波电路，其截止角频率分别是 ω_1 和 ω_2，当 $\omega_2\gg\omega_1$ 时，可近似算得 $\omega_1=\dfrac{1}{R_1C_1}$和 $\omega_2=\dfrac{1}{R_2C_2}$，电路幅频特性如图 8.23(b)所示。

请按图 8.23(a)搭建电路，其中 $R_1=3\ \text{k}\Omega$，$R_2=300\ \Omega$，$C_1=1\ \mu\text{F}$，$C_2=0.01\ \mu\text{F}$，输入信号可设置为 1 Vrms(有效值)的正弦波形，调节频率检测输出信号为 0.707 Vrms(有效值)的两个频率截止点，记录并与估算值进行比较。输入、输出信号的有效值采用数字万用表读取。

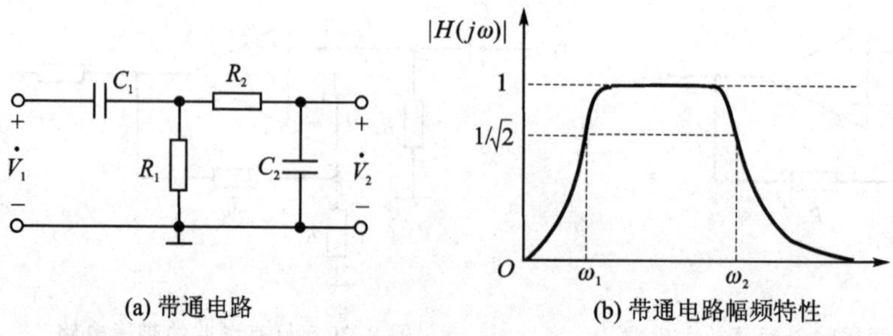

(a) 带通电路　　(b) 带通电路幅频特性

图 8.23　带通电路及幅频特性

(2) 设计一个有源带通滤波器，其增益(放大倍数)$A=10$。下限频率和上限频率分别为 $f_L=100$ Hz 和 $f_H=100$ kHz。

① 确定电路及各元件的参数(选 $R_1=100\ \text{k}\Omega$，$R_2=10\ \text{k}\Omega$，$R_a=10\ \text{k}\Omega$)；

② 仿真所设计的电路，通过 AC 分析，得到电路的幅频特性，测试电路的下限频率和上限频率，并与设计值比较。

8.3.4　注意事项

每次改变频率后，注意重新调节输入信号确保有效值不变。

8.3.5　实验报告要求

(1) 实验测量结果需与理论值进行比较。

(2) 要求绘制幅频特性曲线的请在对数坐标纸上画出。

8.3.6　实验器材

(1) 数字示波器　　Agilent DSO - X 2012A。

(2) 数字万用表　　1 台。

(3) 面包板　　1 个。

(4) 实验元器件

电阻　　300 Ω×1，3 kΩ×1；

电容　　0.01 μF×1，1 μF×1。

8.3.7　思考题

(1) 试分析负载效应对于无源滤波器和有源滤波器的不同影响程度，例如假设

负载阻值同样为 R,如果分别采用无源RC高通滤波电路和有源RC高通滤波电路,截止角频率是否会发生改变?

(2) 如果将实验1中 R_1 和 R_2 的阻值互换,请分析实测获得的截止角频率点 ω_1 和 ω_2 是否还可用 $1/R_1C_1$ 和 $1/R_2C_2$ 的计算值来做近似?如果加入运算放大器构成有源带通滤波电路,结论又如何?

(3) 能否根据图8.22所示电路原理自行设计一个有源带阻滤波电路,并通过仿真验证其功能。

8.4 互感线圈电路实验

互感线圈是电路中常见的一种元件,特别是在电子电路中有着广泛的应用,其技术指标的测试可以帮助工程师更好地了解和使用互感线圈。

8.4.1 实验目的

(1) 学会测定互感线圈同名端、互感系数以及耦合系数的方法;

(2) 理解两个线圈相对位置的改变,以及线圈用不同导磁材料时对互感系数的影响。

8.4.2 实验原理

一个线圈因另一个线圈中的电流变化而产生感应电动势的现象称为互感现象,这两个线圈称为互感线圈,且用互感系数(简称互感)M 来描述互感线圈的这种性能。M 的大小除了与两线圈的几何尺寸、形状、匝数及导磁材料的导磁性能有关外,还与两线圈的相对位置有关。

1. 判断互感线圈同名端的方法

(1) 直流法

如图8.24所示,当开关 S 闭合瞬间,若电压表读数为正,则可断定"1""3"为同名端;若电压表读数为负,则"1""4"为同名端。

(2) 交流法

如图8.25所示,将两个绕组 N_1 和 N_2 的任意两端(如2、4端)连在一起,在其中的一个绕组(如 N_1)两端加一个低电压,用交流电压表分别测出端电压 V_{13}、V_{12} 和 V_{34},若 V_{13} 是两个绕组端电压之差,则1、3是同名端;若 V_{13} 是两绕组端压之和,则1、4是同名端。

2. 两线圈互感系数 M 的测定

这里提供两种测定互感系数 M 的方法。

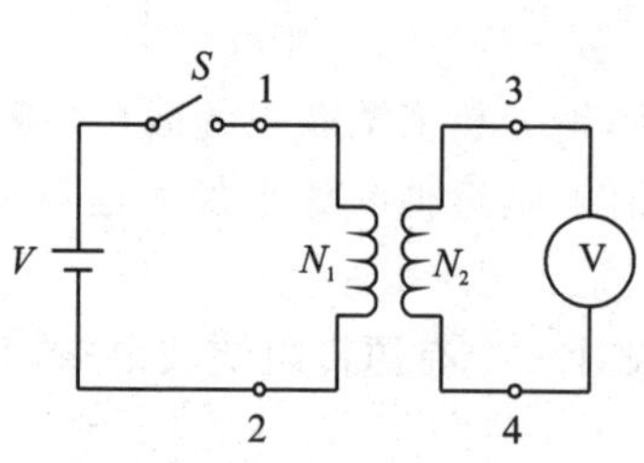

图 8.24　直流法原理图

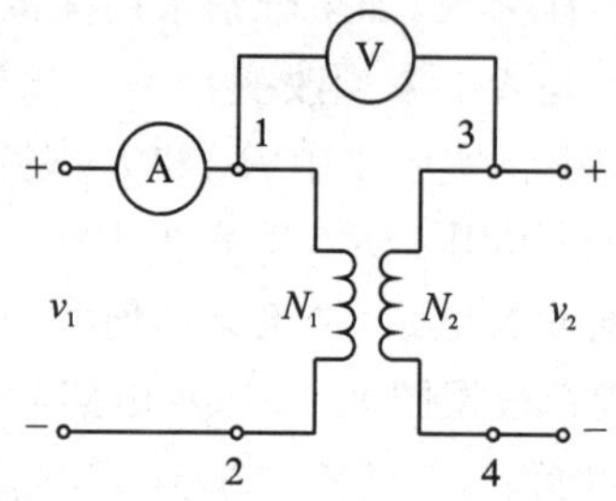

图 8.25　交流法原理图

(1) 采用专门仪器甚至一些较高级的数字万用表可以直接测量线圈的电感值，那么只需进行两次测量就能测算出两线圈的互感系数 M，方法非常简单，具体操作如下：

以图 8.25 电路为例，先将两个绕组 N_1 和 N_2 的 2、3 端短接，测量 1、4 端的电感值 L'，再将两个绕组 N_1 和 N_2 的 2、4 端短接，测量 1、3 端的电感值 L''，则互感系数 $M=|L'-L''|/4$。

因为在上述两次操作中，互感线圈分别进行了一次顺串连接和一次反串连接，而根据耦合电感串联等效的原理，顺串连接的等效电感 $L_P=L_1+L_2+2M$，反串连接的等效电感 $L_N=L_1+L_2-2M$，由此很容易导出互感系数 M 的计算式。

(2) 如果不借助专门仪器，可以通过交流特性实验测算互感系数 M。仍以图 8.25 电路为例，互感线圈的 N_1 侧施加低压交流电压 V_1，互感线圈的 N_2 开路，测出 I_1 及 V_2，且有 $V_2=\omega MI_1$，由此得互感系数为

$$M=\frac{V_2}{\omega I_1}$$

3. 耦合系数 *K* 的测定

两个互感线圈耦合松紧的程度可用耦合系数 K 来表示

$$K=M/\sqrt{L_1L_2}$$

其中：L_1 为 N_1 线圈的自感系数，L_2 为 N_2 线圈的自感系数，它们的测定方法如下：先在 N_1 侧加低压交流电压 V_1，测出 N_2 侧开路时的电流 I_1；然后再在 N_2 侧加电压 V_2，测出 N_1 侧开路时的电流 I_2。根据自感电势 $E_L\approx V=\omega LI$，分别求出自感 L_1 和 L_2，再根据互感系数 M，便可算得 K 值。

8.4.3　实验内容及方法

1. 测定互感线圈的同名端。

待测互感线圈可选择耦合变压器、共模扼流线圈等一些现成且容易获得的器件，也可采取双线绕制方式自制一个互感线圈，此外还需自备一些标签贴纸。采用直流

法测定互感线圈的同名端并用标签纸标注。

实验电路如图8.26所示，V_1为可调直流稳压电源，调至5 V，然后改变可变电阻器R（由大到小地调节），使流过N_1侧的电流不超过0.2 A（选用10 A量程的电流表），N_2侧接入电压表，观察电压表读数的正、负，判定N_1和N_2两个线圈的同名端。

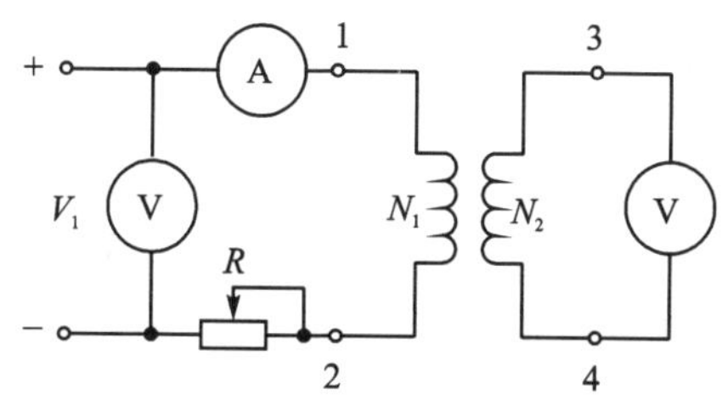

图8.26 直流法

2. 测定两线圈的互感系数M

根据已有实验仪器选择一种适合的方法测定两线圈的互感系数M。要求自拟实验步骤和自制表格记录测量结果，最后计算结果。

注意，如采用交流特性实验方法，N_1侧施加2 V左右的交流电压即可。选择现成器件作为待测互感线圈的可根据其频率使用范围正确设置V_1的频率，对于自制互感线圈可选择50 Hz的工频。

3. 测定两线圈的耦合系数K

根据已有实验仪器选择一种适合的方法测定两线圈的自感系数L_1、L_2，然后结合前述实验测得的互感系数M，计算耦合系数K。要求自拟实验步骤和自制表格记录测量结果，最后计算结果。

8.4.4 注意事项

(1) 实验过程中，注意流过线圈的电流不得过高，此处建议不超过1 A；

(2) 实验过程中，随时观察电流表的读数，不得超过规定值。

8.4.5 实验报告要求

(1) 根据实验1的现象，总结测定互感线圈同名端的方法；

(2) 根据实验2的数据，计算互感系数M；

(3) 根据实验2、3的数据，计算耦合系数K。

8.4.6 实验器材

(1) 数字示波器　　Agilent DSO-X 2012A。

(2) 数字万用表　　UT8803N。

(3) 数字万用表　　　　UT801。

(4) 面包板　　　　　　1个。

(5) 实验元器件

耦合线圈　　　　　　1个；

电位器　　　　　　　470 Ω/1W×1。

8.4.7 思考题

(1) 什么是自感？什么是互感？在实验室中如何测定？

(2) 如何判断两个互感线圈的同名端？若已知线圈的自感和互感，两个互感线圈相串联的总电感与同名端有何关系？

(3) 互感的大小与哪些因素有关？各个因素如何影响互感的大小？

8.5 三相电路实验

三相电路在电力系统和大功率用电设备中应用广泛。理论分析当中可以利用相量法进行计算。本节将通过必要的实验设计引导学生加深对三相电路电学现象的理解和对三相电路使用方法的掌握。

8.5.1 实验目的

(1) 理解三相电路中线电压与相电压、线电流与相电流之间的关系；

(2) 掌握三相电路的正确连接方法及测量方法；

(3) 了解三相不对称星形接法当中，中线的作用、中性点位移的影响等性质。

8.5.2 实验原理

1. 三相电路

三相电源有星形和三角形两种连接方式，本例中讨论的对称三相电源是由 3 个同频率、等幅值、初相依次滞后 120°的正弦电压源连接成星形组成的电源，如图 8.27(a)所示。这 3 个电源依次称为 A 相、B 相和 C 相。

采用正序接法时，$\dot{V}_A=V\angle 0°$，$\dot{V}_B=V\angle -120°$，$\dot{V}_C=V\angle 120°$；

采用负序接法时，$\dot{V}_A=V\angle 0°$，$\dot{V}_B=V\angle 120°$，$\dot{V}_C=V\angle -120°$。

两相之间的电压称为线电压，相电压与线电压之间有以下换算关系，

$\dot{V}_{AB}=\dot{V}_A-\dot{V}_B$，$\dot{V}_{BC}=\dot{V}_B-\dot{V}_C$，$\dot{V}_{CA}=\dot{V}_C-\dot{V}_A$，如图 8.27(b)所示。

并且在对称三相电源中，相电压与线电压在数值上的关系为 $V_L=\sqrt{3}V_P$，其中 V_L 和 V_P 分别表示线电压和相电压的有效值。

2. 三相电源的相序测定

三相电源的相序可通过实验测定，实验电路如图 8.28 所示，采用三线制不对称星形连接。假定已知三相电源为正序，选定其中一相作为 A 相，与电容连接，其余两相分别连接负载大小相同的灯泡。如果电容大小合适，在接通上电后能够观察到两个灯泡的亮度有明显差别，其中较亮灯泡连接的是 B 相，较暗灯泡连接的是 C 相。

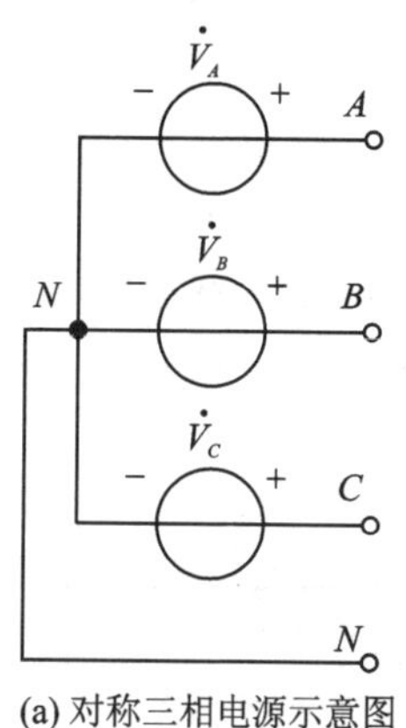

(a) 对称三相电源示意图

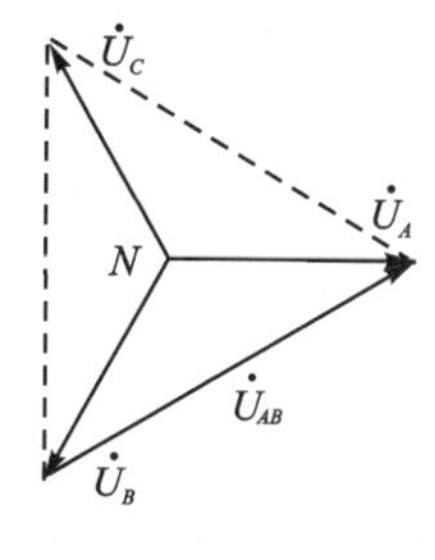

(b) 相电压和线电压的关系

图 8.27　对称三相电源

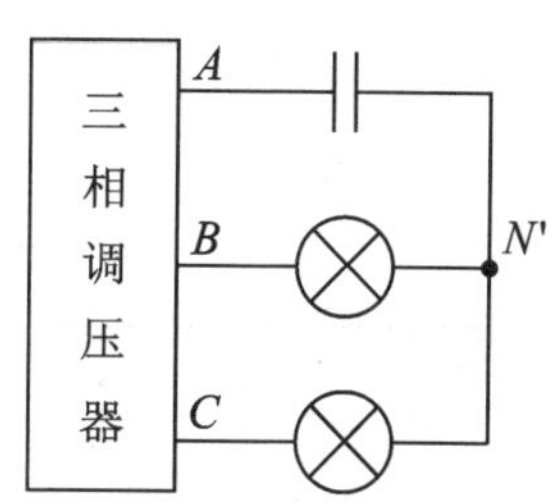

图 8.28　三相电源相序测定实验电路示意图

3. 三相负载星形连接特性

与三相电源一样，三相负载也可采用星形或三角形连接，本例仍以星形连接作为讨论对象，在这种连接方式下，根据是否连通电源中性点 N 与负载中性点 N'之间的中性线，可分为三相四线制和三相三线制两种连接方式，分别如图 8.29(a)和图 8.29(b)所示。当与对称负载连接时，采取三相四线制或者三相三线制效果是相同的，此时中性点 N 与 N'重合，中性线上没有电流通过；当与不对称负载连接时，两种连接方式效果不同，其中三相四线制的中性点 N 与 N'仍然重合，中性线上的电流等于 3 个相电流的相量和，而三相三线制的中性点 N 与 N'不再重合，由于没有中性线因此 3 个相电流的相量和为零。

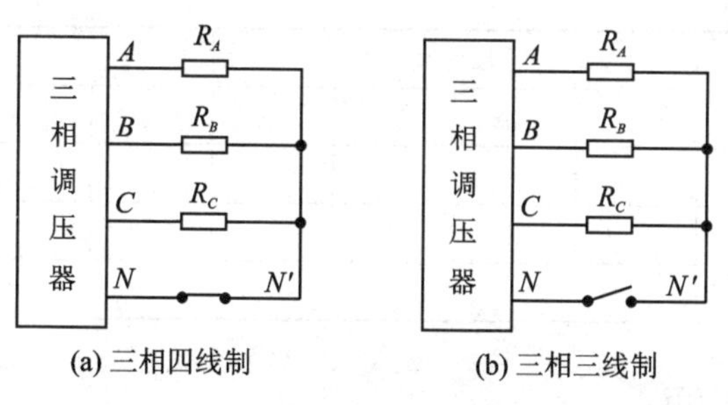

(a) 三相四线制　　(b) 三相三线制

图 8.29　三相负载连接图

8.5.3 实验内容及方法

(1) 按图 8.28 实验电路测定一个 220 V 转 24 V 三相变压器的输出相序，选用一个 22 μF 无极性电容和两个 24 V 低压灯泡与三相变压器的输出 3 端分别连接，可借助灯座、导线等连接电路，每次改变连接时必须断电，确保连接无误后可上电后观察两灯泡的亮暗。若以电容连接端子作为 A 相，则请确定 B 相和 C 相对应的端子。

(2) 对称负载星形连接的电学实验。选择 220 V 转 24 V 三相变压器和 3 个 5 kΩ 电阻按照星形连接构成电路，先用导线连线中性点 N 和 N'，组成三相四线制方式，上电后按表 8.5 要求测量和记录各支路电压的有效值。断电后断开中性点 N 和 N'之间的连线，组成三相四线制方式，再次上电后测量和记录各支路电压的有效值。测量结束后断电，根据表格数据比较对称负载星形连接方式下的三相四线制和三相三线制的异同。

表 8.5 对称负载星形连接实验的测量结果

对称负载	理论值				测量值			
	$V_{NN'}$	$V_{AN'}$	$V_{BN'}$	$V_{CN'}$	$V_{NN'}$	$V_{AN'}$	$V_{BN'}$	$V_{CN'}$
三相四线								
三相三线								
结论								

(3) 不对称负载星形连接的电学实验。仍然选择 220 V 转 24 V 三相变压器和 6 个 5 kΩ 电阻按照星形连接构成电路，要求 A 相接一个 5 kΩ 电阻，B 相接两个 5 kΩ 电阻的并连(等效为 2.5 kΩ 电阻)，C 相接 3 个 5 kΩ 电阻的并联(等效为 1.67 kΩ 电阻)，先用导线连线中性点 N 和 N'，组成三相四线制方式，上电后按表 8.6 要求测量和记录各支路电压的有效值。断电后断开中性点 N 和 N'之间的连线，组成三相四线制方式，再次上电后测量和记录各支路电压的有效值。测量结束后断电，根据表格数据比较不对称负载星形连接方式下的三相四线制和三相三线制的异同。

表 8.6 不对称负载星形连接实验的测量结果

不对称负载	理论值				测量值			
	$V_{NN'}$	$V_{AN'}$	$V_{BN'}$	$V_{CN'}$	$V_{NN'}$	$V_{AN'}$	$V_{BN'}$	$V_{CN'}$
三相四线								
三相三线								
结论								

8.5.4 注意事项

(1) 测量时，严禁用身体任何部位接触带电的金属裸露部分；

（2）每次改接电路必须断电；

（3）测量仪器切勿超过量程；

（4）随时警惕出现异响、异味或器件烧毁等状况，一旦发现异常切勿慌乱和私自处理，应立即断电并报请教师解除故障。

8.5.5　实验报告要求

（1）画出电路图，列出实验所需数据表格，请预先计算或仿真出理论值。

（2）根据测量数据进行必要的计算分析，建议画出电压、电流的相量图。

8.5.6　实验器材

（1）数字万用表　　1 台。

（2）三相变压器　　1 个（220 V 转 24 V）。

（3）面包板　　1 个。

（4）实验元器件

灯泡　　2 个（低压 24 V，可配灯座）；

电阻　　5 kΩ×6；

无极性电容　　22 μF×1。

8.5.7　思考题

（1）试分析相序测量分析电路的工作原理。

（2）假如将实验 3 中的电阻全部换成额定电压 24 V 的灯泡，采取哪种连接方式才能确保灯泡正常发光？如果采取另一种连接方式，各路灯泡可能出现哪些异常状况？

第三篇:模拟电子电路实验

晶体管是现代电子电路的基本构件,主要分为两大类:双极性晶体管(BJT)和场效应晶体管(FET)。根据晶体管的“放大”和“开关”作用,人们把电子电路的研究分为两个领域,即当晶体管工作在放大状态时,则是模拟电路研究的领域;当晶体管工作在开关状态时,则是数字电路研究的领域。

模拟电路的学习分为理论和实验两个方面,二者相辅相成,缺一不可。电路测试常用的仪器仪表、计算机仿真软件和电路实验的基本操作方法,是进行模拟电路实验的基础,本章将针对模拟电路的内容,采用计算机仿真和实际操作两种形式,介绍模拟电路的验证性实验和设计型实验,旨在通过实验,掌握模拟电路的测试原理和方法,进一步掌握仪器仪表的使用方法,以及模拟电路的计算机仿真和实际制作,加深对模拟电路原理的理解。

第9章 晶体管特性的鉴别和测试

模拟电路是由电子元器件所组成的，晶体管是电子电路的核心器件，理解晶体管的特性对电子电路的分析与设计非常重要。在实际应用中，为了正确地选择和应用这些元器件，就需要对它们的特性进行简单的测试，并根据所测的一些参数和特性曲线，来鉴别其引脚和性能的优劣。第二篇《电路基础实验》介绍了电阻、电容和电感等元件的测试方法，本章实验主要介绍采用 MF500 型指针式万用表、UT801/UT8803N 数字式万用表和 XJ4810 半导体管特性图示仪，对半导体二极管、双极型晶体管和结型场效应管的测试方法及其性能鉴别，为电子电路实验打下基础。

9.1 半导体二极管

半导体二极管的主要特性是单向导电性，也就是在正向电压的作用下，其导通电阻很小；而在反向电压作用下其导通电阻很大。按半导体二极管的作用可分为：整流二极管（如 1N4004）、开关二极管（如 1N4148）、肖特基二极管（如 BAT85）、发光二极管（如 FG112001）和稳压二极管（如 2CW－3.6 V）等。

常用二极管的封装可分为：直插式和贴片式，如图 9.1 所示。

9.1.1 实验目的

（1）掌握利用指针式万用表和数字式万用表鉴别二极管引脚和性能的方法。

（2）进一步熟悉二极管参数和特性曲线的物理意义。

（3）掌握用图示仪测试二极管特性曲线的方法。

（4）掌握运用特性曲线求二极管特性参数的方法。

9.1.2 实验预习要求

（1）复习半导体二极管的基本特性。

（2）复习 MF500 型指针式万用表欧姆挡和 UT801/UT8803N 数字万用表的使用方法。

（3）熟悉 XJ4810 型半导体管特性图示仪的使用方法。

（4）设计实验数据记录表格。

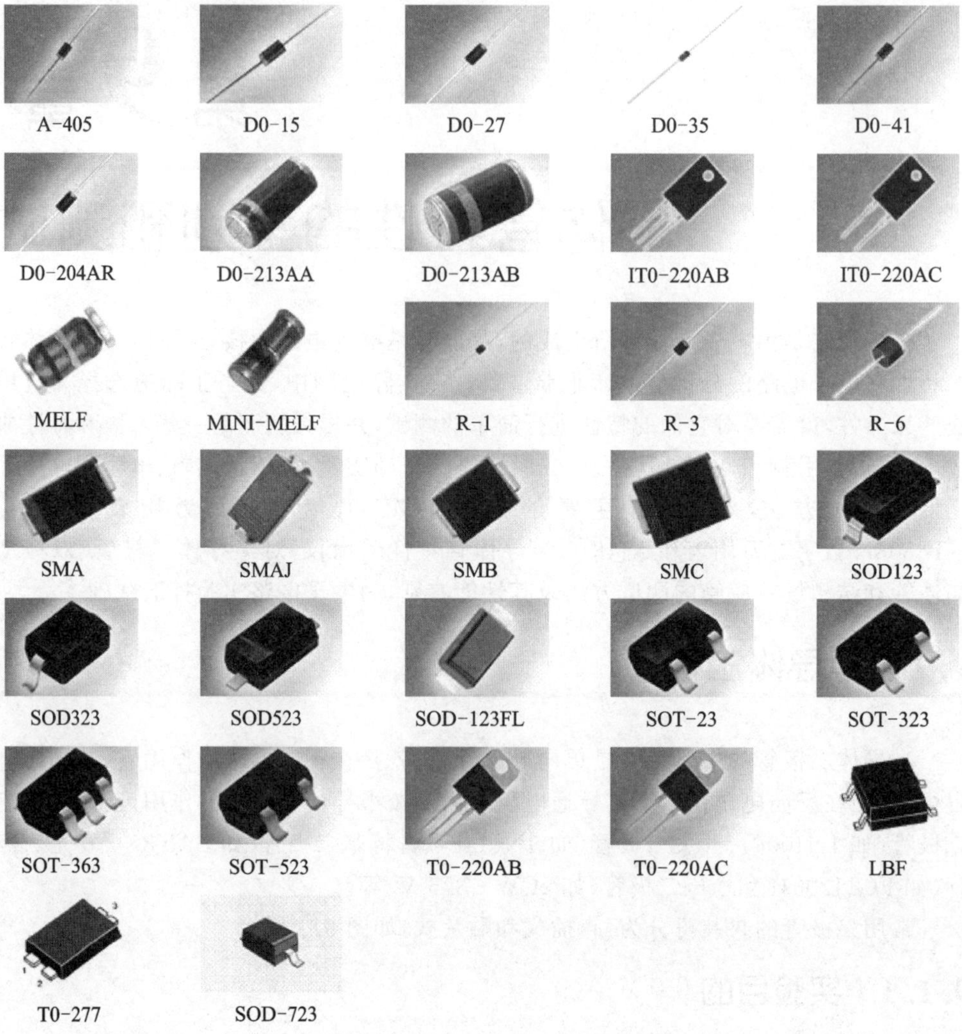

A-405 D0-15 D0-27 D0-35 D0-41

D0-204AR D0-213AA D0-213AB IT0-220AB IT0-220AC

MELF MINI-MELF R-1 R-3 R-6

SMA SMAJ SMB SMC SOD123

SOD323 SOD523 SOD-123FL SOT-23 SOT-323

SOT-363 SOT-523 T0-220AB T0-220AC LBF

T0-277 SOD-723

图 9.1 常用直插式和贴片式二极管封装示意图

9.1.3 实验原理

万用表分为指针式和数字式两种形式,利用它可以对二极管的特性进行简单的鉴别和测试,这是模拟电路实验中最起码的实验操作。

1. 利用指针式万用表测试半导体二极管

(1) 鉴别二极管的正负极

指针式万用表处于欧姆挡时,其黑表棒为欧姆表内部电池的正极,红表棒为内部电池的负极。万用表选 $R\times 1$ k 挡,两表棒分别接二极管的两端,观察指针的偏转,反向再测一次。指针偏转较大(指在几 kΩ 以下的位置)的那一次黑表棒所测端为二极管的正极，此时二极管处于正偏；指针偏转较小（指在几百 kΩ 以上的位置）的那一次红表棒所测端为二极管的正极，此时二极管处于反偏。

注意，不同二极管指针偏转情况不同，有的反向时几乎没有偏转，而有的偏转较大，所以一般测量需要正反向各测量一次，比较两次偏转角度大小。

（2）鉴别二极管性能

当万用表黑表棒接二极管的正极，红表棒接二极管的负极时，二极管处于正偏，测得二极管的正向电阻一般在几 kΩ 以下，要求正向电阻越小越好。而使二极管反偏时，测得的反向电阻一般在几百 kΩ 以上。

若正反向电阻差不多，则二极管失去单向导电性；若正反向指针都不偏转，说明二极管已开路，反之，若指针偏转至零，说明二极管短路，均表明二极管损坏了。

另外，有特别品种的二极管例外，比如高压硅堆，其正向电阻很大，而有的稳压二极管，其反向电阻较小。

2. 利用数字式万用表测试半导体二极管

（1）鉴别二极管的正负极

在测量二极管方面，数字式万用表与指针式万用表是不同的。测量时，数字式万用表选择二极管“⊣▸ ·))”挡。注意，数字万用表的红表笔始终是电源正极，大约 2.6 V 电压。将两表棒分别接二极管的两端，观察表的示数。若示数在500～800 范围内（发光二极管读数在 1 800 左右），反过来再测一次，示数为“1”，说明前一次二极管正向导通，后一次二极管反向截止，则红表棒所测端为二极管的正极，黑表棒端为负极。

（2）鉴别二极管性能

若按图 9.2 测量正向电压时，蜂鸣器响起（电阻值＜10 Ω），说明二极管已短路。若按图 9.2 和图 9.3 测量正、反向读数都显示“1”，表示二极管已开路。如果两次测量示数差不多，表示此二极管已经失去单向导电性。同样，也有特别品种例外，如高压硅堆（其正向电阻很大）、某些稳压二极管（其反向电阻小）。

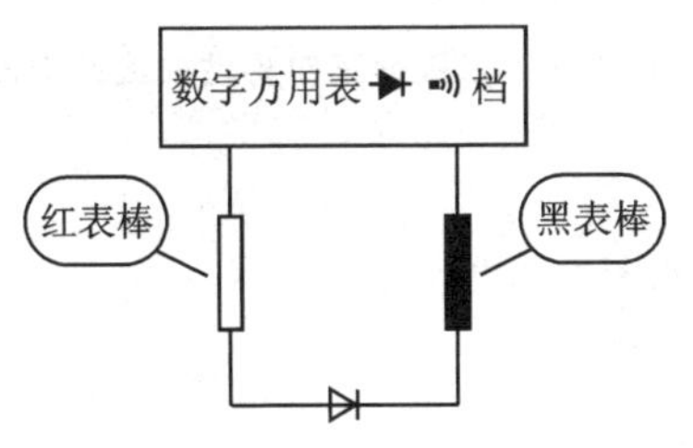

图 9.2　测二极管正向电压图

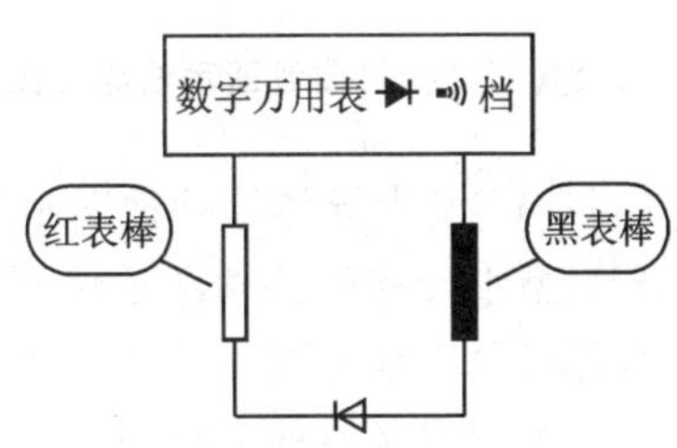

图 9.3　测二极管反向电压图

3. 二极管伏安特性图示法

(1) 图示法原理

在示波管的荧光屏上显示二极管特性曲线的基本原理如图 9.4 所示，它将一个随时间变化的锯齿波电压同时作用于被测二极管和示波管的 X 偏转板上。这样，二极管端电压的变化情况可由荧光屏上 X 轴方向的光点轨迹来反映。为了能使荧光屏上 Y 轴方向的光点轨迹反映二极管中电流的变化情况，可在二极管和锯齿波电压源之间串入一个小电阻 r，作为流过二极管电流的取样电阻，因 r 的端电压 V_r 大小反映了二极管中电流的大小，故将 V_r 作用于示波管 Y 轴偏转板上。当锯齿电压从 0 开始线性增长时，荧光屏光点向右偏移，同时，加在 Y 轴偏转板的 V_r 使荧光屏光点向上偏移。而 V_r 是反映二极管电流大小的电压，在锯齿波电压达到二极管导通电压以前，流过二极管电流很小，V_r 也很小，荧光屏光点向上偏移很小。当锯齿波电压超过二极管导通电压后，V_r 增长加快，光点向右偏移的同时向上偏移明显，合成的轨迹如图 9.5 所示，描绘出二极管的正向特性曲线。由于锯齿波电压反复往返，荧光屏上显示出稳定的曲线图形。

将锯齿波电压反向作用于二极管上，则可从荧光屏上显示出二极管的反向特性曲线。

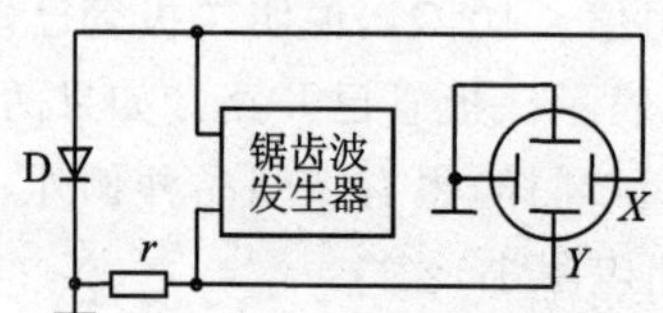

图 9.4　二极管正向特性曲线图示法原理图

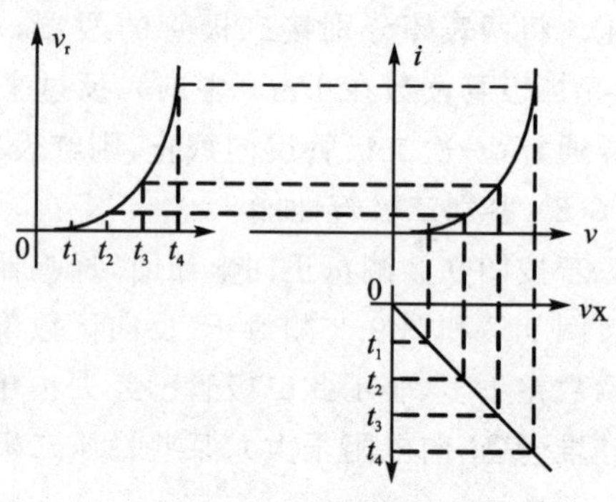

图 9.5　二极管正向特性曲线的形成

(2) XJ4810 型半导体管特性图示仪简介

XJ4810 型半导体管特性图示仪原理框图如图 9.6 所示。

① 前面板单元划分图如图 9.7 所示。

② 偏转放大器区域前面板简化图如图 9.8 所示。

- I_C(黑色)旋钮：集电极电流，通过集电极电流取样电阻将电流转化为电压后，经 Y 轴的放大取得读测电流的偏转值。
- I_R(红色)旋钮：二极管漏电流，通过二极管漏电流取样电阻将电流转化为电压后，经 Y 轴的放大取得读测电流的偏转值。

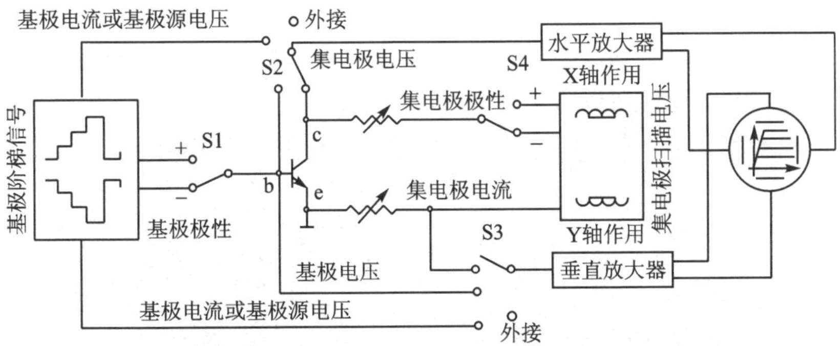

图 9.6　XJ4810 型半导体管特性图示仪原理框图

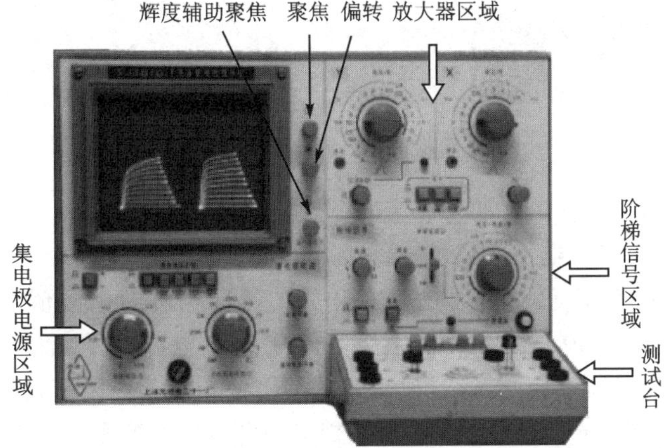

图 9.7　XJ4810 型半导体管特性图示仪前面板单元划分图

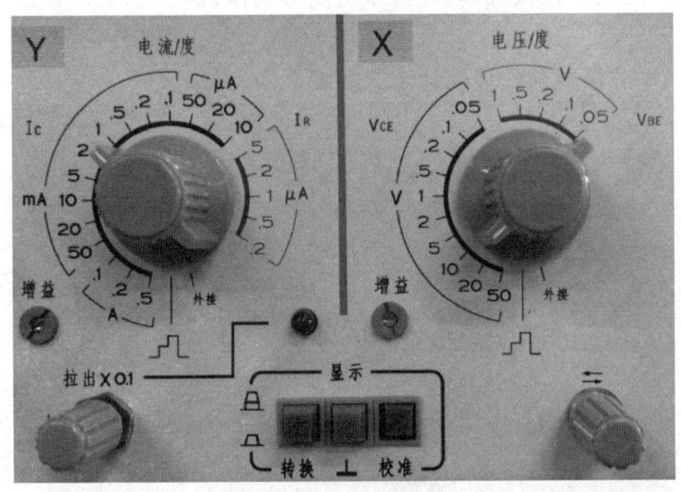

图 9.8　偏转放大器区域前面板简化图

● V_{CE}(黑色)旋钮:集电极电压,通过分压电阻,达到不同灵敏度的偏转目的。

● V_{BE}(红色)旋钮:基极电压,通过分压电阻,达到不同灵敏度的偏转目的。

③ 阶梯信号区域前面板简化图如图 9.9 所示。

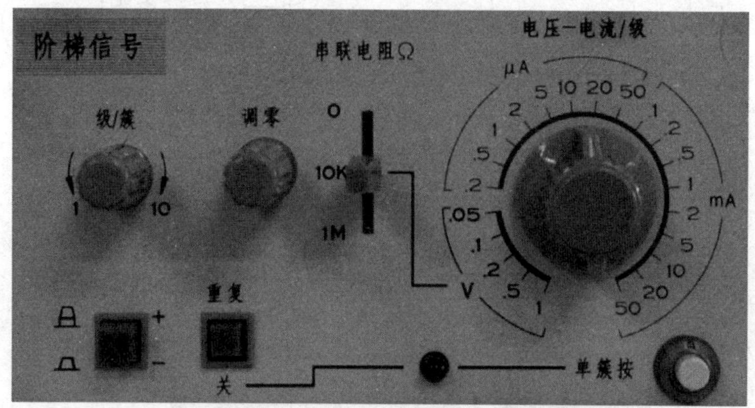

图 9.9　阶梯信号区域前面板简化示意图

● 级/簇旋钮:阶梯信号的每一簇的级数。

● 调零旋钮:基极电平的。

● 基极电流(红色)旋钮:通过改变开关的不同档级的电阻值,使基极电流按 0.2 μA/级～50 mA/级,共 17 级,所在档级的电流通过被测半导体。

● 基极电压(黑色)旋钮:通过改变开关的不同档级的电阻值,使基极电流压按 0.05 V/级～1V/级,共 5 级,所在档级的电压加到被测半导体。

● 阶梯信号极性按键+/－:用于被测半导体管的需要。

● 阶梯信号重复/关按键:阶梯信号重复出现作正常测试/阶梯信号处于待触发状态。

④ 集电极电源区域前面板简化示意如图 9.10 所示。

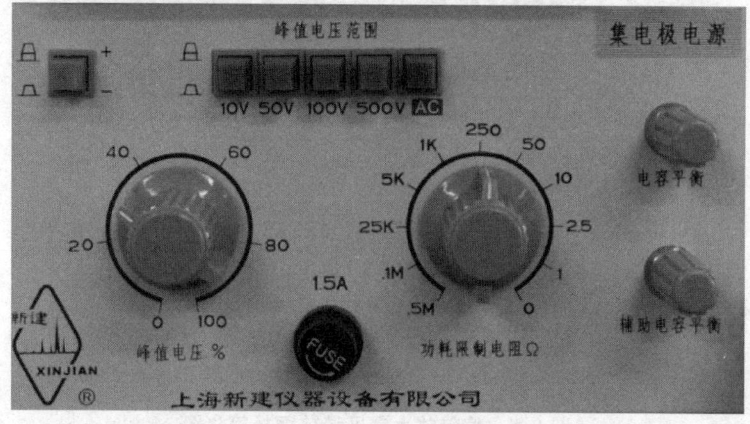

图 9.10　集电极电源区域前面板简化示意图

- 集电极电源极性按键+/−:在 NPN 与 PNP 半导体测试时,极性可选择。
- 峰值电压范围按键,当由低挡改换高挡观察半导体管的特性时,须先将峰值电压%旋钮调到零值,换挡后再按需要的电压逐渐增加,否则容易击穿被测晶体管。AC 档的设置专为二极管或其他元件的测试提供双向扫描,以便能同时显示器件正反向的特性曲线。
- 峰值电压%旋钮:调节所选峰值电压范围 0%~100%。
- 功耗限制电阻旋钮:它是串联在被测管的集电极电路中,限制超过功耗,亦可作为被测半导体管集电极的负载电阻。

⑤ 测试台面板简化图如图 9.11 所示。

- "左""右""二簇":可以在测试时任选左右两个被测管的特性,当置于"二簇"时,即通过电子开关自动地交替显示左右二簇特性曲线,此时"级/簇"应置适当位置,以利于观察。二簇特性曲线比较时,请不要误按单簇按键。
- "零电压"键:按下此键用于调整阶梯信号的起始级在零电平的位置,见(22)项。
- "零电流"键:按下此键时被测管的基极处于开路状态,即能测量 I_{CEO} 特性。
- I_R 二极管反向漏电流专用插孔(接地端)。

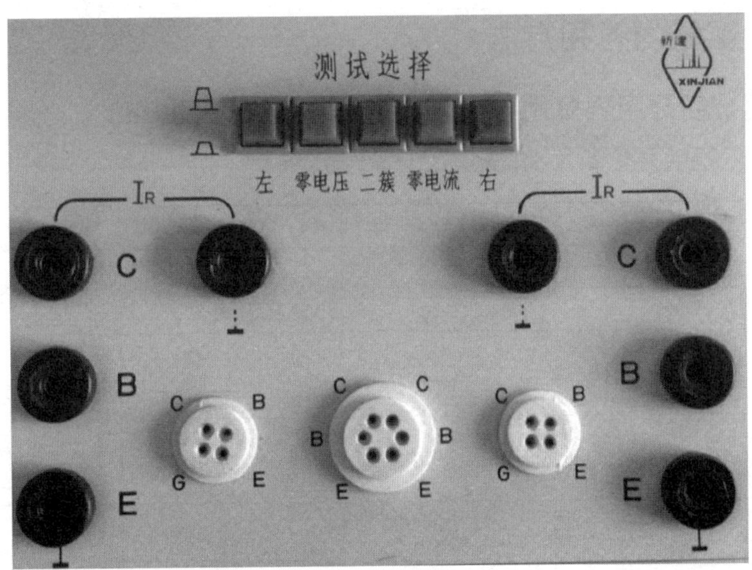

图 9.11 测试台面板简化图

⑥ XJ4810 型半导体管特性图示仪校零(测试前必须执行的步骤)。

- 轻轻将辉度旋钮往外拉,辉度旋钮上方的红色指示灯被点亮,即打开电源(图 9.7)。

备注:所有按键默认为弹出。

- 将 X 轴和 Y 轴旋钮都旋至"⎍"(图 9.8)。
- 调节 X 轴(⇆)和 Y 轴(⇅)的位移旋钮(图 9.8),使屏幕出现一条点状斜线。
- 调节聚焦旋钮(图 9.7),使点状斜线清晰。
- 调节辉度旋钮(图 9.7),斜线亮度适中。
- 按下"⊥"按键(图 9.8),点状斜线变成一光点,调节 X 轴(⇆)和 Y 轴(⇅)的位移旋钮,使光点移至屏幕左下角(0,0)处,即表示输入为零的基准点。
- 再按"⊥"按键,使"⊥"按键弹出,调节调零旋钮(图 9.9),保证斜线的起始点在屏幕左下角的(0,0)处。
- 调节级/簇旋钮(图 9.9),使点状斜线上出现 11 个点,即阶梯信号共 10 级如图 9.12 所示。
- 按下极性按键+/-(图 9.9),调节调零旋钮(图 9.9),使点状斜线的末端也在(0,0)处。反复按+/-按键,同时反复调节调零旋钮,使点状斜线的两端(不同时,对应+/-按键),都在(0,0)处。

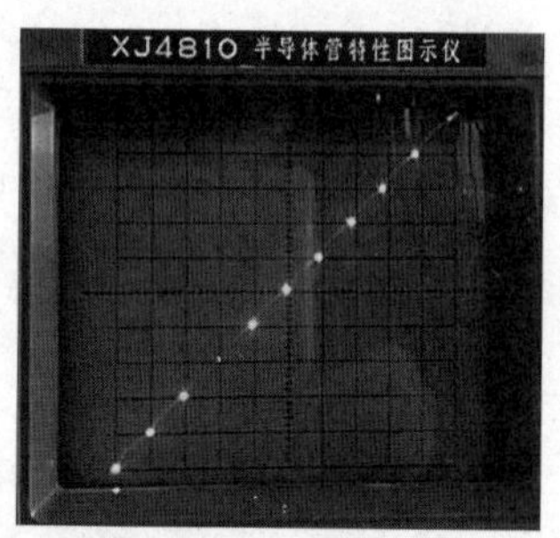

图 9.12　校零波形

9.1.4　实验内容和方法

1. 用数字万用表鉴别二极管的正、负极性(见表 9.1)

表 9.1　鉴别二极管极性

型　号	1N4148	1N4007	FG112001(发光)	2 CW-3.6 V(稳压)
原理图	正 ▷⊢ 负	正 ▷⊢ 负	正 ▷⊢ 负	正 ▷⊢ 负
实物	1 ─[▯]─ 2	1 ─[▯]─ 2	短 长	1 ─[▯]─ 2
红表棒 1 黑表棒 2	实测值:	实测值:	实测值:	实测值:
红表棒 2 黑表棒 1	实测值:	实测值:	实测值:	实测值:
结论	正极:	正极:	正极:	正极:

2. 二极管正向特性测试

XJ4810 图示仪各档旋钮的正确位置按表 9.2~9.3 所列。特别注意的是测试前应将峰值电压旋钮逆时针旋至最左边(0 V),再按测试按键(左/右),然后慢慢旋转峰值电压%旋钮,增大峰值扫描电压,直至 iD=10 mA,将曲线描绘在坐标纸上,并将测试数据填入表 9.4～9.5 内。

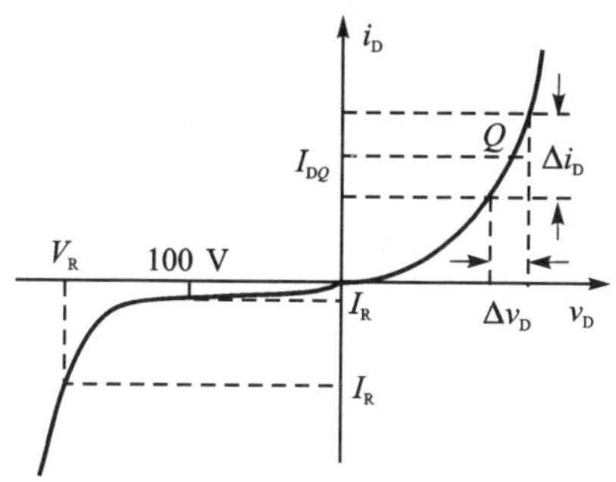

图 9.13　二极管正、反向特性

表 9.2　图示仪测量 1N4148 二极管特性时各档旋钮位置

旋钮位置	正向	反向 *
峰值电压范围	10 V	500 V
集电极电源极性	正(+)	负(−)
功耗电阻	250 Ω	25 kΩ
X 轴集电极电压	V_{CE}:0.1 V/格	V_{CE}:20 V/格
Y 轴集电极电流	I_C:1 mA/格	I_C:50 μA/格
峰值电压%	逐增	逐增
测试位置	C B E	

表 9.3　图示仪测量 2CW－3.6 V 稳压二极管特性时各档旋钮位置

峰值电压范围	10 V,AC(蓝色)
集电极电源极性	正(+)
功耗电阻	5 kΩ
X 轴集电极电压	V_{CE}:0.1 V/格
Y 轴集电极电流	I_C:0.1 mA/格
峰值电压%	逐增
测试位置	C B E

表 9.4 图示仪测量 1N4148 二极管特性测试数据

实测波形		
读测 $I_{DQ}=5$ mA 时的 UDQ		/
计算直流电阻 $R_D=\dfrac{U_{DQ}}{I_{DQ}}$		/
计算交流电阻 $r_D=\dfrac{\Delta U_D}{\Delta I_D}$		/
读测 $V_R=100$ V 时的 $I_{R'}$	/	$I_{R'}=$
读测 $I_R=200$ μA 时的 V_R	/	$V_R=$

表 9.5 图示仪测量 2CW-3.6 V 稳压二极管特性测试数据

实测波形	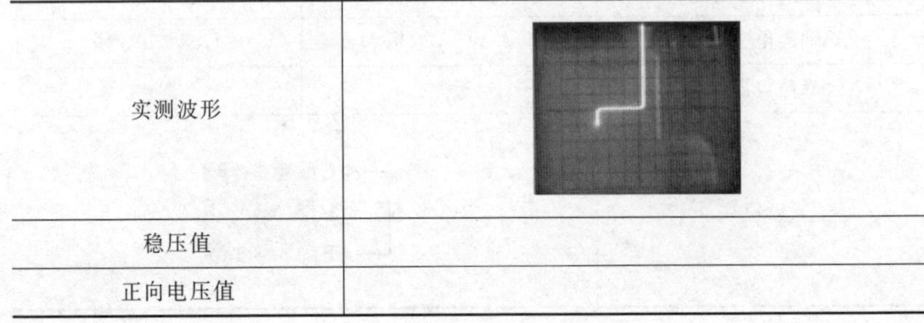
稳压值	
正向电压值	

9.1.5 实验器材

(1) 半导体管特性图示仪 XJ4810。

(2) 指针式万用表 MF500。

(3) 数字式万用表 UT801/UT8803N。

(4) 实验元器件

二极管　1N4148×1、1N4007×1、FG112001×1、2CW－3.6V×1。

9.1.6 实验报告要求

整理测量二极管的数据，填入表 9.1、9.4 和 9.5 内。

9.1.7　思考题

图 9.4 中的 r 对应 XJ4810 型半导体管特性图示仪中是哪个旋钮？

9.2　双极型晶体管

双极型晶体管有两种基本结构：PNP 型和 NPN 型。从其内部结构来看，有两个“结”，即发射结和集电结，可以等效于如图 9.14 所示的结构。

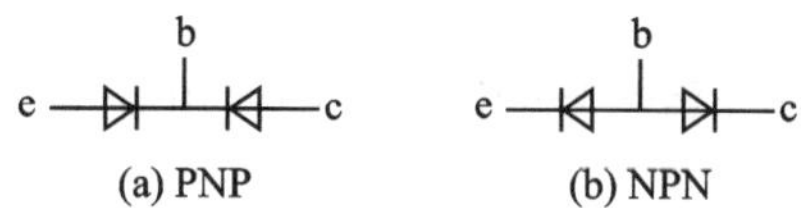

图 9.14　双极型晶体管的等效结构

常用双极型晶体管的封装可分为：直插式和贴片式如图 9.15 所示。

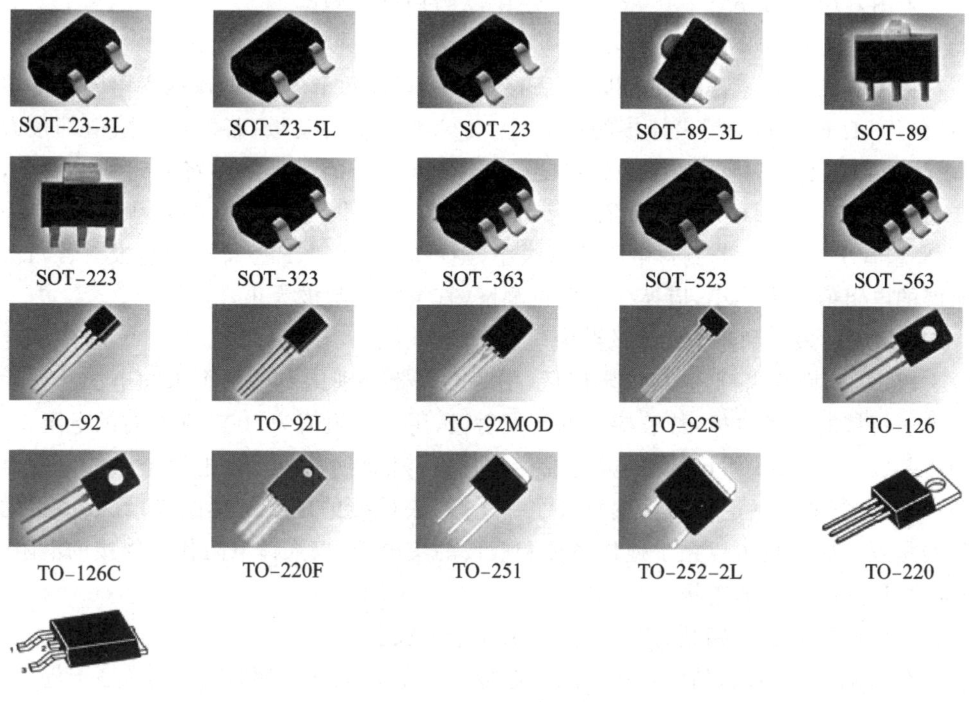

图 9.15　常用直插式和贴片式双极型晶体管封装示意图

9.2.1　实验目的

(1) 掌握用 MF500 指针式万用表和 UT801/UT8803N 数字式万用表粗略鉴别

三极管引脚的方法。

(2) 进一步熟悉三极管参数和特性曲线的物理意义。

(3) 掌握用 XJ4810 型半导体管特性图示仪测试三极管特性曲线的方法。

(4) 掌握运用特性曲线求三极管特性参数的方法。

9.2.2 实验预习要求

(1) 复习三极管的基本特性。

(2) 复习 MF500 指针式万用表和 UT801/UT8803N 数字式万用表的使用方法。

(3) 熟悉 XJ4810 型半导体管特性图示仪的使用方法。

9.2.3 实验原理

1. 利用指针式万用表测试小功率双极型晶体管

采用万用表的"$R\times100$"或者"$R\times1\text{k}$"欧姆挡进行测试。

(1) 基极 b 和管型的判断

将黑表棒接晶体管的某一极,红表棒依次接其他两个极,若两次测得电阻值都很小(在几 kΩ 以下),则黑表棒接的可能是 NPN 型管子的基极;若测得电阻值都很大(在几百 kΩ 以上),则黑表棒接的可能是 PNP 型管子的基极。再将表棒调换一下,红表棒接初定的基极,黑表棒依次接其他两极,若测得电阻值都很大,则可确定为 NPN 型管子的基极;若测得电阻值都很小,则可确定为 PNP 型管子的基极。若两次测得的电阻值一大一小,应换一个极再测试,直至找到基极为止。

(2) 发射极 e 和集电极 c 的判断

以 NPN 型管为例,基极确定以后,用两个表棒分别接另外两个未知电极。先假设黑表棒接的是集电极,红表棒接的是发射极,用一个阻值为 100 kΩ 左右的电阻,一端接基极,另一端接假设的集电极,观察此时表针偏转的大小,再把两个未知电极对调一下,重复测试一遍。表针偏转大的一次,黑表棒接的确实是集电极,红表棒接的确实是发射极。也可以用手捏住基极和假设的集电极,以人体电阻代替外接的电阻,同样可以判断管子的电极。

用类似的方法可判断 PNP 型管子的 3 个电极。

在测试中,若被测晶体管任何两个电极之间的正反向电阻值都很小(趋于零)或者都很大(表针不动),说明晶体管已经击穿或者烧断。

2. 利用数字式万用表测试小功率双极型晶体管

测量时,数字万用表选择二极管"→+ ·))"挡。

(1)基极 B 的判断

将红表棒接晶体管的假设基极上,黑表棒依次接其他两个极,若两次测量在屏幕上显示的数字在 500～800 范围内，则说明红表棒接的是 NPN 型管子的基极，另外两个电极分别为集电极和发射极。反之，若黑表棒接晶体管的假设基极，红表棒依次接其他两个极，两次测量显示溢出符号“1”，则说明黑表棒接的是 PNP 型管子的基极，如图 9.16 所示。若一次显示 500～800 范围内，另一次显示溢出符号“1”，则红表笔接的不是基极，此时应重新假设基极再次测量，直至找到基极为止。

还可以根据 PN 结正向导通时的结压降判断管子的材料类型，结压降在 0.1～0.3 V 左右的为锗材料晶体管，结压降在 0.5～0.7 V 左右的为硅材料晶体管。

(2) 集电极 C 和发射极 E 的判断

① 方法一：用数字万用表测晶体管“h_{FE}”挡进行测量。

根据上述晶体管基极和管型的判断，将晶体管的基极按照基极的位置和管型插入 h_{FE} 值测量插座孔中，其他两个电极分别插入其余的两个孔中，观察屏幕显示数字。若测得的 h_{FE} 为几十～几百左右，则说明管子是正常的，且有放大能力，晶体管的引脚与相应插孔相同。如果测得的 h_{FE} 在几～十几之间，则表明 C、E 极插反了。可以反复对调晶体管的集电极和发射极多测几次 hFE 值，比较几次显示数字大小，以所测的显示数字最大的一次为准，其显示数字即为晶体管的电流放大系数，此时对应插孔的引脚即为晶体管的集电极和发射极。

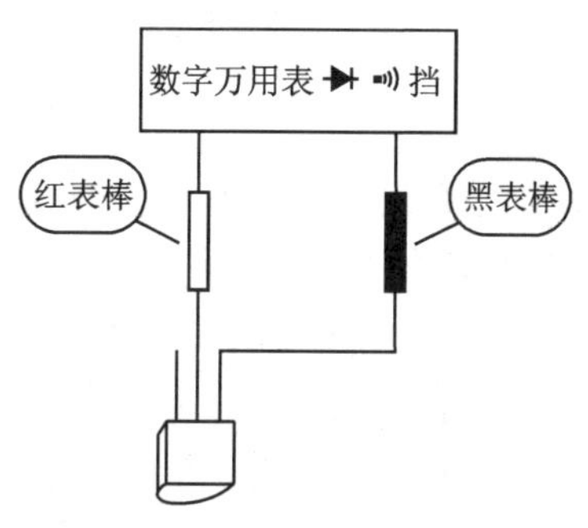

图 9.16　判定基极 b 和管型

② 方法二：用万用表的“200 kΩ”或“2 MΩ”挡。

步骤一：把红表棒接到假设的集电极 C 上，黑表棒接到假设的发射极 E 上，并用手同时捏住 B 极和 C 极，此时人体电阻等效于在 B、C 之间接入的偏置电阻，或直接接入 100 kΩ 的电阻，相当于给晶体管的基极注入一个电流 i_B，如图 9.17(a)所示，读出万用表所示 C、E 间的电阻值，然后将红、黑表棒反接重测，如图 9.17(b)所示。若第一次电阻比第二次电阻小(两次阻值有区别)，说明原假设成立，即红表笔所接的是集电极 C，黑表笔接的是发射极 E。

步骤二：手捏 B 极和 E 极(原假设)，方法同步骤一，读出两次测试的电阻值，如果两次电阻值都比步骤一中的大，则原假设成立。

3. 双极型晶体管伏安特性图示法原理

双极型晶体管输出特性曲线是一组曲线族，如图 9.18 所示，其中任意一条曲线均表示在 i_B 为常数条件下，集电极电流 i_C 与集-射电压 v_{CE} 之间的关系。要在示波管的荧光屏上显示一条特性曲线，可以采用图 9.19 所示的电路。图中 T 是被测双极型晶体管，r 是 T 的集电极电流取样电阻。在晶体管的 b－e 回路中接电源 E_B 和电阻 R_b，这时注入基极的电流 $i_B=(E_B-v_{BE})/R_b$，E_B、R_b 固定，则 i_B 固定。在 c－e 回路中，接入幅度为 E 的锯齿波电压和一个小电阻 r。发射极接地，集电极接示波管

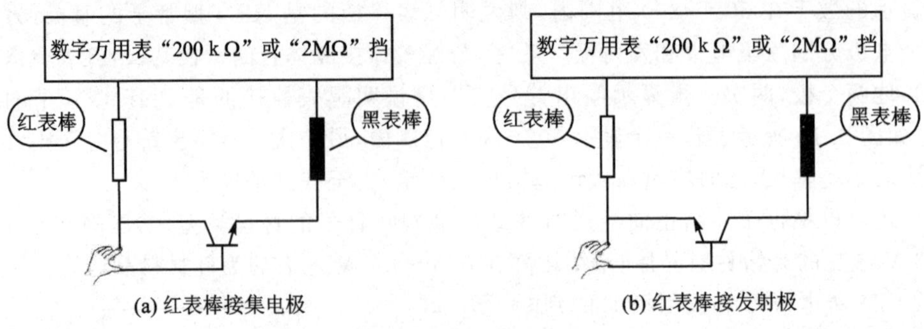

(a) 红表棒接集电极　　(b) 红表棒接发射极

图 9.17　判定集电极 C

的 X 偏转板。由于 r 很小，X 轴偏转板上的电压近似为锯齿波电压。而 Y 轴偏转板上的电压接的是 r 上的电压。这样，在示波管荧光屏上将显示双极型晶体管集电极电流与集电极电压之间的关系曲线。

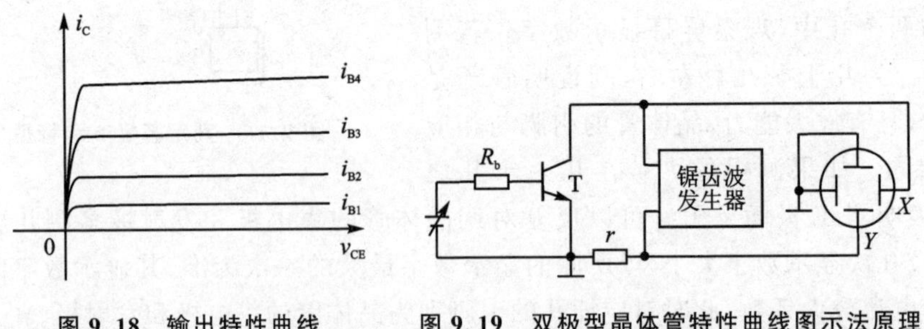

图 9.18　输出特性曲线　　图 9.19　双极型晶体管特性曲线图示法原理

为了显示整个特性曲线族，基极电流以阶梯形式变化，每一阶梯的维持时间正好等于加入集电极上的锯齿波电压的周期，如图 9.20 所示。锯齿波每经历一个周期，基极电流 I_B 增长一级阶梯的幅度。测试系统的电路连接如图 9.21 所示。晶体管特性图示仪就是按照上述原理设计的。

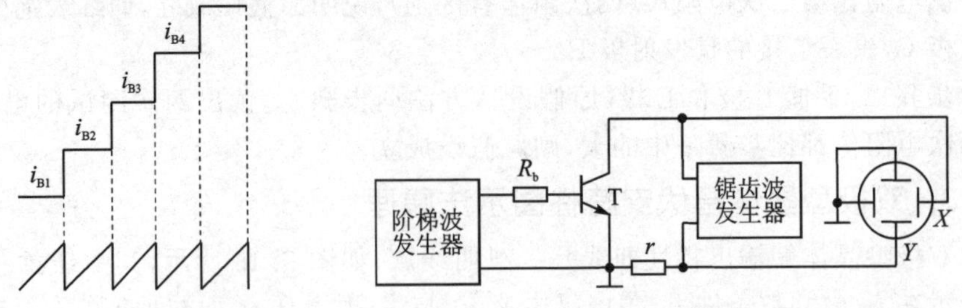

图 9.20　阶梯波与对应锯齿波　　图 9.21　双极型晶体管特性曲线族图示法原理

9.2.4　实验内容与步骤

1. 鉴别双极型晶体管 9012 和 9013 的基极 B 和集电极 C。

首先用数字万用表按表 9.6 鉴别出双极型晶体管 9012 和 9013 的基极 B。

表 9.6　鉴别双极型晶体管 9012 和 9013 的基极 B

型　号	9013			9012			
实物图	1 2 3						
原理图	NPN C B E			PNP C B E			
红表棒	黑表棒	实测值	结论	红表棒	黑表棒	实测值	结论
1	2		B= NPN/ PNP	1	2		B= NPN/ PNP
1	3			1	3		
2	1			2	1		
2	3			2	3		
3	1			3	1		
3	2			3	2		

然后按表 9.7 鉴别出双极型晶体管 9012 和 9013 的集电极 C。

表 9.7　鉴别双极型晶体管 9012 和 9013 的集电极 C

型　号	9012			9013			
红表棒	黑表棒	实测值	结论	红表棒	黑表棒	实测值	结论
			C=				C=

2. 鉴别双极型晶体管 2SC1815 和 2SA1015 的 B 和 C 极。

首先按表 9.8 鉴别出双极型晶体管 2SC1815 和 2SA1015 的基极 B。

表 9.8　鉴别双极型晶体管 2SC1815 和 2SA1015 的基极 B

型　号	2SC1815			2SA1015			
实物图	1 2 3						
原理图	NPN C B E			PNP C B E			
红表棒	黑表棒	实测值	结论	红表棒	黑表棒	实测值	结论
1	2			1	2		
1	3			1	3		
2	1		B=	2	1		B=
2	3		NPN/ PNP	2	3		NPN/ PNP
3	1			3	1		
3	2			3	2		

然后按表 9.9 鉴别出双极型晶体管 2SC1815 和 2SA1015 的集电极 C。

表 9.9　鉴别双极型晶体管 2SC1815 和 2SA1015 的集电极 C

型号	2SC1815			2SA1015			
红表棒	黑表棒	实测值	结论	红表棒	黑表棒	实测值	结论
			C=				C=

3. 双极型晶体管输出特性测试求放大倍数 β

方法一：将三极管插入相应的 hFE 孔，直接测得的 hFE。详见第 2 章实验(8)测量三极管放大倍数。

方法二：从双极型晶体管输出特性上可以估算晶体管的 β 值，如图 9.22 中的 Q 点。

先通过 Q 点作横轴的垂直线，如图中虚线，确定对应 Q 点的 v_{CE} 值；再从图中求出一定 v_{CE} 值条件下的 Δi_B 和 Δi_C，则 Q 点附近的交流电流放大倍数为：

$$b=\frac{\Delta i_C}{\Delta i_B}\bigg|_{v_{CE}=V_{CEQ}}$$

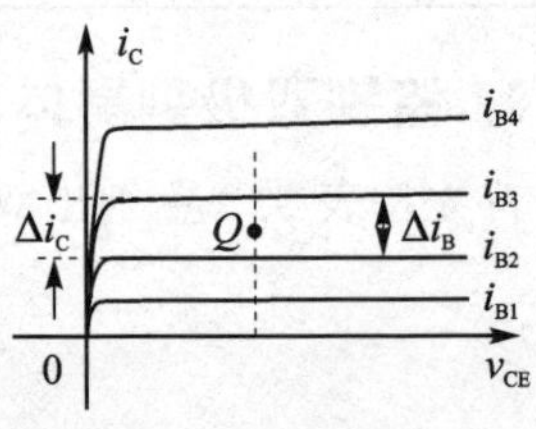

图 9.22　双极型晶体管输出特性

直流电流放大倍数为：$\bar{b}=h_{fe}=\left.\frac{I_C}{I_B}\right|_{v_{CE}=V_{CEQ}}$

XJ4810 图示仪各档旋钮的正确位置按表 9.10 所示。特别注意的是测试前应将峰值电压%旋钮逆时针旋至最左边(0 V)，再按测试按键(左/右)，然后慢慢旋转峰值电压%旋钮，直至出现整个输出特性曲线，将曲线描绘在坐标纸上，并将测试数据填入表 9.11 内。

表 9.10　用图示仪测量晶体管输出特性、求放大倍数 β 时的旋钮位置

晶体管型号	9012	9013
峰值电压范围	10 V	
集电极电源极性	－(按下)	＋(弹出)
功耗电阻	250 Ω	
X 轴集电极电压	V_{CE}:1 V/格	
Y 轴集电极电流	I_C:0.5 mA/格	
峰值电压%	逐增	
阶梯信号	重复	
阶梯信号极性	－(按下)	＋(弹出)
极/族	10	
阶梯选择(电流/级)	5 μA(Ib)	
测试位置	C C B B E E	

表 9.11　晶体管输出特性求放大倍数特性测试波形及数据

型号	9012	9013
测试条件	$V_{CEQ}=5$ V，$I_C=3$ mA	
实测波形		
β		
h_{FE}		

方法三：把表 9.10 中的 X 轴集电极电压选择开关改为⎍，即得到电流放大特性曲线，将测试数据填入表 9.12。

表 9.12 晶体管电流放大特性测试波形及参数

型号	9012	9013
实测波形		
h_{FE}		

4. 双极型晶体管输入特性测试

从双极型晶体管输入特性曲线上可以估算晶体管的 r_{be} 值，如图 9.23 所示。欲求 Q 点的 r_{be}，按图所示作三角形，求该点的斜率，即得：

$$r_{be}=\left.\frac{\Delta v_{BE}}{\Delta i_B}\right|_{v_{CE}=V_{CEQ}}$$

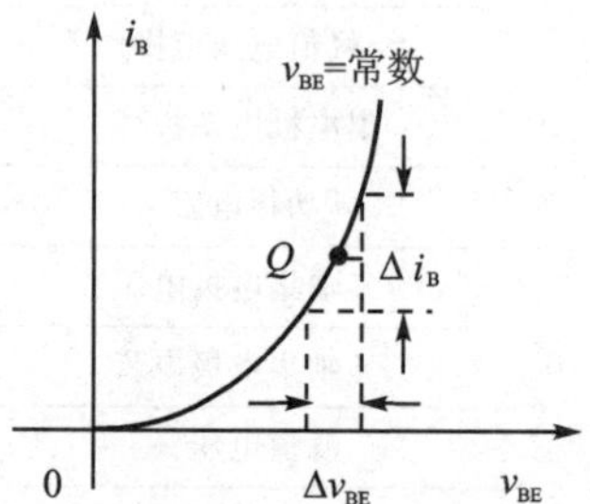

图 9.23 双极型晶体管输入特性

XJ4810 图示仪各档旋钮的正确位置按表 9.13 所列。特别注意的是测试前应将峰值电压%旋钮逆时针旋至最左边(0 V)，再按测试按键(左/右)，然后慢慢旋转峰值电压%旋钮，直至出现整个输出特性曲线，将曲线描绘在坐标纸上，并将测试数据填入表 9.14 内。

表 9.13 图示仪测量双极型晶体管输入特性求输入电阻时旋钮位置

型号	9012	9013
峰值电压范围	0～10 V	
集电极极性	－(按下)	＋(弹出)
功耗电阻	1 kΩ	
X 轴集电极电压	V_{BE}:0.1 V/格	
Y 轴集电极电流	基极电流⎍	
峰值电压%	逐增	
阶梯信号	重复	
阶梯信号极性	－(按下)	＋(弹出)
极/族	10	
阶梯选择(电流/级)	10 μA(Ib)	
测试位置		

表 9.14　双极型晶体管 9012、9013 输入特性求输入电阻测试波形及数据

型号	9012	9013
$V_{CE}=0V$	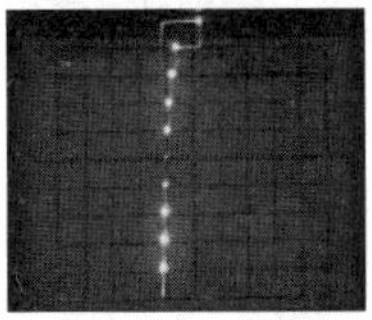	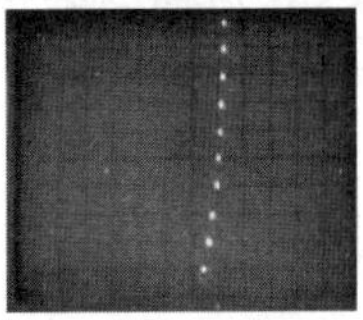
	$r_{be}=$	$r_{be}=$
$V_{CE}=5\ V, I_B=50\ \mu A$	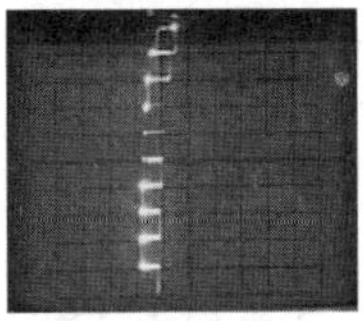	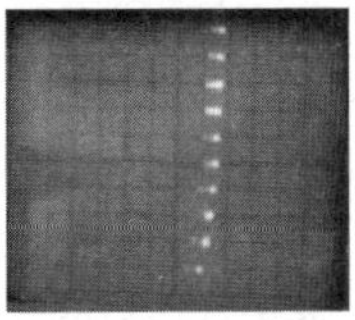
	$r_{be}=$	$r_{be}=$
$V_{CE}=10\ V$	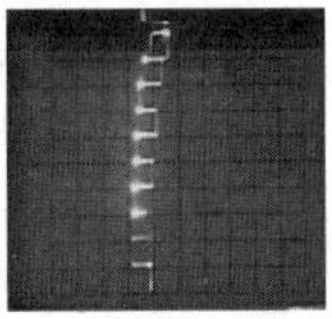	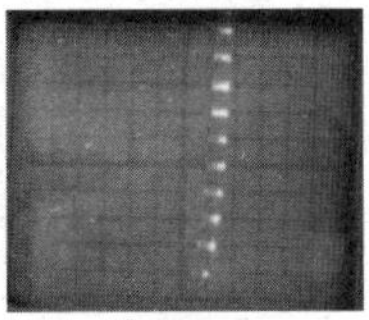
	$r_{be}=$	$r_{be}=$

9.2.5　实验器材

（1）半导体管特性图示仪 XJ4810。

（2）指针式万用表 MF500。

（3）数字式万用表 UT801/UT8803N。

（4）实验元器件

三极管　　9012×1、9013×1、2SA1015×1、2SC1815×1。

9.2.6　实验报告要求

整理双极型晶体管的测试数据，填入表 9.6～9.9、9.11～9.12 和 9.14 内。

9.2.7　思考题

在什么条件下，双极型晶体管可做开关管？

9.3　结型场效应管

结型场效应晶体管（Junction Field - Effect Transistor，JFET）是一种具有放大功能的三端有源器件，是单极场效应管中最简单的一种，它分为 N 沟道和 P 沟道两

种类型。以结型N沟道场效应晶体管为例,它是在一块N形半导体上制作两个高掺杂的P区,并将它们连接在一起,所引出的电极称为栅极G,N型半导体两端分别引出两个电极,分别称为漏极D,源极S,如图9.24所示。常用结型场效应晶体管封装同双极型晶体管的封装相似。

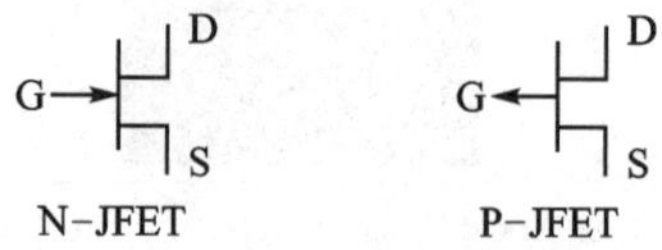

图9.24 结型场效应晶体管

9.3.1 实验目的

(1) 掌握用MF500指针式万用表和UT801/UT8803N数字式万用表粗略鉴别结型场效应管引脚的方法。

(2) 进一步熟悉结型场效应管参数和特性曲线的物理意义。

(3) 掌握用XJ4810型半导体管特性图示仪测试结型场效应管特性曲线的方法。

(4) 掌握运用特性曲线求结型场效应管特性参数的方法。

9.3.2 实验预习要求

(1) 复习结型场效应管的基本特性。

(2) 复习MF500指针式万用表和UT801/UT8803N数字式万用表的使用方法。

(3) 熟悉XJ4810型半导体管特性图示仪的使用方法。

9.3.3 实验原理

1. 利用指针式万用表测试结型场效应管

(1) 栅极的判断

用万用表的$R\times1$ k挡,将黑表棒接触管子的一个电极,用红表棒分别接触另外两个电极,若两次测得的阻值都很小,则黑表棒所接的电极就是栅极,而且是N型沟道场效应管。红表棒接触一个电极,用黑表棒分别接触另外两个电极,如测得的阻值两次都很小,则红表棒所接的就是栅极,而且是P沟道场效应管。在测量中如出现两阻值相差太大,需改换电极重测,直到出现两阻值都很小或都很大时为止,这样就可以找到栅极。

(2) 性能好坏的判断

结型场效应管的漏极和源极可以互换,所以判断出栅极后,其余两个电极即为漏极和源极。管子好坏的判别用万用表的$R\times1$ k挡,测P型沟道管时,将红表棒接源极S或漏极D,黑表棒接栅极G时,测得的电阻应很大,交换表棒重测,阻值很小,表明管子基本上是好的。如测得的结果与其不符，说明管子不好。当栅极与源极间、栅极与漏极间反向电阻均很小时，表明管子是坏的。

还可以将红、黑表棒分别接触源极 S、漏极 D，然后用手碰触栅极，表针会发生偏转，偏转较大，说明管子是好的，若表针不动，说明管子是坏的或性能不良。

2. 利用 UT801/UT8803N 数字万用表鉴别小功率结型场效应管的极性

判定栅极(G)和管型：

N/P 沟道结型场效应管可看作是一个 NPN/PNP 型双极型晶体管，栅极 G 对应基极 B，漏极 D 对应集电极 C，源极 S 对应发射极 E。所以只要像测量双极型晶体管那样测 PN 结的正、反向导通情况即可。又由于结型场效应管的漏、源极之间是对称结构，呈纯电阻性，即正反向电阻基本相等，所以漏极和源极可以互换，因此，只要判断栅极 G 即可。

3. 结型场效应管特性图示法原理

结型场效应管特性图示法原理与双极晶体管相似，请参考双极晶体管特性图示法原理。

9.3.4　实验内容与步骤

1. 鉴别结型场效应管 3DJ6 和 3DJ7 的栅极 G

按表 9.15 鉴别双极型晶体管 3DJ6 和 3DJ7 的栅(G)极。

表 9.15　鉴别结型场效应管 G 极

型号	3DJ6	3DJ7
实物图		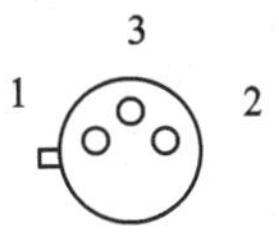 3 1　　2
原理图	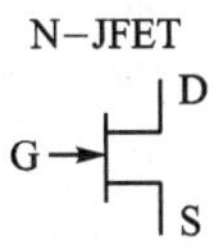 N-JFET D G S	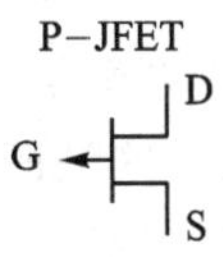 P-JFET D G S

续表 9.15

型号	3DJ6			3DJ7			
红表棒	黑表棒	实测值	结论	红表棒	黑表棒	实测值	结论
1	2		G= N-JFET/ P-JFET	1	2		G= N-JFET/ P-JFET
1	3			1	3		
2	1			2	1		
2	3			2	3		
3	1			3	1		
3	2			3	2		

2. 结型场效应管输出特性测试

本小节介绍饱和漏电流 I_{DSS}、低频跨导 g_m、夹断电压 $V_p=V_{GS(OFF)}$ 和源漏击穿电压 BV_{DS}，结型场效应晶体管输出特性如图 9.25 所示。

(1) 饱和漏电流(I_{DSS})

方法一：在负栅压情况下，取最上面一条输出特性曲线($V_{GS}=0$)，取 X 轴电压 V_{DS} 定值条件下(即 A 点)对应的 Y 轴电流，即为 I_{DSS} 值，如图 9.25 所示。

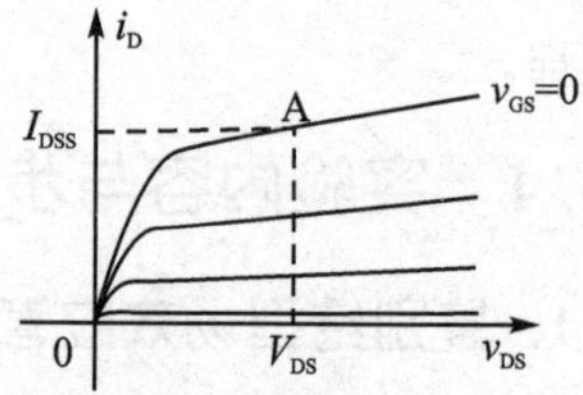

图 9.25　结型场效应晶体管输出特性

方法二：按下测试台上的测试选择"零电压"按键，荧光屏上只显示 $V_{GS}=0$ 一根曲线，可读得 V_{DS} 定值时对应的 I_{DSS} 值。这种方法可以避免阶梯调零不准引起的误差。若 E、B 间有外接电阻，按键置于"零电流"挡亦可进行 I_{DSS} 测量。

(2) 低频跨导(g_m)：跨导值随工作条件而变化，一般情况下测量最大的 g_m 值，即测量 $i_D=I_{DSS}$ 时的 g_m 值。在图 9.25 中 $v_{GS}=0$ 的曲线上，对应于 V_{DS} 定值条件下的 A 点，再从图 9.25 中求出一定 V_{DS} 值条件下的 Δi_D 和 Δv_{GS}，即得：

$$g_m=\left.\frac{\Delta i_D}{\Delta v_{GS}}\right|_{V_{DS}=\text{常数}}$$

(3) 夹断电压(V_p 也称 $V_{GS(OFF)}$)：从图 9.25 可看出最下面一条曲线，漏极电流减小到接近于零(或等于某一规定数值，如 10 μA)时的栅源电压，对应的 V_{GS} 值就是 V_p。每两条曲线之间的间隔对应一定的栅压值(例如 −0.2 V)。I_{DS} 最小是一个很小的值，可以通过改变 Y 轴上电流的量程读取。

(4) 漏源击穿电压(BV_{DS})：将峰值电压旋钮%转回 0%位置，电压范围改为 200 V，X 轴集电极电压改为 5 V/格，或 10 V/格，加大功耗电阻，再调节峰值电压%旋钮，最下面一条输出特性曲线的转折点处对应的 X 轴电压，即为 BV_{DS} 值。

J4810 图示仪各档旋钮的正确位置按表 9.16 所示。由于所检测的场效应管是电压控制器件，测量中须将输入的基极电流改换为基极电压，这可将基极阶梯选择选用电压挡(V/级);也可选用电流挡(mA/级),但选用电流挡必须在测试台的 B-E 间外接一个电阻,将输入电流转换成输入电压。特别注意的是测试前应将峰值电压%旋钮逆时针旋至最左边(0 V),再按测试按键(左/右),然后慢慢旋转峰值电压%旋钮,直至出现整个输出特性曲线,将曲线描绘在坐标纸上,并将测试数据整理填入表 9.17 内。

表 9.16　用 XJ4810 图示仪测量结型场效应管输出特性时的旋钮位置

型号	3DJ6	3DJ7
峰值电压范围	10 V	
集电极电源极性	+(弹出)	-(按下)
功耗电阻	1 kΩ	
X 轴集电极电压	V_{CE}:1 V/格	
Y 轴集电极电流	I_C:0.5 mA	
峰值电压%	逐增	
阶梯信号	重复	
阶梯信号极性	-(按下)	+(弹出)
极/族	10	
阶梯选择:电压/级	0.2 V/级	
测试位置	D S C B E	

表 9.17　结型场效应管输出特性测试波形及数据

型号	3DJ6	3DJ7
测试条件	$V_{GS}=0$、$V_{DS}=5$ V	
实测波形		
饱和漏电流(I_{DSS})		
低频跨导(g_m)		
夹断电压(V_p)		
源漏击穿电压(BV_{DS})		

3. 结型场效应管转移特性测试求源极电阻(R_S)

从结型场效应管转移特性曲线上(图 9.26),可以估算晶体管的源极电阻(R_S)

值。过 $I_{DSS}/2$ 做一条平行于 VGS 的直线，与转移特性曲线相交于 Q 点，连接 Q 点与坐标原点的直线即为输入回路的负载线，该负载线斜率的倒数即是源极电阻：

$$R_S = -\frac{2V_{GS}}{I_{DSS}}$$

XJ4810 图示仪各挡旋钮的正确位置按表 9.18 所列。转移特性曲线测量的是 i_{DS} 与 v_{GS} 的关系，因而需注意另一引脚（漏极）的偏置，此处将 V_{DS} 偏置为 10 V（也可试着改变该值，看所测结果是否变化）。特别注意的是测试前应将峰值电压％旋钮逆时针旋至最左边（0 V），再按测试按键（左/右），然后慢慢旋转峰值电压％旋钮，直至出现整个转移特性曲线，将曲线描绘在坐标纸上，并将测试数据整理填入表 9.19 内。

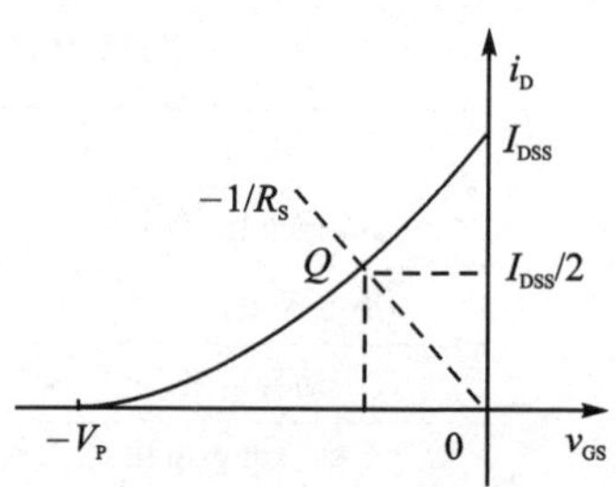

图 9.26 结型场效应管转移特性

表 9.18 图示仪测量结型场效应管转移特性求 R_S 时旋钮位置

型号	3DJ6	3DJ7
调节 X 轴位移旋钮(⇆)	使零点从(0,0)移至(10,0)	
峰值电压范围	50 V	
集电极电压极性	＋(弹出)	－(按下)
功耗电阻	1kΩ	
X 轴集电极电压	V_{BE}：0.2V	
Y 轴集电极电流	I_C：0.5mA	
峰值电压％	逐增	
阶梯信号	重复	
阶梯信号极性	－(按下)	＋(弹出)
极/族	10	
阶梯选择(电压-电流/级)	0.2 V/级	
测试位置	D—C，S—E，栅极—B	

表 9.19　结型场效应管 3DJ6 转移特性求 R_S 特性测试波形及数据

型号	3DJ6	3DJ7
测试条件：	$I_{DSS}/2$	
实测波形		
V_{GS}		
R_S		

9.3.5　实验器材

（1）半导体管特性图示仪 XJ4810。

（2）指针式万用表 MF500。

（3）数字式万用表 UT801/UT8803N。

（4）实验元器件

三极管　　　　3DJ6×1、3DJ7×1。

9.3.6　实验报告要求

整理测量结型场效应晶体管的数据，处理并填入表 9.15、表 9.17 和表 9.19 内。

9.3.7　思考题

（1）双极型晶体管与结型场效应晶体管特性测量时，阶梯信号的设置有何不同？

（2）利用 Tina 仿真，研究半导体二极管、双极型晶体管和场效应管的特性。

第 10 章

直流电源电路

电子系统都需要稳定的直流电源供电，以保证其正常工作，并且电源性能的优劣对电子系统有直接的影响。人们设计制作各式各样的电源电路，是为了满足不同实际电路的需要。本章主要针对线性电源电路中的整流滤波和稳压两个基本模块进行实验，以达到能够制作和测试简易直流稳压电源的目的。

10.1 整流滤波电路实验

在直流稳压电源中，整流滤波电路是将交流电转换为直流电必不可少的电路模块，本小节将选择桥式整流、全波整流加电容滤波作为制作和测试的电路。

10.1.1 实验目的

(1) 理解桥式整流滤波和全波整流滤波电路原理，掌握其电路结构。

(2) 学会焊接、测试桥式整流滤波和全波整流滤波电路。

(3) 学会使用数字万用表和数字示波器。

10.1.2 实验预习要求

(1) 复习桥式整流、全波整流、滤波电路原理。

(2) 掌握数字万用表和数字示波器的使用方法。

(3) 用 Tina 仿真软件对实验电路进行仿真。

(4) 根据实验内容要求，确定电位器的具体阻值，并列出元器件清单。

(5) 根据实验内容要求和附录一模拟电子电路实验板原理图，列出短路片清单。

(6) 根据实验内容要求、附录一模拟电子电路实验板原理图和模拟电子电路实验板，列出需安装的裸铜导线清单。

(7) 绘出测试连接示意图。

10.1.3　实验原理

1. 全波整流

整流是把交流电变换为直流电的过程，它的基本原理是利用半导体二极管的单向导电性。对纯电阻负载的全波整流电路及其波形如图 10.1(a)、(b)所示，图 10.1(c)是实验原理图。

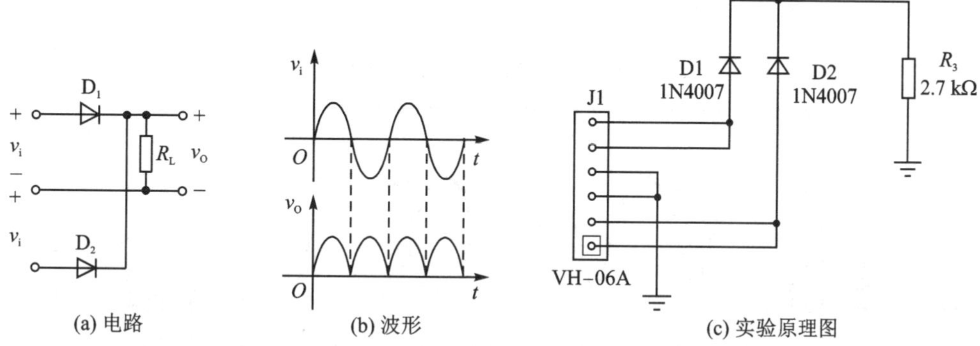

图 10.1　全波整流电路、波形和实验原理图

由此可见，全波整流是将交流电压变为单向脉动电压，负载上的直流电压即为输出脉动电压的平均值，在忽略二极管内阻的情况下，输出直流电压为：

$$V_O = \frac{2\sqrt{2}}{\pi} V_I \approx 0.9 V_I$$

式中，V_I 为输入电压 v_i 的有效值。

整流的目的是得到直流电，其中所含交流分量越小越好。为了衡量整流电路特性的优劣，常用纹波因数 γ 来表示，定义为：

$$\gamma = \frac{\text{交流分量的总有效值}}{\text{直流分量}}$$

显然，γ 越小，输出脉动越小。实验中，可以利用仪器仪表，通过对交流有效值的测量，直接得到交流分量的总有效值。

2. *C* 型滤波

由于整流之后得到的单向脉动直流电纹波因数较大，所以需进行滤波才能得到较平滑的直流电，常用的滤波器有 *C* 型、Γ型、Π型等，本实验只介绍 *C* 型滤波。全波整流 *C* 型滤波电路实验印制板原理图及其波形如图 10.2 所示。

可见，经 *C* 型滤波输出的电压变得比较平滑，输出的直流电压比未加电容时还高，负载 R_L、C 的数值越大，输出直流电压越接近变压器次级交流电压的幅值，且纹波因数越小，输出电压越平滑。输出直流电压的范围为：

$$V_O = (0.9 \sim 1.4) V_I$$

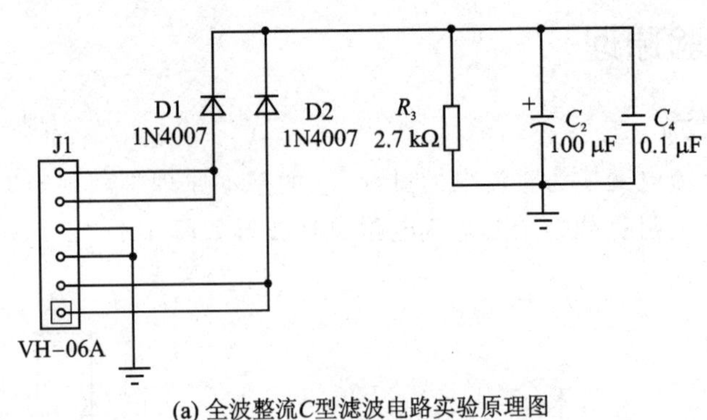

(a) 全波整流C型滤波电路实验原理图

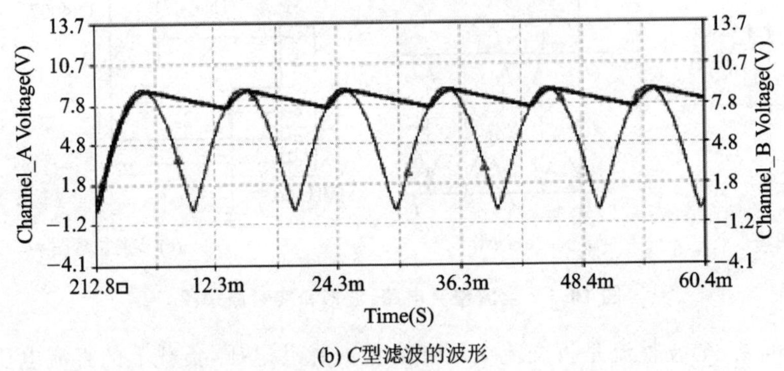

(b) C型滤波的波形

图 10.2 全波整流 C 型滤波电路及其波形

3. 桥式整流 C 型滤波双电源电路

以上介绍的是全波整流 C 型滤波单电源电路，同理可得到桥式整流 C 型滤波双电源电路，如图 10.3(a)所示，其工作原理读者可自行分析。图 10.3(b)是桥式整流 C 型滤波双电源电路的实验原理图。

10.1.4 实验内容及方法

(1) 安装、焊接电路实验板上的电源模块——桥式整流 C 型滤波电路，并进行简单检测。

(2) 接通开关，使 220 V、50 Hz 正弦交流电接入，用数字万用表交流和直流电压挡分别测量变压器次级电压和全波整流、桥式整流 C 型滤波电路的输出电压。

(3) 用示波器观察并记录输出电压波形。

(4) 测量相关电压，求得纹波因数。

10.1.5 实验器材

(1) 数字示波器 Agilent DSO - X 2012A。

(2) 数字万用表 UT8803N。

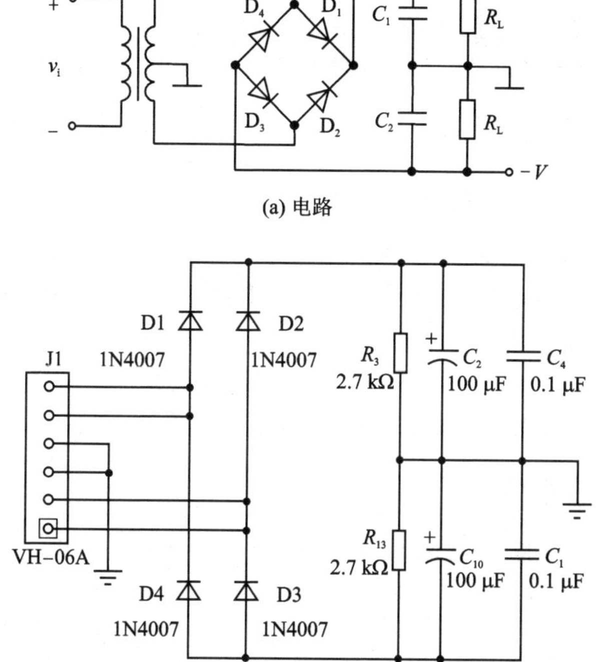

图 10.3　桥式整流 C 型滤波双电源电路及其实验原理图

（3）模拟电子线路实验板。

（4）实验元器件

二极管	1N4007×3；
电阻	2.7 kΩ×2；
电容	0.01 μF×2、100 μF×2；
电源变压器	2 个。

10.1.6　实验报告要求

（1）简述安装、焊接和检测电路情况。

（2）自行设计实验记录表格，并记录相关实验测试数据。

（3）绘出实验测试波形。

（4）记录仿真电路及其测试结果，并与实验结果进行比较。

10.1.7　思考题

（1）在桥式整流电路中，若其中有一个二极管虚焊，则整流输出电压如何？

（2）在桥式整流电路中，若其中有一个二极管安装反了，电路接入输入电压后，会产生什么后果?如何在加电前将其检测出来?

10.2 三端稳压器实验

10.1 小节介绍的整流滤波电路也是一种直流电源,即所谓整流电源,其优点是线路简单,成本低,它的主要缺点是输出电压不够稳定,带负载能力差,只能用于要求不高的场合下。

为了克服整流电源的缺点,得到高稳定度的电源,须在整流电源的输出端接入稳压器,这就构成了常用的直流稳压电源。其主要优点是输出电压高度稳定,而这种稳定主要取决于稳压器的稳压性能。

集成稳压器是人们常用的一种稳压器,其性能明显优于分立元件稳压器,鉴于此,本小节将主要介绍集成三端稳压器的简单应用。

10.2.1 实验目的

(1) 了解集成三端稳压器的主要性能指标,掌握其主要应用电路结构。

(2) 学会安装、焊接、测试集成三端稳压器电路。

(3) 学会使用数字万用表和数字示波器测试稳压电路。

10.2.2 预习要求

(1) 复习集成三端稳压器及其应用电路等相关内容。

(2) 掌握数字万用表和数字示波器的使用方法。

(3) 用 Tina 仿真软件对实验电路进行仿真(电位器需标注电路需要的具体数值)。

(4) 根据实验内容要求,确定电位器的具体阻值,并列出元器件清单。

(5) 根据实验内容要求和附录一模拟电子电路实验板原理图,列出短路片清单。

(6) 根据实验内容要求、附录一模拟电子电路实验板原理图和模拟电子电路实验板,列出需安装的裸铜导线清单。

(7) 绘出测试连接示意图。

10.2.3 实验原理

1. 集成三端稳压器的简单应用

(1) 单电源

利用集成三端稳压器构成正电压输出的单电源,如图 10.4(a)所示,图 10.4(b)是其实验原理图。

利用集成三端稳压器和运放构成正电压输出可调的单电源电路,如图 10.5(a)所示,图 10.5(b)是其实验原理图。

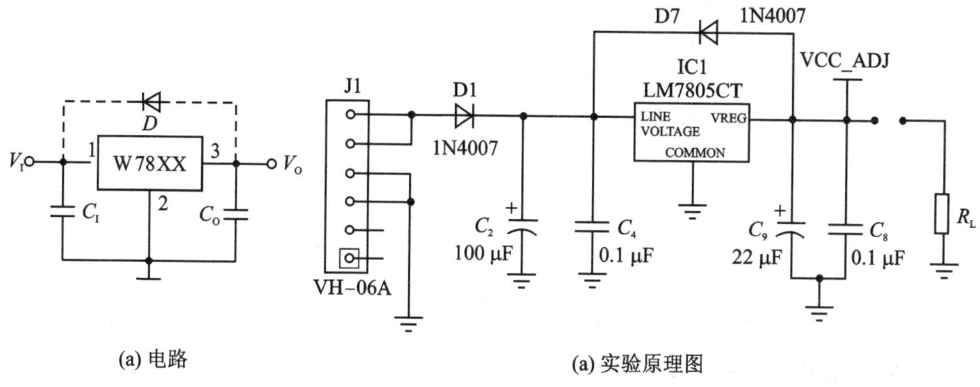

(a) 电路　　　　(a) 实验原理图

图 10.4　W7800 系列集成三端稳压器基本电路和实验原理图

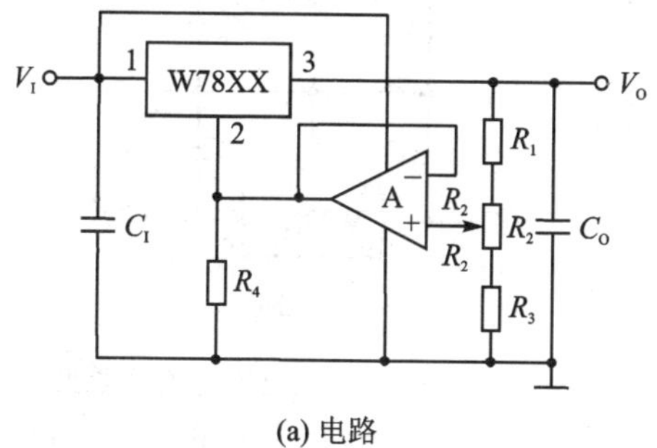

(a) 电路

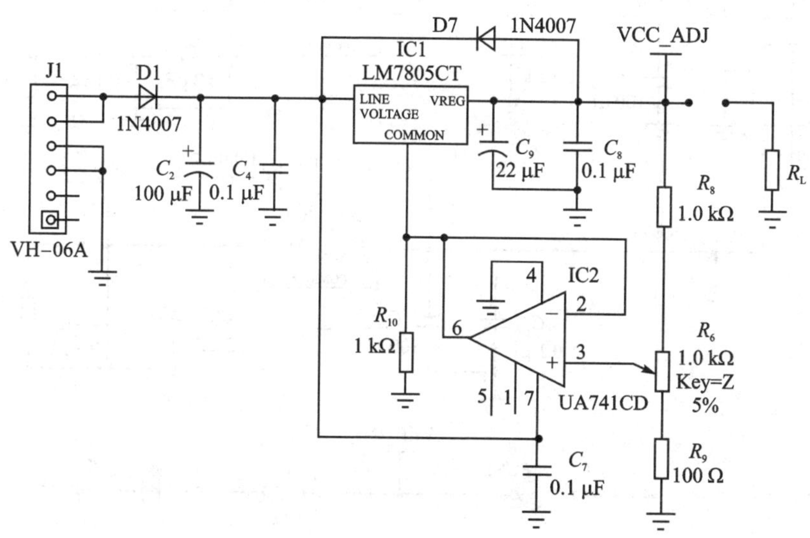

(b) 实验原理图

图 10.5　三端稳压器和运放构成正电压输出可调的单电源电路和实验原理图

当电位器 R_2 滑动端处于最上端时，电路输出的最大电压为：

$$V_{\mathrm{Omax}}=\frac{R_1+R_2+R_3}{R_1}V_{\mathrm{XX}}$$

同理，当电位器 R_2 滑动端处于最下端时，电路输出的最小电压为：

$$V_{\mathrm{Omin}}=\frac{R_1+R_2+R_3}{R_1+R_2}V_{\mathrm{XX}}$$

注意上述两式的使用条件。其中 V_{XX} 为 W78XX 的输出电压。

(2) 双电源

利用集成三端稳压器构成正、负电压输出的双电源电路，如图 10.6(a)所示，图 10.6(b)是其实验原理图。

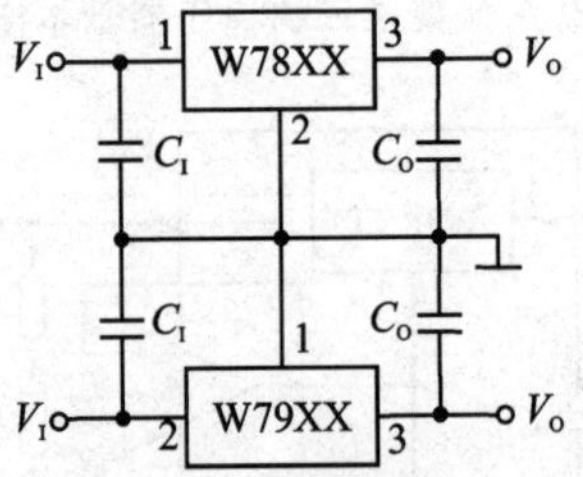

(a) 电路

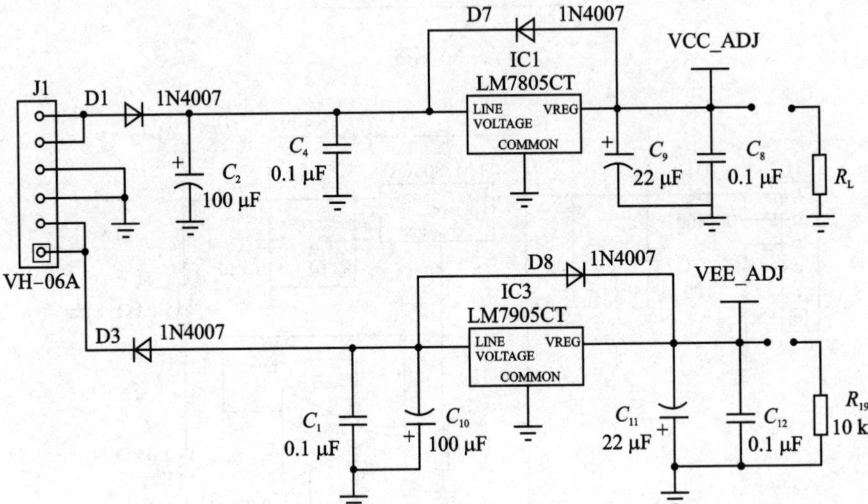

(b) 实验原理图

图 10.6　三端稳压器构成正、负电压输出的双电源电路及其实验原理图

2. 稳压电源的主要指标

（1）稳压系数 S_r

稳压系数是指当负载不变时，稳压电路输出电压的相对变化量与输入电压的相对变化量之比，即：

$$S_r = \left.\frac{\Delta V_O / V_O}{\Delta V_I / V_I}\right|_{R_L=\text{常数}}$$

亦即稳压系数 S_r 小，稳定度高。

（2）内阻 R_0

稳压电路的内阻是指当稳压电路的直流输入电压不变时，其输出电压变化量与输出电流变化量之比，即：

$$R_0 = \left.\frac{\Delta V_O}{\Delta I_O}\right|_{V_I=\text{常数}}$$

亦即内阻 R_0 小，意味着负载电流变化时，输出电压稳定。

10.2.4　实验内容及方法

（1）安装、焊接电路实验板上的电源模块——三端稳压器单电源和双电源，并进行简单检测。

（2）接通开关，使 220 V、50 Hz 正弦交流电接入，用数字万用表交流和直流电压挡分别测量变压器次级电压、桥式整流 C 型滤波电路的输出电压和稳压器输出电压。

（3）用示波器观察并记录各输出点电压波形。

（4）接入有源负载（有源负载电路如图 10.7 所示），调节 R_7 改变等效负载 R_L，按表 10.1 和表 10.2 记录有关数据，作出 $V_O \sim I_L$ 曲线。

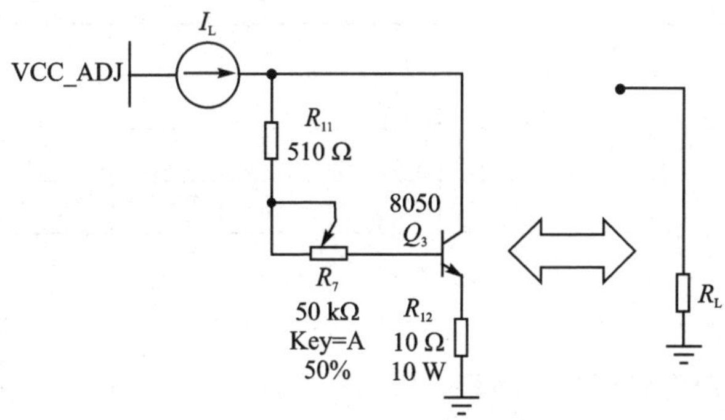

图 10.7　利用晶体管构成有源负载

表 10.1　基本单电源电路特性指标的测量($V_I=10$ V)

I_L/mA	min	40	70	100	130	max
V_O/V	5					

表 10.2　可调单电源电路特性指标的测量($V_I=10$ V)

I_L/mA	min	40	70	100	130	max
V_O/V	7.2					

测量特性指标

(1) 内阻

① 令 $V_I=10$V,改变负载电流 I_L,分别按表 10.3 和 10.4 记录有关数据,并求动态内阻 R_o。

② 拆去外接直流稳压器,接入整流电源。

③ 可调单电源电路调节输出电压 V_O 为 7.2 V,负载电流都为 50 mA,测量纹波电压。

④ 保持输入电压 V_I 为 10 V,改变负载 I_L,观察 I_L 变化对纹波电压的影响。

表 10.3　基本单电源电路 R_o 和纹波的测量($V_I=10$ V)

I_L/mA	min	40	60	80	100	120	140	160	max
V_O/V	5								
R_o/Ω									
纹波/mV									

表 10.4　可调单电源电路 R_o 和纹波的测量($V_I=10$ V)

I_L/mA	min	40	60	80	100	120	140	160	max
V_O/V	7.2								
R_o/Ω									
纹波/mV									

(2) 稳定度

① 令 $V_I=10$ V。

② 可调单电源电路调节被测稳压器的电位器使输出电压 V_O 为 7.2 V。

③ 改变负载 R_L,使负载电流固定在 $I_L=80$ mA。

④ 改变输入电压 V_I,分别按表 10.5 和 10.6 测量有关数据,并求稳定度。

表 10.5　基本单电源电路稳定度的测量(I_L=80 mA)

输入电压 V_I/V	9	9.5	10	10.5	11
输出电压 V_O/V			5		
稳定度 S_r					

表 10.6　基本单电源电路稳定度的测量(I_L=80 mA)

输入电压 V_I/V	9	9.5	10	10.5	11
输出电压 V_O/V			7.2		
稳定度 S_r					

10.2.5　实验器材

(1) 数字示波器 Agilent DSO-X 2012A。

(2) 数字万用表 UT8803N。

(3) 直流稳压电源 SPD3303D。

(4) 模拟电子线路实验板。

(5) 实验元器件

电阻	5 W-10 Ω(水泥电阻)×1、100 Ω×1、510 Ω×1、1 kΩ×3、10 kΩ×1；
电位器	1 kΩ×1、50 kΩ×1；
电容	0.1 μF×3、22 μF×2；
二极管	1N4007×2；
发光二极管	绿色×1；
三极管	8050×1；
保险丝	FUSE×1；
集成电路	7805×1、7905×1、μA741×1；
集成电路插座	8 芯×1。

10.2.6　实验报告要求

(1) 简述安装、焊接和检测电路情况。

(2) 记录相关实验测试数据，并计算相关特性指标。

(3) 绘出实验测试波形。

(4) 记录仿真电路及其测试结果，并与实验结果进行比较。

10.2.7 思考题

(1) 在上述测量中,为什么采用数字万用表?用指针式万用表可否?为什么?

(2) 如果将稳压电源给一个相距较远的实验装置供电,稳压系数会变大,分析其原因,并给出改进的办法。

第11章 放大电路

放大电路是模拟电路中的基本电路，也是构成各种模拟功能电路的核心电路，在掌握了模拟电路理论的基础上，通过实验来学习放大电路的安装、焊接、调试和各项特性指标的测试，为设计制作各种模拟电路功能模块以及系统打下基础。

11.1 集成运算放大器实验

集成运算放大器实质上是一个直接耦合的高增益差分放大电路，它可以组成各种线性的或非线性的电路，用途非常广泛。本小节主要介绍以集成运算放大器组成的反相电路、同相电路、差分电路、积分电路、微分电路等各种功能电路。

本实验中的加法电路是模拟电路功能模块综合的一个单元电路。

11.1.1 实验目的

(1) 掌握集成运算放大器的性能。

(2) 学习集成运算放大器的使用方法。

(3) 学会安装、焊接、调试由集成运算放大器组成的各种功能电路。

11.1.2 预习要求

(1) 复习集成运算放大器及其应用等相关内容。

(2) 掌握数字万用表和数字示波器的使用方法。

(3) 用 Tina 仿真软件对实验电路进行仿真。

(4) 根据实验内容要求，确定电位器的具体阻值，并列出元器件清单。

(5) 根据实验内容要求和附录一模拟电子电路实验板原理图，列出短路片清单。

(6) 根据实验内容要求、附录一模拟电子电路实验板原理图和模拟电子电路实验板，列出需安装的裸铜导线清单。

(7) 绘出测试连接示意图。

11.1.3 实验原理

1. 反相电路

(1) 反相比例运算电路

电路如图 11.1(a)所示，当驱动源为电压源时，电路的输出电压与输入电压为反相比例运算关系，即

$$v_O = -\frac{R_F}{R_1} v_I$$

式中，R_F/R_1 为比例系数，“－”表明输出电压与输入电压反相。图中电阻 R' 称为平衡电阻，其阻值 $R' = R_1 // R_F$，用于减小输入级偏置电流引起的误差。图 11.1(b)是反相比例运算电路的实验原理图。

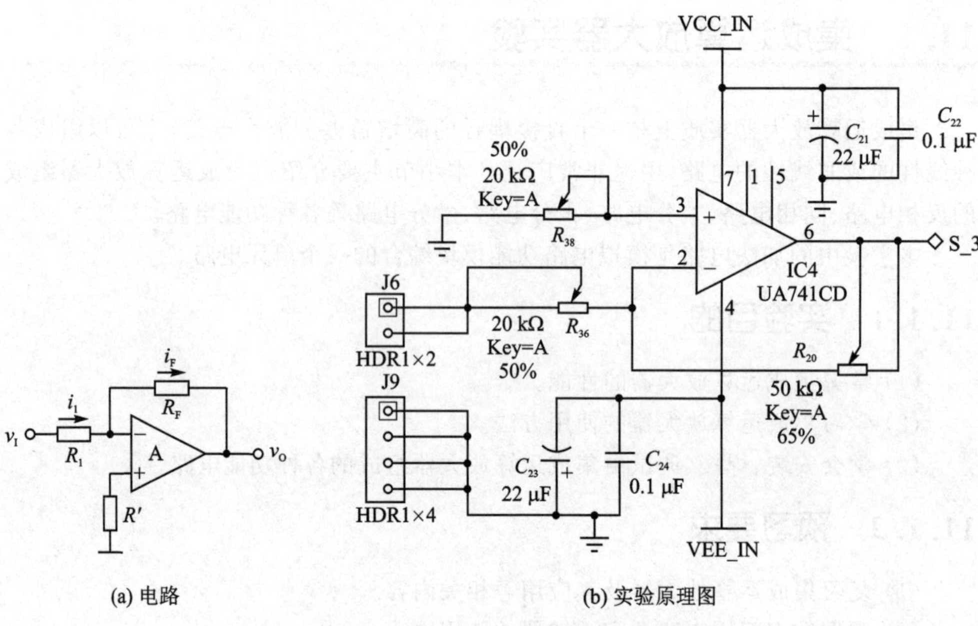

图 11.1 反相比例运算电路及其实验原理图

(2) 反相加法运算电路

反相加法运算电路如图 11.2(a)所示，当两个驱动源为电压源时，电路的输出电压与两个输入电压为反相加法运算关系，即

$$v_O = -\left(\frac{R_F}{R_1} v_{I1} + \frac{R_F}{R_2} v_{I2}\right)$$

图中 $R' = R_1 // R_2 // R_F$。图 11.2(b)是反相加法运算电路的实验原理图。

2. 同相电路

(1) 同相比例运算电路

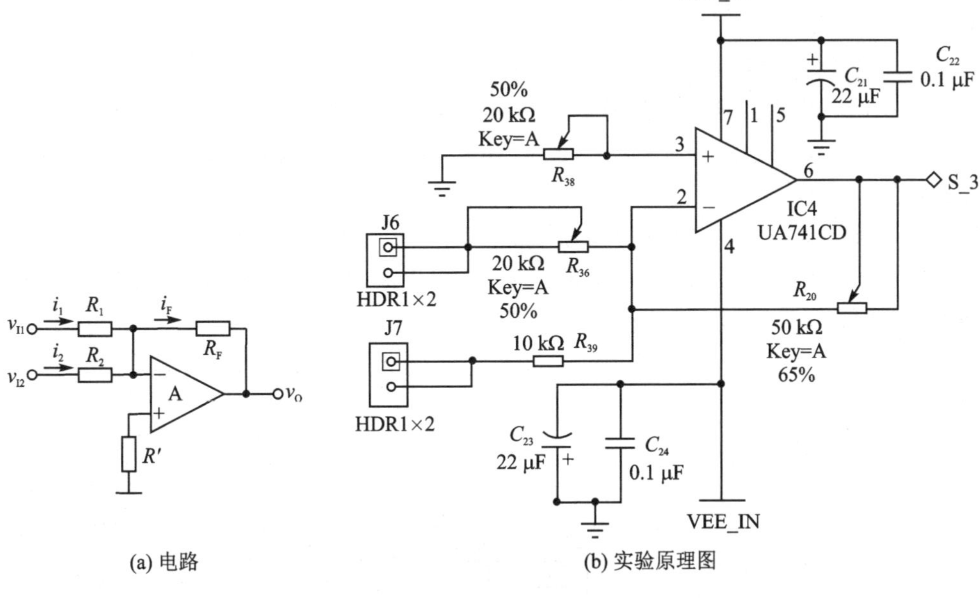

(a) 电路　　(b) 实验原理图

图 11.2　反相加法运算电路及其实验原理图

同相比例运算电路如图 11.3(a)所示，输出电压与输入电压为同相比例运算关系，即：

$$v_{O}=\left(1+\frac{R_{F}}{R_{1}}\right)v_{I}$$

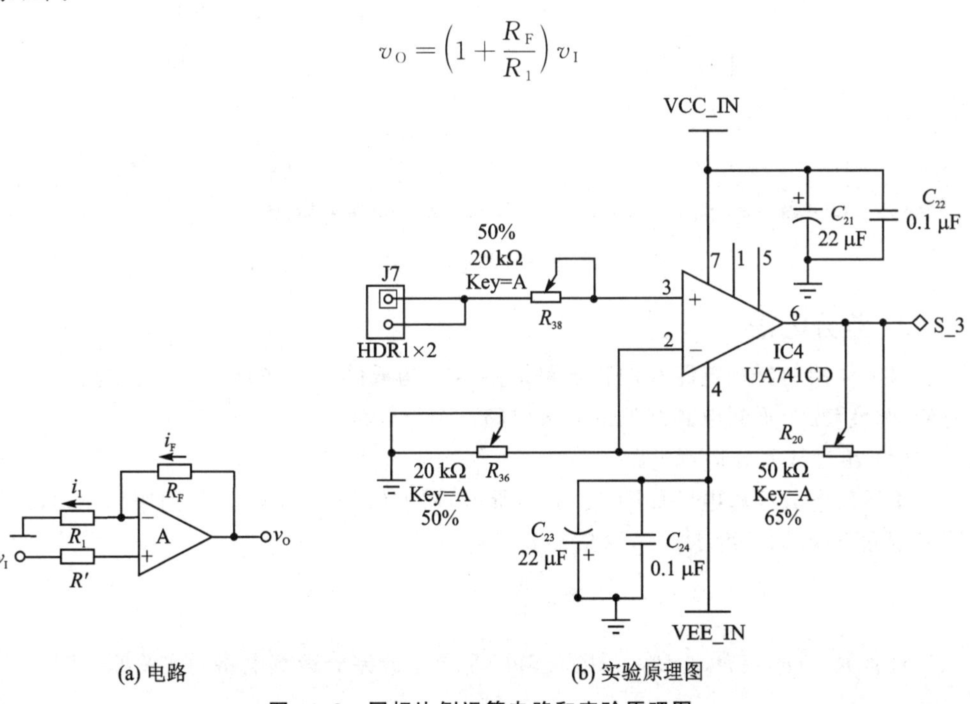

(a) 电路　　(b) 实验原理图

图 11.3　同相比例运算电路和实验原理图

图中电阻 R' 也称为平衡电阻，其阻值 $R'=R_1//R_F$。图 11.3(b)是同相比例运算电路的实验原理图。

(2) 电压跟随器

根据同相比例运算电路输出电压与输入电压的关系，当 $R_1\to\infty$ 时，即断开 R_1，则有 $v_O=v_I$，此时电路称为电压跟随器，如图 11.4(a)所示，图 11.4(b)是电压跟随电路的实验原理图。

电压跟随器具有输入电阻高、输出电阻低和输出电压跟随输入电压的特点，所以，作为一个单元电路得到了广泛的应用，可用于放大电路的输入级、缓冲级(隔离级)和输出级。

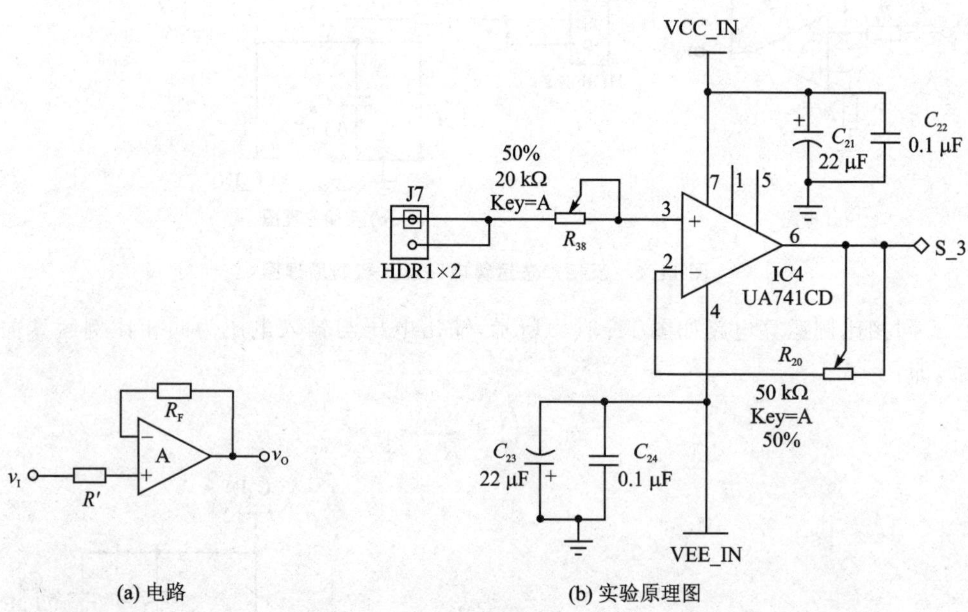

(a) 电路　　(b) 实验原理图

图 11.4　电压跟随电路和实验原理图

3. 差分电路

以上介绍的反相电路和同相电路是由运放构成的两种单端输入放大电路，下面将分别介绍几个不同电路结构的差分电路。

(1) 单运放差分运算电路

单运放差分运算电路如图 11.5(a)所示，输入信号 v_{I2} 和 v_{I1} 分别作用于运放的同相端和反相端，若取 $R_1=R_2$，$R_3=R_F$，则

$$v_O=\frac{R_F}{R_1}(v_{I2}-v_{I1})$$

且有 $R_1//R_F=R_2//R_3$。图 11.5(b)是单运放差分运算电路的实验原理图。

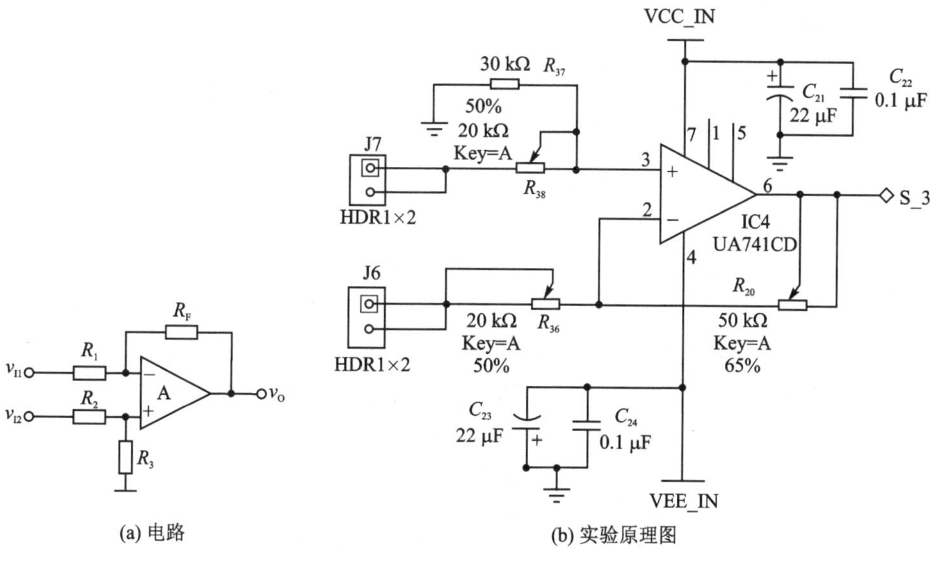

(a) 电路　　(b) 实验原理图

图 11.5　单运放差分运算电路和实验原理图

（2）双运放差分运算电路

对于每一路输入信号来说，单运放差分电路呈现出不同的输入电阻，这在实际应用中会导致两路输入信号的不平衡。图 11.6(a)所示是由两运放构成的双运放差分

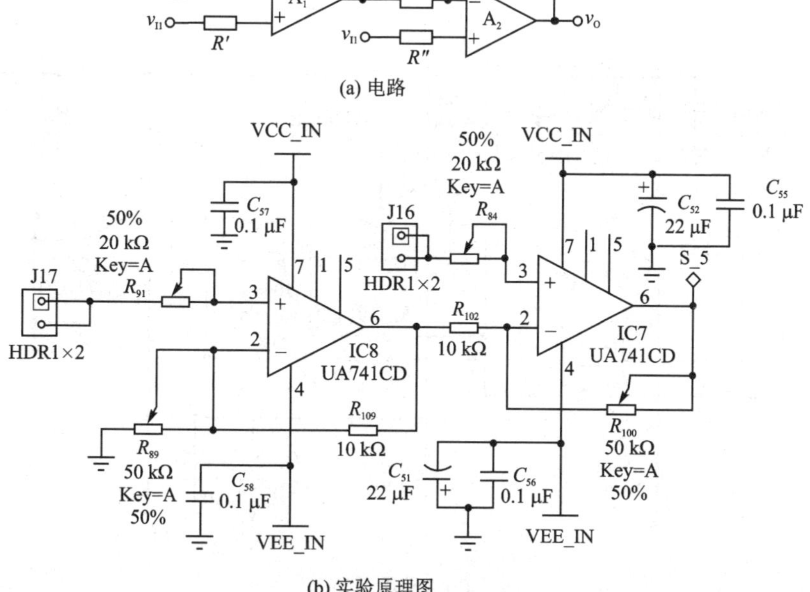

(a) 电路

(b) 实验原理图

图 11.6　双运放差分运算电路和实验原理图

电路。这样,既提高了每一路信号的输入电阻,又使电路参数的选取更为方便。

若取 $R_1=R_{F2}$,$R_{F1}=R_2$,则:

$$v_O=\left(1+\frac{R_{F2}}{R_2}\right)(v_{I2}-v_{I1})$$

表明该电路为差分电路。显然,有 $R'=R_1//R_{F1}$,$R''=R_2//R_{F2}$,且 $R'=R''$。图 11.6(b)是双运放差分运算电路的实验原理图。

(3) 三运放差分运算电路

以上介绍的两种形式的差分电路,它们在合理的电阻值范围内,很难做到既高输入阻抗,又高电压增益,并且不能方便地改变电路的增益。如图 11.7(a)所示,这是由 3 个运放构成的三运放差分电路,其特点是,高输入阻抗,低输出阻抗,高共模抑制

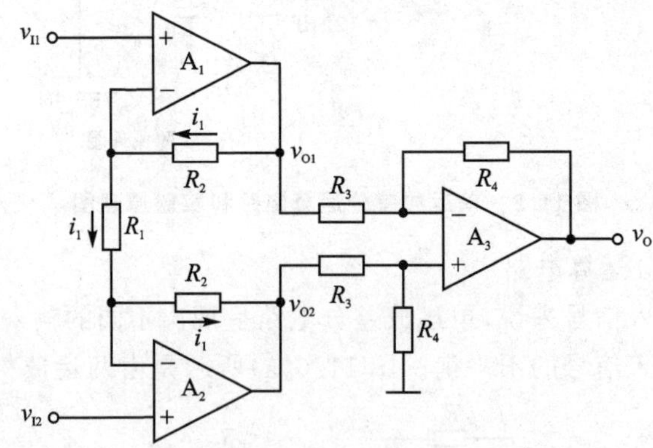

(a) 电路

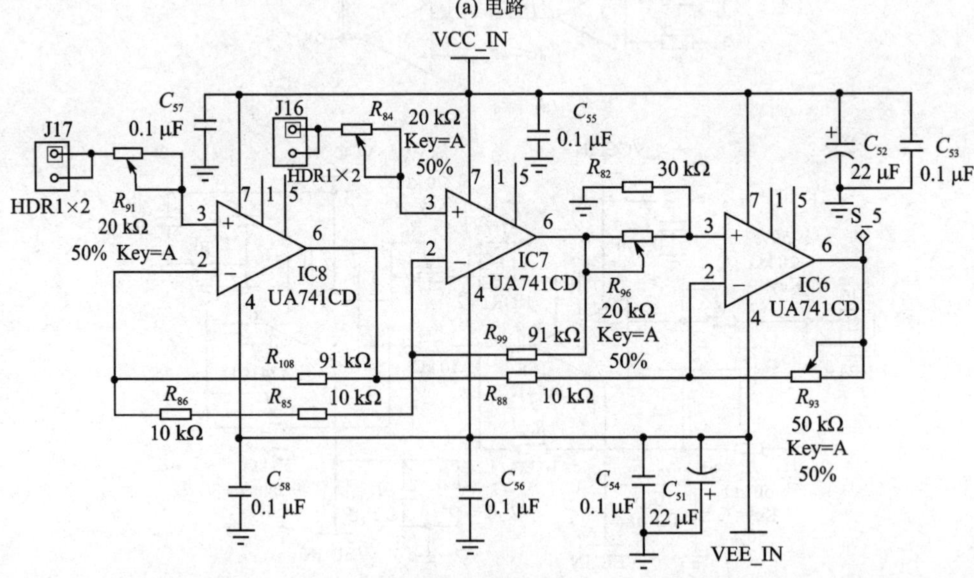

(b) 实验原理图

图 11.7 三运放差分运算电路及其实验原理图

能力，以及通过改变一个电阻的阻值即可改变放大电路的增益。输出电压与输入电压的关系为：

$$v_O = \frac{R_4}{R_3}(v_{O2} - v_{O1}) = \frac{R_4}{R_3}\left(1 + \frac{2R_2}{R_1}\right)(v_{I2} - v_{I1})$$

图 11.7(b)是三运放差分运算电路的实验原理图。

4. 积分运算电路

将反相比例运算电路中的电阻 R_F 用电容 C 取代，可得到反相积分运算电路，如图 11.8(a)所示。如果电容器两端的初始电压为零，输出电压与输入电压的关系为：

$$v_O = -\frac{1}{RC}\int_0^t v_I(t)\,dt$$

图 11.8 中电容 C 上并联了一个阻值较大的电阻 R_F 是为了使电路保持直流负反馈通路，以确保运放工作在线性状态。图 11.8(b)是积分运算电路的实验原理图。

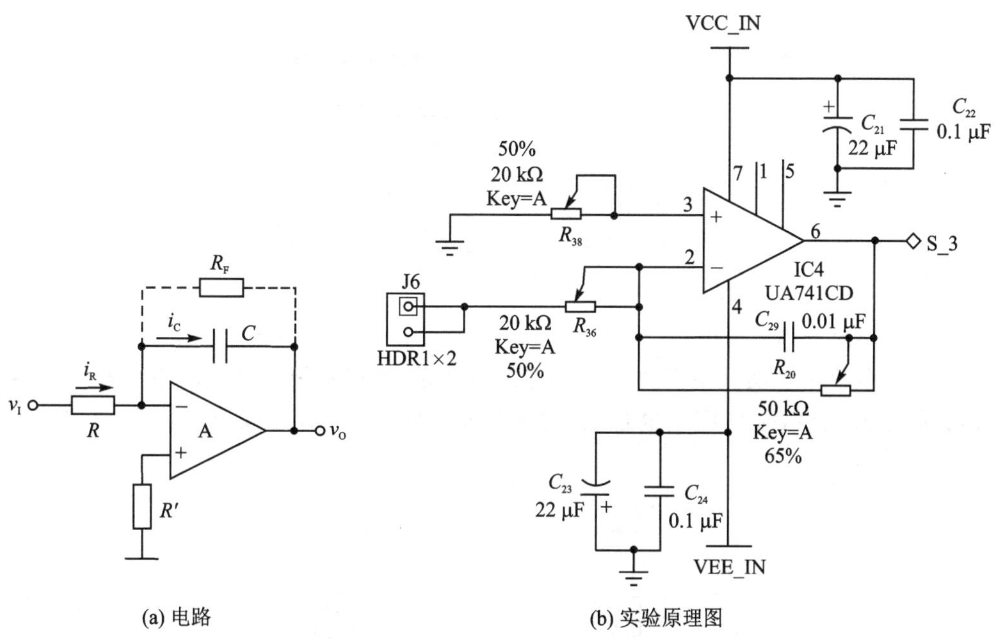

(a) 电路　　(b) 实验原理图

图 11.8　积分运算电路及其实验原理图

5. 微分电路

将积分运算电路中的电阻 R 和电容 C 的位置互换，可得到微分运算电路，如图 11.9(a)所示，图 11.9(b)是微分运算电路的实验原理图。

输出电压与输入电压的关系为：

$$v_O = -RC\frac{dv_I}{dt}$$

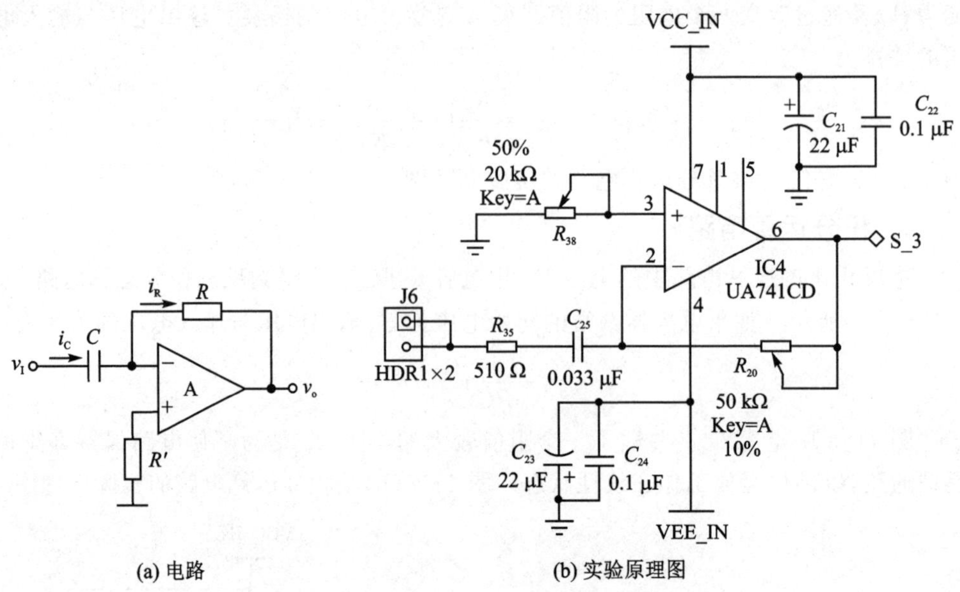

(a) 电路　　(b) 实验原理图

图 11.9　微分运算电路及其实验原理图

11.1.4　实验内容及方法

(1) 安装、焊接电路实验板上的放大电路模块——集成运算放大器，并进行简单检测。

(2) 反向比例运算电路

首先制作一个实验中需要的简易直流信号源(见实验板)，这是由电阻和电位器构成的直流电桥，分别调整电位器，可输出正负电压，既可以双出，又可以单出，如图 11.10 所示。

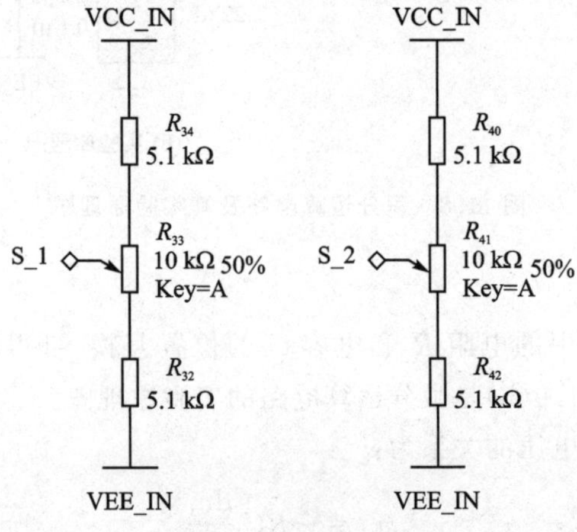

图 11.10　简易直流信号源

将电路接成反向比例运算电路，按照表 11.1 中输入电压的要求，调整简易直流信号源，分别作用于电路输入端，用数字式万用表测量并记录输出电压。

表 11.1　直流信号源(S_1)作用于反向比例运算电路

V_I/V	−0.8	−0.6	−0.4	−0.2	0.2	0.4	0.6	0.8
V_O/V								

将输入电压改为 1 kHz 正弦交流信号，按照表 11.2 中输入电压的要求，调整交流信号源，分别作用于电路输入端，用示波器测量并记录输出电压。

表 11.2　交流(1 kHz)电压作用于反向比例运算电路

V_{ipp}/V	0.2	0.4	0.6	0.8
V_{opp}/V				
V_i 波形				
V_o 波形				

注意：输入与输出波形纵轴对齐。

(3) 反向加法运算电路。

将电路接成反向加法运算电路，按照输入电压的要求，调整简易直流信号源，分别作用于电路输入端，用数字式万用表测量并记录输出电压。

$$V_{I1}=0.2\ \text{V}, V_{I2}=-1\ \text{V}, V_O=\underline{\qquad\qquad}\ \text{V}$$

(4) 同向比例运算电路。

将电路接成同向比例运算电路，按照输入电压的要求，调整简易直流信号源，分别作用于电路输入端，用数字式万用表测量并记录输出电压。

$$V_{I1}=0.5\ \text{V},\ V_O=\underline{\qquad\qquad}\ \text{V}$$

(5) 电压跟随器。

将电路接成电压跟随器，按照表 11.3 中输入电压的要求，调整简易直流信号源，分别作用于电路输入端，用数字式万用表测量并记录输出电压。

表 11.3　简易直流信号源(S_1)作用于电压跟随器

V_I/V	0	0.2	0.4	0.8	1.2	1.6	2.0	2.4	2.8	3.0
V_O/V										

(6) 单运放差分运算电路。

将电路接成单运放差分运算电路，按照输入电压的要求，调整简易直流信号源，分别作用于电路输入端,用数字式万用表测量并记录输出电压。

$$V_{I1}=0.2\ \text{V}, V_{I2}=1\ \text{V}, V_O=\underline{\qquad}\ \text{V}$$

(7) 积分运算电路。

将电路接成积分运算电路,按照表 11.4 中输入电压的要求,调整信号源,分别作用于电路输入端,用示波器测量并记录输出电压及其波形。

表 11.4　方波作用于积分运算电路

波形	V_{irms}	V_{P-P}/V	T/ms
v_I	0.25		1
v_O	/		

注意:输入与输出波形纵轴对齐。

(8) 微分电路。

将电路接成微分电路,按照表 11.5 中输入电压的要求,调整信号源,分别作用于电路输入端,用示波器测量并记录输出电压及其波形。

表 11.5　方波作用于微分电路

波形	V_{irms}	V_{P-P}/V	T/ms
v_I	0.25		1
v_O	/		

注意:输入与输出波形纵轴对齐。

11.1.5　实验器材

(1) 数字示波器 Agilent DSO-X 2012A。

(2) 数字万用表 UT8803N。

(3) 模拟电子线路实验板。

(4) 实验元器件

电阻　510 Ω×1、5.1 kΩ×4、10 kΩ×6、30 kΩ×2、91 kΩ×2;

电位器　10 kΩ×2、20 kΩ×5、50 kΩ×4;

电容　0.033 μF×1、0.01 μF×1、0.1 μF×8、22 μF×4;

集成电路　μA741×4;

集成电路插座	8 芯×4;	
单排插针	2×1	4 个;
	4×1	1 个;
双排插针	4×2	1 个;
	15×2	1 个;
	16×2	1 个;
	18×2	1 个。

11.1.6　实验报告要求

(1) 简述安装、焊接和检测电路情况。

(2) 记录相关实验测试数据,分析测量值与理论值之间的差异。

(3) 绘出实验测试波形。

(4) 记录仿真电路及其测试结果,并与实验结果进行比较。

11.1.7　思考题

(1) 在比例系数相同的条件下,若用图 11.6 和图 11.7 所示电路重作单运放差分运算电路实验,3 个电路的输出电压相同吗? 为什么?

(2) 若提高输入方波的频率,积分运算电路的输出波形如何变化?

11.2　单电源集成运放放大器实验

通常,集成运放采用正负电源对称的双电源供电,且两个电源的公共端与电路的地相连,输入的信号源和输出的电压均相对于此地。

如今,在众多的电池供电设备中,需要运放在单电源下运行。在实际应用中,电路有直接耦合和交流耦合之分,本小节选择交流耦合单电源集成运放放大器作为实验电路。

11.2.1　实验目的

(1) 学习集成运放的单电源使用。

(2) 掌握交、直流耦合单电源集成运放放大器的测试方法。

(3) 了解交、直流耦合单电源集成运放放大器的特点。

11.2.2　预习要求

(1) 复习集成运算放大器单电源应用等相关内容。

(2) 掌握数字万用表和数字示波器的使用方法。

(3) 用 Tina 仿真软件对实验电路进行仿真。

(4) 根据实验内容要求,确定电位器的具体阻值,并列出元器件清单。

(5) 根据实验内容要求和附录一模拟电子电路实验板原理图,列出短路片清单。

(6) 根据实验内容要求、附录一模拟电子电路实验板原理图和模拟电子电路实验板,列出需安装的裸铜导线清单。

(7) 绘出测试连接示意图。

11.2.3 实验原理

在实际应用中,若只希望放大输入信号中的交流分量,而避免其直流分量对电路的影响,可采用交流耦合方式。利用电容“通交隔直”的作用,在放大器的信号输入端串入耦合电容,可实现交流耦合方式。

交流耦合单电源供电的集成运放反相放大器的电路结构如图 11.11(a)所示。输出电压与输入电压的关系为

$$v_O = V_{REF} - \frac{R_2}{R_1} v_i$$

为简单起见,在实际电路中,V_{REF} 可采用电阻对电源电压分压得到。

图 11.11(b)是交流耦合单电源供电的反相放大器实验原理图。

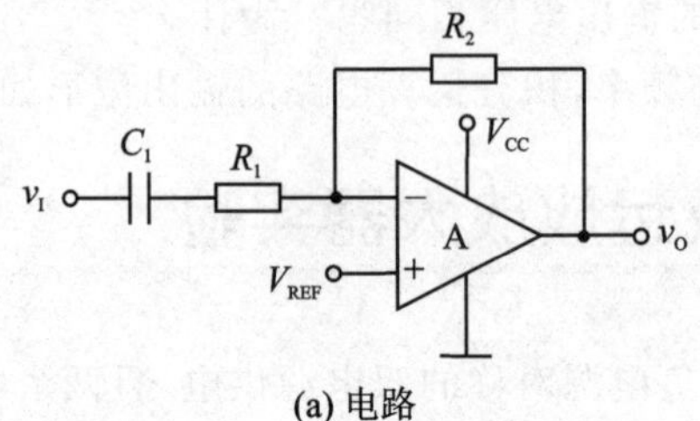

(a) 电路

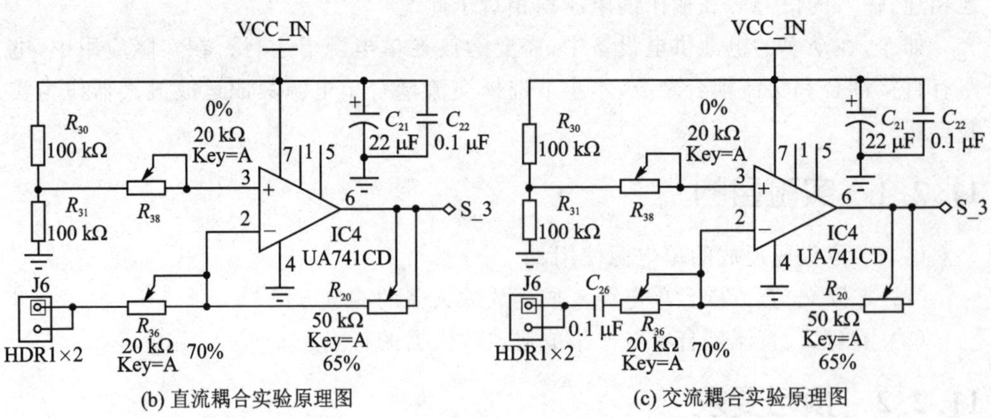

(b) 直流耦合实验原理图　　(c) 交流耦合实验原理图

图 11.11　直流、交流耦合单电源供电的集成运放反相放大器及其实验原理图

由于电容的阻抗与信号的频率有关,所以,采用交流耦合方式会影响电路的频率特性,主要影响电路的低频特性。

备注：自主推导直流耦合单电源供电的集成运放反相放大器输出电压与输入电压的关系。

11.2.4　实验内容及方法

(1) 安装、焊接电路实验板上的放大电路模块——单电源集成运算放大器，并进行简单检测。

(2) 将直流耦合单电源供电的集成运放反相放大器，按照输入电压的要求，调整简易直流信号源，作用于电路输入端，用数字式万用表测量 V_{REF} 的值，并记录输出电压，如表 11.6 所列。

表 11.6　简易直流信号源(S_1)作用于单电源供电的反向放大器

V_{REF}				
V_i/V(对地电压)		2	2.5	
V_o/V(对地电压)				
V_o 数值变化	开始不变	跟随 V_i 变化	跟随 V_i 变化	开始不变

(3) 将交流耦合单电源供电的集成运放反相放大器，并将输入电压改为 1 kHz 正弦交流信号，按照表 11.7 中输入电压的要求，调整交流信号源，作用于电路输入端，用示波器观察和测量输出波形，并记录输出波形参数。

表 11.7　交流(1 kHz)作用于单电源供电的反向放大器

$V_i/\mathrm{mV_{PP}}$		100	200	300	350	
V_o 理论值	V_{oDC}/V					
	$V_{oAC}/\mathrm{V_{PP}}$					
V_o 实测值	V_{oDC}/V					
	$V_{oAC}/\mathrm{V_{PP}}$					
波形失真		No	No	No	No	开始失真
V_i 波形						
V_o 波形						

注意：输入与输出波形纵轴对齐。

(4) 调节输入信号幅度，在放大器的输出波形基本不失真情况下(用示波器观察)，用示波器分别测量放大器的输入电压 v_i 和输出电压 v_o，求出 A_v。

(5) 改变输入信号频率 f，测量不同 f 情况下的电压放大倍数，自主设计测试表格。

11.2.5 实验器材

(1) 数字示波器 Agilent DSO－X 2012A。

(2) 数字万用表 UT8803N。

(3) 模拟电子线路实验板。

(4) 实验元器件

电阻　　　　100 kΩ×2；

电容　　　　0.1 μF×1。

11.2.6 实验报告要求

(1) 简述安装、焊接和检测电路情况。

(2) 记录实验测试数据,并求出相关参数。

(3) 绘出实验测试波形。

(4) 记录仿真电路及其测试结果,并与实验结果进行比较。

11.2.7 思考题

(1) 能否用万用表交流电压挡测量放大器的输入、输出电压？为什么？

(2) 在实际电路中,V_{REF} 的设置有什么具体要求？

(3) 对于交流耦合单电源供电的集成运放同相放大器来说,电路结构如何？

11.3 单管共射放大器实验

双极型晶体管在电子电路中应用极为广泛,它可以构成各种功能的电子电路,比如共射、共集、共基和差分放大电路等。本小节以单管共射放大器为例,学习双极型晶体管的基本使用方法及其相关电路参数的测试方法。

本实验是模拟电路功能模块综合的一个单元电路。

11.3.1 实验目的

(1) 掌握双极型晶体管电路的安装、焊接和调试方法。

(2) 掌握静态工作点调整和测试方法。

(3) 理解放大器静态工作点的意义和电路主要元件对静态工作点的影响。

(4) 掌握交流放大倍数的测量方法,研究电路参数对放大倍数的影响。

(5) 掌握单管放大器频响特性和输入、输出电阻的测量方法。

11.3.2　预习要求

（1）复习单管共射放大器电路结构、静态动态参数计算等相关内容。

（2）复习示波器的使用说明。

（3）根据实验内容要求，并列出元器件清单。

（4）根据实验内容要求和附录一模拟电子电路实验板原理图，列出短路片清单。

（5）根据实验内容要求、附录一模拟电子电路实验板原理图和模拟电子电路实验板，列出需安装的裸铜导线清单。

（6）绘出测试连接示意图。

11.3.3　实验原理

一个放大器需经过设计、制作、调试、测量等环节，才能达到预期目标。下面将在完成实验板的安装、焊接等环节的基础上，进行放大器的调试和测量，这对于能否完成最终目标是非常重要的。

就单管共射放大器来说，其基本任务是将输入信号进行不失真的放大，首先需要设置合适的静态工作点，才能避免失真现象，其次是放大器的动态指标测量，这就是“先静态后动态”，大体概括为：

（1）静态工作点的调试与测量；

（2）电压放大倍数的测量；

（3）频响特性的测量；

（4）非线性失真的测量；

（5）输入、输出电阻的测量；

（6）噪声的测量。

本实验采用的是具有稳定静态工作点的偏置电路的单管共射放大电路，电路及其实验原理图分别如图 11.12(a)和(b)所示。

电路的静态工作点可用以下表达式估算：

在 $I_{R1} \gg I_B$ 的条件下，有

$$\begin{cases} V_{BQ} = \dfrac{R_{b2}}{R_{b1} + R_{b2}} V_{CC} \\ I_{EQ} = \dfrac{V_{EQ}}{R_e} = \dfrac{V_{BQ} - V_{BEQ}}{R_e} \approx I_{CQ} \qquad (\text{其中 } V_{BEQ} \text{ 是已知的}) \\ I_{BQ} = \dfrac{I_{EQ}}{1+\beta} \end{cases}$$

$$V_{CEQ} = V_{CC} - I_{CQ}R_c - I_{EQ}R_e \approx V_{CC} - I_{CQ}(R_c + R_e)$$

电路的动态参数可用以下表达式估算：

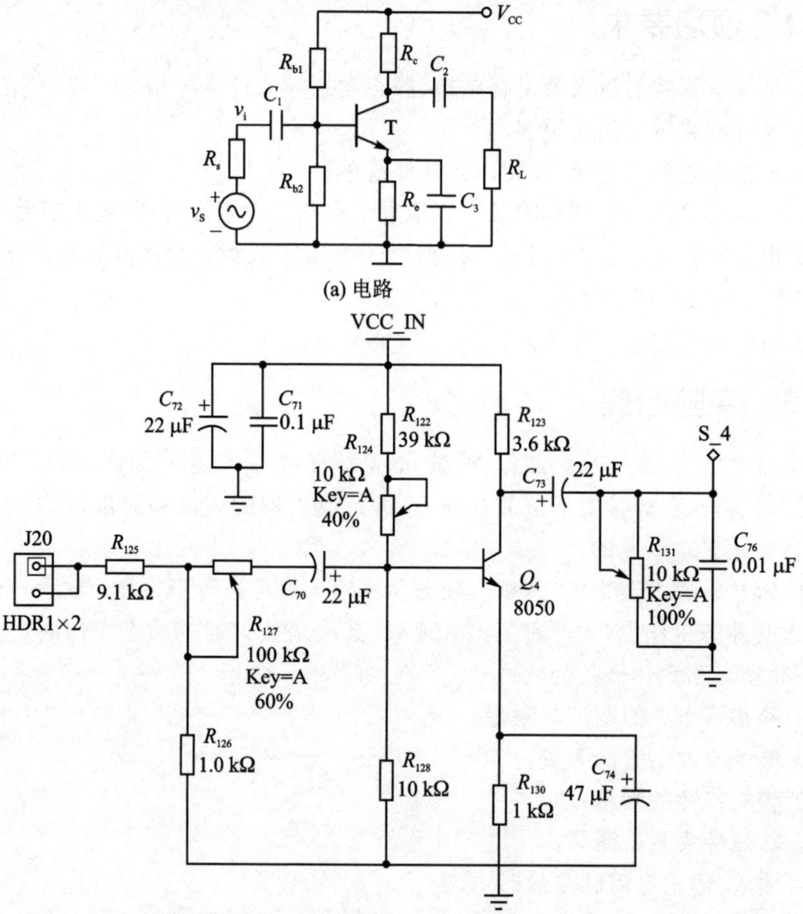

(a) 电路

(b) 实验原理图

图 11.12　单管共射放大电路及其实验原理图

$$\text{电压增益}\ \dot{A}_v=\frac{\dot{V}_o}{\dot{V}_i}=-\frac{\beta R'_L}{r_{be}}$$

式中 $r_{be}=r_{bb'}+(1+\beta)\dfrac{26(\mathrm{mV})}{I_{EQ}(\mathrm{mA})}$。当 $(1+\beta)\dfrac{26}{I_{EQ}}\gg r_{bb'}$，且 $\beta\gg1$ 时，有

$$\dot{A}_v=-\frac{R'_L}{26}I_{EQ}$$

此时，$\dot{A}_v$ 几乎与 β 无关，且适当增大静态值 I_{EQ}，可提高 $\dot{A}_v$ 的值。

$$\text{输入电阻}\ R_i=R_{b1}//R_{b2}//r_{be}$$

一般情况下，有 $R_{b1}//R_{b2}\gg r_{be}$，则

$$R_i\approx r_{be}$$

$$\text{输出电阻} \quad R_o = R_c // r_{ce}$$

考虑到 $r_{ce} \gg R_c$，则有

$$R_o \approx R_c$$

$$\text{通频带} \quad BW = f_H - f_L$$

图 11.12(b)是单管共射放大电路的实验电路，其静态和动态参数表达式由读者自行导出。

11.3.4　实验内容及方法

1. 安装、焊接电路实验板上的放大电路模块

安装、焊接电路实验板上的放大电路模块——单管共射放大器，并进行简单检测。

2. 静态工作点测量

在无信号输入的情况下，按照表 11.8 的要求，调节上偏置电阻，测量相关参数并记录。

表 11.8　静态工作点的测量

参　数	V_{CC}/V	I_{EQ}/mA	V_{BQ}/V	V_{CQ}/V	V_{EQ}/V	V_{BEQ}/V
万用表读数		1				

3. 幅频特性的测量

按照图 11.13，连接测量仪器与放大器。在放大器的输入端加入一个频率为 1 kHz，有效值大约为 20 mVpp 的正弦电压信号，使放大器的输出波形不失真(用示波器观察)。然后用示波器分别测量放大器的输入电压 v_i 和输出电压 v_o，求出 1 kHz 中频时的放大倍数 A_o

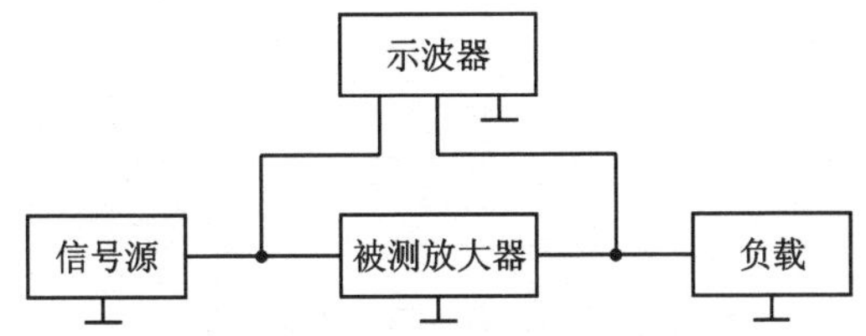

图 11.13　幅频特性测量连线图

根据归一化公式：

$$\frac{A(f)}{A_0(1\ \text{kHz})} = \frac{V_O(f)/V_I(f)}{V_O(1\ \text{kHz})/V_I(1\ \text{kHz})} = \frac{V_O(f)}{V_O(1\ \text{kHz})} = V_O(f)$$

得到表 11.9，用逐点法测出放大器的幅频特性，把实验数据记录在表 11.9 中。测量

时输入信号幅度应保持不变。

注意:由于要求幅频特性曲线的纵坐标用放大倍数 $A(f)/A_0$(1 kHz)的相对变化量来表示,横坐标用频率的对数值 lg f 来标度,可选用半对数坐标纸绘画频响曲线。

表 11.9　放大器的幅频特性测量($V_I \approx 20$ mVpp)

	测量条件	f/Hz					1 k				
1	C_e=220 μF C_L=2 200 pF V_i=____ mV	V_O/V									
		$A(f)/A_0$(归一化)	0.6	0.7	0.8	0.9	1	0.9	0.8	0.7	0.6
	测量条件	f/Hz					1 k				
2	C_e=47 μF C_L=0.01 μF V_i=____ mV	V_O/V									
		$A(f)/A_0$(归一化)	0.6	0.7	0.8	0.9	1	0.9	0.8	0.7	0.6

4. 输出电阻的测量

先使放大器工作在中频段,然后进行输出电阻的测试。从放大器的输出端看入,可以把放大器等效成一个电压源与输出电阻串联,通过测量放大器接入负载前后输出电压的变化量,即可求得输出电阻。

按照图 11.14 连线,由低频信号发生器输出一个适当的中频信号作为放大器的输入信号,在输出波形不失真的情况下,用示波器测量这时放大器的输出电压,即开路电压 V_O。保持放大器输入信号不变,在放大器输出端接入负载,在输出波形不失真的情况下,测量这时的输出电压 V_L,则 $R_o=(V_O/V_L-1)R_L$。

为了减小测量误差,可用 3 种不同值 R_L 进行测量,求得输出电阻的平均值,填入表 11.10。

从输出电阻公式中可以引申出另一种方法,即半电压法,若 $V_L=V_O/2$,则 $R_o=R_L$。

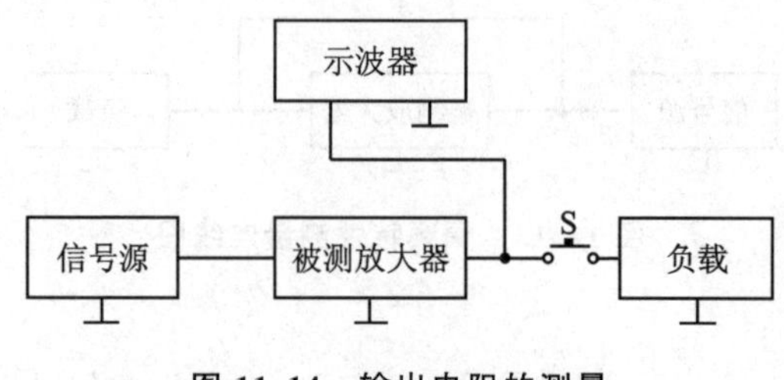

图 11.14　输出电阻的测量

表 11.10　输出电阻的测量

	平均法			半电压法
V_O/V				
R_L/Ω				
V_L/V				$V_O/2$
R_O/Ω				
平均法 R_O				

5. 输入电阻的测量

按照图 11.15 连线，在信号源与放大电路输入端之间串入一个已知电阻 R，在保证示波器的波形不失真的条件下，用示波器分别测出 R 两端的电压 V_1 和 V_2 的值(填入表 11.1)，然后即可求得 R_i，即：

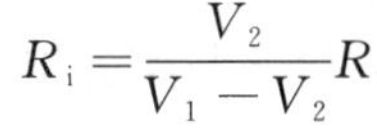

$$R_i = \frac{V_2}{V_1 - V_2} R$$

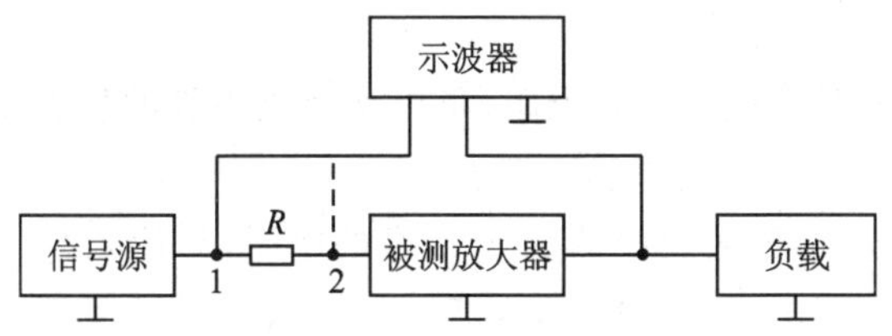

图 11.15　输入电阻的测量

表 11.11　输入电阻的测量

	平均法			半电压法
V_O	不失真			
R/Ω				
V_1/V				
V_2/V				$V_1/2$
R_i				
平均法 R_i				

11.3.5　实验器材

(1) 数字示波器 Agilent DSO－X 2012A。

(2) 数字万用表 UT8803N。

(3) 模拟电子线路实验板。

(4) 实验元器件

电阻　　1 kΩ×2、3.6 kΩ×1、9.1 kΩ×1、10 kΩ×1、39 kΩ×1；

电位器　　10 kΩ×2、100 kΩ×1；

电容　　2 200 pF×1、0.01 μF×1、0.1 μF×1、22 μF×3、47 μF×1 个、220 μF×1；

三极管　　8050×1；

单排插针　　2×1　　1 个；

双排插针　　8×2　　1 个。

11.3.6 实验报告要求

(1) 简述安装、焊接和检测电路情况。

(2) 记录实验测试数据，并求出相关参数。

(3) 绘出实验测试特性曲线，求出下限频率和上限频率。

(4) 记录仿真电路及其测试结果，并与实验结果进行比较。

11.3.7 思考题

(1) 调整偏置电路中的上偏置电阻，可以调整三极管的静态工作点，为什么该电阻用一个固定电阻与一个可变电阻串联？

(2) 在图 11.15 中，能否直接测量 R 两端的电压，为什么？

(3) 在测量放大器的输入、输出电阻时，为什么信号频率选 1 kHz，而不选更高的频率？

11.4 射极跟随器实验

共射、共集和共基电路是双极型晶体管的 3 种基本电路，而共集电路(又称射极跟随器)是一种深度电压串联负反馈放大器，具有输入电阻高，输出电阻低，电压增益小于接近 1 且输出电压与输入电压同相，电流增益及功率增益均大于 1，频率特性好等特点，使该电路多用于放大电路的输入级、输出级和缓冲级，应用极为广泛。本实验仅要求仿真。

11.4.1 实验目的

(1) 掌握射极跟随器的性能。

(2) 学会射极跟随器动态参数的测试。

11.4.2 预习要求

(1) 复习射极跟随器电路结构、静态动态参数计算等相关内容。

(2) 熟悉 Tina 仿真软件。

11.4.3　实验原理

仿真实验电路如图 11.16 所示。

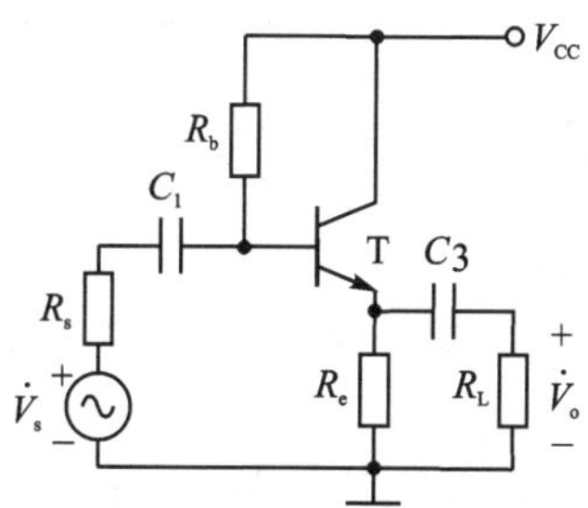

图 11.16　射极跟随器

11.4.4　实验内容及方法

1. 调整静态工作点

在 $V_{CC}=9$ V 条件下，改变 R_b 的值，使 $I_E=1$ mA(图中，$R_e=5.1$ kΩ、$R_L=6.2$ kΩ)，测量静态值并记录。

2. 测量 R_i、R_o、A_{vf}

在保持输入信号 $f_i=1$ kHz、$V_i=0.1$ V 的条件下，完成表 11.12。

表 11.12　跟随器 R_i、R_o、A_{vf} 的测试

测量条件				测量值			计算值			
R_e/Ω	R_L/Ω	β	I_E/mA	R_i/Ω	R_o/Ω	A_{vf}	R_i/Ω	R_o/Ω	A_{vf}	误差
5.1 k	6.2 k	<70	1							
5.1 k	6.2 k	>100	1							
5.1 k	1 k	>100	1							
1.5 k	1 k	>100	4.0							

3. 频响特性:

令 $R_e=5.1$ kΩ、$R_L=6.2$ kΩ、$C_L=0.01$ μF、$I_E=1$ mA，通过 AC 扫描，得到电路的频响特性曲线。

4. 测量射随器跟随特性 $V_o \sim V_i$ 曲线。

测量时，保持输入信号的频率 f 为 1 kHz，逐渐增大输入电压 V_i，用示波器观测输出电压波形，并记录电压读数 V_o，填入表 11.13 中。(注:要测到失真为止。)

也可以通过 DC 扫描，得到电路的传输特性。

表 11.13　电压跟随范围测量

V_i/V								
V_o/V								
波形情况								

11.4.5　实验报告要求

(1) 记录仿真电路图。

(2) 整理实验数据，比较分析取不同元件参数和工作条件时，对 R_i、R_o、A_v 的影响。

(3) 记录频率响应特性曲线，并在特性曲线上标出 f_H 的值。

(4) 绘出取不同 R_L 时的 $V_o=f(V_i)$ 曲线，求出输出电压跟随范围。记录 DC 扫描传输特性，并求得电路的电压跟随范围。

(5) 记录仿真过程中使用的仪器仪表。

11.4.6　思考题

(1) 为了提高射极跟随器的输入电阻，应考虑改变电路中的哪些参数？如何改变？

(2) 电路如图 11.17 所示，这是一种"自举"电路，可以提高偏置电路的等效输入电阻，试分析之。

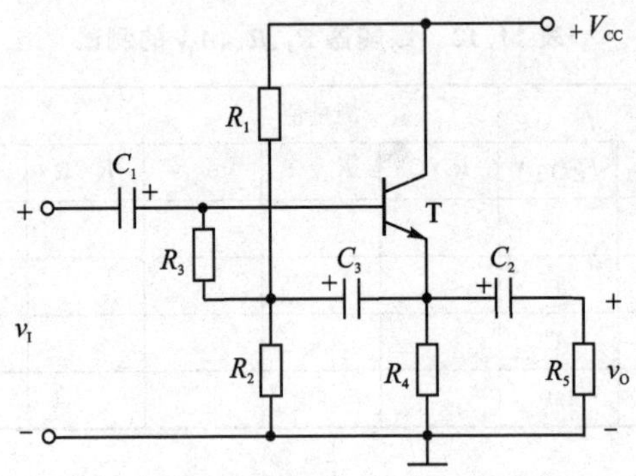

图 11.17　具有"自举"电路的射极跟随器

11.5　负反馈对放大电路性能影响的研究实验

在实用电子电路中，总是要引入不同形式的反馈来改善其各方面的性能，以满足实际问题对电路的要求，也就是说，任何一种实用电子电路都存在反馈技术的应用。

当放大电路中采用负反馈时，将以放大电路的增益降低为代价，换来的是其性能得到多方面的改善。

在 4 种负反馈类型中，本实验选择电压串联负反馈两级放大电路作为研究对象。本实验仅要求仿真。

11.5.1　实验目的

(1) 加深理解负反馈对放大器性能的影响。

(2) 进一步掌握放大器的静态工作点的调整及其频率特性、输入电阻、输出电阻的测量方法。

11.5.2　预习要求

(1) 复习负反馈对放大器性能影响及相关知识点。

(2) 设计实验数据记录表格。

11.5.3　实验原理

分立元件的两级放大电路如图 11.18 所示。图中电阻 R_f 将第二级 T_2 的输出端与第一级 T_1 的发射极联系起来，构成交流电压串联负反馈。C_L 是等效负载电容，R_Φ、C_Φ 是防止低频自激的电源退耦网络。

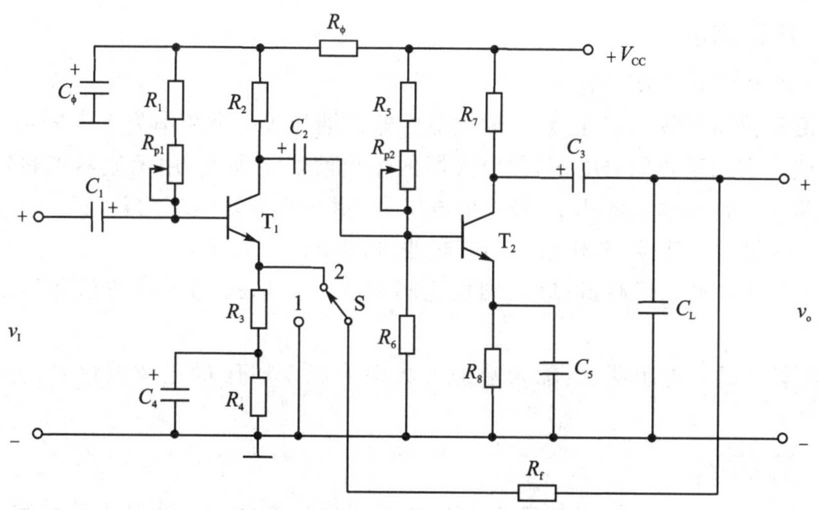

图 11.18　两级共射负反馈放大器

图 11.18 电路中的元器件及其参数如表 11.14 所列。

表 11.14 元器件及其参数

R_1	680 kΩ	R_f	3 kΩ
R_2、R_8	1.5 kΩ	C_1、C_2、C_3、C_4	47 μF
R_3、R_ϕ	300 Ω	C_5	1 μF
R_4	1 kΩ	C_L	0.01 μF
R_5、R_{p2}	68 kΩ	C_ϕ	100 μF
R_6	27 kΩ	T_1、T_2	NPN 小功率晶体管
R_7	6.2 kΩ	V_{CC}	12 V 直流电压
R_{p1}	3 MΩ		

11.5.4 实验内容及方法

1. 调整静态工作点

(1) 按照图 11.18 连接好电路,将图中的开关 S 与 1 连通,使 R_f 左端接地,作为放大器的负载电阻。采用+12 V 直流电源供电。

(2) 在无输入信号的情况下,调节 R_{p1},使 $I_{c1}\approx 0.5$ mA,即 $V_{Re}=0.5$ V,调节 R_{p2},使 $I_{c2}\approx 1$ mA,即 $V_{e2}=1.5$ V。测量各静态工作电压(V_{E1Q}、V_{C1Q}、V_{BE1Q}、V_{E2Q}、V_{C2Q}、V_{BE2Q})并记录。

2. 开环测试

(1) 测开环电压放大倍数:

将测量仪器与放大器连接,在放大器的输入端加入一个频率为 6.5 kHz,有效值为 6 毫伏左右的正弦信号电压,使放大器的输出波形不失真(用示波器观察)。然后分别测量放大器的输入电压 v_i 和输出电压 v_o,并计算开环电压增益 A_v。

(2) 测量幅频特性,并作出开环幅频曲线,求出 f_H 和 f_L。

(3) 开环输出电阻测量:输入端加入频率为 2.5 kHz 的正弦波信号,方法同前实验。

(4) 开环输入电阻测量:输入端加入频率为 2.5 kHz 的正弦波信号,方法同前实验。

3. 闭环测试

将图 11.18 中的开关 S 拨向 2,使电路处于负反馈状态。重复上述步骤 2,测量负反馈时的放大倍数 A_{vf}、闭环频率响应特性曲线 BW_f、输入电阻 R_{if}、输出电阻 R_{of}。

11.5.5 实验报告要求

(1) 记录仿真电路图。

(2) 整理实验记录,在坐标纸上绘出开环和闭环状态两条频响特性曲线(在同一对数坐标系中)。

(3) 由频响特性曲线,求出开环时的下限频率 f_L 和上限频率 f_H 及闭环时的 f_{Lf} 和 f_{Hf};并与理论值相比较。

(4) 将 R_{if} 和 R_{of} 的仿真测试值与理论值相比较。

(5) 记录仿真过程中使用的仪器仪表。

11.5.6　思考题

(1) 计算仿真电路的开环增益 A_{vo} 和闭环增益 A_{vf}。

(2) 将仿真电路改成电流并联负反馈,测出 A_{vf}、R_{if}、R_{of}、f_{Lf} 和 f_{Hf},并与理论值相比较。

11.6　晶体管差分放大电路实验

差分放大电路是一种零点漂移十分微小的直流放大器,其主要特点是“放大差模信号,抑制共模信号”,它常作为多级直流放大器的前置级,可放大极微小的直流信号或缓慢变化的交流信号,它已成为电子电路中非常重要的单元电路之一,本实验仅要求仿真。

11.6.1　实验目的

(1) 了解差分电路的性能和特点,掌握提高其性能的方法。

(2) 学会差分放大电路静态工作点的测试。

(3) 掌握对差分放大电路 A_d、A_c、CMRR、传输特性的测量方法。

(4) 理解恒流源在提高差分放大电路性能上的作用。

11.6.2　预习要求

复习差分放大器电路结构、静态动态参数计算等相关内容。

11.6.3　实验原理

实验差分放大电路如图 11.19 所示。图中电路结构及元件性能参数对称,两个三极管的集电极静态电流相等,在输入端短路时,两集电极间的电压等于 0。但在实际电路中,电路参数总有差异,所以两集电极间总有一定的电压,须通过调节 R_p 使两管的静态电流相等。

若在电路输入端 A_1、A_2 送入信号 v_{Id},由于 R_1、R_2 的分压作用,则放大器的两输入端将得到大小相等,极性相反的信号输入,即 $\pm v_{Id}/2$,称之为差模输入。在差模信号的作用下,放大器的输出端 c_1、c_2 两点有 v_{Od1} 与 v_{Od2} 输出电压,在 c_1、c_2 之间有输出电压 v_{Od},其关系为:

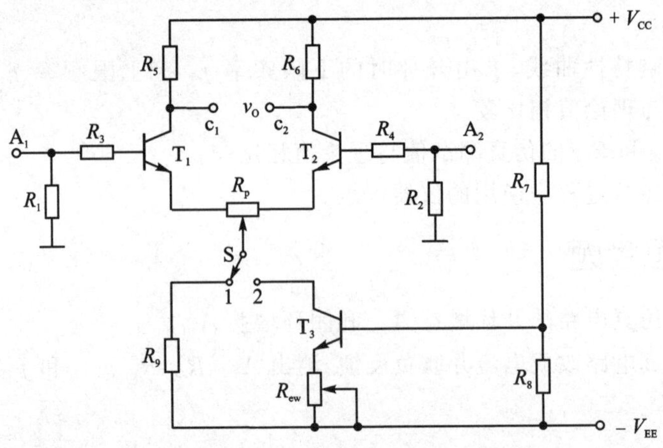

图 11.19　差分放大电路

$$A_d = v_{Od} / v_{Id}$$

$$A_{d1} = v_{Od1} / v_{Id1}$$

$$A_{d2} = v_{Od2} / v_{Id2}$$

式中,A_d 为双端输出差模放大倍数;A_{d1}、A_{d2} 分别为 T_1、T_2 单端输出差模放大倍数。

若将电路输入端 A_1、A_2 短接,然后对地送入信号 v_{Ic},此时电路两输入端均有幅度为 v_{Ic}、极性相同的信号输入,称之为共模信号。在共模信号的作用下,电路输出端有共模输出电压 v_{Oc},其关系为:

$$A_c = v_{Oc} / v_{Ic}$$

$$A_{c1} = v_{Oc1} / v_{Ic}$$

$$A_{c2} = v_{Oc2} / v_{Ic}$$

式中,A_c 为双端输出共模电压放大倍数;A_{c1}、A_{c2} 称为单端输出共模放大倍数。

因为

$$A_c = (v_{Oc1} - v_{Oc2}) / v_{Ic}$$

所以有

$$A_c \approx 0$$

差分放大电路的共模抑制比 CMRR 为差模放大倍数与共模放大倍数的比值,即

$$\text{CMRR} = 20\lg(A_d / A_c)(\text{dB})$$

图 11.20 电路中的元器件及其参数如表 11.15 所列。

表 11.15　元器件及其参数

R_1、R_2	510 Ω	R_p	100 Ω
R_3、R_4	10 kΩ	R_{ew}	2.2 kΩ
R_5、R_6、R_9	5.1 kΩ	T_1、T_2、T_3	NPN 小功率晶体管
R_7	43 kΩ	$+V_{CC}$	+6 V 直流电压
R_8	13 kΩ	$-V_{EE}$	−6 V 直流电压

11.6.4 实验内容及方法

1. 静态工作点调试

(1) 按照图 11.19 连接电路，将开关 S 接到“1”的位置，此时的差分电路称为长尾式差分放大电路。

(2) 将输入端 A_1、A_2 短接，调节 R_p，使 c_1、c_2 之间直流电压为 0。

(3) 测量 T_1、T_2 的静态工作点 V_{CQ}、V_{BQ}、V_{EQ} 并记录。

2. 测量长尾式差分电路的 A_d、A_c、CMRR

(1) 测量差模电压增益 A_d、A_{d1} 或 A_{d2}

将信号源对地送入 A_1 端，A_2 端接地，信号输入方式为单端输入。信号源为频率 1 kHz，幅度 100 mV 的正弦信号。用示波器分别测量其输入电压及双端和单端输出电压，分别计算出双端输出增益 A_d 及单端输出增益 A_{d1} 或 A_{d2} 并记录。

(2) 测量共模电压增益 A_c、A_{c1} 或 A_{c2}

将 A_1、A_2 两输入端短接，并与信号源相连，以实现共模信号输入。信号源为频率 1 kHz，幅度 100 mV 的正弦信号。用示波器分别测量其输入电压及双端和单端输出电压，分别计算出双端输出增益 A_c 及单端输出增益 A_{c1} 或 A_{c2} 并记录。

(3) 计算长尾式差分电路的 CMRR。

3. 测量恒流源差分放大器的 A_d、A_c、CMRR

(1) 将图 11.19 电路中开关 S 置于“2”，此时的差分电路称为恒流源差分放大电路。调节 R_{ew} 使静态工作点与步骤 1 相同并记录实验数据。

(2) 测量单端输入、双端及单端输出差分电路的差模输入参数，步骤同 2(1)，并记录实验数据。

(3) 测量并联输入、双端及单端输出差分电路的共模输入参数，步骤同 2(2)，并记录实验数据。

(4) 计算恒流源差分电路的 CMRR。

4. 通过 DC 扫描，得到单入双出和左右单入单出的电压传输特性曲线

11.6.5 实验报告要求

(1) 记录仿真电路图。

(2) 将测量结果进行整理，填入设计好的表格中，同时计算相关参数，比较长尾式和恒流源差分电路的参数差异。

(3) 记录差分电路的电压传输特性。

(4) 将实验数据与理论计算值进行比较分析。

(5) 记录仿真过程中使用的仪器仪表。

11.6.6 思考题

(1) 在图 11.19 中,R_p 与 R_e 所起的负反馈作用有何不同? R_e 值的提高有何限制? 如何解决?

(2) 若信号发生器是对地输出信号,问能否直接接到图 11.19 中的 A_1、A_2 两端进行放大?

第12章 有源滤波器

滤波器是模拟电路中常用的功能模块,其功能是让指定频段的信号通过,而把其余频段的信号加以抑制,因而它实质上就是选频电路。利用集成运算放大器和无源 *RC* 网络可构成有源滤波器,与无源的 LC 滤波器相比,其优点首先是不用电感元件,这样就避免了电感的体积大、重量重、特性非线性、易产生杂散磁场和损耗功率大的缺点,其次是不需要阻抗匹配,并且通带的增益可以灵活调节,易于制成截止频率或中心频率连续可调的滤波器。但由于集成运算放大器的带宽有限,所以这类滤波器只能在不太高的频率范围内工作。

本章研究的对象是由单个集成运算放大器构成的二阶滤波器,它是有源滤波器的基本单元电路。

12.1 二阶低通滤波器

一般来说,根据滤波器的工作频率范围可分为低通、高通、带通、带阻和全通滤波器 4 种类型,其中低通滤波器是指低于角频率 ω_p 的信号能够通过,高于 ω_p 的信号被衰减的滤波电路。本小节选择二阶低通有源滤波器进行研究。本实验仅要求仿真。

12.1.1 实验目的

(1) 熟悉由单个集成运算放大器构成的二阶有源低通滤波器的电路结构和工作原理。

(2) 学会有源滤波器的调整测试方法。

12.1.2 预习要求

(1) 阅读有源滤波器的有关参考文献,掌握实验电路的工作原理。

(2) 确定实验中元件参数值。

12.1.3 实验原理

二阶有源低通滤波器如图 12.1 所示,这就是著名的赛伦-凯电路。电路的传递函数为

$$T(s)=\frac{V_o(s)}{V_i(s)}=\frac{A_{Lp}}{1+s[(R_3+R_4)C_2+(1-A_{Lp})R_3C_1]+s^2R_3R_4C_1C_2}$$

式中，$A_{Lp}=1+\frac{R_2}{R_1}$是滤波器的通带电压增益。

令

$$\omega_n=\frac{1}{\sqrt{R_3R_4C_1C_2}}$$

$$Q=\frac{\sqrt{R_3R_4C_1C_2}}{(R_3+R_4)C_2+(1-A_{Lp})R_3C_1}$$

可得到二阶有源 RC 低通滤波器传递函数的标准形式为：

$$T(s)=\frac{A_{Lp}\omega_n^2}{s^2+\frac{\omega_n}{Q}s+\omega_n^2}$$

其中，ω_n 为特征角频率，Q 称为电路的品质因数。

由此可见，该电路的通带电压增益仅取决于负反馈网络元件 R_2 和 R_1 的值。若按比例改变 R_3、R_4 或 C_1、C_2，则会使特征角频率 ω_n 改变而 Q 值不变，但当改变 A_{LP} 时，Q 值会发生变化。当 $Q=0.707$ 时，其通带特性为"最平坦"型，它的 -3 dB 截止角频率等于特征角频率，即 $\omega_p=\omega_n$。当 $Q>0.707$ 时，高频端将出现高峰。

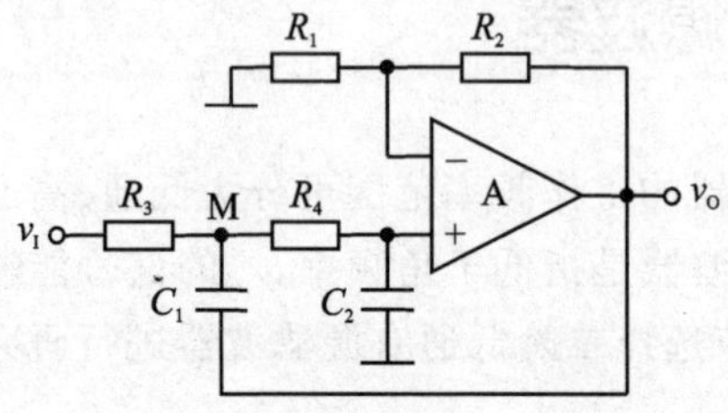

图 12.1　二阶有源低通滤波器

在实际问题中，可根据具体要求来确定 A_{LP}、ω_n 和 Q，以此选用 R、C 元件，R、C 取值一般有两种方法：(1)$R_1=R_2$，$C_1\neq C_2$，$A_{LP}=1$；(2)$R_1\neq R_2$，$C_1=C_2$，$A_{LP}\neq 1$。

若需要更高的滤波性能，可将两个以上的二阶低通滤波电路串联起来，组成 4 阶以上滤波器以满足需要。

在实际调测该滤波器时，应注意信号源内阻的影响等问题。

图 12.1 电路中的元器件及其参数如表 12.1 所列。

表 12.1　元器件及其参数

R1	2 kΩ	C1、C2	1 000 pF
R2	3.9 kΩ	A	μA741
R3、R4	1 kΩ		

12.1.4 实验内容及方法

二阶低通有源滤波器的调整与测试：

(1) 调节信号源频率，对滤波器幅频特性进行测试。在输出波形不失真的条件下(用示波器观测)，选取适当幅度的输入正弦信号，逐点改变输入信号频率，即可测得其幅频特性。根据实测数据，画出幅频特性曲线，并求得 A_{LP} 和 −3 dB 截止频率 f_n 的值。

(2) 通过 AC 分析，得到该电路的幅频特性和相频特性，据此求得 A_{LP} 和 −3 dB 截止频率 f_n 的值，并与步骤 2 比较。

(3) 通过 AC 分析，得到不同 Q 值时的幅频特性并比较之。

12.1.5 实验报告要求

(1) 记录仿真电路图。

(2) 整理实验测试数据，作出二阶低通有源滤波器的幅频特性曲线。

(3) 将测得的滤波器的参数值与理论计算值相比较，说明产生误差的原因。

(4) 记录 AC 分析结果。

(5) 记录仿真过程中使用的仪器仪表。

12.1.6 思考题

(1) 选择不同于图 12.1 电路结构的二阶低通有源滤波器，仿真分析它们的频率特性。

(2) 设计一个二阶高通有源滤波器，仿真分析其频率特性，得到相关参数并与理论值比较，分析运放的频率参数对滤波器频率特性的影响。

12.2 二阶带通滤波器实验

带通滤波器是指在低频段截止角频率 ω_{p1} 到高频段截止角频率 ω_{p2} 之间的信号能够通过，低于 ω_{p1} 和高于 ω_{p2} 的信号被衰减的滤波电路，本小节选择二阶带通有源滤波器进行研究。

12.2.1 实验目的

(1) 熟悉由单个集成运算放大器构成的二阶有源带通滤波器的电路结构和工作原理。

(2) 学会有源滤波器的调整测试方法。

12.2.2 预习要求

(1) 阅读有源滤波器的有关参考文献，掌握实验电路的工作原理。

(2) 确定实验中元件参数值。

(3) 用 Tina 仿真软件对实验电路进行仿真。

(4) 根据实验内容要求,确定电位器的具体阻值,并列出元器件清单。

(5) 根据实验内容要求和附录一模拟电子电路实验板原理图,列出短路片清单。

(6) 根据实验内容要求、附录一模拟电子电路实验板原理图和模拟电子电路实验板,列出需安装的裸铜导线清单。

(7) 绘出测试连接示意图。

12.2.3 实验原理

二阶有源带通滤波器如图 12.2(a)所示,其实验原理图如图 12.2(b)所示。

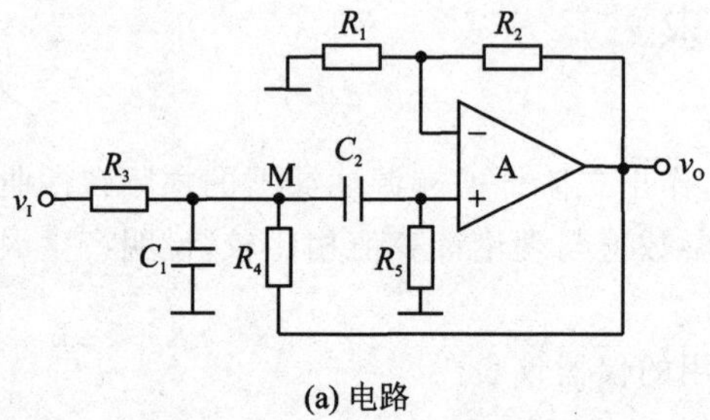

(a) 电路

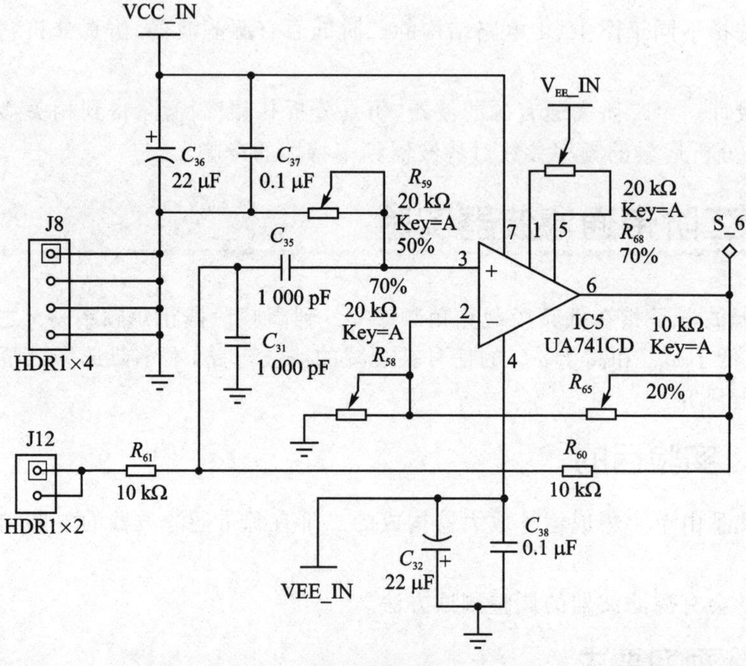

(b) 实验原理图

图 12.2 二阶有源带通滤波电路及其实验原理图

图中 R_3、C_1 组成低通电路，R_5、C_2 组成高通电路。为了使电路分析简单，不妨设 $R_3=R_4=R$，$R_5=2R$，$C_1=C_2=C$。带通滤波电路的传递函数为

$$T(s)=\frac{A_{\mathrm{Bp}}sRC}{1+(3-A_{\mathrm{Bp}})sRC+(sRC)^2}$$

式中，$A_{\mathrm{Bp}}=1+\frac{R_2}{R_1}$。令 $\omega_n=\frac{1}{RC}$ 和 $Q=\frac{1}{3-A_{\mathrm{Bp}}}$，可得二阶有源 RC 带通滤波电路传递函数的标准形式为

$$T(s)=\frac{A_{\mathrm{Bp}}\omega_n s}{s^2+\frac{\omega_n}{Q}s+\omega_n^2}$$

这里 ω_n 为带通滤波电路的中心角频率 ω_0。带通滤波电路的两个截止角频率分别为

$$\begin{cases}\omega_{p1}=\frac{\omega_0}{2Q}\sqrt{1+4Q^2}-\frac{\omega_0}{2Q}\\ \omega_{p2}=\frac{\omega_0}{2Q}\sqrt{1+4Q^2}+\frac{\omega_0}{2Q}\end{cases}$$

由此，带通滤波电路的带宽为

$$\mathrm{BW}=\frac{\omega_{p2}-\omega_{p1}}{2\pi}=\frac{\omega_0}{2\pi Q}=\frac{f_0}{Q}$$

表明电路的 Q 值愈大，中心频率增益愈大，通频带愈窄，电路的选择性愈好。

12.2.4　实验内容及方法

二阶带通有源滤波器的调整与测试：

(1) 安装、焊接实验电路，图中集成运算放大器用 μA741。引脚②为反相输入端，引脚③为同相输入端，引脚⑥为输出端，引脚⑦接 +5 V，引脚④接 −5 V，引脚①和⑤接电位器 R_W(10 kΩ)调零。

(2) 先进行直流调零，然后调节信号源频率，对滤波器幅频特性进行测试。在输出波形不失真的条件下(用示波器观测)，选取适当幅度的输入正弦信号，逐点改变输入信号频率，即可测得其幅频特性。根据实测数据，画出幅频特性曲线，并求得通带增益 A_{BP}、中心频率 f_0、电路的品质因素 Q 和上下限频率。二阶带通有源滤波器的幅频特性测量如表 12.2 所列。

表 12.2　二阶带通有源滤波器的幅频特性测量($V_i\approx 500$ mVpp)

f/Hz					13 k～15 k				
V_O/V									
$A(f)/A_0$ (归一化)	0.6	0.7	0.8	0.9	1	0.9	0.8	0.7	0.6

12.2.5 实验器材

(1) 数字示波器 Agilent DSO－X 2012A。

(2) 数字万用表 UT8803N。

(3) 直流稳压电源。

(4) 模拟电子线路实验板。

(5) 实验元器件

电阻	1 kΩ×2、3.6 kΩ×1、9.1 kΩ×1、10 kΩ×1、39 kΩ×1；	
电位器	10 kΩ×2、100 kΩ×1；	
电阻	10 kΩ×2；	
电位器	10 kΩ×1、20 kΩ×3；	
电容	1 000 pF×2、0.1 μF×2、22 μF×2；	
集成电路	μA741×1；	
集成电路插座	8 芯×1；	
单排插针	2×1	1 个；
	4×1	1 个；
双排插针	12×2	2 个。

12.2.6 实验报告要求

(1) 简述安装、焊接和检测电路情况。

(2) 记录实验测试数据，并求出相关参数。

(3) 绘出实验测试特性曲线，求出通带增益 A_{BP}、中心频率 f_0、电路的品质因素 Q、上下限频率和带宽。

(4) 记录仿真电路及其测试结果，并与实验结果进行比较。

12.2.7 思考题

(1) 设计一个适合音频的二阶带通有源滤波器，并仿真验证。

(2) 现将音频分为低音频、中音频和高音频 3 个频段，分别送入各自的放大器进行放大，通过调整各频段放大器的输出，以产生不同的试听效果。结合滤波器和放大器说出你的实现方案？画出原理框图和电原理图。

第13章

信号发生器

信号发生器又称信号源或振荡器，是一种能提供各种频率、波形等信号的设备，它在测量各种电路系统的振幅特性、频率特性、传输特性及其他电参数，以及测量元器件的特性与参数时，可用作测试的信号源或激励源，因此它在生产实践和科技领域中获得广泛应用。

根据所产生波形的不同，可将振荡器分成正弦波振荡器和非正弦波振荡器两大类。前者可产生正弦波，后者可产生方波、三角波和矩形脉冲波等。

13.1 桥式RC振荡器实验

桥式RC振荡器即文氏电桥振荡器，它具有较好的正弦波振荡波形，频率调节范围宽等优点，它在低频振荡器中有着广泛的应用。

本实验是模拟电路功能模块综合的一个单元电路。

13.1.1 实验目的

掌握应用集成运放构成正弦波振荡器的工作原理及其调整测试方法。

13.1.2 预习要求

(1) 复习集成运放桥式RC振荡器电路结构、参数计算等相关内容，弄懂与本实验有关的电路工作原理。

(2) 了解所用元器件的特性和参数。

(3) 用Tina仿真软件对实验电路进行仿真。

(4) 根据实验内容要求，确定电位器的具体阻值，并列出元器件清单。

(5) 根据实验内容要求和附录一模拟电子电路实验板原理图，列出短路片清单。

(6) 根据实验内容要求、附录一模拟电子电路实验板原理图和模拟电子电路实验板，列出需安装的裸铜导线清单。

(7) 绘出测试连接示意图。

13.1.3 实验原理

桥式 RC 正弦波振荡器如图 13.1(a)所示，图中的 R、C 组成串并联正反馈选频网络，电阻 R_1、R_w、R_2、D_1、D_2 组成负反馈网络。振荡条件主要由这两个反馈回路的参数决定，其振荡频率为：

$$f_0=\frac{1}{2\pi RC}$$

电路中的二极管和 R_1 为自动增益控制电路，当振幅不断增大时，导致二极管导通，其等效电阻减小，使得放大器的闭环增益降低，从而保持振幅的稳定和改善了波形的失真。图 13.1(b)是桥式 RC 正弦波振荡器的实验原理图。

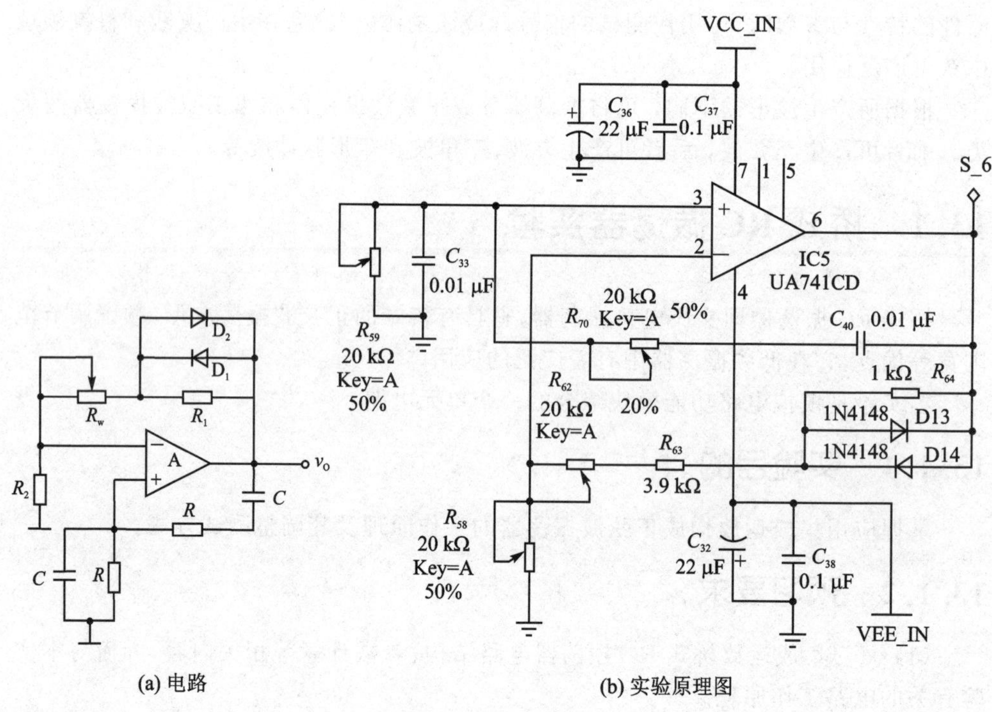

(a) 电路　　(b) 实验原理图

图 13.1　桥式 RC 正弦波振荡器及其实验原理图

(1) 安装、焊接实验板的振荡器模块——桥式 RC 正弦波振荡器，并对电路进行检测。

(2) 接通±10 V 电源，用示波器观察振荡波形。

将示波器接在振荡器的输出端，调节电位器 R_w，以改变负反馈的大小，观察振荡输出波形的变化。当 R_w 调到某一位置时，振荡产生，并输出较好的正弦波。若继续调节 R_w，输出波形将产生非线性失真。

(3) 根据表 13.1 改变 R 和 C 值，然后用示波器测量桥式 RC 正弦波振荡器输出波形。

表 13.1　桥式 RC 正弦波振荡器波形参数

R	10/kΩ	10/kΩ	1/kΩ
C	0.01 μF	1 000 pF	0.01 μF
V_{pp}/V			
f/kHz			
波形			

13.1.4　实验器材

(1) 数字示波器 Agilent DSO－X 2012A。

(2) 数字万用表 UT8803N。

(3) 直流稳压电源。

(4) 模拟电子线路实验板。

(5) 实验元器件

电阻　　1 kΩ×1、3.9 kΩ×1；

电位器　　20 kΩ×2；

电容　　1 000 pF×1、0.01 μF×2；

二极管　　1N4148×2。

13.1.5　实验报告要求

(1) 简述安装、焊接和检测电路情况。

(2) 列表整理实验数据，记录有关波形，分析测量值与理论值之间的误差原因；

(3) 记录仿真电路及其测试结果，并与实验结果进行比较。

13.1.6　思考题

(1) 画出两种不同于图 13.1 电路结构的 RC 正弦波振荡电路，并仿真分析之。

(2) 当 RC 串并联电路中的 R 不相等时，桥式 RC 正弦波振荡器的输出波形如何？

13.2　电容三点式振荡器实验

LC 振荡器分为变压器反馈式、电感三点式、电容三点式等电路形式，其中电容三点式更适于制作高频振荡器。为此，它的放大电路应选择高频特性好的电路，比如共集和共基组态。本小节将通过仿真设计一款电容三点式振荡器。

13.2.1 实验目的

(1) 掌握电容三点式振荡电路的设计方法。

(2) 学会测试振荡频率及频率稳定度。

(3) 研究影响频率稳定度的因素

13.2.2 实验原理

图 13.2 给出了 3 种组态的电容三点式振荡电路。可以看出,电路中的晶体管工作在不同组态,它们依次为共射振荡电路、共基振荡电路和共集振荡电路。图 13.3 和图 13.4 分别给出了电容三点式振荡电路的两种改进型,分别是克拉帕振荡器和西

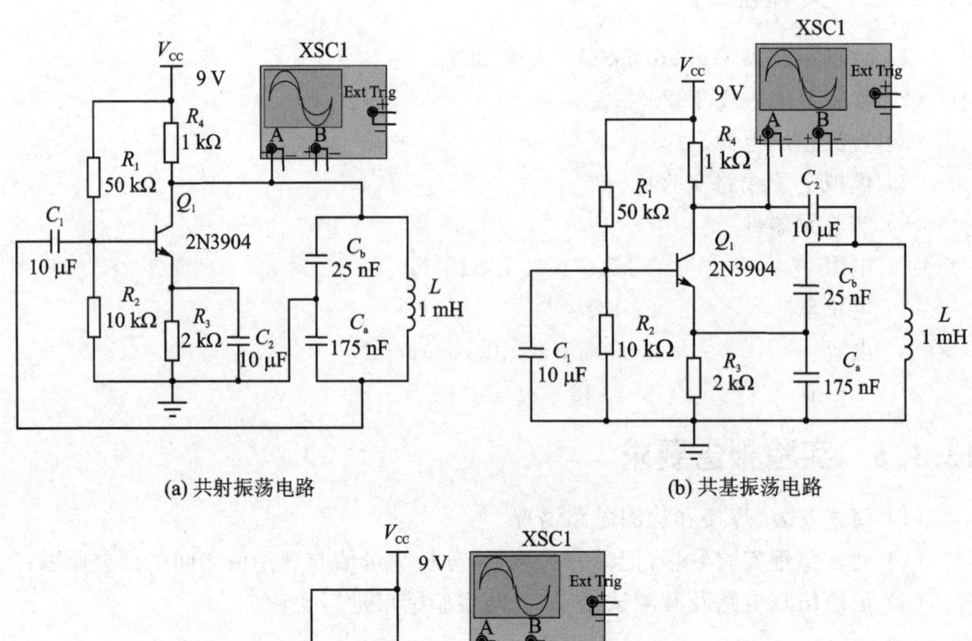

(a) 共射振荡电路

(b) 共基振荡电路

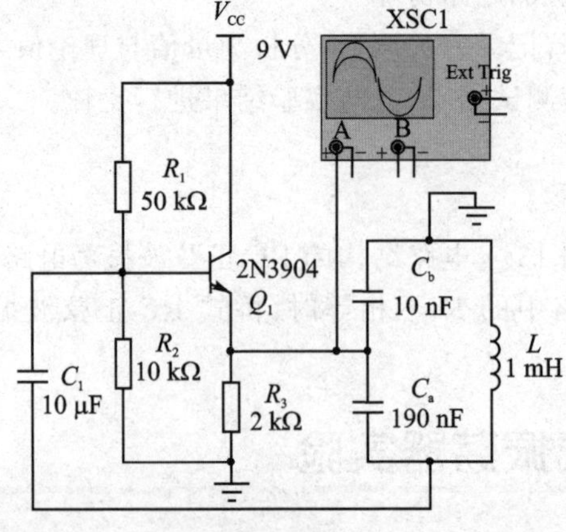

(c) 共集振荡电路

图 13.2 3 种组态电容三点式振荡电路

勒振荡器。

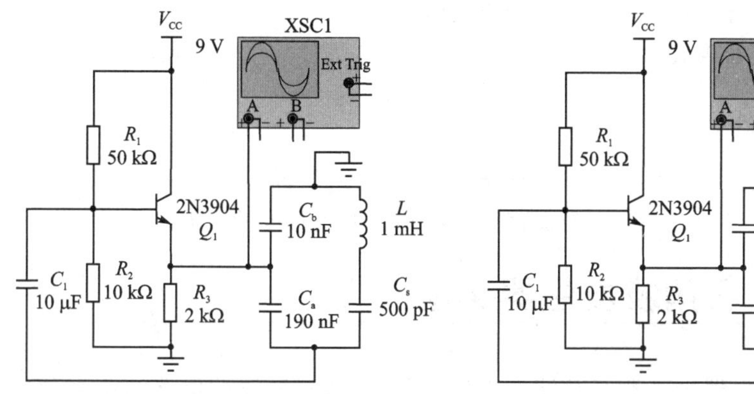

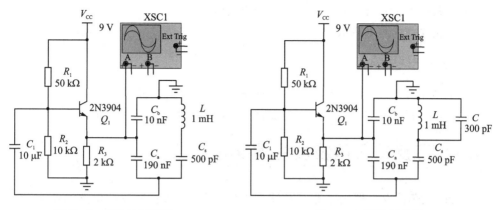

图 13.3　克拉帕振荡器

图 13.4　西勒振荡器

以上各电路作为本次实验的参考电路，可根据题目要求来选择。另外，如果振荡器外接负载，可以设计一个射极跟随器作为缓冲隔离，以减小负载对振荡器的影响。

13.2.3　实验内容及方法

1. 设计一个电容三点式振荡器

设计一个电容三点式振荡器，要求振荡器输出端加接射极跟随器作缓冲隔离。振荡

器指标要求：

- 振荡频率 $f_0=80\ (1\pm10\%)\mathrm{MHz}$；
- 振荡电压＞3 V_{PP}；
- 电源电压 $V_{CC}=12$ V。

2. 测试静态工作点

用示波器测试振荡频率和振荡电压并记录。

3. 研究外界条件变化对振荡频率的影响

(1) 改变电源电压。当 $V_{CC}=12$ V、10 V、8 V 时，用示波器测出振荡频率的变化，求出频率稳定度。

(2) 改变环境温度。用温度扫描，测量振荡频率随温度的变化，求出频率稳定度。

13.2.4　实验报告要求

(1) 简述电路设计过程(方案选择、参数计算等)。

(2) 画出设计电路的电原理图，标明元件参数。

(3) 测试静态工作点及振荡频率并记录。

(4) 列出实验步骤,整理实验数据、分析实验结果。

(5) 记录实验仪器仪表。

13.2.5 思考题

(1) 使用万用表测量三极管的直流电压,可判断电路是否起振,为什么?

(2) 试分析三极管静态工作点对振荡稳定性和波形失真度的影响。

13.3 方波和三角波发生器实验

方波、三角波发生器属于非正弦波发生器,而产生非正弦波的电路结构多种多样,有模拟电路的也有数字电路的。本小节将介绍一种由集成运放构成的方波、三角波发生器。

本实验是模拟电路功能模块综合的一个单元电路。

13.3.1 实验目的

掌握应用集成运放构成方波、三角波发生器的基本工作原理及其调整测试方法。

13.3.2 预习要求

(1) 复习由集成运放构成方波、三角波发生器电路结构、参数计算等相关内容,弄懂与本实验有关的电路工作原理。

(2) 了解所用元器件的特性和参数。

(3) 用 Tina 仿真软件对实验电路进行仿真。

(4) 根据实验内容要求,确定电位器的具体阻值,并列出元器件清单。

(5) 根据实验内容要求和附录一模拟电子电路实验板原理图,列出短路片清单。

(6) 根据实验内容要求、附录一模拟电子电路实验板原理图和模拟电子电路实验板,列出需安装的裸铜导线清单。

(7) 绘出测试连接示意图。

13.3.3 实验原理

图 13.5(a)所示是用两只 μA741 运算放大器组成的对称方波和三角波发生器电原理图,图 13.5(b)为其工作波形图,图 13.5(c)为其实验原理图。

由图 13.5(a)可见,该电路由 A_1 组成的滞回比较器和由 A_2 组成的积分器两个部分构成。A_1 产生方波,经 A_2 积分后产生三角波。为保证所需的极性,这里的积分器的输出与比较器的同相输入端相连。电路自激振荡的过程简要叙述如下:

图 13.5(a)中迟滞比较器的基准电压 $E_i=0$,它输出的高低电位 E_q 和 E_d 由稳

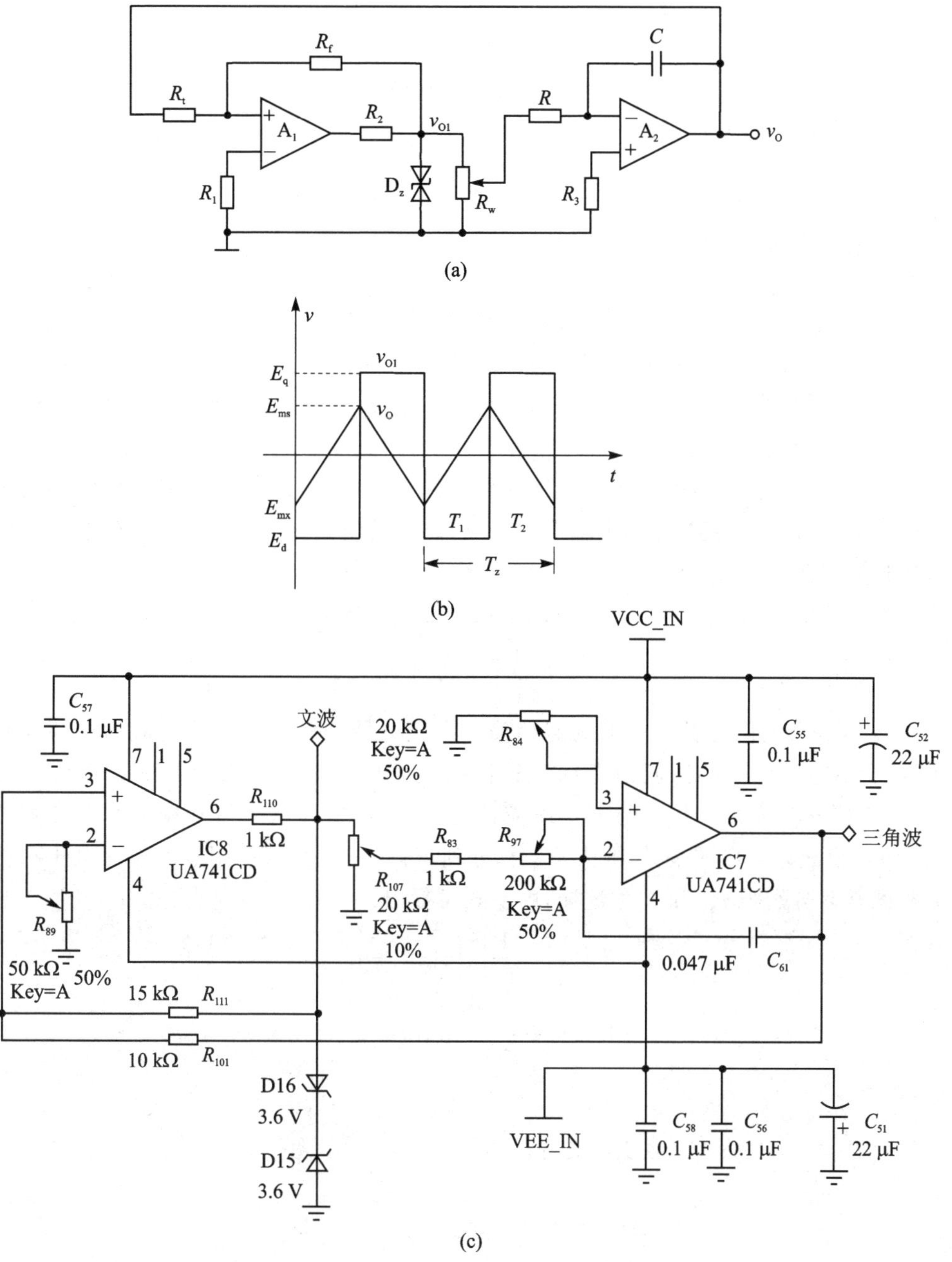

图 13.5　方波、三角波发生器电路及其实验原理图

压管 D_z 的稳定电压 E_z 决定，即

$$E_q = E_Z$$

$$E_d = -E_Z$$

比较器输入的上限电位为：

$$E_{ms}=-\frac{R_t}{R_F}E_d=\frac{R_t}{R_F}E_Z$$

比较器输入的下限电位为：

$$E_{mx}=-\frac{R_t}{R_F}E_q=-\frac{R_t}{R_F}E_Z$$

它的门限宽度为：

$$\Delta E_m=\frac{R_t}{R_F}(E_q-E_d)=2\frac{R_t}{R_F}E_Z$$

当 $V_{01}=E_d=-E_Z$ 时，经电位器 R_w 分压后加到积分器的输入电压为负值，若 R_w 的分压系数为 a_w，则此值为 $-a_wE_Z$。积分器 A_2 对此电压进行积分，其输出电压将从 E_{mx} 线性增长到 E_{ms}，所需时间为 T_1。当到达 E_{ms} 时，比较输出从 E_d 突变到 $E_q=E_Z$。这时，积分器的输入电压极性变号，变为 a_wE_Z，积分器反向积分，它的输出电压从 E_{ms} 线性下降到 E_{mx}，所需时间为 T_2。当回到 E_{mx} 时，上述过程又重复，如此形成自激振荡。

积分器的输出电压和输入电压之间的一般关系式为：

$$v_o=-\frac{1}{\tau}\int_0^t v_i\,dt+v_o(0)$$

式中，τ 为积分时间常数，$v_o(0)$为起始值。在积分器和滞回比较器组成的振荡电路中，积分器输出电压的区间由滞回比较器的上下门限电位即 E_{ms} 和 E_{mx} 决定。若 T_1 代表积分器从 E_{mx} 积分到 E_{ms} 所需的时间，相应的输入电压和积分时间常数分别为 v_{i1} 和 τ_1，而 T_2 是积分器从 E_{ms} 积分到 E_{mx} 所需的时间，相应的输入电压和积分时间常数分别为 v_{i2} 和 τ_2。这样，由上式可导出：

$$E_{ms}=-\frac{1}{\tau_1}\int_0^{T_1} v_{i1}\,dt+E_{mx}$$

$$E_{mx}=-\frac{1}{\tau_2}\int_{T_1}^{T_2} v_{i2}\,dt+E_{ms}$$

或者

$$\Delta E_m=E_{ms}-E_{mx}=-\frac{1}{\tau_1}\int_0^{T_1} v_{i1}\,dt$$

$$\Delta E_m=E_{ms}-E_{mx}=\frac{1}{\tau_2}\int_{T_1}^{T_2} v_{i2}\,dt$$

当 v_{i1} 和 v_{i2} 为常数时，不难求得：

$$T_1=\frac{2R_tRC}{a_wR_F}$$

$$T_2=\frac{2R_tRC}{a_wR_F}$$

振荡器的振荡频率 f_z 为：

$$f_z = \frac{1}{T_1 + T_2} = \frac{R_F}{4R_t RC} a_w$$

不难看出，这是一个对称的方波和三角波振荡器，选用不同的 E_Z 值，可调节输出方波的幅值，同时也影响三角波的幅值；改变比值 R_t/R_F 可调节三角波的幅值，不影响方波的幅值，但影响振荡频率；改变 R_w 分压系数 a_w 和积分时间常数 RC，可调节振荡频率，但不影响输出波形的幅值。一般用 R 或 C 作频率量程切换，R_w 作量程内频率细调。电路最高振荡频率受积分运算放大器的上升速率和最大输出电流限制，最低振荡频率取决于积分漂移。

13.3.4　实验内容及方法

1. 安装、焊接实验板的信号发生器模块

—安装、焊接、方波、三角波发生器，并对电路进行检测。检查无误后，接通±10 V 电源。

2. 主要参数测试

(1) 方波参数的测量

令 C=0.047 μF，R=47 kΩ，调整电位器 R_w 中心抽头位于上端，用示波器观测方波、三角波的参数。

① 方波的最大峰－峰值 V_{p-p}=__________ (V)

② 方波的脉冲宽度 T_1=__________(ms)

③ 方波的周期 T_Z=__________(ms)

(2) 三角波参数的测量

① 三角波的最大峰－峰值 V_{p-p}=__________(V)

② 三角波的周期 T_Z=__________(ms)

(3) 保持 R_w 位置不变，用示波器同时观察并记录对称的方波和三角波，并注意它们之间的时间相位关系

E_q=__________ (V) E_d=__________ (V)

E_{ms}=__________(V)E_{mx}=__________(V)

T_1=__________ (ms)T_2=__________ (ms)

测量结果与(1)、(2)两步骤的数据相比较。

(4) 改变 R_w，注意纪录波形频率的变化范围 f_H 和 f_L。

(5) 令 C=0.047 μF，R=150 kΩ，用示波器同时观测方波、三角波的幅值和频率。

(6) 令 C=0.01 μF，R=47 kΩ，用双踪示波器同时观测方波、三角波的幅值和频率。

13.3.5 实验器材

(1) 数字示波器 Agilent DSO - X 2012A。

(2) 数字万用表 UT8803N。

(3) 直流稳压电源。

(4) 模拟电子线路实验板。

(5)实验元器件

电阻	1 kΩ×2、10 kΩ×1、15 kΩ×1;
电位器	20 kΩ×1、200 kΩ×1;
电容	0.047 μF×1;
稳压二极管	3.6 V×2。

13.3.6 实验报告要求

(1) 简述安装、焊接和检测电路情况。

(2) 列表整理实验数据,记录有关波形,分析测量值与理论值之间的误差原因;

(3) 记录仿真电路及其测试结果,并与实验结果进行比较。

13.3.7 思考题

(1) 如何使电路输出锯齿波信号,画出电原理图,说明工作原理。

(2) 设计一个函数发生器,可以产生同频率的正弦波、方波和三角波,画出电原理图,说明工作原理。

第 14 章

功率放大器

功率放大器是能够为负载提供足够大的信号功率的放大器，与小信号放大器相比，二者都是利用晶体管将直流能量转换为交流能量，而后者着眼于电压(或电流)的放大，以频率失真为主要技术指标，前者着眼于输出功率的放大，以提高输出功率为主要目的，由此电路的效率和非线性失真成为功率放大器的主要问题。

目前，各种集成音频功率放大器很多，引脚少，使用方便，但对于了解其内部结构，理解其工作原理，以及电路的调试与测量多有不便，因此本章选择半分立的 OCL 音频功率放大器和 D 类音频功率放大器作为研究对象，以便学生对功率放大器有一个更好的理解。

14.1 OCL 音频功率放大器实验

OCL 功率放大电路即无输出电容的功率放大电路，它克服了输出电容在电路频响和集成等方面诸多不足，在具有较高效率的同时，又兼顾交越失真小，输出波形好，所以，在实际电路中得到了广泛的应用。

本实验是模拟电路功能模块综合的一个单元电路。

14.1.1 实验目的

(1) 了解甲乙类功率放大器的特点。

(2) 学会甲乙类功率放大器的静态调整，以及输出功率、效率的测量。

(3) 观察功率放大器的输出波形，了解工作点对输出波形的影响。

14.1.2 预习要求

(1) 复习 OCL 功率放大器电路结构、参数计算等相关内容。

(2) 复习集成运放的应用电路。

(3) 用 Tina 仿真软件对实验电路进行仿真。

(4) 根据实验内容要求，确定电位器的具体阻值，并列出元器件清单。

(5) 根据实验内容要求和附录一模拟电子电路实验板原理图，列出短路片清单。

(6) 根据实验内容要求、附录一模拟电子电路实验板原理图和模拟电子电路实验板,列出需安装的裸铜导线清单。

(7) 绘出测试连接示意图。

14.1.3 实验原理

实验电路如图 14.1 所示,这是一个带自举电路的 OCL 音频功率放大电路。图中集成运放构成互补输出级的前置放大级,为使电路输入电阻大、输出电压稳定,电路中通过电阻 R_{142} 引入了电压串联负反馈。在深度负反馈下,电路的电压增益为:

$$A_v = 1 + \frac{R_{142}}{R_{141}}$$

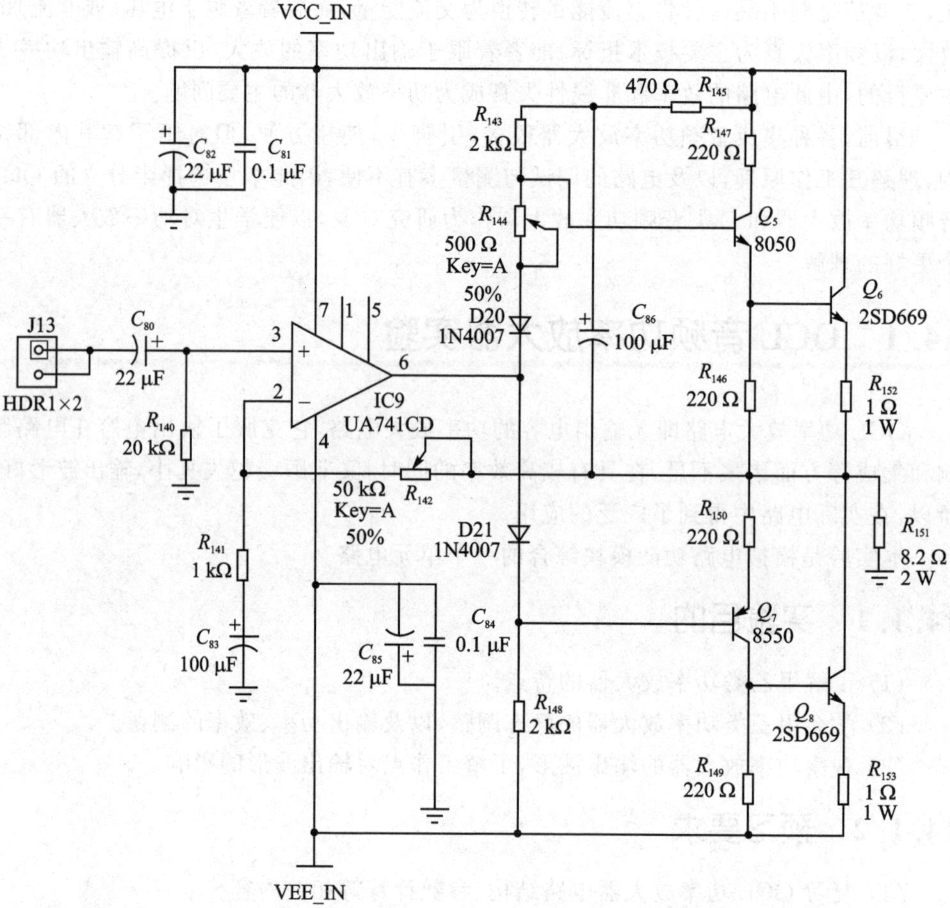

图 14.1 带自举电路的 OCL 音频功率放大电路

图中的二极管 D_{20}、D_{21} 和电阻 R_{144} 用于克服输出级的交越失真,调整 R_{144} 可使输出级处于甲乙类工作状态;晶体管 $Q_5 \sim Q_8$ 构成准互补输出级,实现了以较小的基极电流控制大的输出电流。另外,图中 C_{86} 称为自举电容,和 R_{145} 共同组成自举电路。

在理想情况下,“满功率”时的输出功率、直流电源提供的功率和效率分别为:

$$P_{om} \approx \frac{1}{2}\frac{V_{CC}^2}{R_L}$$

$$P_V \approx \frac{2V_{CC}^2}{\pi R_L} = \frac{4}{\pi}P_{om}$$

$$\eta = \frac{P_{om}}{P_V} = \frac{\pi}{4} = 78.5\%$$

如果考虑到管压降等因素,实际上,晶体管一般都没有工作在“满功率”状态,所以,输出功率和效率都将减小,最高效率大约在 60%左右。

14.1.4　实验内容及方法

1. 安装、焊接实验板的功率放大器模块

安装、焊接实验板的功率放大器模块——OCL 音频功率放大器,并对电路进行检测。

2. 输出负载扬声器用 8.2 Ω,2 W 假负载电阻替代

3. 调整直流工作状态

(1) 先将电阻 R_{144} 调至最小,接通供电电压±5 V,监测 Q6 集电极电流,此时该电流应该很小。然后,调整 R_{144},使该发射电极电流在 10 mA 左右。此时假负载的端电压应该为零。

(2) 观察波形

调节信号源为频率 1 kHz 的正弦波,用示波器观察输出端的波形,调节输入信号的幅度,使输出端的波形幅度最大且无明显失真,此时为“满功率”状态。然后,再微调 R_{144},使交越失真最小。

(3) 测量输出功率

在输出波形不失真的前提下,用示波器测假负载 R_L 两端电压

V_{RL}=__________(V)

则输出功率　　$P_o=(V_{RL})^2/R_L$=__________(W)

同时,用万用表直流挡测出此时输出三极管集电极平均电流,算出直流功耗和效率。

(4) 测半功率带宽

以 1 kHz 为中频,改变频率,测出半功率点的 f_L 和 f_H,画出功率频率特性曲线。

(5) 观察自举现象

将自举电容 C_3 拿掉,用示波器观察输出端的波形,适当调节输入信号的幅度,使输出端的波形幅度最大且无明显失真,用示波器测 R_L 两端电压

V_{RL}=__________(V)

则输出功率　　　$P_o=(V_{RL})^2/R_L=$ ________ (W)

并与(3)的结果比较。

14.1.5　实验器材

(1) 数字示波器 Agilent DSO - X 2012A。

(2) 数字万用表 UT8803N。

(3) 直流稳压电源。

(4) 模拟电子线路实验板。

(5) 实验元器件

电阻	1 W - 1 Ω×2、1 W - 8 Ω×1； 220 Ω×4、470 Ω×1、1 kΩ×1、2 kΩ×2、20 kΩ×1；
电位器	500 Ω×1、50kΩ×1；
电容	0.1 μF×2、22 μF×3、100 μF×2；
二极管	1N4007×2；
三极管	8050×1、8550×1、2SD669×2；
集成电路	μA741×1；
集成电路插座	8 芯×1；
单排插针	2×1　　1 个；
双排插针	5×2　　1 个。

14.1.6　实验报告要求

(1) 简述安装、焊接和检测电路情况。

(2) 列表整理实验数据，画出有关曲线。

(3) 记录有关波形，分析测量值与理论值之间的误差原因。

(4) 记录仿真电路及其测试结果，并与实验结果进行比较。

14.1.7　思考题

(1) 在静态时，图 14.1 电路的输出端直流电位为零是靠什么来保证的，试分析之。

(2) 由于功率放大电路中的功率管常处于接近极限工作状态，因此，在选择功率管时必须特别注意哪 3 个参数？

(3) 试分析工作在乙类的互补对称电路，在什么情况下功率管的功耗最大？

14.2　D 类放大器实验

D 类放大器(又称数字放大器)是一种利用开关技术放大音频信号的功率放大

器，其原理是利用输入信号的幅度线性调整高频脉冲的宽度，得到脉冲宽度调制信号(Pulse Width Modulation，PWM)，用以驱动工作在开关状态的功率输出管，最后经滤波电路在负载上得到还原的信号。由于功率输出管工作在开关状态，所以电路可以达到极高的效率。如果忽略饱和压降，则瞬时管耗下降到零，这样集电极效率理论上可以达到 100%，实际的应用也可达到 80%～95%。

本实验是模拟电路功能模块综合的一个单元电路，请自主设计 PCB 板。

14.2.1　实验目的

(1) 理解 D 类放大器的工作原理。

(2) 学会 D 类放大器的静态调试，以及输出功率、效率的测量。

14.2.2　预习要求

(1) 复习 D 类放大器的相关内容。

(2) 用 Tina 仿真软件对实验电路进行仿真。

14.2.3　实验原理

D 类放大器电路如图 14.2 所示。由图 14.2 可以看出，电路由比较器、门电路、

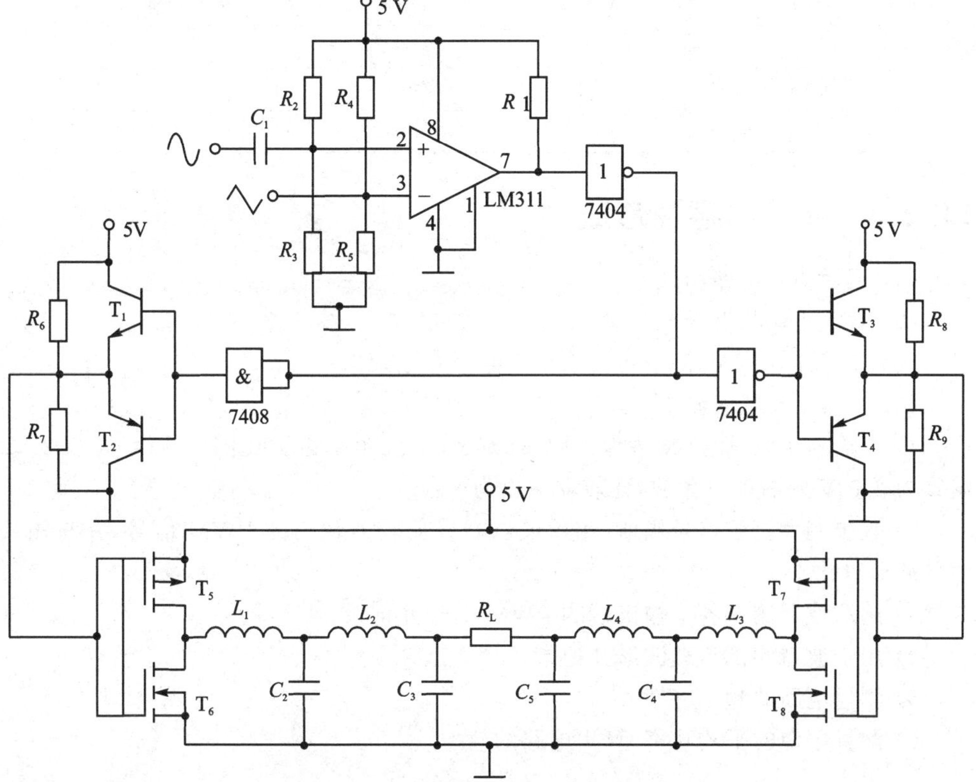

图 14.2　D 类放大器电路及其实验原理图

BJT 互补电路、MOS 反相器和 LC 滤波网络组成。其中 LM311 是单集成比较器芯片，采用集电极开路输出，电路中 LM311 采用单电源供电，R_1 是输出端上拉电阻，$R_2 \sim R_5$ 提供输入端偏置。

音频信号和三角波信号同时送入比较器 LM311，二信号比较后得到 PWM 信号，经反相器 7404 整形，再分别经与门 7408 同相延迟和 7404 反相延迟后，送入驱动电路。驱动电路由 BJT 管互补电路 T_1、T_2 和 T_3、T_4 组成。$R_6 \sim R_9$ 为驱动电路和输出管设置偏置。由 MOS 功率管 T_5、T_6 和 T_7、T_8 分别组成两组反相器，完成最后的 PWM 信号输出。$L_1 \sim L_4$ 和 $C_2 \sim C_5$ 构成了两组四阶巴特沃思输出滤波网络。这种全桥对称的放大器结构倍增了负载上的电压，大大提高了输出功率，而且无须调整直流漂移。

图 14.2 电路中的元器件及其参数如表 14.1 所列。

表 14.1　元器件及其参数

R1	510 Ω	T1、T3	NPN 小功率晶体管
R2、R3、R4、R5	10 kΩ	T2、T4	PNP 小功率晶体管
R6、R7、R8、R9	100 kΩ	T5、T7	IRF9530
RL	1 W－8 Ω	T6、T8	IRF540N
C1	22 μF	LM311	
C2、C4	3.3 μF	7404	
C3、C5	1 μF	7408	

14.2.4　实验内容及方法

(1) 记录仿真电路图。

(2) 直流工作状态测试。

接通电源电压 5 V，测量各个输出端电压并记录。

(3) 交流工作状态测试：

1) 令输入正弦信号(频率为 1 kHz)为零，接入频率为 100 kHz，幅度为 2.2 V，偏置为 2.5 V 左右的三角波，比较器输出为方波。

2) 逐步调大正弦信号幅值，用示波器观察比较器输出的 PWM 信号，并与输入信号波形对比。

3) 用示波器测试各个输出端的 PWM 信号并记录。

4) 用示波器测试负载波形并记录。

5) 测量电路的频率特性。

6) 测量电源的平均功率，算出电路的效率。

14.2.5　实验报告要求

(1) 列表整理实验数据,记录有关波形,分析测量值与理论值之间的误差原因。

(2) 记录仿真电路及其测试结果。

14.2.6　思考题

(1) 对于图 14.2 电路来说,输入正弦波信号的幅度能否大于三角波信号的幅度? 为什么?

(2) 根据图 14.2 电路的工作原理,电路中对器件的选择有何要求?

(3) D 类放大器对供电电压有何要求? 为什么?

第 15 章

模拟电子电路综合设计

在模拟电路的学习中，首先以放大器作为基本电路，从电路分析和设计入手，学习了集成运算放大器、双极型晶体管和场效应管所构成的各种放大器，然后研究了基于放大器的各种功能模块，比如有源滤波器、振荡器和直流稳压电源等，这些电路是设计一个电子系统的基本单元电路。本章提供了8个方面具有某种功能的小电子系统供读者选作，旨在通过这样一个设计制作过程，加深对已学模电知识的理解，初步尝试利用基本单元电路设计电子系统及其制作和调试的过程，为进一步的专业学习打下模拟电路基础。

15.1 DC－DC 变换器设计实验

DC－DC 变换器通常是指可将一种直流电压转换为各种不同直流电压的电子设备。它有多种电路形式，按激励方式不同可分为自激式和他激式，常用的有工作波形为方波的脉宽调制(PWM)变换器和工作波形为正弦波的谐振型变换器。本实验主要介绍 PWM 变换器。

15.1.1 实验目的

(1) 掌握一种 DC－DC 变换器的工作原理。

(2) 学会查阅、选择晶体管、集成运算放大器。

(3) 学会设计、制作和测试 DC－DC 变换器。

15.1.2 实验原理

DC－DC 变换器的基本电路分为降压型、升压型和升降压型 3 种形式，如图 15.1 所示。

图 15.1 中，降压型变换器的电压变比(输出电压与输入电压之比)为

$$M=D$$

这里 D 为工作方波的占空比。因 $D<1$，故 $M<1$。

升压型变换器的电压变比为

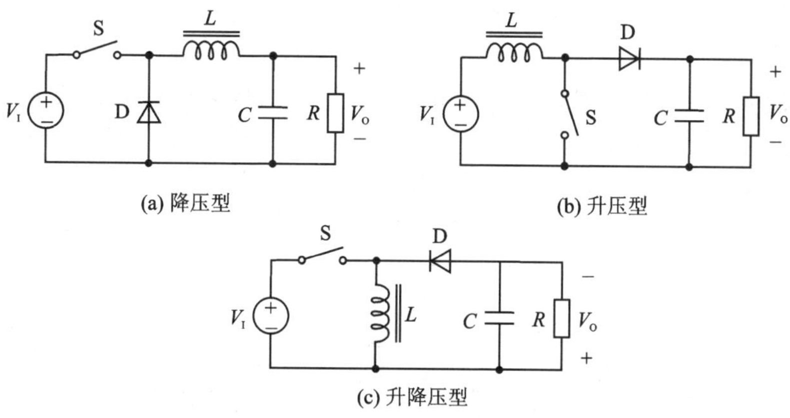

图 15.1　DC－DC 变换器的基本电路

$$M=\frac{1}{1-D}$$

因 $(1-D)<1$，故 $M>1$。

升降压型变换器的电压变比为

$$M=\frac{D}{1-D}$$

当 $D>(1-D)$ 时，$M>1$；当 $D<(1-D)$ 时，$M<1$。

图 15.2 给出了一种实用稳压 DC－DC 变换器的电原理图。它属于自激式 PWM 升降压型变换器。图中，集成运放 A、电容 C_1 和电阻 R_1～R_4 组成单电源方波发生器，稳压管 D_2 与 R_4、C_1 充放电回路相连，为 C_1 提供了一个放电回路，以实现对振荡方波占空比的控制，故该方波发生器具有脉宽调制（PWM）功能。图 15.2 的简化图如图 15.3 所示，据此来分析电路的工作过程。当电路接通电源 V_{CC} 后，方波发生器输出方波信号，控制开关 S（即晶体管 T）的闭合和断开。开关闭合时，电源电

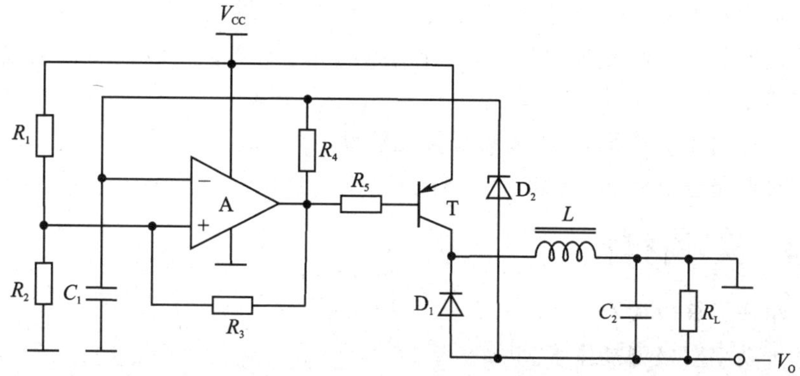

图 15.2　实用稳压 DC－DC 变换器电原理图

压 V_{CC} 加到电感 L 上,电感 L 蓄积能量;开关断开时,由于电感上电流的连续性,二极管 D_1 由截止变为导通,蓄积在电感 L 的能量释放给负载,同时,电容 C_2 充有上正下负的电压,于是得到对地为负的输出电压($-V_O$)。随着电感 L 上能量的不断释放,电容 C_2 上的电压值将不断提高,即输出电压将不断降低。当输出电压 $-V_O$ 达到某值时,稳压管 D_2 导通,使电容 C_1 放电,方波发生器输出为高电平,晶体管 T 截止,电感 L 蓄积能量减少,使输出电压不再降低,从而稳定了 $-V_O$ 的值。

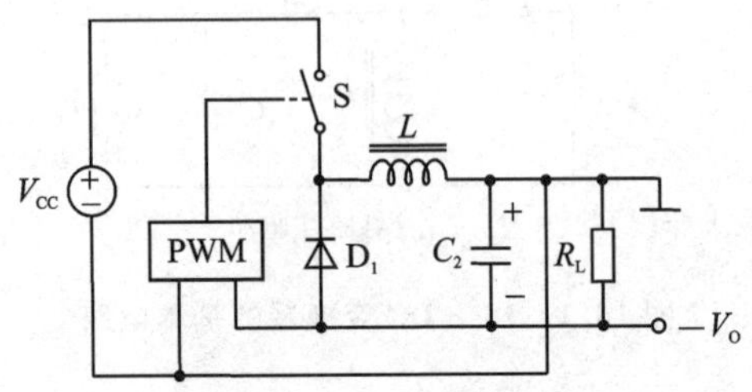

图 15.3　图 15.2 的简化图

由此可见,在稳压管导通之前,运放输出为方波,即占空比为 0.5;在稳压管导通之后,即处于稳压状态时,运放输出为矩形波,占空比小于 0.5。但由于晶体管 T 为 PNP 型,高电平时不导通,低电平时导通,所以,晶体管 T(开关 S)的工作方波的占空比大于 0.5,也就是说,该电路的电压变比 $M=\dfrac{D}{1-D}>1$,即输出电压的绝对值大于输入电压。

若设 $V_{CC}=5$ V,$R_1=R_2$,则运放 A 的同相端产生平均值约 2.5 V 的方波,反相端产生以平均值约 2.5 V 的三角波。比如取 D_2 为 15 V 的稳压管,则输出电压的稳定值约为 12 V。

15.1.3　实验内容和要求

(1) 查阅双极型晶体管、集成运算放大器的有关资料,了解其主要参数。

(2) 根据 DC - DC 变换器原理,设计电路的元器件参数,利用 Tina,对设计的电路进行仿真验证。

(3) 设计制作电路的 PCB,安装焊接元器件。

(4) 对电路进行调试、实测。

15.1.4　实验材料

(1) 集成运算放大器。

(2) 大功率双极型晶体管。

(3) 电阻、电容、电感、二极管和稳压管。

(4) 实验仪器仪表。

15.2　跟踪直流稳压电源设计实验

在设计电子电路时，经常需要使用双电源，特别是在精密运算电路中，对电源的稳定度、精度和对称性提出了更高的要求，为保证正负电源电压相等，抑制零点漂移，可以设计一种跟踪电源，它可以在调整其输出电压时，其负电源输出电压可以自动跟踪正电源的变化。

15.2.1　实验目的

(1) 掌握跟踪直流稳压电源的工作原理。

(2) 学会查阅、选择晶体管、集成运算放大器和三端稳压器。

(3) 学会设计、制作和测试跟踪电源。

15.2.2　实验原理

可调跟踪双电源是在可调单电源的基础上设计而来的，所以可选择一款三端可调稳压芯片，先设计一个可调单电源，然后通过比较放大电路的控制，使负电源跟踪正电源，这样就构成了一个跟踪电源。

跟踪电源参考电路图如图 15.4 所示。图中，LM317、R_1、R_2 等构成一个输出稳定的可调正电压电源，T_1、T_2 为复合管，组成负电源（负电源部分也可以选择负电压

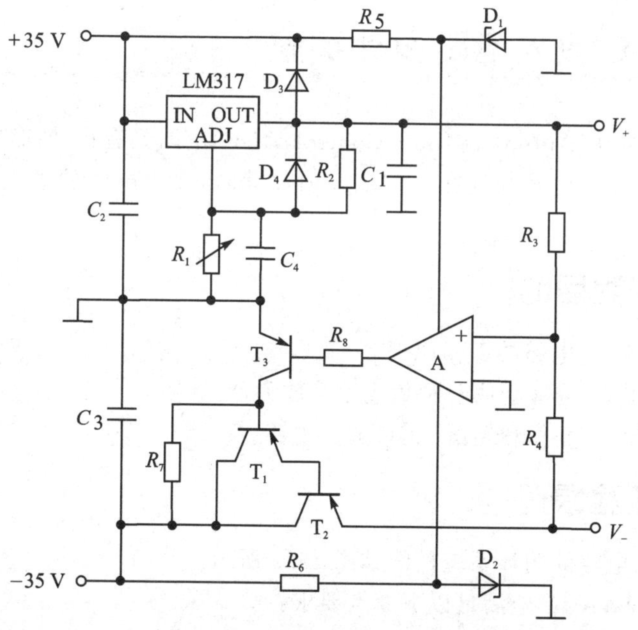

图 15.4　跟踪电电源

输出的三端可调稳压器)输出调整管，A、T_3 组成比较放大部分，其中 T_3 扩大了 A 的输出范围，从而使整个电路的电压跟踪范围变宽，而不受运放工作电压范围约束，R_3、R_4 组成反馈网络，用来完成对输出电压变化的取样，R_5、R_6、D_1、D_2 构成简易 ±15 V 双电源稳压电路，为运放 A 供电。当输入电压为±35 V 时，输出电压可在±1.25 V～±32 V 之间跟踪可调。

15.2.3 实验内容和要求

(1) 查阅双极型晶体管(小功率和大功率)、集成运算放大器和可调三端稳压器的有关资料，了解其主要参数。

(2) 根据跟踪电源原理，设计电路的元器件参数，利用 Tina，对设计的电路进行仿真验证。

(3) 设计制作电路的 PCB，安装焊接元器件。

(4) 对电路进行调试、实测。

15.2.4 实验材料

(1) 正电压可调三端稳压器和集成运算放大器。

(2) 小功率和大功率双极型晶体管。

(3) 电阻、电容、电位器、二极管和稳压管。

(4) 实验仪器仪表。

15.3 AGC 放大电路设计实验

自动增益控制(Automatic Gain Control，AGC)电路具有自动调整放大电路增益的功能，从而使输入信号幅度在一定范围内波动时，放大电路的输出仍能保证稳定不变。

15.3.1 实验目的

(1) 了解 AGC 电路的工作原理。

(2) 学会查阅、选择晶体管和集成运算放大器。

(3) 学会设计、制作和测试 AGC 放大电路。

15.3.2 实验原理

AGC 放大电路的闭环系统框图如图 15.5 所示。

一般情况下，AGC 应满足以下 3 点要求：

① 可控范围大。当输入信号变化时，能使输出基本保持不变的信号电平范围称为 AGC 可控范围。可控范围大则适应环境变化能力强。AGC 可控范围受到放大电

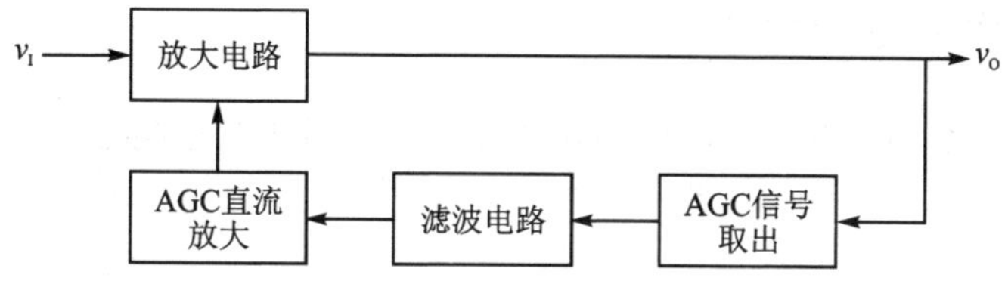

图 15.5　AGC 系统框图

路最大增益的限制，当输入信号增强时，通过 AGC 电路控制，放大电路的增益下降，从而达到输出保持基本不变的要求。

② 控制灵敏度高。AGC 控制灵敏度高，则当输入变化很大时，可保证输出基本不变或者变化很小，且反应也快。若希望 AGC 电路灵敏度高，传输特性平坦，则 AGC 电路须有足够的直流放大，将 AGC 电压加以放大后再加到控制端，使放大电路增益有效下降，从而基本维持输出不变。

③ 控制性能稳定。当 AGC 电路工作时，受控放大电路对前后级影响要小，且不能影响电路的频率特性，此外，AGC 电路在温度变化和外来干扰下应能正常工作。

AGC 参考电路如图 15.6 所示。图中，A_1、A_2 等组成两级放大电路，A_3、A_4 等组成全波精密整流电路，完成对输出信号的取样和整流，R_{14} 和 C_2 组成低通滤波器，A_5、R_{15}～R_{18} 等组成差分电路，T_1 为结型场效应管，工作于可变电阻区，其栅极电压受 A_5 输出电压控制，以达到控制其漏源电阻 R_{ds} 的目的，从而控制放大电路的输入电压，对整个闭环系统的增益实现自动控制；C_1 为隔直作用，V_1 为参考电压。

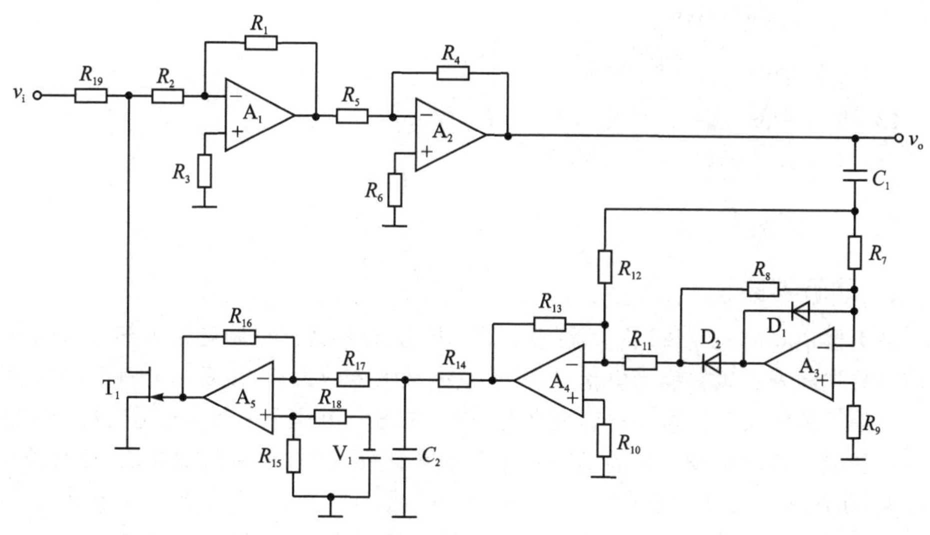

图 15.6　AGC 参考电路图

15.3.3 实验内容和要求

(1) 查阅结型场效应管、集成运算放大器的有关资料,了解其主要参数。

(2) 根据 AGC 电路原理,设计电路的元器件参数,利用 Tina,对设计的电路进行仿真验证。

(3) 设计制作电路的 PCB,安装焊接元器件。

(4) 对电路进行调试、实测。

15.3.4 实验材料

(1) 实验仪器仪表。

(2) 集成运算放大器。

(3) 结型场效应管。

(4) 电阻、电容、电位器和二极管。

15.4 助听器设计实验

助听器是一种微小型扩音设备,它将外界的声音放大到听力损失患者需要的程度,或者说,在患者残余听力的基础上补偿听力的不足,使听力损失患者能和正常听力一样听到声音,这是目前帮助听力损失患者改善听力的最有效工具。

15.4.1 实验目的

(1) 掌握助听器的工作原理。

(2) 学会查阅、选择晶体管和集成功率放大器。

(3) 学会设计、制作和测试助听器。

15.4.2 实验原理

1. 助听器原理

助听器主要由麦克风、放大器、受话器、电池、音量音调控制旋钮等部分组成。声音信号首先经麦克风转换为电信号,然后送入放大器放大后,由受话器将电信号还原为声音信号传至人耳。这一过程概括为:声音信号→电信号→声音信号,这是助听器的基本功能。目前市场销售的助听器除基本功能外,还有很多附加功能,比如降噪,防啸叫,防风噪声等功能。

助听器在声音信号→电信号→声音信号的过程中,需要将电信号放大到一万乃至几万倍,这样,对不同的听力损失患者来说,可以通过音量、音调等方面的调节,来满足各自对听力的需求。而有些患者对小声音听取感到困难,但稍响的声音又难以忍受,他们对响度的感觉动态范围明显变小,对此,在硬件电路上可以利用 AGC 技术,实现输出声音大小的自动限幅,使这类人群较满意地使用助听器以克服听力障碍。

助听器的技术指标主要有:频率范围大致分为低档助听器在 300～3 000 Hz,普通助听器的高音频可达 4 000 Hz,高档助听器在 80～8 000 Hz;增益在 30～80 dB 之间;信噪比在 30～40 dB,谐波失真小于 10%等。

2. 助听器参考电路

助听器有低档和高档之分,它们的功能有简单和多功能之别,其硬件电路可以由双极型晶体管构成,也可以由集成功率放大器构成,或者由二者混合构成,电路结构多种多样。读者可根据制作要求,查阅相关资料,确定电路结构。

15.4.3　实验内容和要求

(1) 查阅晶体管、集成功率放大器的有关资料,了解其主要参数。

(2) 根据助听器技术指标,设计电路的元器件参数,利用 Tina,对设计的电路进行仿真验证。

(3) 设计制作电路的 PCB,安装焊接元器件。

(4) 对电路进行调试、实测。

15.4.4　实验材料

(1) 集成功率放大器。

(2) 双极型 NPN、PNP 晶体管。

(3) 电阻、电容、电位器、驻极体和受话器。

(4) 实验仪器仪表。

15.5　音频功率放大器设计实验

具有不同电路拓扑结构的音频功率放大器多种多样,上述基础实验介绍了 OCL 和 D 类功率放大器,本小节将介绍 BTL 功率放大器。

15.5.1　实验目的

(1) 掌握音频 BTL 功率放大器的工作原理。

(2) 学会查阅、选择晶体管和集成功率放大器。

(3) 学会设计、制作和测试音频 BTL 功率放大器。

15.5.2　实验原理

1. BTL 放大电路原理

OCL 电路的负载一端接地,输入信号正、负半周时,分别由正、负电源通过对应

的上、下晶体管向负载提供能量，若电源电压为$\pm V_{CC}$，则负载上信号电压的峰值为$(V_{CC}-|V_{CES}|)$，这不仅电源利用率低，而且对上、下晶体管的对称性要求较高。

如图15.7所示为BTL放大电路的基本原理图，它是将负载接在两个相同的OCL电路的输出端，故负载是浮地的。可以看出4只晶体管构成一桥式结构，依据电桥平衡原理，只要T_1和T_3、T_2和T_4分别配对即可实现桥路的对称，这对于同极性、同型号间三极管的配对来说，显然比互补对管的配对要容易得多。

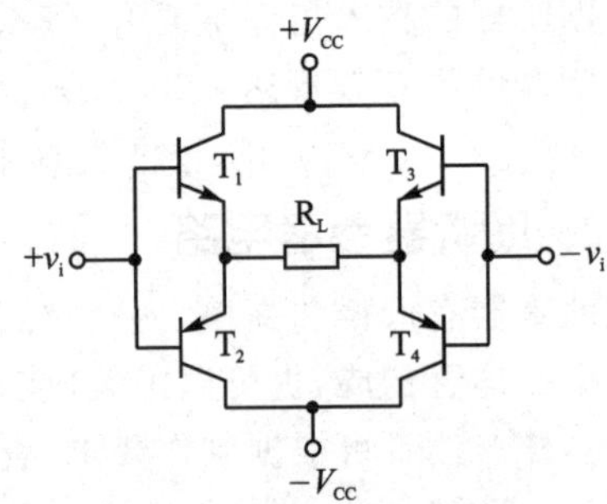

图15.7 BTL放大电路的基本原理图

在静态时，由于两个OCL电路的输出端电位相等(正常时应为零)，故负载两端的直流电压为零，此时电桥处于平衡状态。在动态时，以正弦波为例，当输入信号为正半周时，由于两个输入端信号的相位相反，故T_1与T_4导通，负载上得到输出信号的正半周。而当输入信号为负半周时，T_2与T_3导通，负载上得到输出信号的负半周。这样，负载上得到一个完整的正弦波。

若电源电压为$\pm V_{CC}$，则负载上信号电压的峰值为$2(V_{CC}-|V_{CES}|)$，故负载上的最大输出功率

$$P_{om}=\frac{\left[\frac{2(V_{CC}-|V_{CES}|)}{\sqrt{2}}\right]^2}{R_L}=4\frac{(V_{CC}-|V_{CES}|)^2}{2R_L}$$

BTL电路在信号的一个周期内的正负半周均能充分利用双电源电压进行工作，在电源电压和负载相同的条件下，其输出功率是OCL电路的4倍，效率与OCL电路相当。

由于BTL电路是电路形式和工作状态都对称平衡的一种电路形式，特别是人们采用集成电路组成BTL功率放大电路，不仅可以获得较大的输出功率，而且使输出电路的对称性更好，从而可以减小电路的开环失真，因此BTL电路得到了较广泛的应用。

2. 音频BTL功率放大器参考电路

一种实用音频BTL功率放大电路如图15.8所示，图中，T_1、T_2、T_3组成带恒流源的差分放大电路，是整个电路的输入级，其两个单端输出的大小相等、相位相反的信号，分别送给由A_1、A_2构成的完全相同的两个同相放大电路，负载接在A_1、A_2的输出端，所以输出级为BTL放大电路，这样，使整个电路的输入和输出特性均达到对称平衡，电路将具有更好的性能指标。

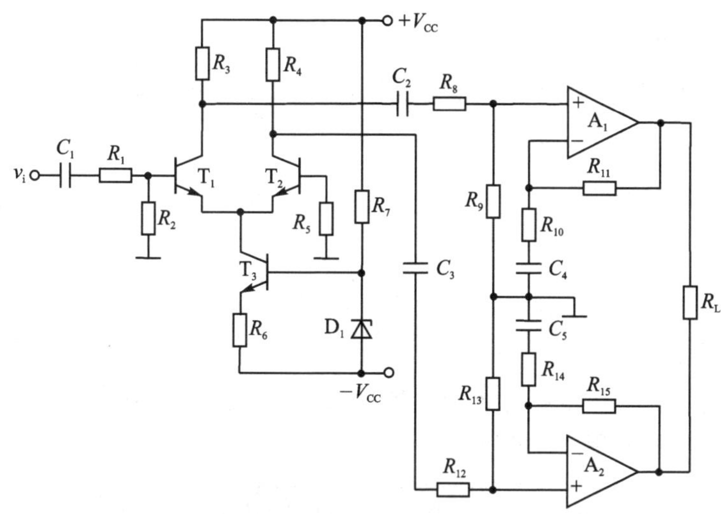

图 15.8　实用音频 BTL 功率放大电路原理图

15.5.3　实验内容和要求

（1）查阅晶体管、集成功率放大器的有关资料，了解其主要参数。

（2）要求输入信号为 0.01 V、1 kHz 的正弦波信号，负载(8 Ω)上可获得不低于 4 V 的 1 kHz 的正弦波信号。设计电路的元器件参数，利用 Tina，对设计的电路进行仿真验证。

（3）设计制作电路的 PCB，安装焊接元器件。

（4）对电路进行调试、实测。

15.5.4　实验材料

（1）集成功率放大器。

（2）双极型 NPN 晶体管、稳压管。

（3）电阻、电容和扬声器。

（4）实验仪器仪表。

15.6　简易电子琴设计实验

电子琴是一种键盘乐器，它的硬件电路采用大规模集成电路，以实现其各项功能，而简易电子琴侧重其基本功能，实现的电路形式很多，本小节仅利用所学模拟电路知识，设计制作一种简易电子琴。

15.6.1 实验目的

(1) 根据电子琴的基本功能，采用模拟电路，实现一种简易电子琴。

(2) 学会设计制作简易电子琴的各功能模块。

15.6.2 实验原理

简易电子琴的基本功能就是通过键盘控制，使扬声器发出不同音阶的声音，而能够实现这个基本功能的途径很多，下面介绍两种实现的原理。

1. 原理 1

通过键盘控制键控振荡电路，产生不同频率的振荡信号，再送入音频功率放大电路，使扬声器发声，原理框图如图 15.9 所示。

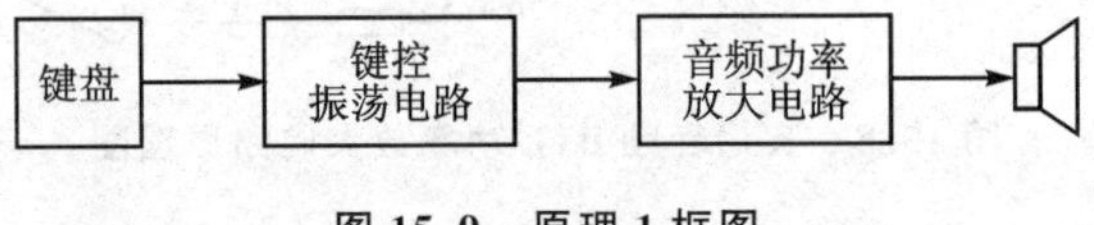

图 15.9 原理 1 框图

键控振荡器参考电路如图 15.10(a)所示。可以看出，这是一个 RC 桥式振荡电路，其振荡频率为

$$f_0 = \frac{1}{2\pi\sqrt{R_9 C_1 R C_2}}$$

式中，R 为 $R_1 \sim R_8$ 其中之一。分别设计 $R_1 \sim R_8$ 的值，可以使振荡器的中心频率等于音阶中各音的频率；通过调整 $R_{10} \sim R_{12}$ 的值，可以改变电路的 Q 值，使振荡电路能够准确地输出所需频率的信号。

将键控振荡器的输出电压 v_O 送入音频功率放大器，即可使扬声器发声。

2. 原理 2

简易电子琴的硬件电路由振荡器、分频器、功率放大器和直流电源组成，其原理框图如图 15.11 所示。图中直流电源部分未画出。

基本原理概括为：利用振荡器产生一定频率的方波信号，该信号通过分频器可得到不同频率的信号，然后送入音频功率放大器进行放大，并推动扬声器发声。电子琴的键盘实际是一些开关，按下键盘的一个键，相当于接通一个开关，只允许某一种频率的信号送入放大器，此时扬声器可发出一个音。这样，当按照一定的演奏规律按键时，便可以奏出美妙的音乐。直流电源为各部分电路供电。

下面介绍振荡器和分频器的工作原理。

方波振荡器：如图 15.12 所示，方波的频率为

$$f = \frac{1}{2RC\ln\left(1 + \frac{2R_1}{R_2}\right)}$$

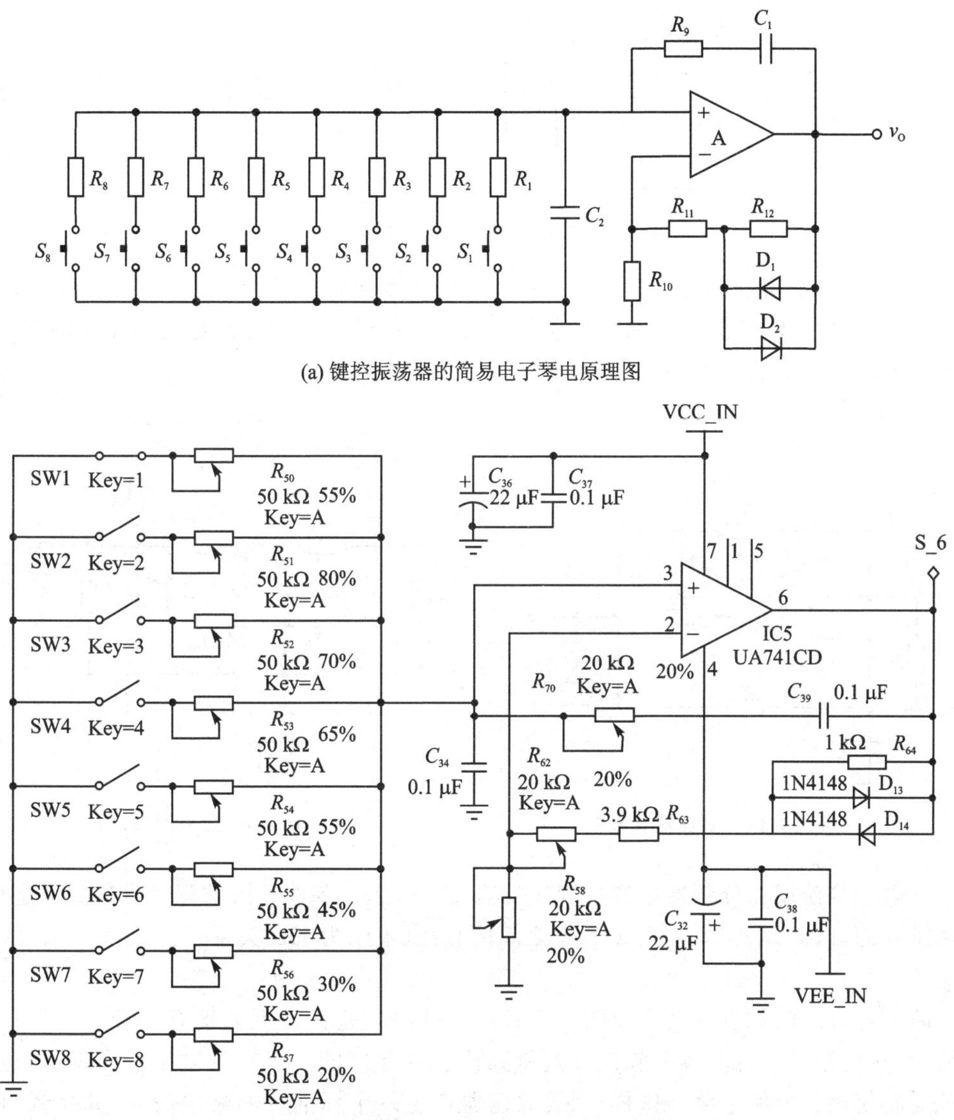

(a) 键控振荡器的简易电子琴电原理图

(b) 键控振荡器的简易电子琴实验原理图

图 15.10 键控振荡器的简易电子琴电路实验原理图

改变 RC 的值或(R_1/R_2)的值都能调整方波的频率,实际上,调整 R 较为方便,方波的幅度可通过选择 Dz 的稳压值来确定。这样,根据音阶中各音的频率,确定电路的元器件参数。

二分频器:如图 15.13 所示这是一个双稳态电路,可实现二分频。其工作原理:晶体管 T_1 导通、T_2 截止和 T_1 截止、T_2 导通是该电路的两种稳定状态。当在它的输入端加入一个信号脉冲时,它的状态就翻转一次,即由一种稳态迅速变成另一种稳

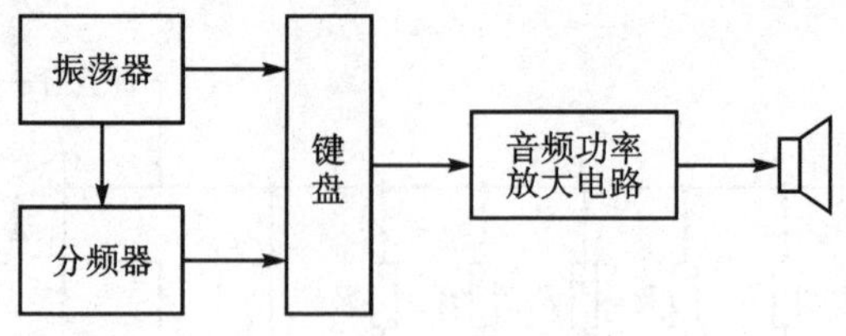

图 15.11　原理 2 框图

态，再输入一个信号脉冲，它又会翻转一次，还原成起始的稳态。这样，在它的输入端加入两个信号脉冲时，在它的输出端就得到一个信号脉冲。也就是说，输出信号频率比输入信号频率低一半，故称其为二分频器。

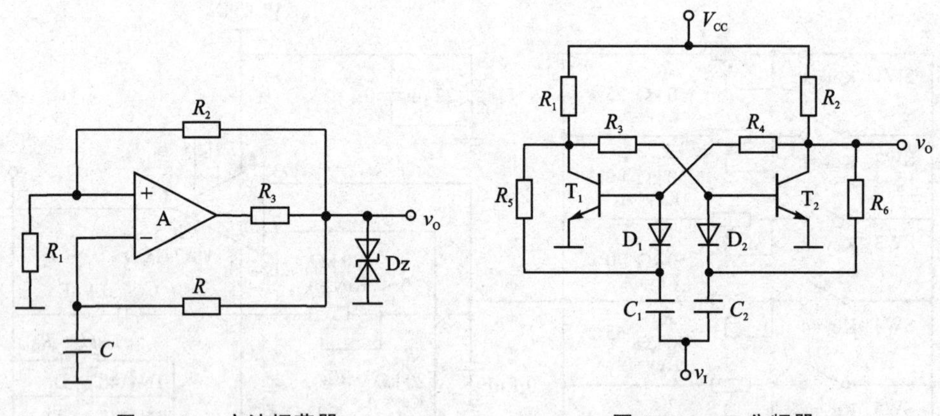

图 15.12　方波振荡器　　　　**图 15.13　二分频器**

电子琴使用二分频器是音阶规律的需要。音乐中基本音阶的频率是按照一定规律排列的，以 C 调为例，音阶中各音之间的频率(单位为 Hz)关系是：

264　297　330　352　396　440　495　528

音阶中各音之间的频率关系说明一个音的频率刚好是比它低 8 度音的频率的两倍。所以，只要把一个音的频率除以 2 就得到比它低 8 度的一个音的频率。实现这一点就需要使用二分频电路。这样，只要振荡器产生一个标准音的频率信号，如高音"1"的信号，通过二分频就产生中音"1"的频率，再一次二分频就产生低音"1"的频率了。如果按照键盘上最高音组的频率制作 7 个振荡器，并将得到的 7 个音阶信号分别二分频，便可得到低八度的一组音阶信号；再次二分频，就可得到再低八度的一组音阶信号。依此类推，最后，就能得到键盘上所有的音阶信号了。

15.6.3　实验内容和要求

(1) 查阅运算放大器的有关资料，了解其主要参数。

(2) 按照要求，设计电路的元器件参数，利用 Tina，对设计的电路进行仿真验证。

(3) 列出元器件清单(电位器需标注电路需要的具体数值)。

(4) 列出短路片清单。

(5) 列出裸铜导线清单。

(6) 绘出测试连接示意图。

(7) 对简易电子琴进行调试、实测。

15.6.4 实验材料

(1) 通用四运放。

(2) 集成功率放大器。

(3) 双极型 NPN 晶体管、稳压管、二极管。

(4) 电阻、电容、电位器和扬声器。

(5) 琴键键盘。

(6) 实验仪器仪表。

15.7 温度测量仪设计实验

基于集成温度传感器、集成运算放大器和数字电压表，可以设计一款简易数字显示温度测量仪。本小节将通过资料查阅、电路设计、仿真验证、PCB 板设计、安装焊接和调试等环节，完成温度测量仪的制作。

15.7.1 实验目的

(1) 掌握集成温度传感器的工作原理。

(2) 学会查阅和选择集成运放。

(3) 学会设计、制作和测试温度测量仪。

15.7.2 实验原理

1. 集成温度传感器

温度传感器是利用物体的某种性质随温度变化而改变的特性制成的，常见的有双金属片、热敏电阻、热电偶和集成温度传感器等。而集成温度传感器具有线性度好、灵敏度高、精度适中、体积小和使用简便等特点，得到了广泛应用。根据集成温度传感器的输出形式可分为电压型和电流型，其中电流型温度传感器较适用于长线传输，用途较广，常见的典型产品有 AD590 和 LM134/334，其灵敏度为 1 μA/K。

2. 温度测量仪参考电路

图 15.14 是温度测量仪的电原理图，图中，R_1 取 227 Ω 时可获得 1 μA/K 的灵敏度，经取样电阻 R_2、R_3 转变为 10 mV/K 的电压输出，在 0～100 ℃范围内 V_A＝2.73～3.73 V，经 A_1 电压跟随器隔离缓冲后输出的 2.73～3.73 V，作用于 A_2 差分

电路的反相端；由 A_4 提供的基准电压作用于其同相端。在 0 ℃时调节 R_{10}，使 A_2 的输出电压为零。A_3 为 10 倍反相放大器，在 100 ℃时调节 R_{13}，使 A_3 的输出电压为 10 V。最后输出的 0～10 V 电压至数字电压表来指示当前温度。

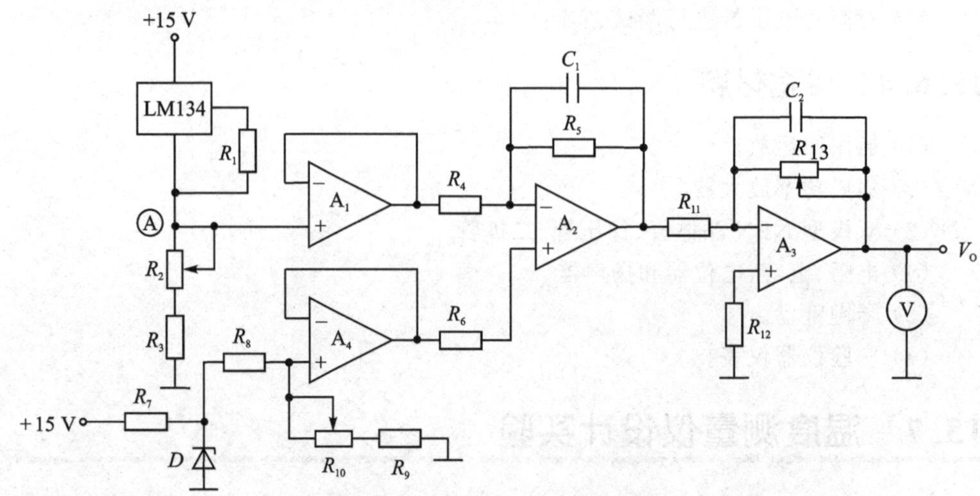

图 15.14 温度测量仪电原理图

3. 调试要点

(1) 在常温 25 ℃时，调节 R_2，使 $V_A = 2.98$ V。

(2) 将 LM334 置于冰水混合物中(注意 LM334 的绝缘)，调节 R_{10}，使 $V_O = 0$ V。

(3) 将 LM334 置于沸水中(注意 LM334 的绝缘)，调节 R_{13}，使 $V_O = 10$ V。

15.7.3 实验内容和要求

(1) 查阅温度传感器的有关资料，了解它们的工作原理，比较它们的优缺点。

(2) 查阅运算放大器的有关资料，了解其主要参数。

(3) 按照要求，设计电路的元器件参数，利用 Tina，对设计的电路进行仿真验证。

(4) 设计制作电路的 PCB，安装焊接元器件。

(5) 对温度测量仪进行温度定标。

(6) 分析温度测量仪的测量误差。

15.7.4 实验材料

(1) 集成温度传感器。

(2) 通用四运放。

(3) 精密稳压管。

(4) 电阻、电容和电位器。

(5) 实验仪器仪表。

(6) 水银温度计(200 ℃)。

15.8　电容测量仪设计实验

从电容器容量的测量原理来看，可实现测量的电路结构多种多样，在这里介绍一种利用模拟电路功能模块，来实现的电容器容量测量电路。本小节将通过资料查阅、电路设计、仿真验证、PCB 板设计、安装焊接和调试等环节，完成电容测量仪的制作。

15.8.1　实验目的

(1) 了解一种电容器容量测量的基本原理。

(2) 利用模拟电路功能模块，设计电容器容量测量电路。

(3) 通过仿真、PCB 板设计、安装焊接和调试等环节，完成电容测量仪的制作。

15.8.2　实验原理

1. 测量原理

电容测量仪的原理框图如图 15.15 所示。其原理概括为：将频率为 f_0 的正弦波电压作用于被测电容 C_x，通过 C/ACV 转换电路，将 C_x 转换为交流电压信号，再经带通滤波器滤去干扰频率，从而输出幅值正比于 C_x 的 f_0 正弦波电压，最后利用数字电压表，以数字形式显示被测电容的容值。

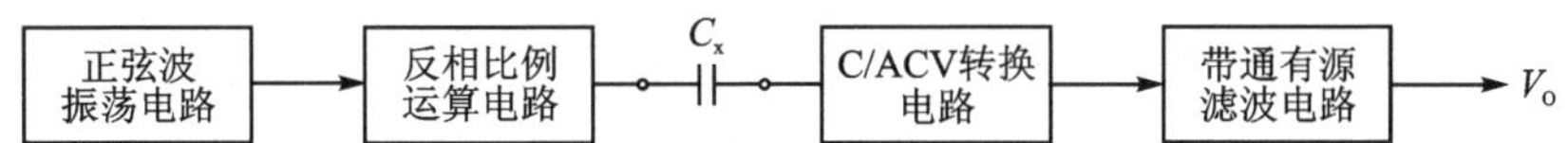

图 15.15　电容测量仪原理框图

2. 电容测量仪参考电路

根据图 15.15，分别设计几个部分的电路，得到电容测量仪的电原理图如图 15.16 所示。

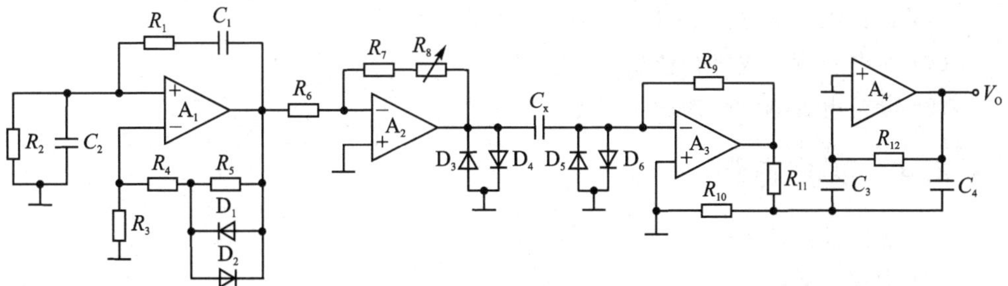

图 15.16　电容测量仪电原理图

各部分电路分析：

(1) 正弦波振荡电路：采用 RC 桥式振荡电路，产生 $f_0=400$ Hz 的正弦波，且

$$f_0=\frac{1}{2\pi RC}$$

这里取 $R=R_1=R_2$，$C=C_1=C_2$。

(2) 反相比例运算电路：为了隔离振荡电路与被测电容，这里设置了由 A_2、R_6～R_8 组成的反相比例运算电路起到缓冲作用，同时，通过调整 R_8 可以改变比例系数，起校准作用。对 A_2 来说，有

$$A_{v2}=-\frac{R_7+R_8}{R_6}$$

(3) C/ACV 转换电路：由 A_3 组成 C/ACV 转换电路，其转换系数为

$$A_{v3}=-\frac{R_9}{1/\mathrm{j}\omega_0 C_x}=-\mathrm{j}2\pi f_0 R_9 C_x$$

故 A_3 输出电压的有效值 $V_{O3}=2\pi f_0 R_9 C_x V_{O2}$，式中 V_{O2} 是 A_2 输出电压的有效值。可见，当频率为 f_0 的正弦波电压幅度一定时，V_{O2} 也是定值，对于一定范围的 C_x，选定 R_9，则 V_{O3} 与 C_x 成正比。

二极管 D_3～D_6 起限幅作用，以保护运放安全工作。

(4) 带通有源滤波电路：带通有源滤波电路用以滤除非线性失真引起的谐波频率，由 A_4 等元器件组成，其中心频率为

$$f_0=\frac{1}{2\pi}\sqrt{\frac{1}{R_{12}C_3C_4}\left(\frac{1}{R_{10}}+\frac{1}{R_{11}}\right)}$$

其输出电压是与被测电容容量成正比的 400 Hz 交流信号。

15.8.3 实验内容和要求

(1) 查阅运算放大器的有关资料，了解其主要参数。

(2) 按照要求，设计电路的元器件参数，利用 Tina，对设计的电路进行仿真验证。

(3) 设计制作电路的 PCB，安装焊接元器件。

(4) 对电容测量仪进行调试、实测。

(5) 分析电容测量仪的测量误差。

15.8.4 实验材料

(1) 实验仪器仪表。

(2) 通用四运放。

(3) 电阻、电容和电位器。

(4) 普通二极管。

(5) 被测电容器。

模拟电路实验综合提高

本篇的前几章首先是对模拟电路中几个功能模块的实验，从而对它们的电路结构、工作原理、基本功能、主要参数等有进一步的了解，在此基础上，需要尝试做这样一件事，就是将部分功能模块连在一起，这样就可以构成较大的具有某种功能的模拟电路系统，这不仅加深了对这些功能模块的理解，而且对如何构成一个电子系统，以及功能模块之间怎样连接等问题是一个很好的实例训练，将为今后学习打下模拟电路基础。

模拟电路功能模块综合如图 15.17 所示，大体分为以下几个模拟电路系统：

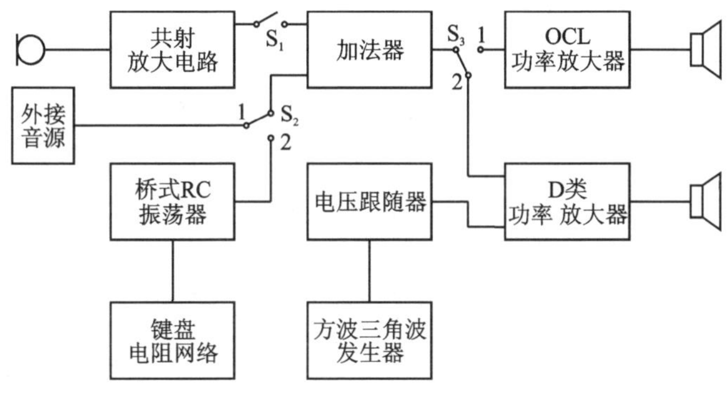

图 15.17　模拟电路功能模块综合

(1) 当 S_1 闭合、S_2、S_3 均处于"1"位置时，可构成具有卡拉 OK 功能的 OCL 音频功率放大器。其中共射放大电路完成驻极体信号的前置放大，然后与外接音源同时送入加法器，完成两路音频信号的混合，最后送入 OCL 功率放大器，完成对扬声器的功率输出。

如果不接外接音源，则电路只完成驻极体信号的功率输出，即为扩音器。

(2) 当 S_1 闭合、S_2 处于"1"位置、S_3 处于"2"位置时，可构成具有卡拉 OK 功能的 D 类音频功率放大器。其中方波三角波发生器通过电压跟随器为 D 类功率放大器提供三角波载频信号，这里的电压跟随器起隔离缓冲作用。同时由加法器输出音频信号，也送入 D 类功率放大器，这样就完成了音频信号的 D 类功率放大。

(3) 当 S_1 断开、S_2 处于"2"位置、S_3 处于"1"或"2"位置时，可构成具有一定功率输出的简易电子琴。其中桥式 RC 振荡器与键盘电阻网络构成简易电子琴，将其音频送入加法器放大后，最后由 OCL 功率放大器或 D 类功率放大器完成功率输出。

如果 S_1 闭合，即可实现电子琴伴奏了。

至此，完成了模拟电路功能模块及其综合共计 6 章的实验内容，从一个门外汉不经意间变成了一个电子琴制作者，并为进一步的模拟电路设计型实验打下了基础。在本篇的第 7 章主要是设计型实验，通过 8 个应用实例，尝试模拟电路的实战训练。

第四篇：数字电路实验

本篇结合数字电路实验板，从数字电路基础知识和概念验证开始，对数字电路8大逻辑函数的功能和方法逐一实现和领悟，串起来得到了“简易药品包装生产线控制器”，到专业方法训练，再到专业能力提升。专业基础知识概念验证穿插于理论教学，专业方法训练于理论教学完成之后，而专业能力训练则让学生在综合电路实验制作中充分发挥自己的设计能力，自己体会用数字电路解决实际工程问题的思路和方法。

第 16 章

基本门电路外部特性的实验研究

门电路把抽象的“0”和“1”具体化了，通过实验理解数字电路上的“0”和“1”，也在布尔代数和数字电路之间架起了桥梁。

16.1 基础 TTL 与非门电路

标准 74 系列 TTL 与非门电路如图 16.1 所示。

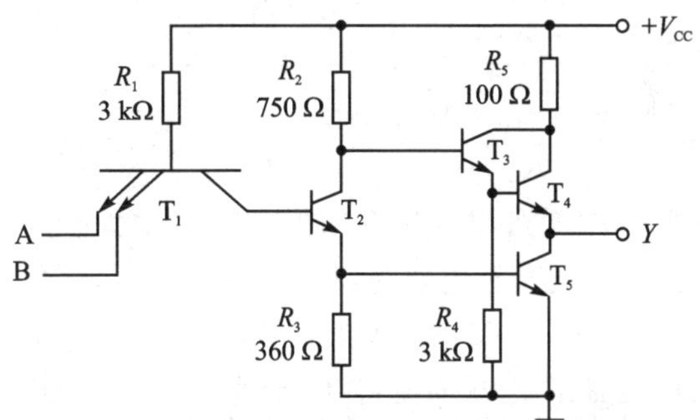

图 16.1 标准 TTL 与非门电路图

工作原理如下：

(1) 多发射极三极管 T_1 完成了逻辑“与”的功能。T_1 的等效电路如图 16.2 所示。

(2) 当输入端 A、B 中至少有一个为低电平($V_{IL}=0.3$ V)时，T_1 的基极和该发射极之间便导通，所以 T_1 的基极电位：

$$V_{B1}=V_{IL}+V_{BE1}=0.3+0.7=1\ \text{V}$$

T_2 基极的反向电流就是 T_1 的集电极电流，其值极小，因此 T_1 处于深饱和状态，集电极和发射极之间的导通压降为 0.1 V，由此可以得到：

$$V_{C1}=V_{IL}+V_{CES1}=0.3+0.1=0.4\ \text{V}$$

因为 $V_{C1}=0.4$ V，所以 T_2、T_5 均为截止，V_{CC} 经 R_2 使得 T_3、T_4 导通。T_2、T_4 处于跟随器工作状态，基极和发射极间的导通压降为 0.7 V。所以空载时的输出电压 V_{OH} 为：

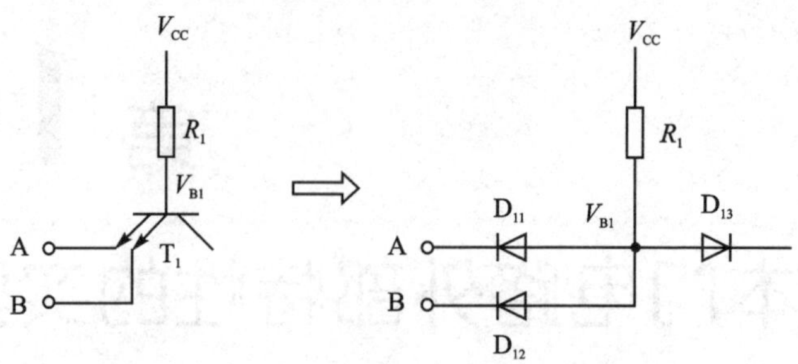

图 16.2　多发射极三极管等效电路

$$V_{OH} \approx V_{CC} - V_{BE3} - V_{BE4} = 5 - 0.7 - 0.7 = 3.6\ \text{V}$$

(3) 当输入电平 A、B 均为高电平(V_{IH} = 3.6 V)时,T_1 的基极电位足以使得 T_2、T_5 的发射极导通。V_{BE1} 的电位被钳制在 2.1 V,这时 T_1 的发射极处于反向偏置,集电极处于正向偏置,此时 T_1 的状态称之为"倒置"放大。倒置放大时,其 β 值很小。所以此时有

$$I_{B2} = I_{B1} \cdot (1 + \beta_{反}) \approx I_{B1} \approx \frac{V_{CC} - V_{B1}}{R_1} = \frac{5 - 2.1}{3} = 0.97\text{mA}$$

$$I_{C2} = \frac{V_{CC} - V_{CE2} - V_{BE5}}{R_2} = \frac{5 - 0.3 - 0.7}{0.75} \approx 5.3\ \text{mA}$$

由 I_{B2} 和 I_{C2} 之间的关系可以求出 T_2 的 β 值,只要大于 5β 值,就可以使得 T_2 处于深饱和状态。此时 T_3 的基极电位为:

$$V_{B3} = V_{C2} = V_{CE2} + V_{BE5} = 0.3 + 0.7 = 1\ \text{V}$$

由于 T_3 的基极电位是 1 V,从而使得 T_3 导通,这时 T_4 的基极电位为

$$V_{B4} = V_{E3} = V_{B3} - V_{VE3} = 1 - 0.7 = 0.3\ \text{V}$$

因此,T_4 截止。T_5 由于 T_2 能够提供足够的基极电流,处于深饱和状态,因此输出电压 V_O 为低电平,其值为 $V_{CE5} \approx 0.3$ V。

16.2　TTL 门电路外部特性的研究实验

在实际的数字系统中,所使用的集成电路外部特性并不是理想的。基本的集成逻辑门电路也同样会受到各种外部特性的限制。本实验主要是研究和测试常见的 74 系列门电路的主要外部特性:电压传输特性、输入负载特性、输出特性。

16.2.1　实验目的

(1) 掌握 TTL 与非门电路主要的外部特性参数含义,掌握其测试原理。

(2) 掌握 TTL 基本门电路的使用方法。

(3) 理解 V_{IL} 和 V_{IH} 的意义。

16.2.2　预习要求

(1) 复习 TTL 门电路的工作原理以及外部特性参数的定义和测试方法。

(2) 对实验题进行理论分析和计算。

(3) 学习 74LS00 参数手册,并列出待实验芯片的参数值。

16.2.3　实验原理

1. 电压传输特性

电压传输特性是研究输出电压 V_O 对输入电压 V_I 变化的响应。通过研究门电路的电压传输特性,还可以从曲线中直接读出几个门电路的重要参数:

(1) 阈值电压 V_T:指传输特性曲线的转折区所对应的输入电压,也称门槛电压。V_T 是决定与非门电路工作状态的关键值。如果与非门电路所有输入端接 V_I,当 $V_I > V_T$ 时,门输出低电平 V_{OL};当 $V_I < V_T$ 时,门输出高电平 V_{OH}。

(2) 关门电压 V_{OFF}:在保证输出为额定高电平的 90%条件下,允许的最大输入低电平值。

(3) 开门电压 V_{ON}:在保证输出为额定低电平时,所允许的最小输入高电平值。

(4) 低电平噪声容限 V_{NL}:在保证输出高电平不低于额定值的 90%的前提下,允许叠加在输入低电平的噪声。$V_{NL} = V_{OFF} - V_{IL}$。

(5) 高电平噪声容限 V_{NH}:在保证输出低电平的前提下,允许叠加在输入高电平的噪声。$V_{NH} = V_{IH} - V_{ON}$。噪声容限是用来说明门电路抗干扰能力的参数,噪声容限越大,则抗干扰能力越强。

电压传输特性曲线测试电路如图 16.3 所示。图中输入电压 V_I 变化范围为 0~4.6 V,输出端接直流电压表。调节 10 kΩ 的可变电阻 R_W 改变输入电压 V_I,即可得到相应的 V_O。测试时可用示波器 X-Y 方式直接测试出特性曲线,也可以采用逐点测试法,在方格纸上描绘出曲线。逐点测试 V_I 及 V_O,描绘成曲线。测得的 $V_O = f(V_I)$ 的曲线如图 16.4 所示,由图可知:

(1) *ab* 段为截止区,输入电压 $V_I < 0.6$ V,与之相对应的输出电压 $V_O = 3.6$ V,V_O 的逻辑表现为"1"。

(2) *bc* 段为线性区,输入电压在 $0.6\ \text{V} < V_I < 1.3$ V,对应 V_O 的输出线性下降,V_O 的逻辑不能确定。

(3) *cd* 段为转折区,转折区中间位置对应的输入电压称为阈值电压 V_T,V_T 的典型值通常为 1.4 V。

(4) *de* 段为饱和区,输入电压 $V_I > V_T$。

在常规的使用中,应该避免输入电压在 0.6~1.3 V 间以造成输出逻辑的不确定。

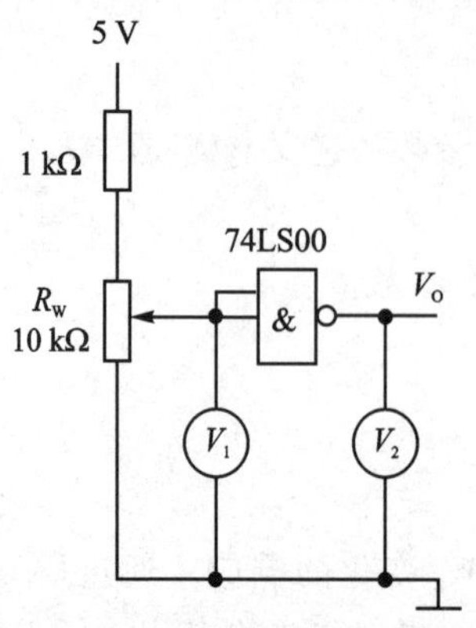

图 16.3　电压传输特性测试电路图

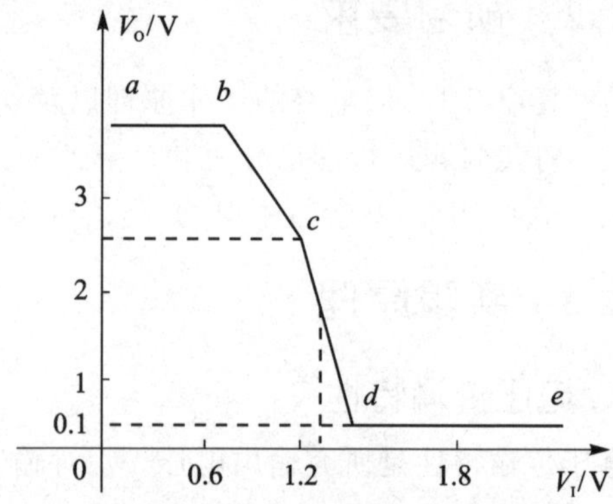

图 16.4　电压传输特性曲线

2. 输入负载特性

输入负载特性是研究门电路输入端的负载电阻和电压之间的关系，如图 16.5 所示。在设计数字电路的过程中，经常会有某个与非门的输入端通过一个电阻接地。在正常情况下，输入端 V_I 的值低电平时为 $V_{ILmax}<0.8$ V，高电平时 $V_{IHmin}>2.0$ V。如果输入端的负载电阻 R_L 使得 V_I 的值超过正常的范围，门电路将会进入不稳定的工作状态。

(1) 输入端为低电平

由图 16.5 可知，为使稳定地输出高电平，输入端电平 $V_{ILmax}<0.8$ V，则 R_L 的值可由下式求出

$$\frac{V_{CC}-V_{BE1}}{R_1+R_L}\cdot R_L\leqslant V_{ILmax}$$

解得：$R_L\leqslant 0.91$ kΩ。

(2) 输入端为高电平

当输入为高电平时，T_5 管和 T_2 管处于饱和导通状态，输出低电平。由于 T_5 管和 T_2 管导通，T_1 管的基极电位被钳位在 2.1 V 左右。V_I 的值被钳位在 1.4 V 左右。T_1 管的基极电流分别流向 T_2 的基极和外负载电阻 R_L。流向 T_2 基极的电流主要是提供给 T_5 管，使得 T_5 管在最大灌电流 $I_{OL}=16$ mA 时仍处于导通状态。

设电路内部三极管的 $\beta\geqslant 10$，则 T_5 的基极驱动电流应为：

$$I_{b5}\geqslant\frac{I_{c4}}{\beta_4}=\frac{16\ \text{mA}}{10}=1.6\ \text{mA}$$

T_2 的发射极电流：

$$I_{e2}\geqslant\frac{V_{e2}}{R_3}+I_{b5}=\frac{0.7\ \text{V}}{1\ \text{k}\Omega}+1.6\ \text{mA}=2.3\ \text{mA}$$

T_2 的基极驱动电流为：

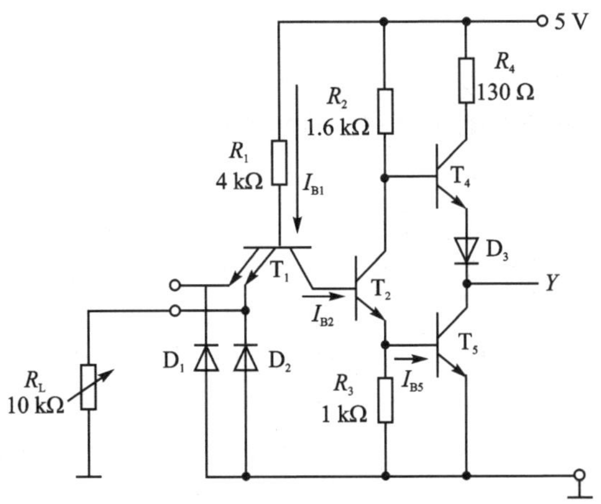

图 16.5　74LS00 输入负载电路

$$I_{b2} \geqslant \frac{I_{e2}}{1+\beta_2} \approx 0.21\ \text{mA}$$

因此可以得出：

$$R_I \geqslant \frac{1.4\ \text{V}}{I_{b1}-I_{b2}} = \frac{1.4\ \text{V}}{0.725\ \text{mA}-0.21\ \text{mA}} \approx 2.7\ \text{k}\Omega$$

测试电路如图 16.6 所示。调节 10 kΩ 的可变电阻 R_I，测得 74LS00 门电路的 $V_{R_I}=f(R_I)$的曲线如图 16.7 所示。

1）电压 V_{R_I} 随 R_I 电阻的增大而上升，电阻在 0～1 kΩ 时，电压 V_{R_I} 随电阻的增大而线性上升。

2）通常将对应于 $V_{R_I}=0.8$ V 时的电阻 R_I 称为关门电阻。

3）与关门电阻相对应，有开门电阻 R_{ON}，开门电阻测量方法是：增大测试电路中的 R_I 的阻值，当 V_O 从高电平跳为低电平时的电阻值即为开门电阻。

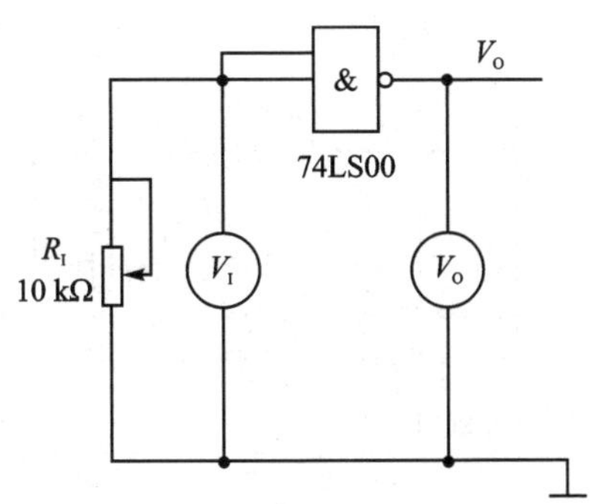

图 16.6　74LS00 输入负载特性测试电路

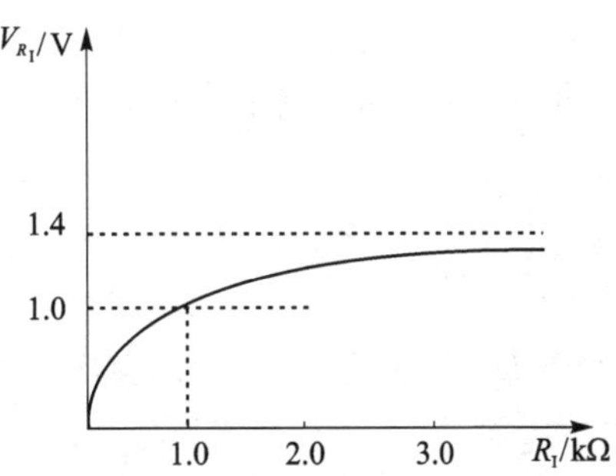

图 16.7　输入负载特性曲线

3. 输出特性

输出特性是指门电路输出端接上负载时，输出电流和输出电压的关系。输出特性又可以分为高电平输出特性和低电平输出特性。

(1)高电平输出特性曲线 $V_{OH}-I_{OH}$

测试电路如图 16.8 所示。改变负载电阻 R_L，输出端电流 I_{OH} 将随之改变。通过改变负载电阻 R_L，观察输出电流 I_{OH} 的变化，并描绘成曲线，如图 16.9 所示。74LS00 门电路测得的高电平输出特性曲线如图 16.9 所示，由此可知：

1) 随着 R_L 值的减小，I_{LH} 电流逐步增大，输出端电压 V_{OH} 也将下降。

2) 当输出高电平 V_{OH} 为 3.6 V 时，输出端电流 I_{LH} 约在 6 mA 左右。

3) 当输出高电平 V_{OH} 在 2.8 V 左右时，输出端电流 I_{LH} 约在 11 mA 左右。

4) TTL 门电路中的 I_{OHmax} 称为门电路的拉电流。由于受集成门电路功耗的影响，在实际使用时，高电平电流 I_{OHmax} 在 0.4～1.0 mA 左右。各个系列的 TTL 门电路的 I_{OHmax} 电流也各不相同。

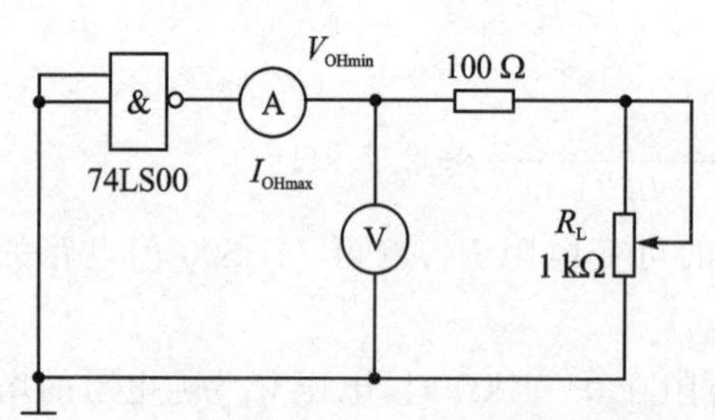

图 16.8 高电平输出特性曲线测试电路图

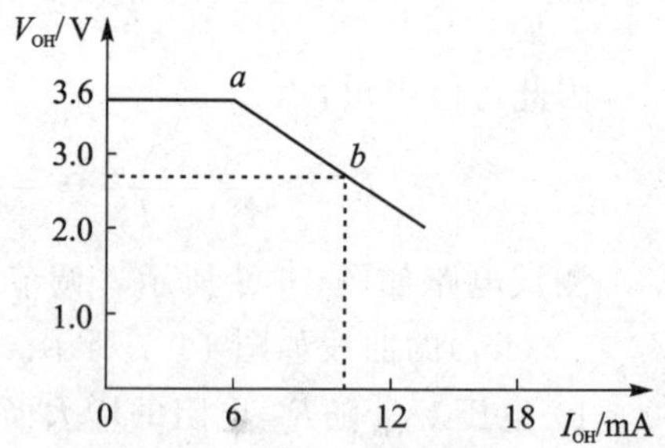

图 16.9 高电平输出特性曲线

(2) 低电平输出特性曲线 $V_{OL}-I_{OL}$

当门电路输出低电平时，仅考虑外负载对门电路的灌入电流。测试电路如图 16.10 所示。74LS00 的低电平输出特性曲线如图 16.11 所示，由图可知：

1) 当 I_{OL} 为 0 时，即输出端开路时，V_{OL} 通常为 0.1～0.3 V。

2) V_{OL} 在一定范围内随着 I_{OL} 的上升而线性上升。

3) 当 I_{OL} 继续上升时，V_{OL} 会出现明显的上升。

TTL 门电路中的 I_{OL} 称为门电路的灌电流。74 系列的 I_{OL} 通常最大只有 8 mA。

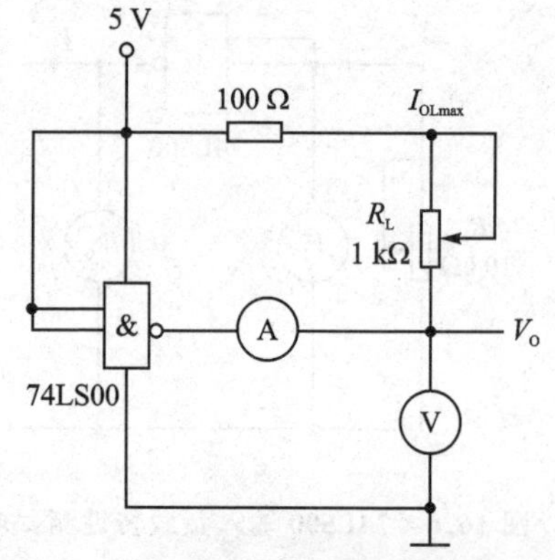

图 16.10 74LS00 输出低电平时测试电路

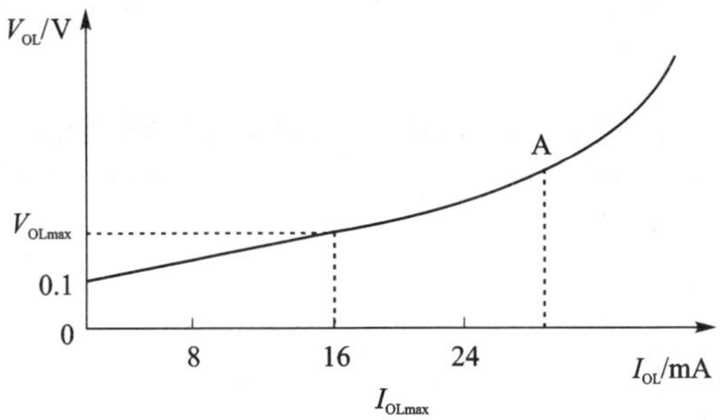

图 16.11　74LS00 输出低电平时的特性曲线

16.2.4　实验内容和方法

(1)电压传输特性曲线测试

按图 16.3 接好电路,接通电源,采用逐点测试法,将数据记录入表 16.1 中。并在毫米坐标纸上画出曲线图,标明曲线参数。

表 16.1　74LS00 电压传输特性数据记录表

V_I													
V_O													

(2) 输入负载特性曲线实验

输入负载特性曲线是测量输入端接入不同的接地电阻时,在输入端产生的不同直流电压值以及对应的输出电压值。按图 16.6 连线。采用逐点测量法,将数据记录入表 16.2 中,画出曲线图,标明曲线参数。

表 16.2　74LS00 输入负载特性数据记录表

V_{R_I}													
R_I													

(3) 高电平输出特性曲线测试

按图 16.8 接好电路,打开电源,采用逐点测试法,将数据记录入表 16.3 中,做出曲线图,标明曲线参数。

表 16.3　74LS00 高电平输出特性数据记录表

V_{OH}													
I_{OH}													

(4) 低电平输出特性曲线测试

按图 16.10 接好电路,打开电源,采用逐点测试法,将数据记录入表 16.4 中,做出曲线图,标明曲线参数。

表 16.4　74LS00 低电平输出特性数据记录表

V_{OL}													
I_{OL}													

16.2.5　实验器材

(1) 实验电路板。

(2) 数字万用表。

(3) 示波器 Agilent DSO-X 2012A。

(4) 实验元器件 74LS00、电阻、电容等。

16.2.6　实验报告要求

记录实验结果,绘制实验波形,对照数据手册中的指标进行比较分析,指出不同之处。

16.2.7　思考题

在测试 74LS00 门电路低电平输出特性曲线 I_{OL} 时,当 I_{OL} 增大到一定的值时,V_{OL} 会急剧上升,试分析其原理。

16.2.8　附录:电压传输特性曲线测量方法

电压传输特性在实验中一般采用两种方法进行测量。一种是手工逐点测量法,另一种是采用示波器 X-Y 方式进行直接观察。手工逐点测量法可以采用图 16.12 所示电路,改变输入端电压,把每次测量的数据记录在坐标纸上,所有的点连接起来就是电压传输特性曲线。也可以在示波器上利用示波器的 X-Y 方式进行测量。利用示波器 X-Y 图示仪的功能,能直观的观察完整的电压传输特性曲线。

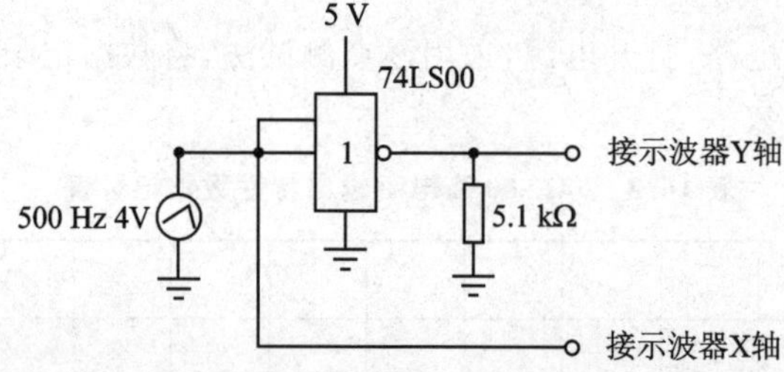

图 16.12　测试 74LS00 的电压传输特性曲线

在实验中需要注意的是：

① 输入信号的电压要选择合适的值，一般与电路实际的输入动态范围相同，太大除了会影响测量结果以外，还可能会损坏器件；太小不能完全反映电路的传输特性。如 TTL 电路应该根据其输入信号的动态范围选择电压最小值为 0，最大值为 5 V 的信号。

② 输入信号的频率也要选择合适的值，频率太高会引起电路的各种高频效应，太低则使显示的波形闪烁，都会影响观察和读数，一般取 500 到 1 000 Hz 即可。

③ 为了正确的读数，在测量前要先进行原点校准，把示波器设成 X－Y 方式，两个通道都接地，此时应该能看到一个光点，调节相应的位移旋钮，是光电处于坐标原点。

④ 在测量时，一般将输入耦合方式设定为 DC，比较容易忽视的是，在 X－Y 方式下，在 X 通道的耦合方式是通过触发耦合按钮来设定的，同样也要设成 DC。

16.3　CMOS 集成电路外部特性的研究实验

CMOS 集成电路由成对互补的场效应管构成，因具有输入阻抗高、功耗低、抗干扰性能强、便于大规模集成等优点而得到了广泛的应用。

16.3.1　实验目的

(1) 理解 CMOS 与非门电路主要的外部特性参数含义，掌握测试原理。

(2) 掌握 CMOS 基本门电路的使用方法。

16.3.2　预习要求

(1) 复习 CMOS 门电路的工作原理。

(2) 画出实验测试电路与数据记录表格。

(3) 学习 CD4069 参数手册。

16.3.3　实验原理

1. 场效应晶体管

场效应晶体管(Field Effect Transistor，FET)是利用电场效应来控制半导体中电流运动的一种半导体器件。场效应管具有输入阻抗高、噪声低、功耗小、制造工艺简单和便于集成化等优点。

场效应晶体管有结型场效应晶体管和绝缘栅型场效应晶体管两大类。结型场效应晶体管可分为 N 沟道和 P 沟道两种，绝缘栅型场效应晶体管可分为增强型和耗尽型两种。根据所用半导体材料的不同，绝缘栅型场效应管又可分为 N 沟道场效应管和 P 沟道场效应管，分别简称为 NMOS 管和 PMOS 管。常用的 CMOS 门电路是由增强型 NMOS 管和增强型 PMOS 管构成，如图 16.13 和图 16.14 所示。

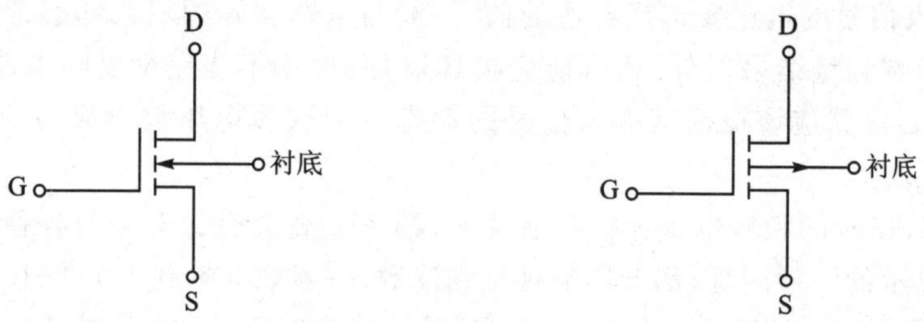

图 16.13　N 沟道增强型 MOS 管符号　　**图 16.14　P 沟道增强型 MOS 管符号**

(1) N 沟道增强型 MOS 管特性

当 $V_{GS}=0$ V 时，漏极 D 与源极 S 之间的电阻 R_{DS} 非常大，可达到 $10^9 \sim 10^{15}$ Ω，当 V_{GS} 增加时，R_{DS} 减小，其电阻最小可达到 10 Ω 左右。因为栅极与漏源之间有一层 SiO_2 绝缘层，所以 MOS 管的栅极有非常高的输入阻抗，栅极几乎没有电流流过，因此可以把绝缘栅型场效应晶体管看作电压控制电流器件，如图 16.15 所示。

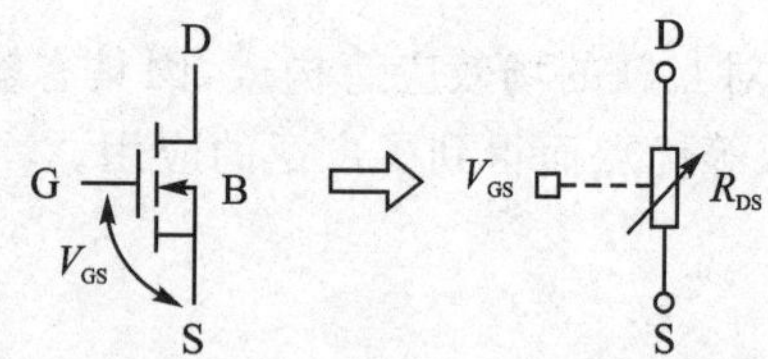

图 16.15　MOS 管的电压控制电阻模型

N 沟道增强型场效应管，可用转移特性、输出特性表示 I_D、V_{GS}、V_{DS} 之间的关系，如图 16.16 所示。所谓转移特性，就是输入电压 V_{GS} 对输出电流 I_D 的控制特性。从转移特性曲线中可以看出，在输入电压 $V_{GS}=0$V 时，加在漏源极间的电压不会在漏极和源极间形成电流。只有在输入电压 V_{GS} 到达 V_T 时，漏源极间才会有电流。V_T 称为开启电压，显然，只有 $V_{GS}>V_T$ 时，电压 V_{GS} 才对漏源极间的电流有控制作用。随着 V_{GS} 的继续增加，漏源极间的电流也随之增加。

输出特性表示在 V_{GS} 一定时，I_D 与 V_{DS} 之间的关系。输出特性曲线可分为 4 个区，可变电阻区、恒流区、击穿区和截止区。

1) 当栅源极的输入电压 $V_{GS}<V_T$ 时，$I_{DS}=0$，称为截止区。

2) 当栅源极的输入电压 $V_{GS}>V_T$，并且 $V_{DS}<(V_{GS}-V_T)$ 时，流经漏极和源极的电流 I_{DS} 和漏源极间的电压呈线性关系，称为可变电阻区。

3) 当栅源极的输入电压 $V_{GS}>V_T$ 时，并且 $V_{DS}\geqslant(V_{GS}-V_T)$ 时，流经漏极和源极的电流 I_{DS} 几乎不再变化，称为恒流区。

4) 击穿区会导致晶体管损坏，避免在击穿区工作。

(2) P 沟道增强型 MOS 管的特性曲线

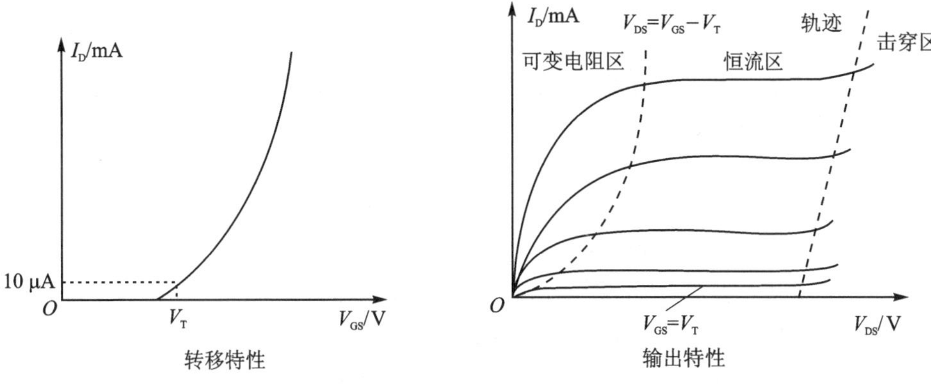

图 16.16　N 沟道增强型 MOS 管的特性曲线

P 沟道 MOS 管是 N 沟道 MOS 管的对偶型，正如双极型中 PNP 管是 NPN 管的对偶型一样。使用时，V_{GS} 和 V_{DS} 的极性与 N 沟道相反. 增强型管的开启电压 V_T 是负值，如图 16.17 所示。

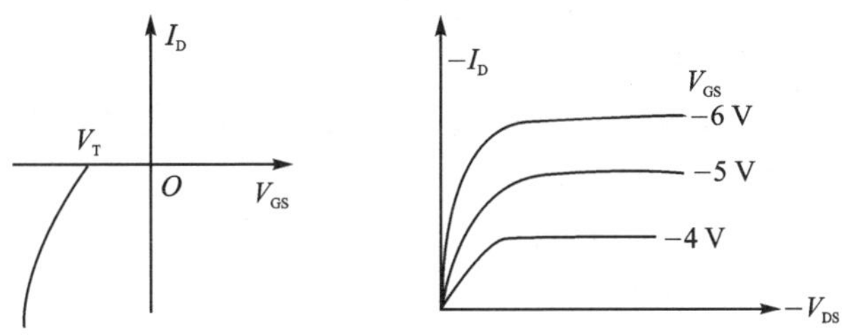

图 16.17　P 沟道增强型 MOS 管的特性曲线

PMOS 管和 NMOS 管的开关特性比较如下：

MOS 管类型	标准符号	简化符号	开关特性
NMOS	G D B S	G D S	当 $v_{GS}>V_{TN}$ 时导通 当 $v_{GS}<V_{TN}$ 时截止
PMOS	G D B S	G D S	当 $\lvert v_{GS}\rvert>\lvert V_{TP}\rvert$ 时导通 当 $\lvert v_{GS}\rvert<\lvert V_{TP}\rvert$ 时截止

2. CMOS 门电路主要静态电器特性

CMOS 集成电路全称为互补对称型金属氧化物半导体（Complementary Symmetry Metal - oxide Semiconductor)集成电路。常见的 CMOS 门电路有 CD4000 系列。CMOS 门电路通常涉及的主要静态特性有：

① 电压传输特性：$V_O = f(V_I)$；

② 电流传输特性：$I_O = f(I_I)$；

③ 输入负载特性：$V_{RI} = f(R_I)$；

④ 输出特性：$V_{OH} = f(I_{OH})$，$V_{OL} = f(I_{OL})$。

CMOS 反相器如图 16.18 所示，由一个 NMOS 管和一个 PMOS 管构成。N_1 为 NMOS 管，P_1 为 PMOS 管，两管的栅极相连构成门电路的输入端，两管的漏极相连构成门电路的输出端。为了使衬底和漏源极之间的 PN 结始终处于反偏，将 NMOS 管的衬底接到电路的最低电位，PMOS 管的衬底接到电路的最高电位。为了使门电路能正常工作，CMOS 反相器的电源电压 V_{DD} 必须满足 $V_{DD} > V_{TN} + |V_{TP}|$（$V_{TN}$、$V_{TP}$ 分别为 NMOS 管和 PMOS 管的开启电压）。V_{DD} 的取值范围较大，一般在 3～ 18 V 之间。

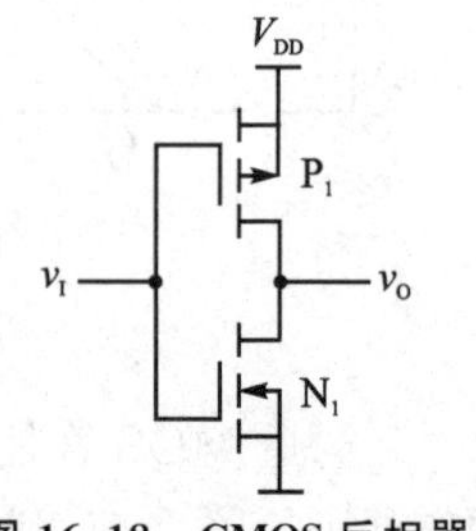

图 16.18　CMOS 反相器原理图

(1) CMOS 反相器工作原理：

① 当 $V_I = 0$ V 时，因为 N_1 管的栅源电压 $V_{GSN} = 0$ V $< V_{TN}$，所以 N_1 管截止，而 P_1 管的栅源电压，$|V_{GSP}| = V_{DD} > |V_{TP}|$，$P_1$ 管导通。此时，N_1 管相当于一只很大的电阻，P_1 管相当于一只很小的电阻，因此，输出电压 $V_O \approx V_{DD}$。

② 当 $V_I = V_{DD}$ 时，N_1 管的栅源电压 $V_{GSN} = V_{DD}$，N_1 管导通，P_1 管的栅源电压 $V_{GSP} = 0$ V，P_1 管截止。此时，P_1 管相当于一个很大的电阻，N_1 管相当于一个很小的电阻，因此，输出电压 $V_O \approx 0$ V。

从以上分析可知，当 CMOS 反相器输入电压为低电平时，输出电压为高电平；当输入电压为高电平时，输出电压为低电平，实现了反相的逻辑功能。

(2) CMOS 反相器电压传输特性

测试电路用如图 16.19 所示。设 CMOS 反相器的电源电压 $V_{DD} = 5$V，N_1 管开启电压 V_{TN} 为 1.5V，P_1 管开启电压 V_{TP} 为 −1.5 V，则可以得到如图 16.20 所示的电压传输特性曲线。

(3) CMOS 反相器电流传输特性

电流传输特性是研究漏极电流 I_D 随输入电压 V_I 变化规律的。对电流传输特性的分析可知，当 CMOS 反相器的输入电压由低电平向高电平或由高电平向低电平变化时，PMOS 管和 NMOS 管会有一个处于同时导通的状态，由于导通电阻较小，在电源和地之间会产生一个较大的电流。反相器电源电流和输入电压的关系如图 16.21 所示。

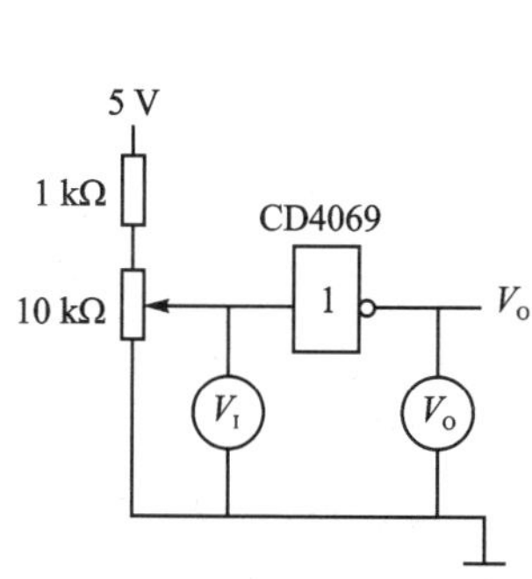

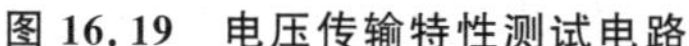
图 16.19　电压传输特性测试电路

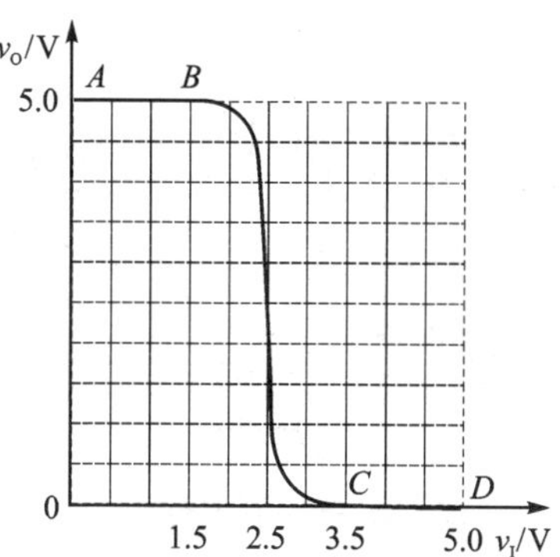

图 16.20　电压传输特性曲线

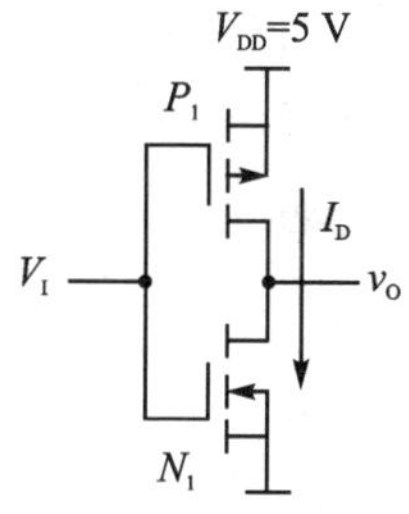

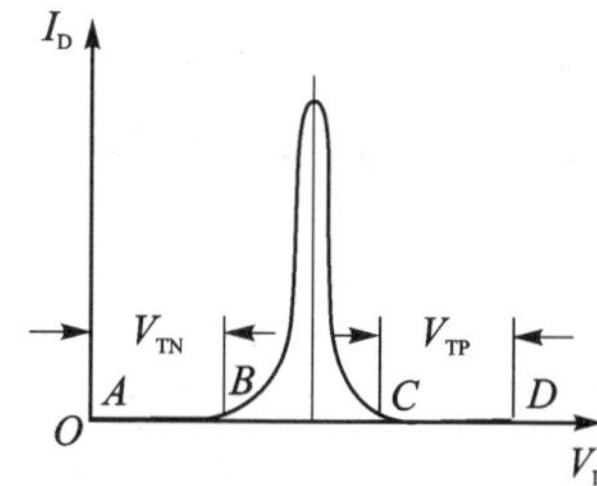

图 16.21　CMOS 反相器电流传输特性曲线

当输入电压 $V_I=V_{DD}/2$ 时，N 管和 P 管同时导通的状态，电流流经 N 管和 P 管，此时的电流 I_D 最大，该电流成为动态尖峰电流。电流传输特性曲线表明，CMOS 反相器在稳定状态下电路的功耗近似为 0，在高低电平转换的过程中，动态功耗远远大于静态功耗，且随信号频率的上升而增加。

(4) CMOS 反相器电流输入特性

为了保护栅极和衬底之间的栅氧化层不被击穿，CMOS 输入端都加有保护电路，如图 16.22(a)所示。如果在输入信号上叠加了正向干扰信号其幅度 $V_I>V_{DD}+V_D$ 的值，保护二极管 D_1 和 D_2 就导通，使 V_I 被钳位在 $V_{DD}+V_D$ 的值上。反之负向干扰被钳位在 $-V_D$ 上。加入了保护电路后，CMOS 反相器的输入特性如图 16.22(b)所示。

(5) CMOS 反相器输出特性

输出特性是指 CMOS 电路输出端的电压和电流的关系。和 TTL 门电路一样，可以分输出高电平和输出低电平两种情况进行讨论。

① 低电平输出特性曲线 $V_{OL}-I_{OL}$

当反相器输出低电平时，考虑的是负载向反相器灌入的电流对输出端低电平的影响。当输入 V_I 为高电平时，负载管 PMOS 管截止，输入管 NMOS 管导通，负载电

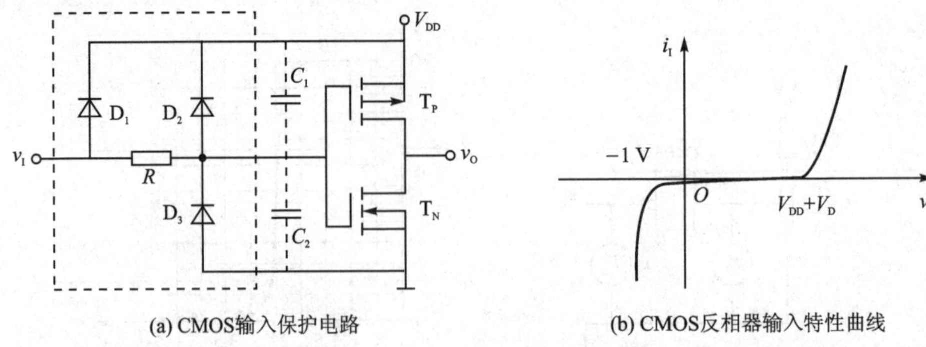

图 16.22　CMOS 输入保护电路(a)和 CMOS 反相器输入特性曲线(b)

流 I_{OL} 灌入输入管,如图 16.23 所示。在 V_{GS} 不变的条件下,输出端的电位随着灌入的电流 I_{OL} 增加而上升。从曲线上还可以看出,由于 T_2 管的导通内阻还和 V_{GS} 有关,V_{GS} 越大 T_2 管的导通内阻就越小,所以在 I_{OL} 值不变的情况下 V_{DD} 的取值越高,T_2 管导通时的 V_{GS} 也越大,V_{OL} 的输出特性也越好。

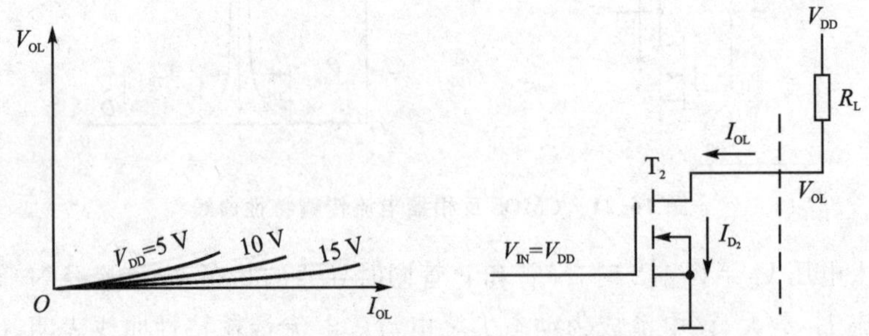

图 16.23　CMOS 反相器低电平输出特性曲线

② 高电平输出特性曲线 $V_{OH}-I_{OH}$

如图 16.24 所示,当输入 V_I 为低电平时,负载管 PMOS 管导通,输入管 NMOS 管截止,负载电流是拉电流。由输出特性曲线可以看出,当$|V_{GS}|$越大,管内电阻 R_P 越小,负载电流 I_{OL} 的增加使 V_{OH} 下降越小,带拉电流负载能力就越强。

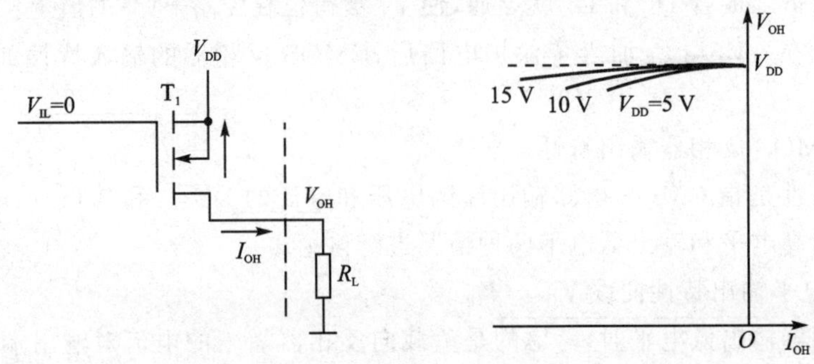

图 16.24　CMOS 反相器高电平输出特性曲线

16.3.4　实验内容和方法

（1）输出低电平时灌电流 I_{OLmax} 的测量

按图 16.25，测试 CD4069 在输出低电平时，负载电流流向 CD4069 中的 NMOS 管时的电流。调整电位器，使得输出端的电压为手册中给定的 V_{OLmax}，此时的电流即为 CD4069 所能承受的最大电流 I_{OLmax}。

（2）输出高电时拉电流 I_{OHmax} 的测量

测试 CD4069 输出高电平时，从 CD4069 流向负载的最大电流。按图 16.26 连电路，调整电位器，使得输出端的电压为手册中给定的 V_{OHmin}，此时的电流即为 CD4069 所能输出的最大电流 I_{OHmax}。

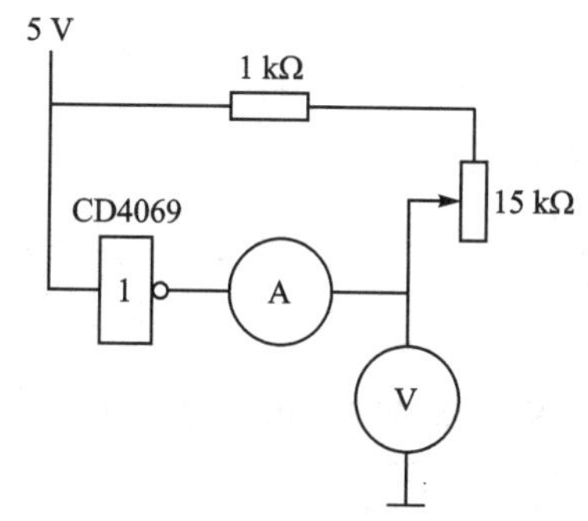

图 16.25　CMOS 反相器 I_{OLmax} 测试图

图 16.26　CMOS 反相器 I_{OHmax} 测试图

（3）电压传输特性曲线的测量

按图 16.26 连接电路，逐点测量输入输出电压，将数据填入表 16.5，记录数据并在毫米方格纸上作图。参照 CD4069 的数据手册，比较以上测量参数和技术说明书中的参数，并计算出实际的 CD4069 的噪声容限 V_{NH} 和 V_{NL}。

表 16.5　CD4069 的电压传输特性表

16.3.5　实验器材

（1）实验电路板。

（2）数字万用表。

（3）实验元器件 CD4069、电阻、电容等。

16.3.6　实验报告要求

记录实验结果，绘制实验波形，对照数据手册中的指标进行比较分析，指出不同之处。

16.3.7 思考题

分析 74LS04 和 CD4069 的传输特性曲线，根据曲线在高低电平转换的区域，分析为什么 CMOS 器件比 TTL 器件具有更高的输入噪声声容限。

16.4 OC 门和 OD 门特性的研究实验

OC 门(Open Collector)集电极开路门，OD 门(Open Drain)漏极开路门，在工程设计中可以用来实现电平转换、线与和功能拓展等。

16.4.1 实验目的

(1) 熟悉两种特殊的门电路：OC 门和 OD 门的逻辑功能和使用方法。

(2) 掌握集电极负载电阻 R_L 对 OC 门电路输出的影响。

16.4.2 预习要求

(1) 复习 OC 门和 OD 门的工作原理及应用。

(2) 分析 OC 门的上拉负载电阻的阻值范围，确定实验所选电阻值。

(3) 学习 74LS01 的参数手册。

16.4.3 实验原理

1. 集电极开路门(OC 门)

数字系统中，经常需要把两个或两个以上集成逻辑门的输出端连接起来，完成一定的逻辑功能。如图 16.27 所示，将两个与非门的输出端 F_1 和 F_2 直接连接在一起，当 F_1 和 F_2 均为高电平(或均为低电平)时，这个电路的输出 $F=F_1 \cdot F_2$，即实现两个输出端相“与”的功能。但是，当与非门 1 的输出端 F_1 为高电平，与非门 2 的输出端 F_2 为低电平时，从电源 V_{CC} 经过与非门 1 的 R_3、T_3、D_4 和与非门 2 的 T_4 到地，形成了一个低阻通道(如图中箭头所示)，其不良后果为：(1)输出电平既非高电平，也非低电平，而是两者之间的某一值，导致逻辑功能混乱；(2)该低阻通路中，会有一个很大的负载电流流过两个输出级，导致功率剧增，发热增大，可能会损坏门电路。因此，为了使

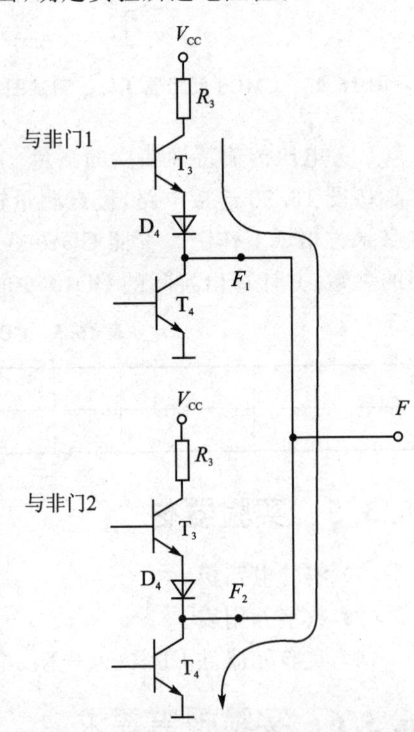

图 16.27 两个与非门输出端直接连接

TTL 门电路能够实现线与，对输出级进行了改造，去掉了原门电路输出级中的 R_3、T_3、D_4，形成集电极开路的门电路(Open Collector)，简称为 OC 门，图 16.28 为 OC 门的电路结构图和国际逻辑符号。

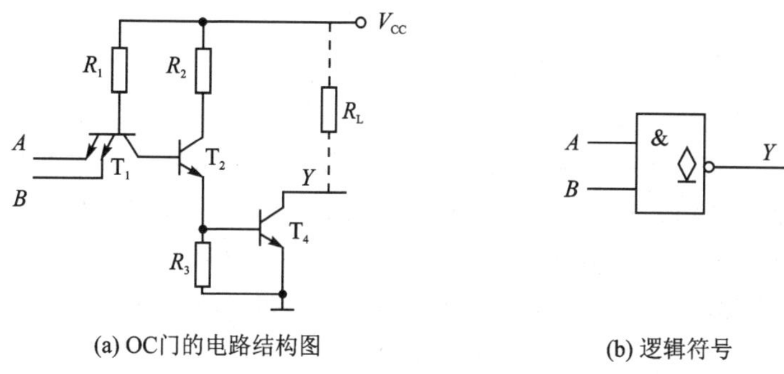

图 16.28　OC 门的电路结构图及其逻辑符号

由图 16.28(a)可见，集电极开路门电路与推拉式输出结构的 TTL 门电路区别在于：当输出三极管 T_4 管截止时，OC 门的输出端 Y 处于高阻状态，而推拉式输出结构 TTL 门的输出为高电平。所以，在实际应用时，为了使 T_4 管截止时，OC 门也能输出高电平，必须在输出端外接上拉电阻 R_L 至电源 V_{CC}，如图 16.28(a)虚线部分。电阻 R_L 和电源 V_{CC} 的数值选择必须保证 OC 门输出的高、低电平符合逻辑要求，同时 T_4 的灌电流负载不能过大，以免造成 OC 门受损。

假设将 N 个 OC 门的输出端并联，负载是 M 个 TTL 与非门的输入端，为了保证 OC 门的输出电平符合逻辑，OC 门外接负载电阻 R_L 的数值应介于所规定的范围值之内。

为了保证输出高电平不低于高电平的最小值(V_{OHmin})，得

$$R_L \leqslant \frac{V_{CC} - V_{OHmin}}{NI_{OH} + MI_{IH}}$$

为了保证输出低电平不高于低电平的最大值(V_{OLmax})，得

$$R_L \geqslant \frac{V_{CC} - V_{OLmax}}{I_{OLmax} - MI_{IL}}$$

结合上述两式可得，R_L 的取值范围为

$$\frac{V_{CC} - V_{OLmax}}{I_{OLmax} - MI_{IL}} \leqslant R_L \leqslant \frac{V_{cc} - V_{OHmin}}{NI_{OH} + MI_{IH}}$$

式中，I_{OH}—OC 门输出高电平时的漏电流(≤50 μA)；

I_{IH}—负载门的高电平输入电流(≤20 μA)；

I_{OLmax}—OC 门输出低电平时允许的最大负载电流(约 8 mA)；

I_{IL}—负载门的低电平输入电流(≤0.4 mA)；

目前，OC 门在电路方面的运用较为广泛，例如：

(1) 利用电路的线与特性可以方便地完成某些特定的逻辑功能；

(2) 可以实现逻辑电平的转换；

(3) 可以实现多路信采集，使两路以上的信息共用一个传输通道；

(4) 也常用于驱动高电压、大电流负载等。

2. 漏极开路门(OD 门)

漏极开路门是集电极开路 TTL 门电路的 CMOS 对应部分，是一个单一的 n 型沟道 MOSFET，如图 16.29(a)所示。典型的用法是在漏极外部的电路添加上拉电阻 R_P 到电源，如图 16.29(b)所示。所以，完整的开漏电路应由开漏器件和开漏上拉电阻组成。这里的上拉电阻 R_P 的阻值决定了逻辑电平转换的上升/下降沿的速度。阻值越大，速度越低，功耗越小。因此在选择上拉电阻时要兼顾功耗和速度。

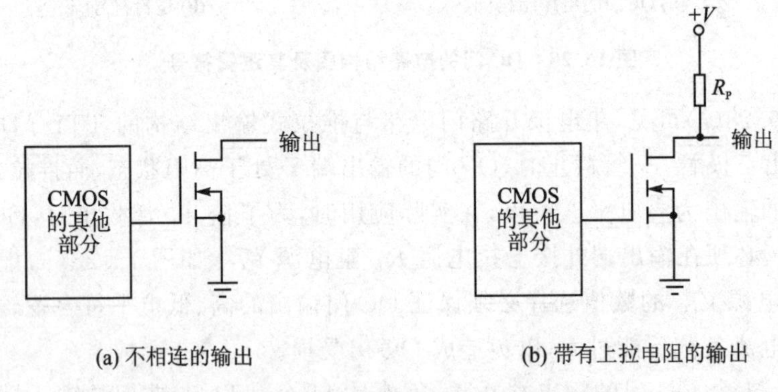

(a) 不相连的输出　　(b) 带有上拉电阻的输出

图 16.29　漏极开路 CMOS 门电路

OD 门一般可用来做电平转换，也可以作为缓冲器使用，因为它具有较大的驱动能力。

16.4.4　实验内容与方法

(1) 上拉负载电阻 R_L 的测定。

使用芯片 74LS01 和 74LS04，按图 16.30 连接好实验电路。用两个集电极开路与非门“线与”来驱动一个 TTL 非门，其中上拉负载电阻 R_L 用一只 200 Ω 电阻和 100 kΩ 电位器串联而成，用实验方法测定 R_L 的取值，并和理论计算值相比较，填入表 16.6 中。

表 16.6　负载电阻 R_L 的测定

		理论值	测量值
R_L	R_{Lmax}		
	R_{Lmin}		

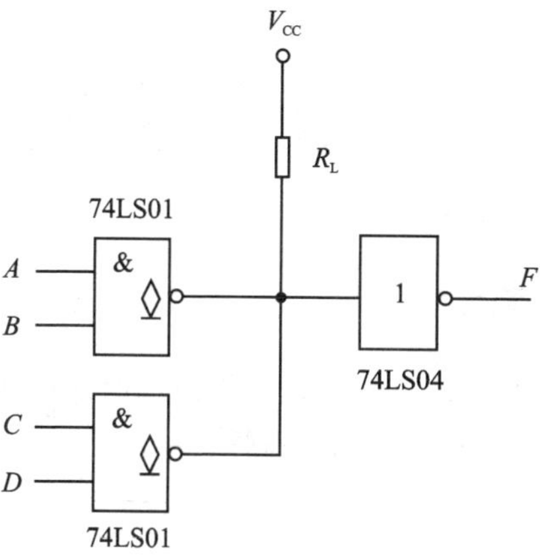

图 16.30　测定 R_L 的取值

(2) OC 门实现逻辑电平转换的研究。

使用芯片 74LS00、74LS01 和 CD4069，按图 16.31 连接好实验电路。在电路输入端 A、B 端加不同的逻辑电平值，用万用表测量与非门输出端 C 端、OC 门输出端 D 端以及 CMOS 输出端 F 端电压值，将测量结果填入表 16.7 中。

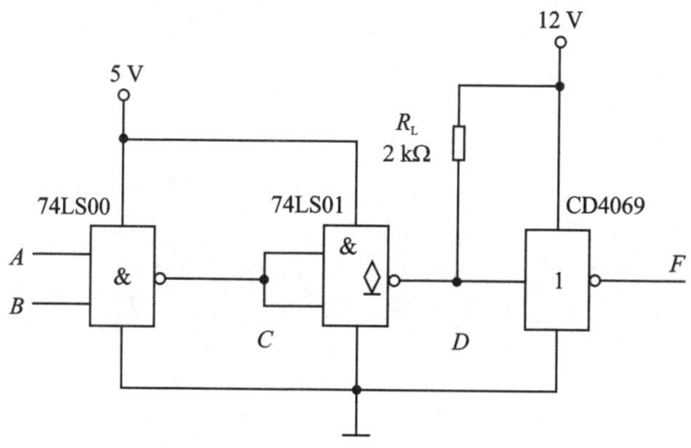

图 16.31　OC 门实现电平转换

表 16.7　电平测试数据表

输出		输入		
A	B	C/V	D/V	F/V
0	0			
0	1			
1	0			
1	1			

16.4.5 实验器材

(1) 实验电路板。

(2) 数字万用表。

(3) 实验元器件 74LS00、74LS01、74LS04、CD4069、电阻、电位器等。

16.4.6 实验报告要求

(1) 分析完成 OC 门的上拉负载电阻阻值的理论计算和实验测量。

(2) 完成 OC 门实现电平转换的电平测试。

16.4.7 思考题

分析 OC 门的负载电阻 R_L 的阻值如果不在 R_{Lmax} 和 R_{Lmin} 之间,将会产生什么影响?对电路有何不良后果?

第 17 章

组合逻辑电路的实验和研究

组合逻辑电路是数字逻辑系统设计的基础。使用组合逻辑电路可以实现多种功能函数。本章的重点是通过实验熟悉组合逻辑电路的设计方法，掌握常用的六大组合逻辑函数(即加法器、比较器、编码器、译码器、数据选择器和代码转换器)的设计原理及应用。逻辑抽象是组合电路应用设计的第一步。

17.1 基础知识

17.1.1 组合电路的基本概念

1. 组合逻辑门电路

基本逻辑门:与、或、非。

通用逻辑门:与非、或非。

常用逻辑表达:与或逻辑、与或非逻辑、异或逻辑、同或逻辑。

任何子系统可以用基本逻辑门来实现。

2. 组合逻辑功能函数

主要有六大功能函数：

(1) 算术运算函数(如加法器)。

(2) 比较函数(如比较器)。

(3) 编码函数(如编码器)。

(4) 解码函数(如译码器)。

(5) 数据选择函数(如数据选择器)。

(6) 代码转换函数(可用基本逻辑门、数据选择器或译码器实现)。

17.1.2 组合电路的设计步骤

组合逻辑电路的设计是把实际需要解决的问题，通过逻辑抽象等步骤转化成逻辑电路的形式来实现。通常设计电路的过程如图 17.1 所示。

对实际问题进行逻辑抽象，描述逻辑功能是组合电路设计的基础。在设计的过

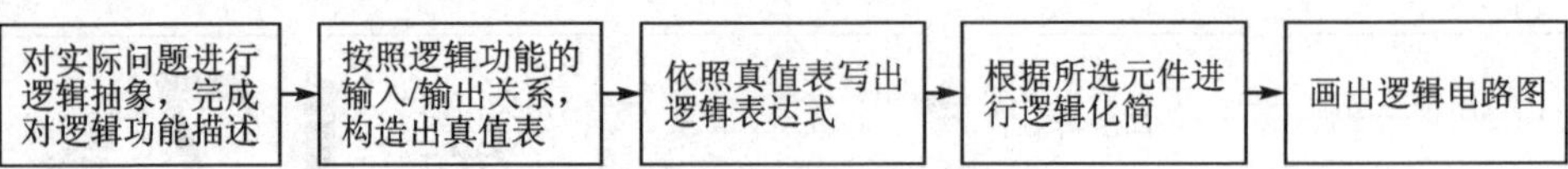

图 17.1 组合电路设计步骤

程中，从逻辑功能作出真值表或者逻辑函数表达式是重要的一步。必须仔细分析实际问题的因果关系，确定输入变量和输出变量。通常把引起事件的原因作为输入变量，把事件的结果作为输出变量。然后对输入变量和输出变量赋予"1"和"0"，由此列出真值表，写出函数表达式。用数字逻辑器件来实现逻辑函数的方法很多，通常是用小规模数字集成电路 SSI、中规模数字集成电路 MSI、大规模器件 CPLD 和 FPGA 等来实现。根据实际情况选用合适的逻辑门电路，作出逻辑电路原理图。

17.2 基本门电路组合实现逻辑功能的实验

与门、或门、非门是最基本的门电路，是构成其他组合电路的基本单元。此外，还有 4 种由基本门组成的扩展门，即与非门、或非门、同或门和异或门，在数字逻辑电路中也被经常使用。目前最常用的门电路是采用 TTL、CMOS 和 BiCMOS 工艺制造的器件。

17.2.1 实验目的

(1) 熟悉与、或、非 3 种基本门电路的逻辑功能和使用方法。

(2) 了解与非、或非、同或、异或 4 种扩展门电路的逻辑功能和使用方法。

(3) 熟悉 TTL 系列、CMOS 系列基本门电路的封装及引脚功能。

(4) 掌握组合逻辑电路的设计、调试方法。

17.2.2 预习要求

(1) 复习基本门电路的工作原理及相应的逻辑符号和逻辑表达式。

(2) 复习 TTL 门电路和 CMOS 门电路的功能、特点。

(3) 复习组合逻辑电路的设计方法和步骤。

(4) 查看实验板电路图 U18、U28、U31 及有关区域，设计实验连线图。

17.2.3 实验原理

1. 基本门

非、与、或是布尔代数定义的 3 种最基本逻辑运算，其他任何复杂逻辑最终都可以表示成这 3 种基本逻辑运算的组合。数字电路以高、低电平表示二进制数的"1"和"0"，亦即逻辑的"真"和"假"，根据布尔代数规则建立其理论运算系统，并通过一系列具有特定功能的逻辑门来实现电路。非、与、或 3 种逻辑运算对应的逻辑门电路即非门、与门、或门，参见表 17.1。

表 17.1　三种基本门电路

名称	非门	与门	或门
运算数个数	一元	多元	多元
逻辑功能	NOT	AND	OR
逻辑符号			
常用芯片	74LS04	74LS08	74LS32

74LS04 是六非门电路，其引脚图如图 17.2(a)所示。

74LS08 是四 2 输入与门电路，其引脚图如图 17.2(b)所示。

74LS32 是四 2 输入或门电路，其引脚图如图 17.2(c)所示。

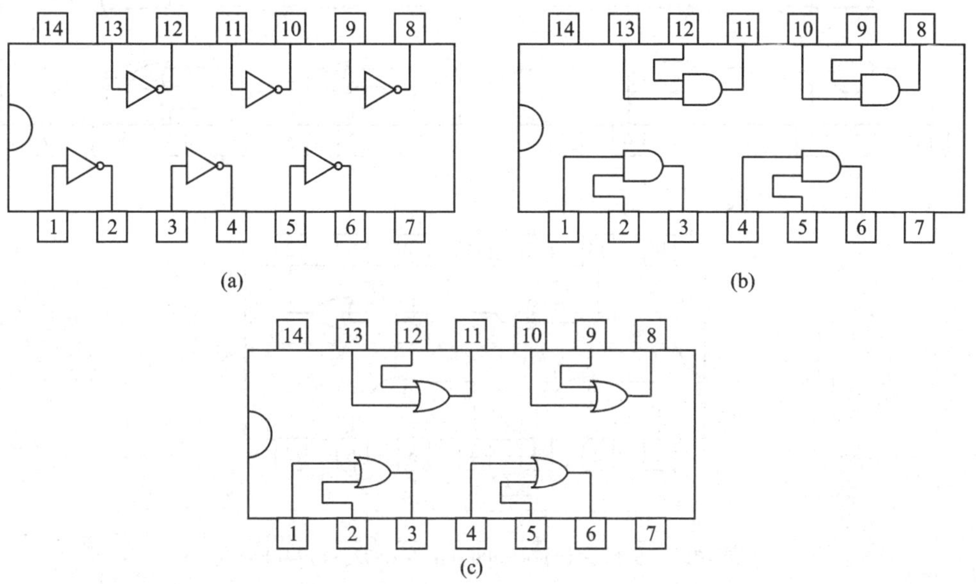

图 17.2　引脚图(a)74LS04，(b)74LS08，(c)74LS32

2. 扩展门

与非门、或非门、同或门和异或门是 4 种扩展逻辑门，可视作由 3 种基本门组合构成，也是数字逻辑电路中的常用逻辑门，关于这 4 种扩展门的对比说明可参见表 17.2。

表 17.2　4 种扩展门电路

名称	与非门	或非门	异或门	同或门
运算数个数	多元	多元	二元	二元
逻辑功能	NAND	NOR	XOR	XNOR
逻辑符号				
常用芯片	74LS00	74LS02	74LS86	†74LS266

† 同或门芯片的常用程度较低,此处只给出型号示例,不做展开。

74LS00 是四 2 输入与非门电路,其引脚图如图 17.3(a)所示。

74LS02 是四 2 输入或非门电路,其引脚图如图 17.3(b)所示。

74LS86 是四 2 输入异或门电路,其引脚图如图 17.3(c)所示。

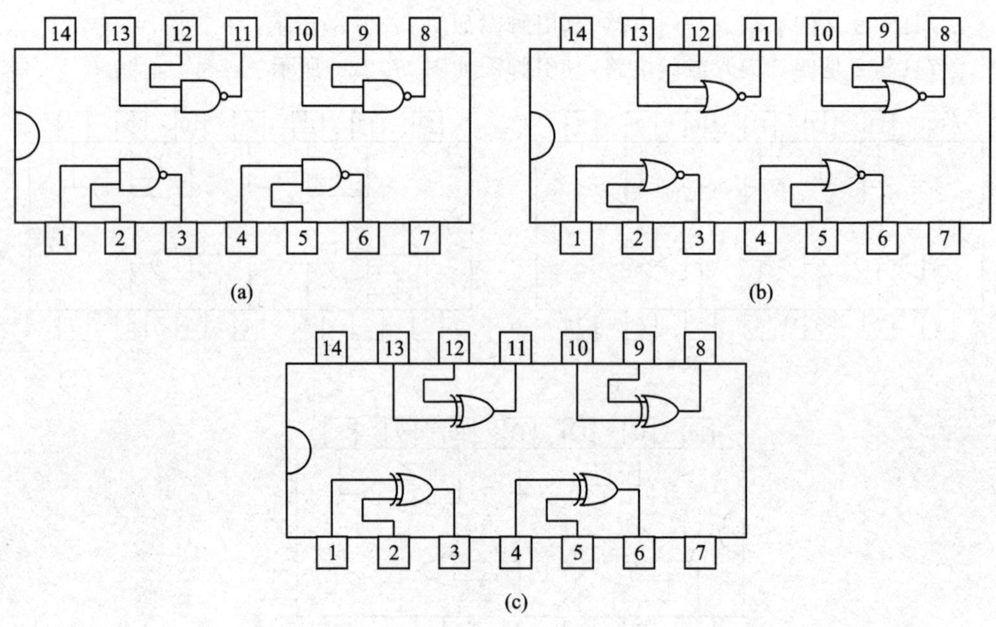

图 17.3　引脚图(a)74LS00,(b)74LS02,(c)74LS86

同或门芯片,比如 74LS266,被直接使用的场合和频次相对较少,实际需要时可在异或门后级联非门获得,因为同或运算与异或非运算是完全等价的。

3. 逻辑门的应用

逻辑门的基本功能就是对输入的数字信号进行相应的逻辑运算,产生并输出所需的数字信号和逻辑结果。而在实际的电路应用当中,人们也常常利用逻辑门的运算特性来实现一些特殊功能,比如与门等一些逻辑门可以被用来使能或者禁止某个信号在电路中的传输,异或门和同或门则可以用来选通某个信号的原信号或者其反信号。

17.2.4　实验内容与方法

(1) 以 74LS04 实现一个无符号的 4 位二进制原码取反码电路，要求采用拨动开关或跳线设置输入原码 $(X_3X_2X_1X_0)_B$，采用 LED 灯指示输出二进制反码 $(Y_3Y_2Y_1Y_0)_{1'C}$，测量结果填入表 17.3。

表 17.3　4 位二进制原码取反码实验电路测量结果

序号	输入 $(X_3X_2X_1X_0)_B$	输出 $(Y_3Y_2Y_1Y_0)_{1'C}$
1	0000	
2		
3		
4		

(2) 以 74LS08 为实验对象，验证与非门的逻辑功能，要求采用拨动开关或跳线设置输入 A 和 B，采用 LED 灯指示输出结果，测量结果填入表 17.4。

表 17.4　与门($Y=AB$)逻辑功能验证

输入		输出
A	B	Y
0	0	
0	1	
1	0	
1	1	

(3) 以 74LS86 为实验对象，验证异或门的逻辑功能，要求采用拨动开关改变输入 A 和 B，采用 LED 灯指示输出结果，测量结果填入表 17.5。

表 17.5　与门($Y=A\oplus B$)逻辑功能验证

输入		输出
A	B	Y
0	0	
0	1	
1	0	
1	1	

(4) 根据图 17.4 搭建电路，与门的一个输入 A 连接 1 kHz 方波信号，另一个输入 B 采用拨动开关或者跳线连接设置逻辑电平，用示波器观察输入 A、B 和输出 X 的波形信号。分别画出输入 B 保持高电平和低电平时的波形图，说明 B 在不同电平

条件下，输出 X 与输入 A 之间的关系。请从信号传输角度说明这种电路有何种用途。

(5) 根据图 17.5 搭建电路，异或门的一个输入 A 连接 1 kHz 方波信号，另一个输入 B 采用拨动开关或者跳线连接设置逻辑电平，用示波器观察输入 A、B 和输出 X 的波形信号。分别画出输入 B 保持高电平和低电平时的波形图，说明 B 在不同电平条件下，输出 X 与输入 A 之间的关系。请从信号处理角度说明这种电路有何种用途。

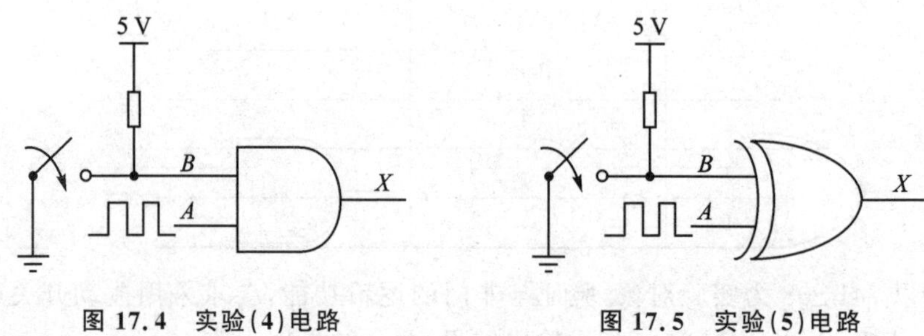

图 17.4　实验(4)电路　　　　图 17.5　实验(5)电路

17.2.5　实验操作内容

(1) 连接实验电路板和电源。

(2) 按预定的实验操作步骤操作。

(3) 解决实验过程中的异常情况。

(4) 记录实验结果。

(5) 实验数据处理与分析。

17.2.6　实验器材

(1) 实验电路板。

(2) 数字万用表。

(3) 实验元器件 74LS04、74LS08、74LS86 等。

17.2.7　实验报告要求

整理实验结果，并进行分析和总结。

17.2.8　思考题

(1) TTL 和 CMOS 与门/与非门的未用输入端是否可以悬空？如果可以请说明理由，如果不可以请给出正确的处理方法。

(2) 若将上述问题中的逻辑门类型换作或门/或非门，结论有何不同？同样请说明理由并给出正确的处理方法。

17.3　使用小规模集成电路实现逻辑功能的实验

使用基本门或者扩展门可以实现任何组合逻辑，这种电路实现方式称为使用小规模集成电路实现组合逻辑，而且任何组合逻辑都可以表示成“与或”逻辑或者“与或非”逻辑。只用与非门或者或非门的组合就可以执行与、或、非运算，所以它们又被称为通用逻辑门。“与或”逻辑和“与或非”逻辑又可用“与非－与非”逻辑和“或非－或非”逻辑的通用逻辑方式代替，为电路实现带来一定便利。

17.3.1　实验目的

(1) 熟悉小规模集成电路芯片的使用方法。

(2) 掌握组合逻辑电路的设计方法。

(3) 掌握数字电路的调试方法。

17.3.2　预习要求

(1) 掌握真值表、卡诺图等重要方法的原理和应用。

(2) 根据实验要求设计出逻辑图，选好器材，列出清单，做出验证逻辑功能的真值表。

(3) 学会查阅芯片的参数手册。

(4) 查看实验板电路图 U3、U28、U30 及有关区域，设计实验连线图。

17.3.3　实验原理

用基本门电路设计和实现组合逻辑电路的一般步骤如图 17.6 所示：

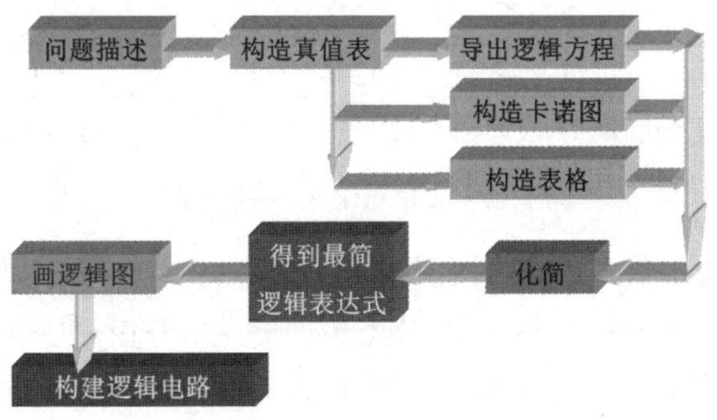

图 17.6　组合逻辑电路设计流程

例 17.3.1　用异或门进行以下电路的逻辑设计，某车间有 A、B、C、D 共 4 台用电设备，每台设备用电均是 10 kW，由 F 和 G 两台发电机供电，F 发电机组功率为 10 kW，G 发电机组为 20 kW。4 台设备工作情况是：①4 台设备不可能同时工作，但可能是任意两台或 3 台同时工作;②4 台设备不可能同时停机,即至少有一台设备在工作。试设计一个供电控制线路,既要保证设备的正常工作,又要节约电能。

解 (1)理论推导:A、B、C、D 这 4 台用电设备为事件的原因,应该作为输入变量。F 和 G 发电控制作为事件发生的结果,作输出变量。设备工作时为 1,停机时为 0;发电机发电时为 1,不发电时为 0。根据题意,4 台设备不可能同时停机,也不可能同时工作,即输入变量全"0"和全"1"是不允许出现的。做出真值表,如表 17.6 所示。

表 17.6　真值表

输入				输出		输入				输出	
A	B	C	D	F	G	A	B	C	D	F	G
0	0	0	0	Φ	Φ	1	0	0	0	1	0
0	0	0	1	1	0	1	0	0	1	0	1
0	0	1	0	1	0	1	0	1	0	0	1
0	0	1	1	0	1	1	0	1	1	1	1
0	1	0	0	1	0	1	1	0	0	0	1
0	1	0	1	0	1	1	1	0	1	1	1
0	1	1	0	0	1	1	1	1	0	1	1
0	1	1	1	1	1	1	1	1	1	Φ	Φ

根据真值表发电机 F 和 G 的卡诺图进行化简,如图 17.7 所示。

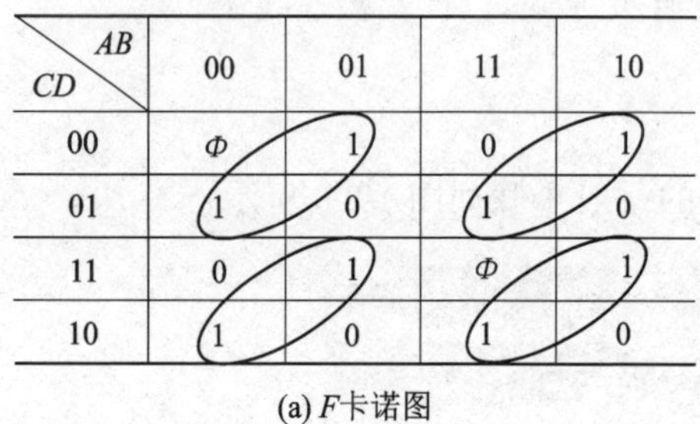

(a) F卡诺图

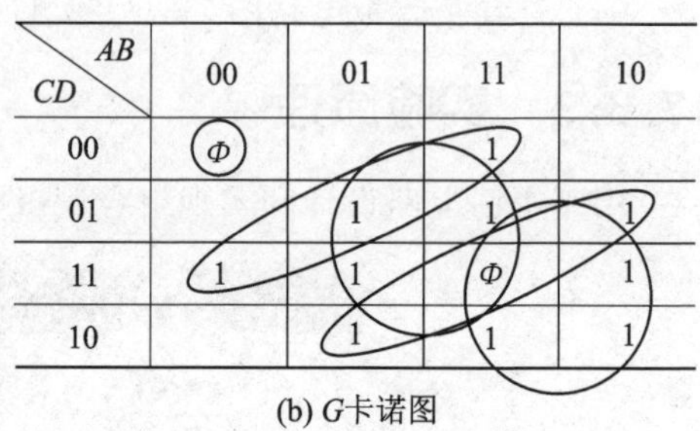

(b) G卡诺图

图 17.7　发电机 F 和 G 的卡诺图

化简 F 和 G 的函数表达式,斜圈卡诺图的方法是卡诺图的一个技巧。在 F 卡诺图,可以把 m_0、m_1、m_4、m_5 看成一组,从卡诺图中可以看出,自变量 $A=0$,$C=0$,自变量 B 和 D 不同时,$Y=1$,B 和 D 相同时,$Y=0$,符合异或关系,所以可以写成 $\overline{A}\,\overline{C}(B\oplus D)$。同理,把 m_2、m_3、m_6、m_7 看成一组,自变量 $A=0$,$C=1$,自变量 B 和 D 相同时 $Y=1$,B 和 D 不同时,$Y=0$,符合同或关系,所以可以写成 $\overline{A}C\overline{(B\oplus D)}$。化简时考虑到 F 和 G 的函数公共项,由此可以得到

$$F=\overline{AC}(B\oplus D)+\overline{A}C\overline{(B\oplus D)}+A\overline{C}\,\overline{(B\oplus D)}+AC(B\oplus D)$$

$$=\overline{(A\oplus C)}(B\oplus D)+(A\oplus C)\overline{(B\oplus D)}$$

$$=A\oplus C\oplus B\oplus D$$

$$G=\overline{A\oplus C\oplus B\oplus D}+AD+BC$$

$$=\overline{\overline{(A\oplus C\oplus B\oplus D)}\cdot\overline{AD}\cdot\overline{BC}}$$

(2) 逻辑电路图：根据最简逻辑表达式，可得 F 和 G 的逻辑电路图，如图 17.8 所示。

(3) 实验验证：在实验电路板上搭建该电路，并验证其逻辑功能是否正确。

17.3.4　实验内容及方法

(1) 根据图 17.8 搭建电路，输入 A、B、C、D 用拨动开关或跳线切换逻辑电平，输出 F、G 用 LED 灯指示，测试不同的输入组合并记录输出结果，验证电路功能是否符合设计目的。

(2) 采用通用逻辑门设计一个 1 位全加器，要求实现考虑带进位输入 C_{in} 的两个 1 位二进制数 A 和 B 的加法计算，输出包括本位和 Σ 和进位输出 C_{out}，建议使用与非门。请给出详细的分析过程，画逻辑电路图，搭建电路验证功能。

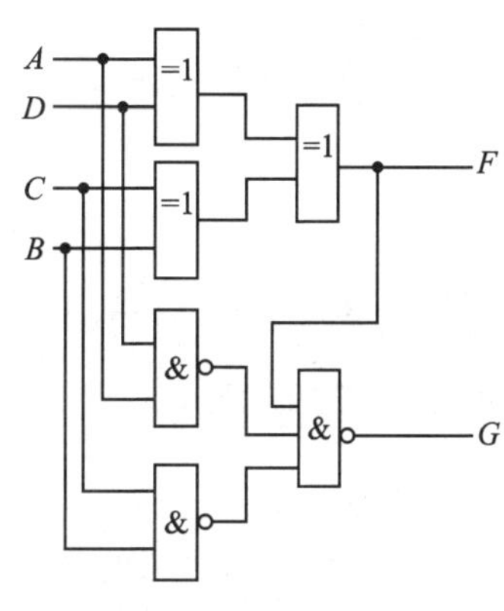

图 17.8　F 和 G 的逻辑电路

17.3.5　实验操作内容

(1) 连接实验电路板和电源。

(2) 按预定的实验操作步骤操作。

(3) 解决实验过程中的异常情况。

(4) 记录实验结果。

(5) 实验数据处理与分析。

17.3.6　实验器材

(1) 实验电路板。

(2) 数字万用表。

(3) 实验元器件 74LS00、74LS10、74LS86 等。

17.3.7　实验报告要求

整理实验结果，并进行分析和总结。

17.3.8 思考题

(1) 试设计一个判"9"电路，当输入一个4位二进制数的数值小于等于9时，输出Y为0，否则输出Y为1。该电路可用于筛选BCD数，在实现BCD数加法运算时需要用到该电路。

(2) 试设计一个二位数的比较器，输入分别是A_1A_0和B_1B_0，当$A_1A_0>B_1B_0$时，输出为01；当$A_1A_0<B_1B_0$时，输出为10；当$A_1A_0=B_1B_0$时，输出为11。

(3) 试设计一个带符号的4位二进制原码转反码电路，要求输入为$(X_3X_2X_1X_0)_B$，输出为$(Y_3Y_2Y_1Y_0)_{1'C}$，其中输入和输出的最高位均为符号位。

17.4 加法器实验

在数字系统中，经常需要进行算术运算操作，而其中最基本的算术运算就是加法运算。加法器是一种常用的组合逻辑函数。

17.4.1 实验目的

(1) 掌握半加器、全加器的工作原理与逻辑功能。

(2) 掌握集成加法器的应用。

17.4.2 预习要求

(1) 理解加法器的设计过程和设计方法。

(2) 阅读74LS283参数手册，总结归纳与实验有关的参数。

(3) 对实验题进行设计，写出设计的详细步骤，画出逻辑电路图。

(4) 查看实验板电路图U27及有关区域，设计实验连线图。

17.4.3 实验原理

数字逻辑当中的加法运算由二进制加法器实现，最基本的二进制加法器是一位半加器和一位全加器，其逻辑符号如图17.9所示，一位半加器和一位全加器的区别在于是否包含进位输入。

将若干个一位全加器以一定方式级联在一起可以实现多位二进制加法器。多位加法器需要解决各级全加器之间的进位问题，在进行电路设计时有串行进位方式和超前进位方式两种可以选择。

74LS283是集成4位二进制超前进位全加器，其引脚图如图17.10所示，其内部电路是由4个一位全加器通过超前进位方式级联组成，详见芯片参数手册。

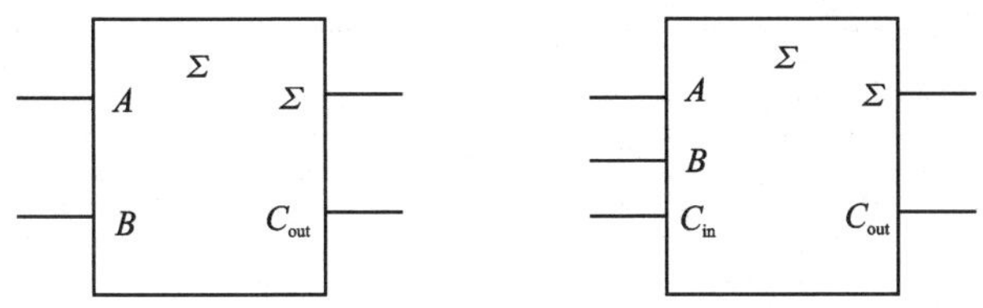

图 17.9 一位半加器和一位全加器的逻辑符号

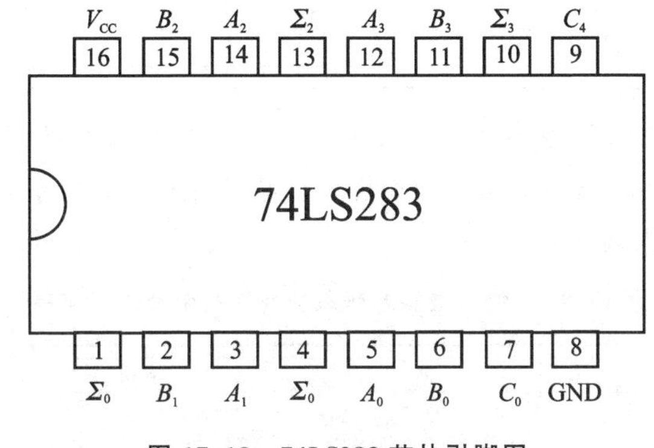

图 17.10 74LS283 芯片引脚图

74LS283 的基本功能是可以实现两个 4 位二进制数 $A_3A_2A_1A_0$ 和 $B_3B_2B_1B_0$ 带进位 C_0 的加法，结果表示为 $C_4\Sigma_3\Sigma_2\Sigma_1\Sigma_0$，其中 C_4 可作为进位输出用于进行芯片级联。更多位数的二进制全加器可通过 74LS283 的级联实现。

17.4.4 实验内容及方法

(1) 用门电路实现半加器。要求做出真值表、逻辑电路图，搭建电路，用 LED 灯指示其输出结果，验证其功能。

(2) 用门电路实现全加器。要求做出真值表、逻辑电路图，搭建电路，用 LED 灯指示其输出结果，验证其功能。

(3) 测试 74LS283 集成电路芯片的逻辑功能，具体实验步骤如下：按照芯片引脚图正确连接芯片的 Vcc 和 GND，用拨动开关或跳线连接和改变两个加数 $A_3A_2A_1A_0$ 和 $B_3B_2B_1B_0$，以及进位输入 C_0 的数值，用 LED 灯指示输出和数 $\Sigma_3\Sigma_2\Sigma_1\Sigma_0$ 和进位输出 C_4 的结果并记录在表 17.7 中。

表 17.7 74LS283 验证实验结果记录

输入			输出	
C_0	$B_3B_2B_1B_0$	$A_3A_2A_1A_0$	$\Sigma_3\Sigma_2\Sigma_1\Sigma_0$	C_4
0				

续表 17.7

输入			输出	
0				
0				
0				
1				
1				
1				
1				

(4) 利用 74LS283 实现一个无符号的 4 位二进制原码取补码电路，要求采用拨动开关或跳线改变输入原码$(X_3X_2X_1X_0)_B$，采用 LED 灯指示输出补码$(Z_3Z_2Z_1Z_0)_{2'C}$，测量结果填入表 17.8。

表 17.8　4 位二进制原码取补码实验电路测量结果

序号	输入 $(X_3X_2X_1X_0)_B$	输出 $(Z_3Z_2Z_1Z_0)_{2'C}$
1	0000	
2		
3		
4		

(5) 利用 74LS283 实现一个 8 位二进制全加器，要求画出电路图，通过软件仿真或者搭建电路验证功能。

17.4.5　实验器材

(1) 实验电路板。

(2) 数字万用表。

(3) 实验元器件 74LS00、74LS10、74LS86、74LS283 等，如有需要可行添加。

17.4.6　实验报告要求

根据实验要求，按实验步骤设计出逻辑电路图。

17.4.7　思考题

(1) 假设需要实现一个 5 位超前进位电路，请给出最高进位 C_5 的逻辑表达式；一般的，对于一个 n 位超前进位电路，能否给出最高位进位 C_n 的逻辑表达式？

(2) 请说明在上述利用 74LS283 实现一个 8 位二进制全加器的电路方案中使用

了哪种进位方式，请分析采用这种进位方式的优缺点。

(3) 试利用 74LS283 和判“9”电路实现一个 BCD 数加法器，请给出电路方案和仿真结果，搭建电路并验证电路功能。提示：将一个超过 9 的 4 位二进制数修改为 BCD 数，可以通过一个简单的“加 6(0110)”电路来实现，所得的 4 位和数就是个位的 BCD 数，进位就是十位的 BCD 数。

(4) 上述实现一个无符号的 4 位二进制原码取补码电路，现假设输入原码 $(X_3X_2X_1X_0)_B$ 为带符号数，其中低 3 位为数值位，最高位为符号位，请据此条件重新设计一个带符号的 4 位二进制原码转补码电路。

17.5 比较器实验

在逻辑运算时，往往需要对两个二进制数进行逻辑判断，区分它们的大小，这时就会用到比较器。

17.5.1 实验目的

(1) 掌握比较器的工作原理与逻辑功能。

(2) 掌握集成比较器的应用。

17.5.2 预习要求

(1) 复习比较器的工作原理，掌握用比较器设计比较电路的方法。

(2) 阅读 74LS85 的参数手册，列出实验的参数。

(3) 对实验题进行设计，写出设计的详细步骤，画出逻辑电路图。

(4) 查看实验板电路图 U24 及有关区域，设计实验连线图。

17.5.3 实验内容及方法

(1) 利用基本门实现一个 1 位比较器电路，要求电路包含两个输入端 A 和 B，3 个输出端 $F(A>B)$、$F(A<B)$和 $F(A=B)$，每次比较的输出只能有一个为高电平，表示结果为真。请给出电路方案，搭建电路验证逻辑功能。

(2) 验证 74LS85 的逻辑功能。

(3) 利用 74LS85 实现一个 8 位二进制比较器，请给出电路设计方案，并验证其功能。要求电路能对两个 8 位二进制数 $A_7A_6A_5A_4A_3A_2A_1A_0$ 和 $B_7B_6B_5B_4B_3B_2B_1B_0$ 进行比较，结果用 3 个输出信号 $F(A>B)$、$F(A<B)$和 $F(A=B)$进行指示，每次比较的输出只能有一个为高电平，表示结果为真。

17.5.4 实验器材

(1) 实验电路板。

(2) 数字万用表。

(3) 实验元器件 74LS00、74LS86、74LS85 等。

17.5.5 实验报告要求

根据实验要求,按实验步骤设计出逻辑电路图。

17.5.6 思考题

(1) 请设计一个 8 位二进制密码锁,要求按下确认键进行输入码和密码的比对,当输入失配时红灯亮,输入匹配时绿灯亮。写出完整的设计步骤,并验证其功能。

(2) 能否采用一种不同的电路方案实现上述密码锁?

(3) 在学习完本节之后,是否对于前述章节所谈论的判"9"电路有新的设计思路?

17.6 编码器实验

编码器是把外部变量编码变成数字电路可以处理的二进制变量的功能函数。

17.6.1 实验目的

(1) 掌握编码器的工作原理与逻辑功能。

(2) 掌握集成编码器的应用。

17.6.2 预习要求

(1) 复习编码器的工作原理,掌握用编码器对信号编码的方法。

(2) 阅读 74LS147、74LS148 的参数手册,列出实验的参数。

(3) 对实验题进行设计,写出设计的详细步骤,画出逻辑电路图。

(4) 查看实验板电路图 U14 及有关区域,设计实验连线图。

17.6.3 实验内容及方法

(1) 请用基本门实现一个 4－2 线普通编码器,要求高电平为有效输入电平,并且编码结果采用二进制原码形式输出。请给出完整设计方案,搭建电路验证逻辑功能。

(2) 请利用实验板键盘区作为输入,验证 74LS147 优先编码器的逻辑功能,用 LED 灯指示输出编码并将结果并记录在表 17.9 中。根据测试结果确定 74LS147 输入的有效逻辑电平(高电平/低电平)和输出的编码形式(原码形式/反码形式)。

表 17.9　实验结果记录表

按键	74LS147 输出				编码形式
	Y_3	Y_2	Y_1	Y_0	
—					
1					
2					
3					
4					
5					
6					
7					
8					
9					

(3) 试分析图 17.11 所示的逻辑电路，指出其功能，并通过软件仿真或搭建电路进行验证。

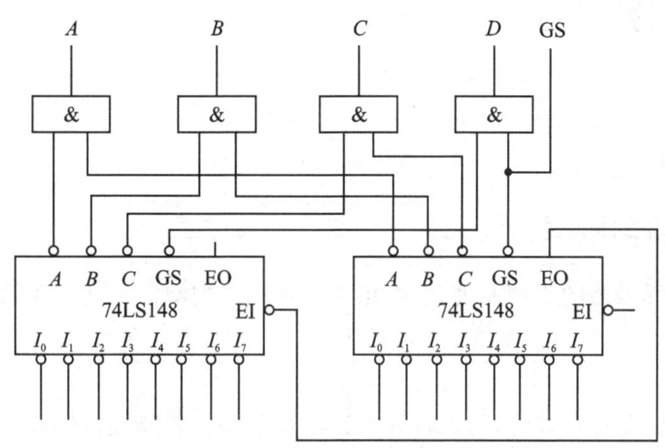

图 17.11　逻辑电路图

17.6.4　实验器材

(1) 实验电路板。

(2) 数字万用表。

(3) 实验元器件 74LS00、74LS10、74LS32、74LS147、74LS148 等。

17.6.5 实验报告要求

根据实验要求，按实验步骤设计出逻辑电路图。

17.6.6 思考题

(1) 针对实验训练中所涉及的 4－2 线普通编码器，假如同时给 4 个输入 I_0、I_1、I_2、I_3 中的 I_1、I_2 提供有效输入电平，试问编码输出结果是什么？请用软件仿真或搭建电路验证你的结果。

(2) 为了避免出现上问中可能遇到的问题，在使用编码器时应做哪些限制或者改进？

17.7 译码器实验

译码器的基本功能是检测输入端是否存在指定的代码，并通过指定的输出电平指示该代码的存在。

17.7.1 实验目的

(1) 掌握译码器的工作原理与逻辑功能。

(2) 掌握集成译码器的应用。

(3) 掌握译码与显示电路的构建原理与实现方法。

17.7.2 预习要求

(1) 复习译码器的工作原理，掌握用译码器将二进制信号进行译码转换的方法。

(2) 阅读 74LS48、74LS138 的参数手册，列出实验的参数，学习数码管参数与用法。

(3) 对实验题进行设计，写出设计的详细步骤，画出逻辑电路图。

(4) 查看实验板电路图 U4、U7、U10 及有关区域，设计实验连线图。

17.7.3 实验内容及方法

(1) 验证 74LS138 译码器的逻辑功能。

(2) 利用 74LS138 级实现一个 4－16 线译码器，要求给出逻辑电路图，搭建电路，验证其功能。

(3) 二进制译码器即最小项发生器，请根据这个思路，利用一片 74LS138 和少量逻辑门实现一个一位全加器，要求输入加数 AB 和进位输入 C_{in}，输出本位和 Σ 和进位输出 C_{out}。要求给出逻辑表达式，画出逻辑电路图，搭建电路，验证其功能。

17.7.4 实验器材

(1) 实验电路板。

(2) 示波器 Agilent DSO－X2012A。

(3) 实验元器件 74LS138、74LS48、2ES102、电阻等。

17.7.5 实验报告要求

根据实验要求,按实验步骤设计出逻辑电路图。

17.7.6 思考题

(1) 如果需要利用 4－16 线译码器 74LS154 实现一个 6 位二进制数译码器,应如何设计电路,请给出电路,并通过仿真或者搭建电路验证逻辑功能。

(2) 一般地,数字电路中可采用静态显示方式或动态显示方式使用数码管,如图 17.12 所示就是动态显示方式的电路原理图。请根据原理图,采用 1 个段译码器和必要的器件实现 3 个数码管的动态显示,要求把 1、2、3 三个数字分别显示在数码管上,请给出电路方案,通过软件仿真或搭建电路进行验证。提示:建议采用计数器和数据分配器实现数码管动态选通电路,关于计数器和数据分配器的详细用法说明请参考理论教材或本书后续的相关章节。

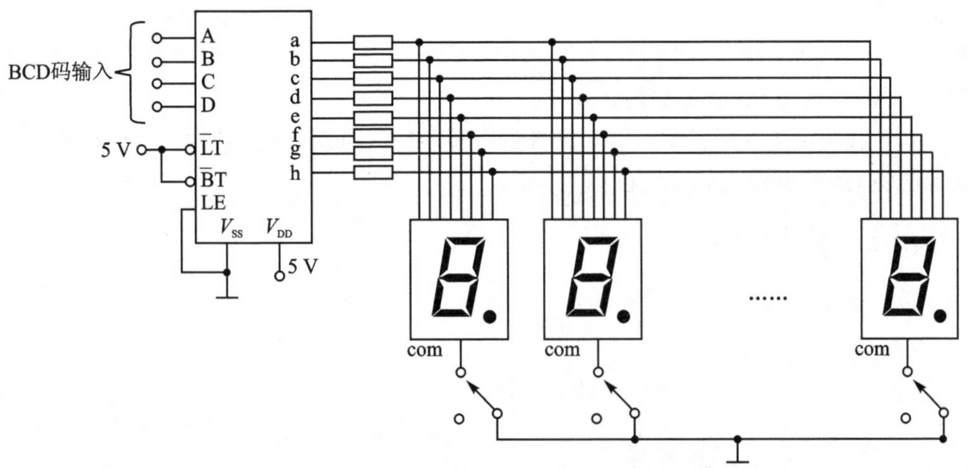

图 17.12　动态显示方式

17.8 代码转换函数实验

数字系统当中针对不同的应用存在着多种代码类型,比如二进制码、BCD 码、格雷码等,能够将一种类型的代码转换为另一种类型的代码的设备称为代码转换器。

17.8.1 实验目的

(1) 掌握数字电路系统中几种常见的代码,学习代码之间相互转换的原理和方法。

(2) 掌握几种基本的代码转换电路:BCD与二进制之间的转换、格雷码与二进制之间的转换。

17.8.2 预习要求

(1) 复习BCD-二进制、格雷码-二进制之间的代码转换算法和电路实现方法。

(2) 阅读74LS283、74LS86参数手册。

(3) 对实验题进行设计,写出设计的详细步骤,画出逻辑电路图。

(4) 查看实验板电路图U27、U28及有关区域,设计实验连线图。

17.8.3 实验内容及方法

(1) 利用74LS283实现一个4位二进制数转BCD码的代码转换电路,可参考17.4节的思考题(3),要求给出电路方案,搭建电路,验证功能。

(2) 利用74LS283实现一个特定的2位BCD码转二进制数的代码转换电路,限定该BCD数的十位仅可取0(0000)或1(0001),要求给出电路方案,搭建电路,验证功能。

(3) 利用74LS86实现一个4位二进制转4位格雷码的代码转换电路,要求给出电路方案,搭建电路,验证功能。

(4) 利用74LS86实现一个4位格雷码转4位二进制的代码转换电路,要求给出电路方案,搭建电路,验证功能。

17.8.4 实验器材

(1) 实验电路板。

(2) 数字万用表。

(3) 实验元器件74LS283、74LS86等。

17.8.5 实验报告要求

根据实验要求,按实验步骤设计出逻辑电路图。

17.8.6 思考题

请给出8位二进制和8位格雷码之间的代码转换电路方案,通过软件仿真或搭建电路验证功能。

17.9　数据选择/分配器实验

数据选择器(多路复用器)将数据从几条线路传送到一条线路上,数据分配器(多路解复用器)则将数据从一条线路分配到几条线路上。

17.9.1　实验目的

(1) 掌握数据选择/分配器的工作原理与逻辑功能。

(2) 掌握集成数据选择/分配器的电路应用与实现方法。

(3) 掌握用数据选择器和数据分配器构成组合逻辑应用电路的方法。

17.9.2　预习要求

(1) 复习数据选择/分配器的工作原理,掌握数据选择和数据分配的实现方法。

(2) 阅读 74LS151、74LS154 的参数手册,列出实验的参数。

(3) 对实验题进行设计,写出设计的详细步骤,画出逻辑电路图。

(4) 查看实验板电路图 U14 及有关区域。

17.9.3　实验原理

1. 多路分配

数据选择器和分配器组合起来,可实现多路分配,即在一条信号线上传输多路信号,图 17.13 为多路信号分配电路的示意图。这种分时地传送多路信息的方法在数字电子技术中经常被采用。

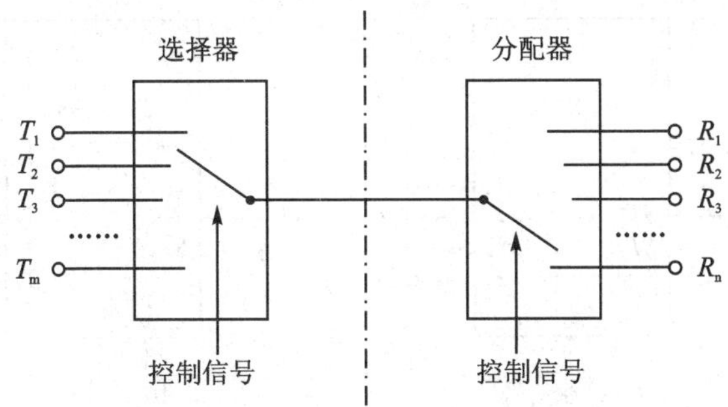

图 17.13　多路信号分配电路的示意图

2. 串-并行转换

数据选择器可将并行码变成串行码,而数据分配器可将串行码变成并行码。例如在计算机数字控制装置和数字通信系统中,系统内部数据采用并行传输,而系统之间数据往往采用串行传输,这就要求在数据发送端将并行形式的数据转换成串行的形式，若用数据选择器就能很容易完成这种转换，只要将欲变换的并行码送到数据选择器的信号输入端，使组件的控制信号按一定的编码（如二进制码）顺序依次变化，即可在输出端获得串行码输出；而在数据接收端又需要将串行形式的数据转换成并行的形式，则可用数据分配器来完成转换工作，需要注意的必须确保接收端的控制信号与发送端的控制信号相对应，如图 17.14 所示。

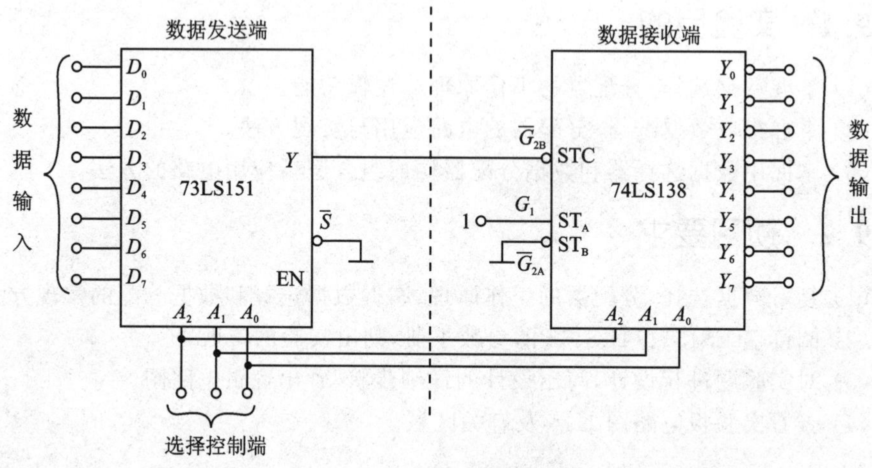

图 17.14 串并行转换电路逻辑图

3. 其他功能

数据分配器的电路结构类似于译码器，所不同的是多了一个输入端。实际上，可以用译码器集成电路充当数据分配器，比如图 17.15 所示的关于 74LS138 的两个应用电路，其中(a)电路是分配器用法，(b)电路是译码器用法。

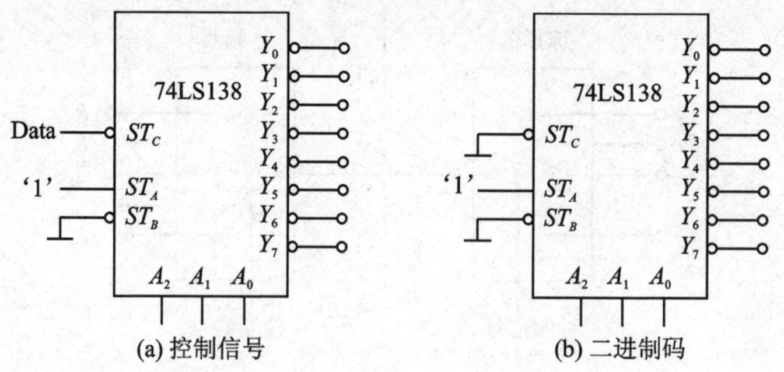

图 17.15 74LS138 的分配器用法和译码器用法电路

由于数据分配器和译码器在电路结构上的统一，可以利用数据分配器实现任何形式的逻辑函数，参见译码器章节关于利用 74LS138 实现逻辑函数的分析和示例。而数据选择器也可实现任何形式的逻辑函数，以下将通过利用 74LS151 实现一个逻辑函数为例进行分析和说明。

例 17.9.1　试用 74LS151 实现 $F(A,B,C,D)=\sum m(3,7,9,14,15)$。

解：为 $F(A,B,C,D)$ 建立卡诺图，如图 17.16(a)所示。

AB \ CD	00	01	11	10
00	0	0	1	0
01	0	0	1	0
11	0	0	1	1
10	0	1	0	0

(a) 4变量卡诺图

B \ CD	00	01	11	10
0	0	A	$\overline{A}$	0
1	0	0	1	0

(b) 降维卡诺图

图 17.16　卡诺图

令 $B=A_2$，$C=A_1$，$D=A_0$，则可做出对应于 8 选一选择器的降维卡诺图，如图 17.16(b)所示。则对于 74LS151，令 $D_0=D_2=D_4=D_5=0$，$D_7=1$，$D_1=D_6=A$，$D_3=\overline{A}$，即为图 17.17 所示的逻辑电路图。

17.9.4　实验内容及方法

(1) 测试 74LS151 的逻辑功能。

(2) 参照例 17.9.1 中介绍的降维卡诺图方法，采用一片 74LS151 加必要的门电路实现函数

$$F=ABC+A\overline{C}DF+\overline{B}CD+BC\overline{D}F+\overline{C}\,\overline{D}\,\overline{F}+CD\overline{F}。$$

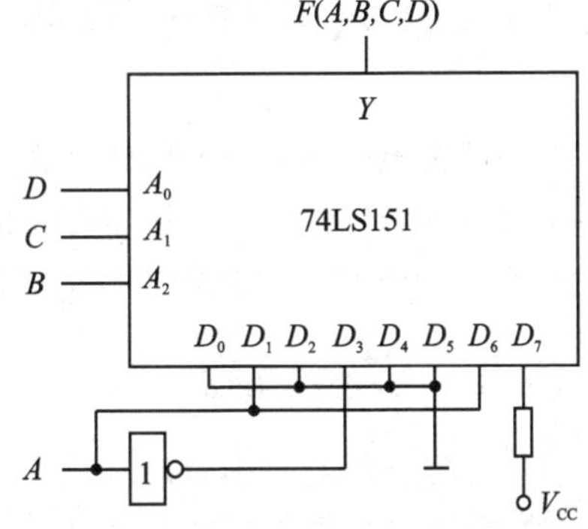

图 17.17　用 74LS151 实现逻辑函数

(3) 用数据选择器和数据译码器组成如图 17.14 所示电路。当数据信号为 10010100(高位在前)时，数据开关控制地址选择信号逐次递增，记录输出信息并填入表 17.10 中。

表 17.10　实验数据记录表

A_2	A_1	A_0	$\overline{Y}_7$	$\overline{Y}_6$	$\overline{Y}_5$	$\overline{Y}_4$	$\overline{Y}_3$	$\overline{Y}_2$	$\overline{Y}_1$	$\overline{Y}_0$

17.9.5 实验器材

(1) 实验电路板。

(2) 数字万用表。

(3) 示波器 Agilent DSO－X2O12A。

(4) 实验元器件 74LS151、74LS138、74LS04、74LS00 等。

17.9.6 实验报告要求

记录实验预习、实验过程、实验结果,分析实验数据等。

17.9.7 思考题

(1) 设计用 8 选一数据选择器构成 32 选一的逻辑图。

(2) 设计用 8 选一数据选择器实现一位全加器。

17.10 冒险和竞争的实验

组合逻辑电路中,当输入变量发生变化时,由于电路中器件的延迟时间和信号传播路径的不同,导致其后某个门电路的两个输入端发生有先有后的变化,称为竞争。竞争现象有时会产生逻辑错误,称为冒险。

17.10.1 实验目的

(1) 观察组合电路中冒险和竞争产生的原因。

(2) 掌握消除冒险和竞争方法。

17.10.2 实验预习要求

(1) 掌握组合电路产生冒险现象的原因、种类及消除方法。

(2) 掌握测试冒险现象的方法。

(3) 按实验要求设计出逻辑电路,并分析自己设计的逻辑电路,(不加冗余项)有几种可能产生冒险的现象,并设计出测试方法及消除冒险的方法。列出所需要门电路的清单。

17.10.3 实验原理

1. 竞争和冒险

1) 竞争现象

在设计组合电路时,还必须考虑到门电路延时时间 t_{pd} 的存在,事实上,信号经过不同的路径所产生的延迟时间不相同。各路径上的延迟时间不仅与信号经过的每个逻辑门延迟时间有关，而且与信号经过逻辑门的级数和导线的长短有关。多个输入信号经过不同路径到达同一输出端的时间存在着时差，这种现象称为竞争。

如图 17.18(a)所示电路的函数表达式为 $F=A+\overline{A}$，由于到达与门的输入端信号 A 和信号 $\overline{A}$ 之间有时间差，经与门相与后产生了一个不希望出现的干扰脉冲(与门消耗了 1 个 t_{pd} 的时间)。如果输入端只是单个信号发生变化而引起的竞争，则称为逻辑竞争。如果输入端是几个互相独立的信号发生变化，且由于延迟时间的不同而产生的竞争，则称为功能竞争。

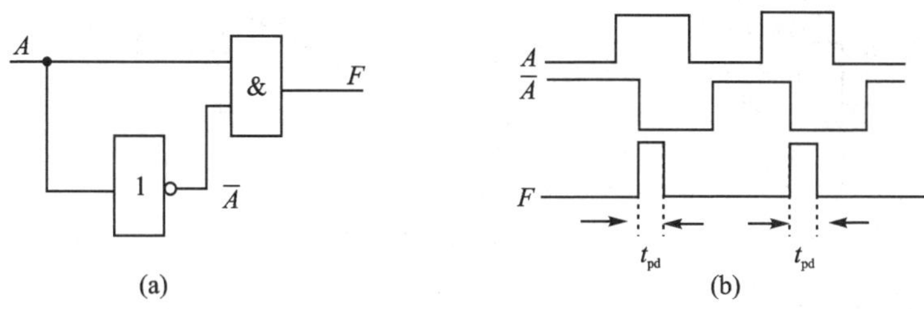

图 17.18　逻辑竞争和冒险电路图及波形

2) 冒险现象

在组合逻辑电路中，如果竞争结果使稳态输出的逻辑关系受到短暂破坏，出现不应有的干扰脉冲，如图 17.18(b)所示波形图中 F 的输出了一个干扰脉冲，这种现象称为冒险。由逻辑竞争引起的冒险称为逻辑冒险，由功能竞争引起的冒险称为功能冒险。

竞争和冒险有可能使所设计的逻辑电路产生不应有的结果，因此是逻辑设计中必须考虑的实际问题。

2. 逻辑冒险的判别

1) 代数法判别法

在只有一个输入变量改变状态的情况下，可以通过观察和简化逻辑函数来判断组合电路中是否有存在冒险的现象。观察函数表达式，如果在表达式中既含有原变量之积或和项，又含有它的反变量之积或和项，就可以把此二项中的其余变量取值为“1”或“0”，如果所得到的结果出现 $A+\overline{A}$ 项或者出现 $A\cdot\overline{A}$ 项，电路就存在竞争冒险。

例 17.10.1　判别图 17.19 中是否存在竞争冒险。

解：图 17.19(a)电路的逻辑表达式为

$$F=\overline{\overline{AB}\cdot\overline{\overline{A}C}}=AB+\overline{A}C$$

当变量 B 和变量 C 不变，只有变量 A 变化，即 $B=C=1$ 时，公式可化成 $F=A+\overline{A}$，电路存在竞争冒险。

图 17.19(b)所示电路的逻辑表达式为

$$F=\overline{\overline{A+B}\cdot\overline{\overline{A}+C}}=(A+B)(\overline{A}+C)$$

当变量 B 和变量 C 不变，只有变量 A 变化，即 $B=C=0$ 时，公式可化成 $F=A\cdot\overline{A}$，电路存在竞争冒险。

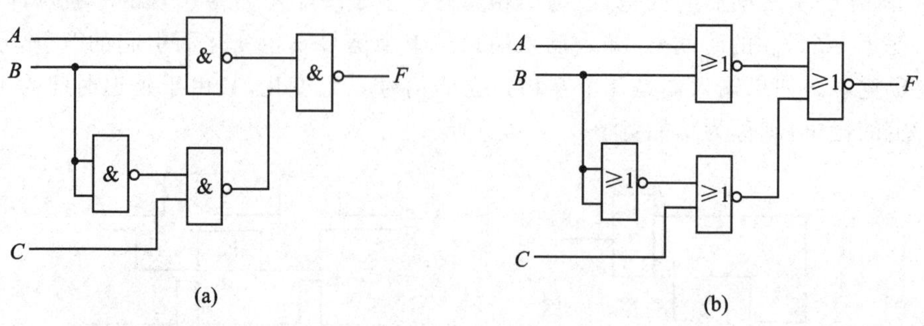

图 17.19 逻辑电路

2）卡诺图判别法

用卡诺图法来判断逻辑函数的电路是否可能产生冒险比代数法更加直观。按通常的卡诺图化简法把逻辑函数填入卡诺图中，并画出卡诺圈。如果两卡诺圈之间存在不被同一卡诺圈包含的相邻最小项，即两个卡诺圈存在"相切"，则该电路可能产生竞争冒险现象。

例 17.10.2 判别图 17.20 中是否存在竞争冒险。

解：按正常化简方法填入卡诺图中，如图 17.20(a)所示，可以发现两个卡诺圈间有相邻最小项。当 $B=C=1$ 时，A 从"1"→"0"，相当于输入变量 A、B、C 从"111"→"011"。从卡诺图上看，是从一个卡诺圈变化进入到另一个卡诺圈，电路发生了竞争冒险。

A \ BC	00	01	11	10
0	0	1	1	0
1	0	0	1	1

(a) $F=AB+\overline{A}C$

A \ BC	00	01	11	10
0	0	0	0	1
1	1	1	0	1

(b) $F=A\overline{B}+B\overline{C}$，存在竞争冒险

AB \ BC	00	01	11	10
00	0	0	0	1
01	0	0	0	1
11	0	0	0	0
10	1	1	1	1

(c) $F=\overline{A}C\overline{D}+A\overline{B}$，存在竞争冒险

A \ BC	00	01	11	10
0	1	1	0	0
1	0	0	1	1

(d) $F=AB+\overline{A}\overline{B}$，不存在竞争冒险

图 17.20 几种常见的判别法

无论是代数法或卡诺图法，只能判断该组合电路是否可能产生竞争冒险现象，但是究竟是否会产生竞争冒险现象，或产生的竞争冒险现象对电路的功能产生何种影响，最后还是要靠对实际电路的测量加以确认。

3. 逻辑冒险的消除

1）增加冗余项

逻辑冒险可以通过重新设计电路来消除冒险，也可以通过在逻辑表达式中增加冗余项的方法来消除竞争冒险，目的是使函数不能化成 $F=A+\overline{A}$ 或者 $F=A\cdot\overline{A}$ 的形式，缺点是增加了电路结构的复杂性。

以图 17.20(a)卡诺图为例，图中增加了虚线所示的卡诺圈后，如图 17.21 所示，化简后的函数表达式为 $F=AB+\overline{A}C+BC$，可消除竞争冒险的现象。

2）滤波电容

在组合逻辑电路中，由竞争冒险而产生的干扰脉冲一般情况下宽度很窄，所以在电路的输出端和地线之间接一个小的滤波电容消除干扰脉冲，如图 17.22 所示。由于竞争冒险而产生的干扰脉冲的宽度与门电路的传输延迟属于同一数量级，因此，在 TTL 门电路中，只要选择几百 pF 以下的电容，就可以把瞬间的干扰脉冲抑制在下一级门电路的阈值电压以下，从而消除电路中的竞争冒险现象。电容的容量要实测决定。电容过大会破坏脉冲的前沿，一般适合低速的逻辑电路中。

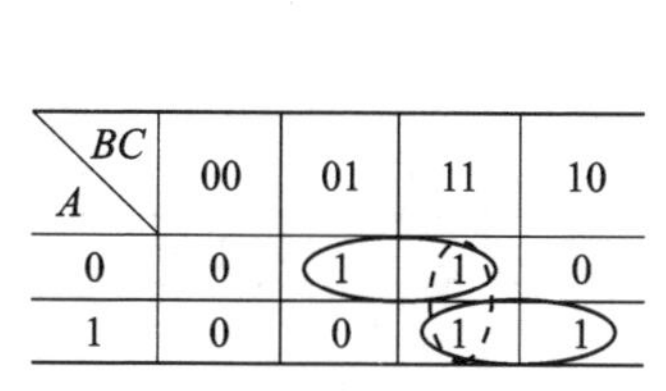

A \ BC	00	01	11	10
0	0	1	1	0
1	0	0	1	1

图 17.21　增加了冗余项

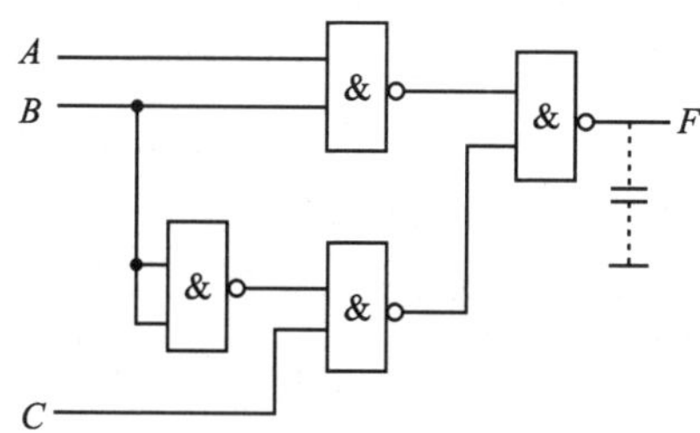

图 17.22　电路的输出端加滤波电容

3）加选通脉冲

由竞争而产生的干扰脉冲只是发生在输入信号变化的瞬间，因此在这段时间先把门封锁，在干扰脉冲过后，电路进入稳态时，再加入选通脉冲，选取输出结果。要注意的是，选通信号的作用时间要合适。如图 17.23 所示，尽管电路的输入信号发生变化时，电路会发生竞争和冒险，但是门 G 选通脉冲的低电平封锁了门 G。等到电路进入稳态时，选通信号的高电平打开了门 G，信号顺利地输出。

以上为解决竞争冒险的几种常用方法，在逻辑电路的设计中要根据实际情况加以选择。竞争冒险作为产生噪声的重要原因之一，必须认真对待，在进行组合逻辑电路设计时，除了要进行静态测试、验证其逻辑功能外，还要进行动态测试，在输入信号发生变化情况下，用示波器观察输出信号，确定是否存在冒险现象。如果产生的冒险

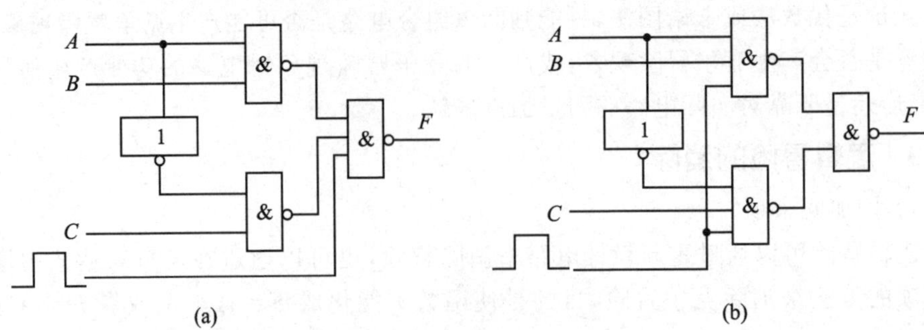

图 17.23　加了选通脉冲后的电路

对电路正常工作带来不良影响,则必须采取措施来消除。

17.10.4　实验内容

实现表 17.11 所列的逻辑函数,观察可能会出现的冒险现象。

表 17.11　真值表

输　入				输　出	输　入				输出
A	*B*	*C*	*D*	*F*	*A*	*B*	*C*	*D*	*F*
0	0	0	0	0	1	0	0	0	1
0	0	0	1	0	1	0	0	1	0
0	0	1	0	0	1	0	1	0	1
0	0	1	1	1	1	0	1	1	1
0	1	0	0	0	1	1	0	0	1
0	1	0	1	0	1	1	0	1	1
0	1	1	0	0	1	1	1	0	0
0	1	1	1	1	1	1	1	1	1

1) 按图 17.24 所示的卡诺图设计出逻辑电路图,并验证其静态功能。

2) 分析在什么样的码组输入时,逻辑函数会产生冒险。

3) 对有可能产生冒险现象中的一组码制组合,其对应的一个变量,改为输入 100 kHz 脉冲信号,其余变量用拨动开关或跳线设置相应的逻辑状态表示,并在 *F* 端观察波形,作好记录。

AB \ *CD*	00	01	11	10
00	0	0	1	0
01	0	0	1	0
11	1	1	1	0
10	1	0	1	1

图 17.24　对应表 17.11 的卡诺图

4) 用并联电容来抑制冒险现象。观察对脉冲边沿的影响,用示波器作定量记录。窄脉冲的幅度小于 0.8 V 时,可以认为冒险现象已经消除。

5）用加冗余项来消除冒险现象，作出逻辑图，进行电路实验并记录波形。

17.10.5　实验器材

（1）实验电路板。

（2）示波器 Agilent DSO－X2012A。

（3）实验元器件基本门和电容自定。

17.10.6　实验报告要求

（1）电路设计过程。

（2）记录电路静态逻辑功能及测试情况。

（3）记录冒险波形。

（4）给出排除冒险的电路方案。

（5）用旁路电容消除冒险时对脉冲的影响有多大，并分析电容大小对消除冒险现象的作用。

17.10.7　思考题

（1）是否在数字逻辑电路中的竞争都可能产生冒险？说明理由。

（2）用并联电容来抑制冒险现象时，如果电容过大，电路可能会出现什么不良现象？

第 18 章

脉冲电路实验

脉冲是数字电路信息表达、传送和接收、处理和存储的基本形式，正确地理解认识脉冲是数字电路的重要内容之一；表征脉冲的物理量及其测试（频率、周期、振幅、脉宽、占空比、上升沿、下将沿、过冲、欠冲、稳定度）是每一位电子硬件工程师的必修课；脉冲之间的关系（即时序图）的判读是电子工程师的基本功；而多谐振荡器与时钟产生电路是每一个数字系统所必不可少的；熟悉波形调整的技巧与施密特触发器的使用，则可以提高电子工程师电子产品的设计技巧。

18.1 基础知识

18.1.1 认识理解脉冲信号

脉冲信号是指在短时间内出现的电压或电流信号。一般来讲，凡是不具有连续正弦波形状的信号，都可以称为脉冲信号。如图 18.1 所示电子电路中常出现的几种脉冲。

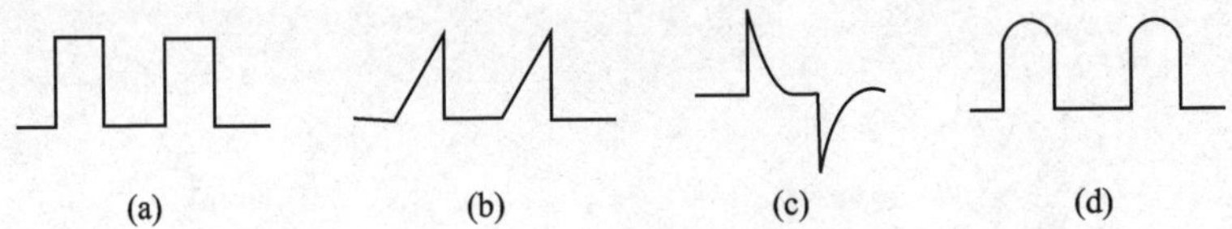

图 18.1 (a)矩形波；(b)锯齿波；(c)微分波；(d)钟形波

数字电路工作时，电路的外在特性表现为在高电压和低电压状态之间来回变化的矩形波。图 18.2(a)表示一个从正常高电压到低电压，再回到高电压所产生的一个反向脉冲（负脉冲）。图 18.2(b)表示一个从正常低电压开始，到高电压，再回到低电压所产生的一个正向脉冲（正脉冲）。这一系列的脉冲形成了数字电路的数字波形。矩形脉冲是数字电路工作的基本模式，没有脉冲就没有数字电路；数字电路中所有的信息都是以脉冲的形式接收和处理、并传送到另一块电路的；因此认识脉冲是学习数字电路的第一步。

理想的矩形脉冲如图 18.2 所示，脉冲有两条边：在 t_0 时刻出现前沿（leading

edge)，在 t_1 时刻出现后沿(trailing edge)。在一个正向脉冲里，前沿是上升沿(rise edge)，后沿是下降沿(fall edge)。图 18.2 所示的脉冲为理想状态下的，因为它假设上升沿和下降沿的变化是在 0 秒内完成的(即瞬间)。在工程实践中就算最佳状况下，这种矩形脉冲也是不可能出现的。

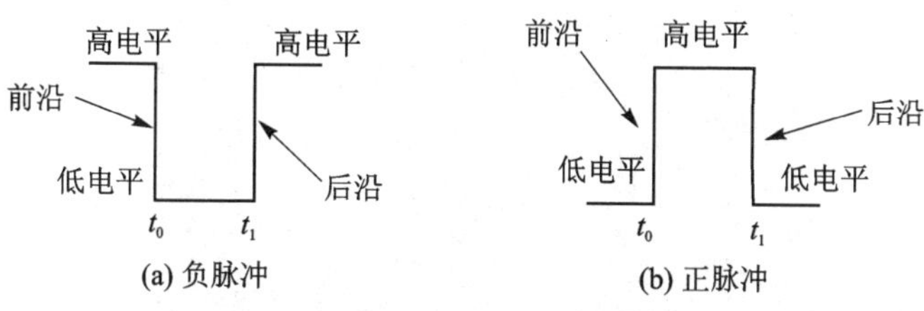

图 18.2　矩形脉冲

图 18.3 所示的则是一个非理想状态下的脉冲。从低电平到高电平所需的时间称为上升时间(rise time，t_r)，从高电平到低电平所需的时间称为下降时间(fall time，t_f)。在工程实践中，测量上升时间通常是从 10%脉冲幅度(相对于基线的高度)处到 90%脉冲幅度处，测量下降时间则是从 90%幅度处到 10%幅度处。上升时间和下降时间不包括脉冲项部和底部的 10%，因为这部分是非线性的。一般将上升沿和下降沿之间 50%处定义为脉冲宽度(pulse width，t_w)，即持续时间，如图 18.3 所示。

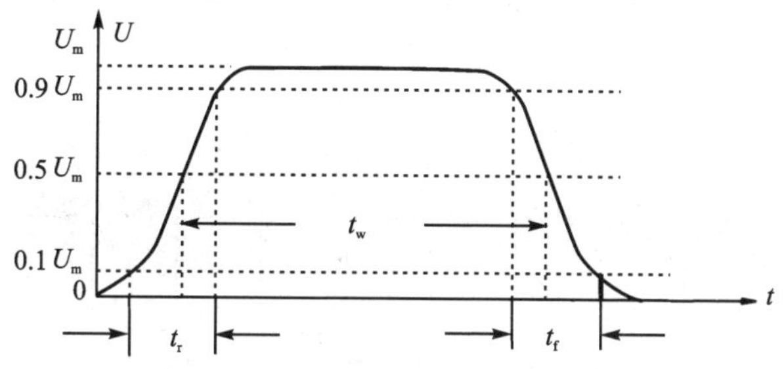

图 18.3　非理想状态下的脉冲特征

对于高速数字电路由于传输路径阻抗不匹配引起波形的反射和叠加，在示波器上可以观测到过冲(overshoot)、欠冲(undershoot)及振铃(ringing)；如图 18.4 所示是示波器显示的一种实际数字信号波形，这 3 种现象是评判电路传输特性的重要指标；要把它们控制在电平容限范围之内，否则会引起逻辑错误。

在数字系统里，用示波器观测电路中的某一个测试点，会得到由一串脉冲所组成的图形，称之为数字波形；这些脉冲称之为脉冲序列，可分为周期性的和非周期性的。周期性波形也就是在一个固定的间隔里不断重复，称这个间隔为周期(T)。频率(f)则是重复的速度，单位是赫兹(Hz)。而一个非周期性脉冲波形则不会在一个固定的间隔里重复，它可能由脉冲宽度不定的脉冲组成，也有可能由时间间隔不定的脉冲组

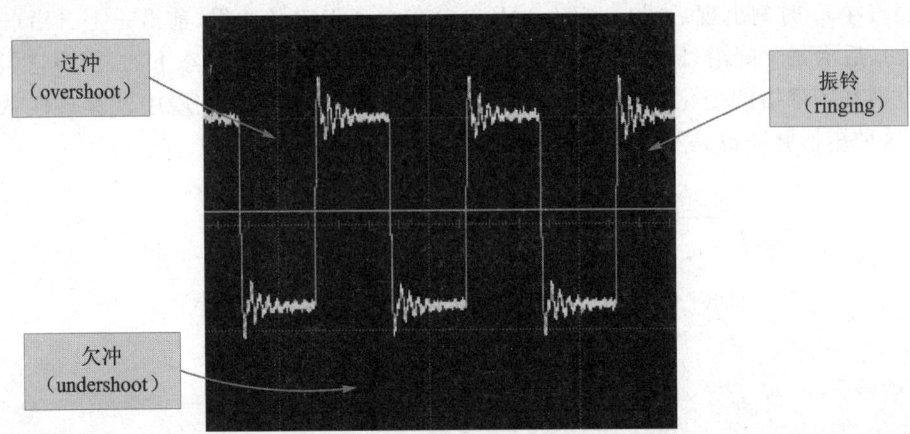

图 18.4 高速脉冲电路中的过冲、欠冲和振铃

成,如图 18.5 所示。

脉冲波形的频率就是其周期的倒数,它们之间的关系如下所示:

$$\text{频率}\ f=\frac{1}{T} \tag{式 18.1}$$

$$\text{周期}\ T=\frac{1}{f} \tag{式 18.2}$$

周期性数字波形的一个重要特征就是它的占空比,占空比是脉冲宽度(t_w)占周期(T)的百分比。

$$\text{占空比}=\frac{t_W}{T}\times 100\% \tag{式 18.3}$$

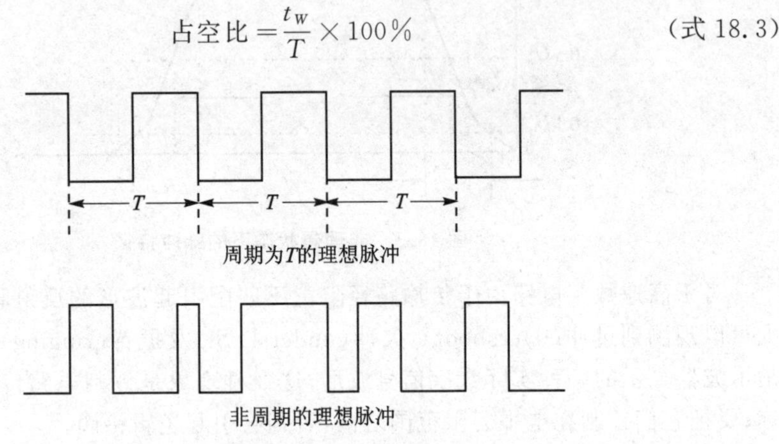

图 18.5 周期脉冲与非周期脉冲波形

数字电路系统中绝大多数的信号是非周期脉冲信号。

18.1.2 数字波形表示的二进制信息

数字系统处理二进制信息就像波形里出现的位一样。当波形为高电平时,会出现二进制 1;当波形为低电平时,会出现二进制 0。每个位在一个序列里所占的固定时间间隔称为位时间(bit time)。

在数字系统中,所有的波形都与一个基本时序波形同步,称之为时钟。它是周期性波形,脉冲(周期)之间的间隔等于一个位的时间。时钟是数字电路的心脏和时间尺度,没有时钟就没有数字电路,时钟不准确会导致数字电路工作混乱;一般数字电路时钟的稳定度都要求在皮秒(ps)级。

图 18.6 所示为一个时钟波形。注意,在这种情况下,脉冲波形的变化都是发生在时钟波形的前沿。

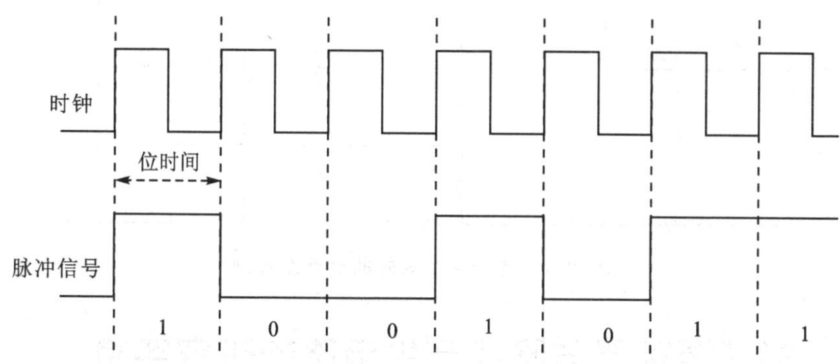

图 18.6　一个示例:时钟波形与用波形表示的二进制信息

在其他情况下,电平的变化发生在时钟的后沿。在每个位时间之内,波形可为高电平也可为低电平。这些高电平和低电平形成了图 18.6 所示的位的序列。一组位就可作为二进制信息来使用,如数字或字母。而时钟波形本身不传输任何信息。本例中时钟是周期性的,在数字系统中,时钟的周期性不是必需的,总体而言,时钟的上升沿和下降沿与脉冲信号之间的相对关系更重要,这种相对关系称为时序图。

18.1.3　时序图判读

时序图就是数字波形的曲线图,它表示两个或两个以上电路观测点上由示波器在一段时间内记录的各自的脉冲波形(或者期望的理想波形),同时还表示了每个波形与其他波形相关联而发生变化的互动关系。图 18.6 表示了时钟波形和一个波形脉冲在时间上的关系。

通过观察时序图,工程师可以及时确定在特定点上所有波形的状态(高或低)以及一个波形相对于其他波形改变状态的确切时间。图 18.7 是由 4 个波形组成的时序图示例。比如,从这个时序图中可以看出,开始时,有 3 个波形 Q_0、Q_1 和 Q_2 都为低电平状态,只有在位时间 6 期间是同时处于高电平状态,在位时间 6 的末端,这几个波形全部变回为低电平状态。而且所有的改变都发生在时钟信号的上升沿。

时序图形象地表达了一组数字信号相互之间的逻辑关系,是工程师判断电路是否正常工作的一个依据;因此正确判读时序图是每一个电子工程师必须掌握的技能。

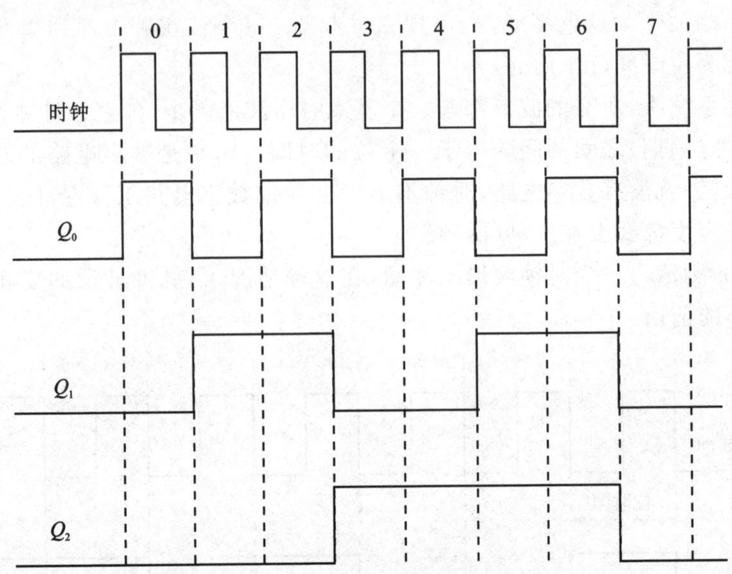

图 18.7　包含 4 个信号的时序图示例

18.2　多谐振荡器与脉冲产生电路的研究实验

多谐振荡器是数字电路时钟的发生器，是数字电路的心脏。从"0"和"1"上理解多谐振荡器可真正掌握其本质。

18.2.1　实验目的

(1) 初步掌握多谐振荡器的工作原理。

(2) 学习几种数字电路构成的多谐振荡器。

(3) 掌握数字脉冲波形的调整方法。

18.2.2　预习要求

(1) 理解 555 工作原理并画出工作过程图。

(2) 阅读 555 参数手册列出关键参数表。

(3) 计算产生 1 kHz 方波合适的电子元件参数。

(4) 熟悉实验原理图和电路板实物图并建立起联系。

(5) 编写自己的实验操作步骤。

(6) 设计实验数据记录表。

18.2.3　振荡的原理

数字电路的工作总是处于两个简单的状态，"0"状态和"1"状态；如果让电路周而复始地自动在“0”和“1”这两个状态之间来回变化，不就产生脉冲了吗？如何利用数字电路已经学过的知识来实现这种自动变换；前面已经学习过“V_{IL}”和“V_{IH}”的概念，如果能让某个电压不停地在“V_{IL}”和“V_{IH}”之间变化不就可以了吗？而电容的充电和放电过程，不就正好满足这种需求吗？这就是多谐振荡器核心思想。

多谐振荡器是一种能产生矩形波的自激振荡器，也称矩形波发生器。“多谐”指矩形波中除了基波成分外，还含有丰富的高次谐波成分。多谐振荡器没有稳态，只有两个暂稳态。工作时，电路的状态在这两个暂稳态之间自动地交替变换，由此产生矩形波脉冲信号，常用作脉冲信号源及时序电路中的时钟信号发生器。因为没有稳定的工作状态，多谐振荡器也称为无稳态电路。具体地说，如果一开始多谐振荡器处于 0 状态，那么它在 0 状态停留一段时间后将自动转入 1 状态，在 1 状态停留一段时间后又将自动转入 0 状态，如此周而复始地输出矩形波。

如图 18.8 所示的电路是最简单的多谐振荡器，电路中利用深度正反馈，通过阻容耦合使两个晶体三极管器件交替导通和截止，从而自激产生方波输出的振荡器；图中 Q_1 可以选用 3CK3，Q_2 可以选用 3DK7，$R_1=R_5=4.7\ \text{M}\Omega$，$R_2=R_4=3.9\ \text{k}\Omega$，R3＝R6＝12 kΩ，$C_1=C_2=0.1\ \mu\text{F}$。

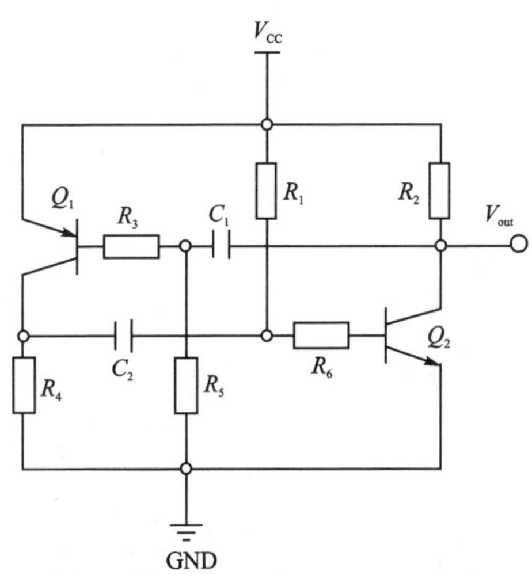

图 18.8　由一个 PNP 晶体三极管和一个 NPN 晶体三极管构成的自激振荡电路

18.2.4　LM555 定时器和基于 LM555 的多谐振荡器工作原理

LM555 定时器的电路结构，如图 18.9 所示，由以下几部分组成：

1）3 个 5 kΩ 电阻组成的分压器；

2）两个电压比较器 C_1 和 C_2；特性如图 18.10 所示；

3）一个基本 S－R 锁存器；特性如图 18.11 所示；

4）一个放电三极管 T 及用做于输出缓冲器的反向器 G。

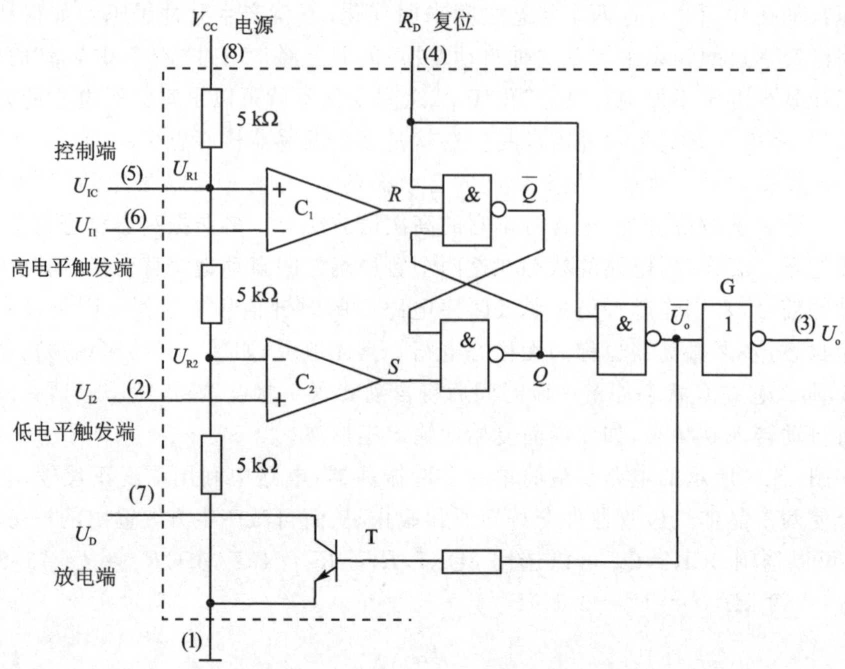

图 18.9　定时器 555 内部结构图

电压比较器 C_1 和 C_2 特性：若 $U_+>U_-$，则 U_o 为高电平，若 $U_+<U_-$，则 U_o 为低电平。

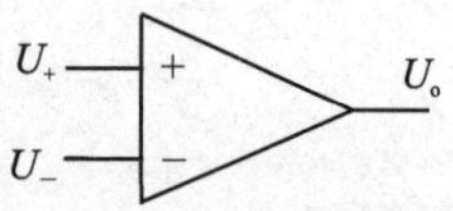

图 18.10　电压比较器

1. 基本 S－R 锁存器特性

其特征方程为：

$$Q^{n+1}=\overline{\overline{S}\overline{Q}}=\overline{S\overline{R Q}}=\overline{S}+RQ^n$$

R	S	Q^n	Q^{n+1}	功能
0	0	0	×	不定
		1	×	
0	1	0	0	置0
		1	0	
1	0	0	1	置1
		1	1	
1	1	0	0	保持
		1	1	

图 18.11　基本 S－R 锁存器及其功能表

LM555 定时器的工作原理：

1）图 18.9 中，复位输入端标号为 LM555 的 4 脚(R_D)，当 R_D 为低电平时，不管其他输入端的状态如何，输出 U_O 为低电平。因为 R_D为 S－R 锁存器直接置零端；所以，R_D 必须为高电平，LM555 才能工作。

2）图 18.9 中，电压控制端标号为 LM555 的 5 脚，当其悬空时，由于电阻的分压作用，比较器 C_1 正端电压为 $2/3V_{CC}$ 和比较器 C_2 的负端电压分别和 $1/3V_{CC}$。

3）图 18.9 中，低电平触发端为 LM555 的 2 脚，连接到比较器 C_2，高电平触发端为 LM555 的 6 脚，连接到比较器 C_1；低电平触发电压与 $1/3V_{CC}$ 比较，高电平触发电压与 $2/3V_{CC}$ 比较；比较器 C_1 的输出为 S－R 锁存器的 R，比较器 C_2 的输出为 S－R 锁存器的 S，从而控制 RS 触发器，决定输出状态。功能如表 18.1 所示。

表 18.1　LM555 定时器功能表(U_{IC} 端开路时)

U_{I1} 高电平触发端	U_{I2} 低电平触发端	R 端	S 端	R_D 复位端	U_O 输出端	放电管 T	功能
×	×	×	×	0	0	导通	复位
$<2/3V_{CC}$	$<1/3V_{CC}$	1	0	1	1	截止	置 1
$>2/3V_{CC}$	$>1/3V_{CC}$	0	1	1	0	导通	置 0
$<2/3V_{CC}$	$>1/3V_{CC}$	1	1	1	不变	不变	保持

2. 基于 LM555 的多谐振荡器工作原理

用 LM555 设计多谐振荡器电路比较简单，如图 18.12 所示，由两个电阻和两个电容组成；低电平触发端 2 脚和高电平触发端 6 脚一起连接到电容器 C，充电回路由 R_1、R_2 和电容器 C 构成，放电回路则由 R_2 和电容器 C 构成。LM555 多谐振荡器电路中电容上的电压波形如图 18.13 所示。

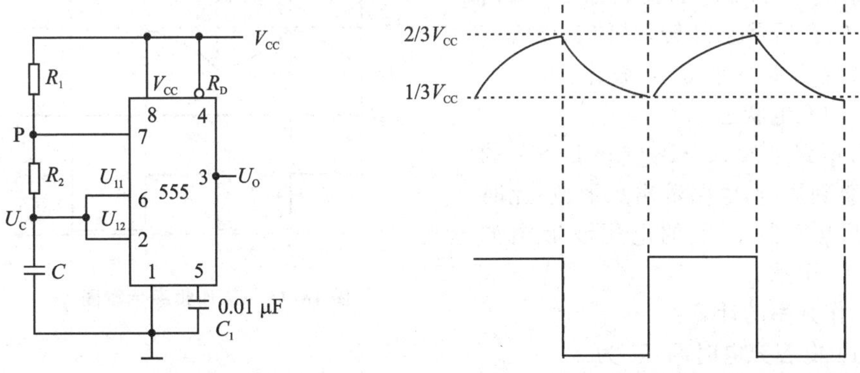

图 18.12　LM555 多谐振荡器电路图　　图 18.13　LM555 多谐振荡器电路中电容上的电压波形

工作过程如图 18.14 所示，上电时由于 LM555 置零端第 3 脚接在电源上，芯片处于工作状态；此时电容 C 上的电压 U_C 为 0，比较器 C_1 的输出 $R=1$，比较器 C_2 的输出 $S=0$，则晶体三极管 T 的基极为低电平 0，T 截止，电源通过电阻 R_1 和 R_2 对电容 C 充电，并且当U_C小于$1/3V_{CC}$时，电路的各部分没有任何变化；电容C继续充电。

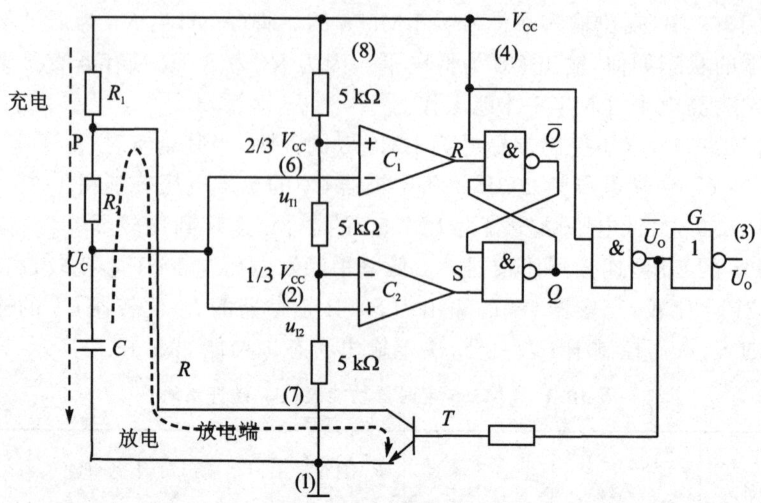

图 18.14 LM555 多谐振荡器电路工作过程图

A. 当Uc充电到大于$1/3V_{CC}$而小于$2/3V_{CC}$时，比较器C_2输出$S=1$，比较器C_1输出$R=1$，锁存器状态不变，晶体三极管T的基极维持为低电平0，T截止，电容C继续充电。

B. 当U_C大于$2/3V_{CC}$时，比较器C_2输出$S=1$，比较器C_1输出$R=0$，锁存器状态翻转，晶体三极管T的基极变为高电平1，T导通，电容C通过R_2和T回路放电。

C. 当U_C放电到小于$2/3V_{CC}$而大于$1/3V_{CC}$时，比较器C_2输出$S=1$，比较器C_1输出$R=1$，锁存器状态不变，晶体三极管T的基极维持为高电平1，T导通，电容C继续通过R_2和T回路放电。

D. 当U_C放电到小于$1/3V_{CC}$时，比较器C_2输出$S=0$，比较器C_1输出$R=1$，锁存器状态翻转，晶体三极管T的基极变为低电平0，T截止，电容C又回复到充电状态。

E. 电路进入A→B→C→D→A的循环，直到短电，电路输出矩形波；此时对应于电容器C上的电压波形图如图18.15所示。

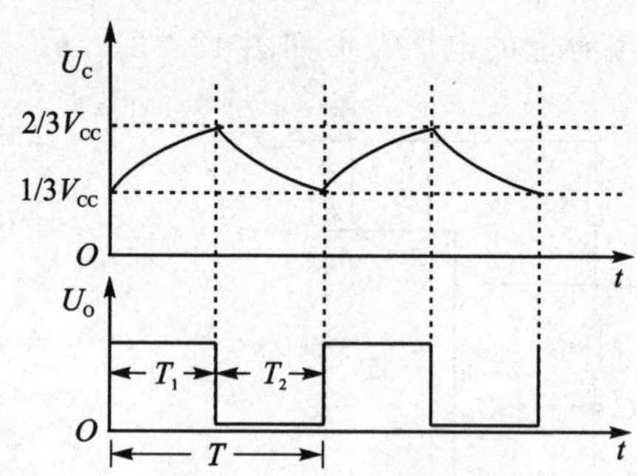

图 18.15 工作频率示意图

工作频率的计算：

(1) 电容充电时间T_1为

$$T_1=\tau_1\ln\frac{U_C(\infty)-U_C(0^+)}{U_C(\infty)-U_C(T_1)}=\tau_1\ln\frac{V_{CC}-\frac{1}{3}V_{CC}}{V_{CC}-\frac{2}{3}V_{CC}}=0.7(R_1+R_2)C$$

(2) 电容放电时间 T_2 为

$$T_2 = 0.7R_2C$$

(3) 电路振荡周期 T 为

$$T = T_1 + T_2 = 0.7(R_1 + 2R_2)C$$

(4) 电路振荡频率 f 为

$$f = \frac{1}{T} \approx \frac{1.43}{(R_1 + 2R_2)C}$$

(5) 输出波形占空比 q 为

$$q = \frac{T_1}{T} = \frac{R_1 + R_2}{R_1 + 2R_2}$$

18.2.5　实验内容

用 LM555 产生 1 kHz 方波。

18.2.6　实验原理图

实验原理图如图 18.16 所示。

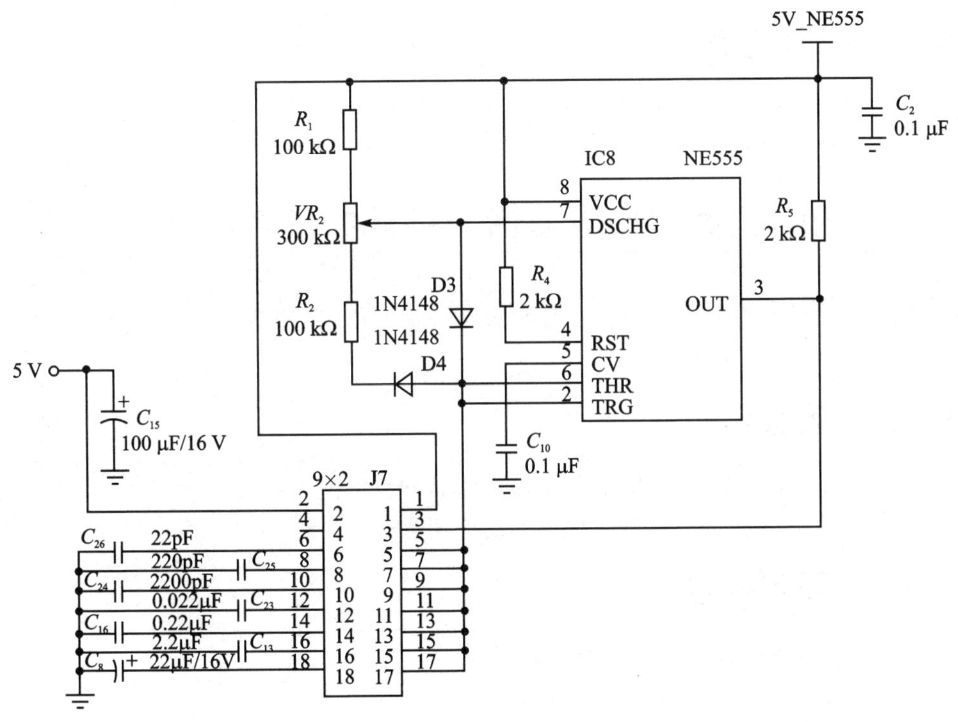

图 18.16　实验电路图

18.2.7 实验室操作内容

(1) 连接实验电路板和电源。

(2) 按预定的实验操作步骤操作。

(3) 解决实验过程中的异常情况。

(4) 记录实验结果。

(5) 实验数据处理与分析。

18.2.8 实验器材

(1) 实验电路板。

(2) 示波器 AgilentDSO - X2012A。

(3) 实验元器件 LM555 等。

18.2.9 实验报告

把实验过程完整地记录下来就是实验报告(预习—实验室操作—实验数据处理和分析—再加上实验总结)。

18.2.10 思考题

(1) 比较 LM555 构成的多谐振荡器与由两个三极管构成的多谐振荡器之异同。

(2) 比较 LM555 构成的多谐振荡器与由运算放大器构成的振荡器的特点。

18.3 利用逻辑门构成多谐振荡器的研究实验

利用逻辑门和电阻电容构成多谐振荡器是最方便、经济适用的。在精度要求不高的场合得到了广泛的使用。

18.3.1 实验目的

(1) 学习用简单的 CMOS 非门电路产生脉冲波形。

(2) 掌握 CMOS 非门脉冲发生电路的应用方法。

18.3.2 预习内容

(1) 复习多谐振荡器的基本原理。

(2) 学习 18.3.3 节掌握实验原理。

(3) 设计实验原理图。

(4) 画出实物连线图。

(5) 建立起实验原理图和电路板实物图之间的联系。

(6) 编写自己的实验操作步骤。

(7) 设计实验数据记录表。

18.3.3　实验原理

实验逻辑图及内部电路图如图 18.17 所示。

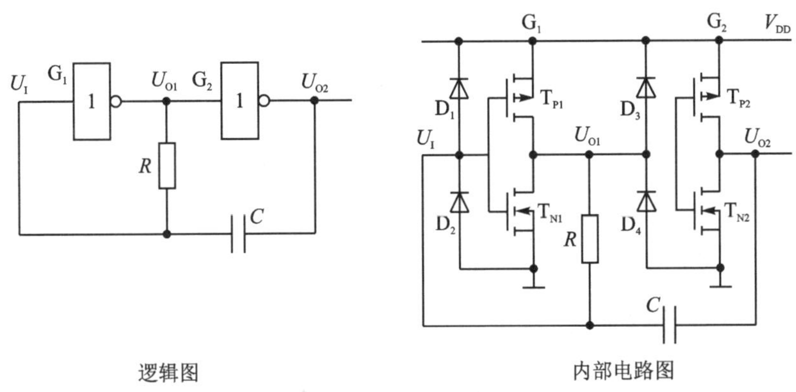

图 18.17　逻辑图及内部电路图

(1) 设接通电源时，$U_C=0$。G_1 截止，$U_{o1}=1$，G_2 导通，$U_{o2}=0$，$U_I=0$。电路处于第一暂稳态。

(2) 电容 C 充电，充电时间常数为 RC，U_I 按指数规律增加。当 U_I 增大至 U_{th} 时，电路发生正反馈过程，使得 G_1 迅速导通，G_2 迅速截止，$U_{o1}=0$，$U_{o2}=1$。电路进入第二暂稳态，如图 18.18 所示。

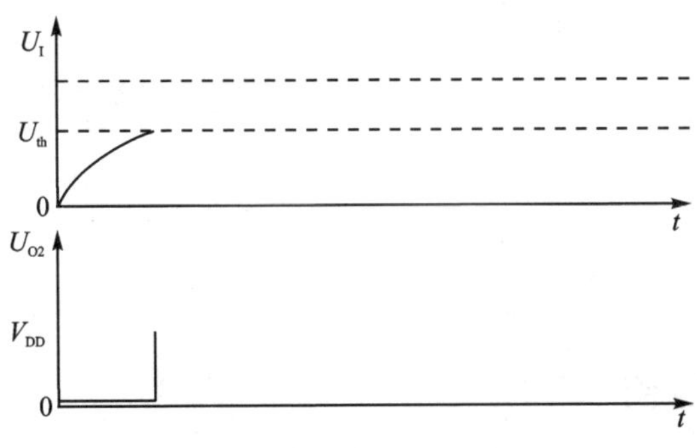

图 18.18　电容充电与输出波形图

(3) 由于电容两端的电压不能突变，U_I 也上跳至 $V_{DD}+U_D$。

(4) 此后，电容 C 开始放电，放电时间常数为 RC。U_I 按指数规律下降。当 U_I 下降至 U_{th} 时，电路又发生正反馈过程，使得 G_1 迅速截止，G_2 迅速导通，$U_{o1}=1$，$U_{o2}=0$。电路又回到第一暂稳态。

(5) 同样，由于电容两端的电压不能突变，U_I 应下跳至 $U_{th}-V_{DD}$，但由于保护二极管的嵌位作用，仅下跳至$-U_D$。振荡工作过程如图 18.19 所示。

$$T_1 = \tau \ln \frac{U_C(\infty) - U_C(0^+)}{U_C(\infty) - U_C(T_1)} = \tau \ln \frac{V_{DD}}{V_{DD} - U_{th}} = \tau_1 \ln 2 = 0.7RC$$

$$T_2 = 0.7RC$$

$$T = T_1 + T_2 = 1.4RC$$

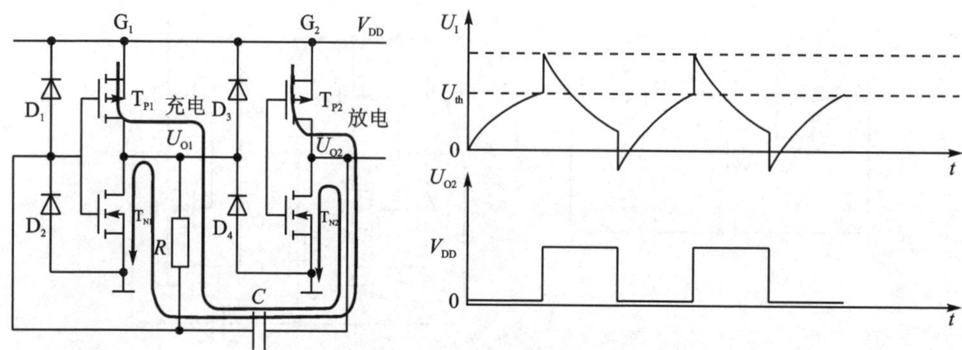

图 18.19 振荡工作过程图

18.3.4 实验室操作内容

(1) 连接实验电路板和电源。

(2) 按预定的实验操作步骤操作。

(3) 解决实验过程中的异常情况。

(4) 记录实验结果。

(5) 实验数据处理与分析。

18.3.5 实验器材

(1) 实验电路板。

(2) 示波器 Agilent DSO - X2012A。

(3) 实验元器件 74HC04 等。

18.3.6 实验报告

把实验过程完整地记录下来就是实验报告(预习—实验室操作—实验数据处理和分析—再加上实验总结)。

18.3.7 思考题

比较 LM555 构成的多谐振荡器和由非门构成的多谐振荡器之异同。

18.4　高精确秒脉冲发生器的研究实验

高精度数字脉冲的产生在很多场合下都会用到，本实验提供了一个最简单的高精度脉冲的产生方法。

18.4.1　实验目的

(1) 理解非门的和石英晶体的电气特性。

(2) 学习用 CMOS 非门与石英晶体构成多谐振荡器。

(3) 设计一个精度为纳秒级的秒脉冲振荡器。

18.4.2　预习内容

(1) 理解非门的和石英晶体的电气特性。

(2) 阅读石英晶体参数手册列出关键参数表。

(3) 设计一个精度为纳秒级的秒脉冲方波。

(4) 设计实验原理图。

(5) 画出实物连线图。

(6) 建立起实验原理图和电路板实物图之间的联系。

(7) 编写自己的实验操作步骤。

(8) 设计实验数据记录表。

18.4.3　石英晶体多谐振荡器特性

石英晶体具有优越的选频性能。有两个谐振频率。当 $f=f_S$ 时，为串联谐振，石英晶体的电抗 $X=0$；当 $f=f_p$ 时，为并联谐振，石英晶体的电抗无穷大。由晶体本身的特性决定：$f_S\approx f_P\approx f_0$（晶体的标称频率）石英晶体的选频特性极好，$f_0$ 十分稳定，其稳定度可达 $1\times10^{-10}\sim10^{-11}$。石英晶体符号及谐振特性如图 18.20 所示。

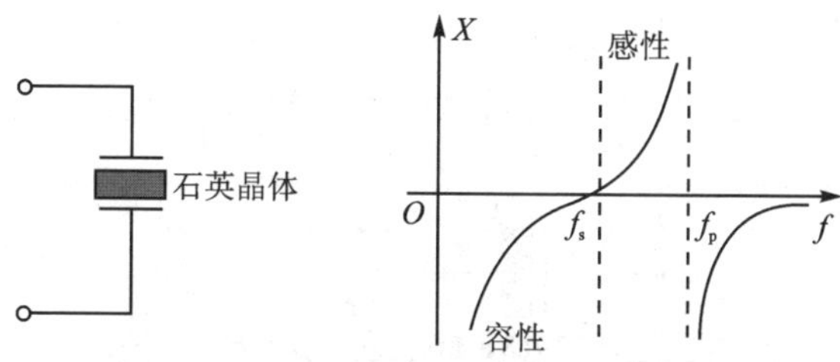

图 18.20　石英晶体符号及石英晶体的谐振特性

18.4.4 使用石英晶体的串联式振荡器

如图18.21所示，G_1 和 G_2 是两个反向器，石英晶体工作在串联谐振频率 f_0 下，只有频率为 f_0 的信号才能通过，满足振荡条件。因此，电路的振荡频率为 f_0，与外接元件 R、C 无关，所以这种电路振荡频率的稳定度很高。

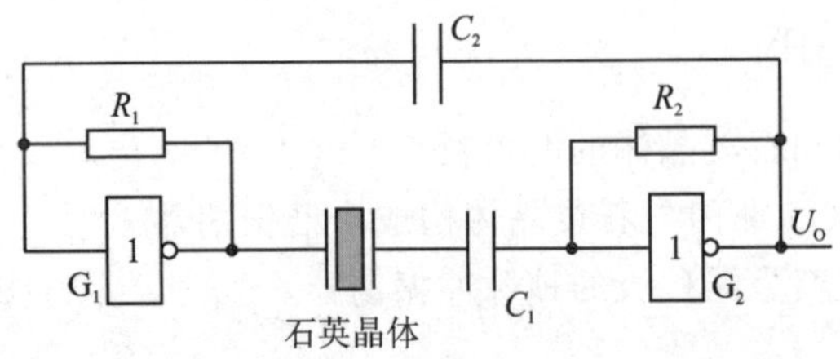

图18.21 使用石英晶体的串联式振荡器

注：普通多谐振荡器是一种矩形波发生器，上电后输出频率为 f 的矩形波。根据傅里叶分析理论，频率为 f 的矩形波可以分解成无穷多个正弦波分量，正弦波分量的频率为 $nf(n=1,2,3,\cdots)$，如果石英晶体的串联谐振频率为 f_0，那么只有频率为 f_0 的正弦波分量可以通过石英晶体（第 i 个正弦波分量，$i=f_0/f$），形成正反馈，而其他正弦波分量无法通过石英晶体。频率为 f_0 的正弦波分量被反相器转换成频率为 f_0 矩形波。因为石英晶体多谐振荡器的振荡频率仅仅取决于石英晶体本身的参数，所以对石英晶体以外的电路元件要求不高。

18.4.5 使用石英晶体的并联式振荡器

如图18.22所示，R_1 与 G_1 构成一个反相放大器。石英晶体工作在 f_S 与 f_P 之间，等效一电感，与 C_1、C_2 共同构成电容三点式振荡电路。电路的振荡频率为 f_0。反相器 G_2 起整形缓冲作用，同时 G_2 还可以隔离负载对振荡电路工作的影响，同时调整 C_1 的值，也能在一定的范围内调整振荡频率。

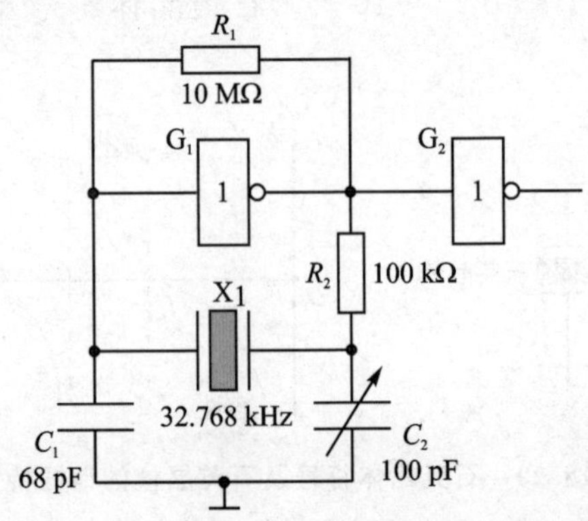

图18.22 使用石英晶体的并联式振荡器

18.4.6　实验原理框图

实验原理框图如图 18.23 所示。

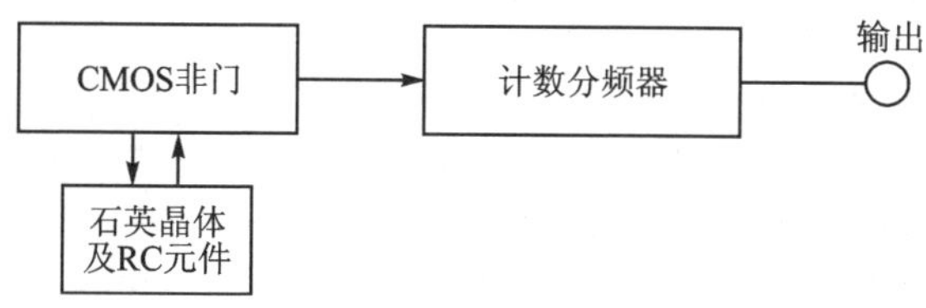

图 18.23　实验原理框图

18.4.7　实验室操作内容

(1) 连接实验电路板和电源。

(2) 按预定的实验操作步骤操作。

(3) 解决实验过程中的异常情况。

(4) 记录实验结果。

18.4.8　实验器材

(1) 实验电路板。

(2) 示波器 Agilent DSO－X2012A。

(3) 实验元器件 74HC04、32.768 kHz 石英晶体振荡器等。

18.4.9　实验报告

把实验过程完整地记录下来就是实验报告(预习—实验室操作—实验数据处理和分析—再加上实验总结)。

18.4.10　思考题

试分析实验中产生的秒脉冲的精度。

18.5　波形调整的研究实验

数字波型调整在很多电路中都有应用,本实验提供了一个简单的实现方法。

18.5.1　实验目的

(1) 理解施密特电路特性。

(2) 学习用 LM555 集成时基电路构成施密特电路。

(3) 掌握集成施密特电路 74LS221 的结构。

(4) 用集成施密特电路 74LS221 实施脉冲波形调整。

18.5.2 预习内容

(1) 理解施密特电路特性。

(2) 阅读 74LS221 参数手册列出关键参数表。

(3) 用 555 产生 1 kHz 占空比为 1/4 的方波。

(4) 设计实验原理图。

(5) 画出实物连线图。

(6) 建立起实验原理图和电路板实物图之间的联系。

(7) 编写自己的实验操作步骤。

(8) 设计实验数据记录表。

18.5.3 实验原理——施密特触发器

施密特触发器虽然不能自动地产生方波信号,但却可以把其他形状的信号变换成为方波,为数字系统提供标准的脉冲信号。图 18.24(a)为把 LM555 的低电平触发端 2 脚和高电平触发端 6 脚一起作为信号输入端,构成了施密特触发器;图 18.24(b)为此施密特触发器输入和输出的特性曲线。

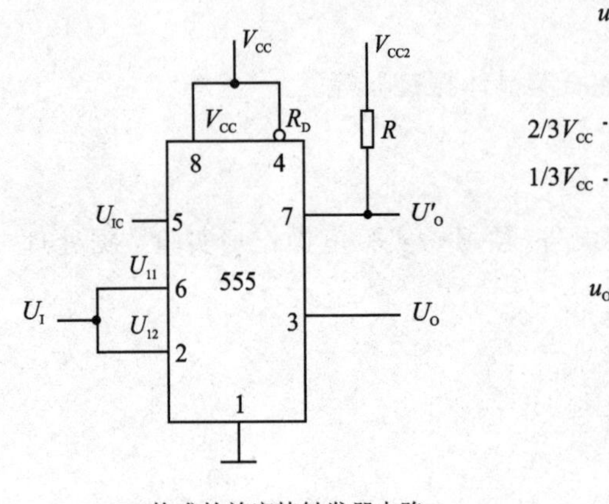

(a) LM555构成的施密特触发器电路

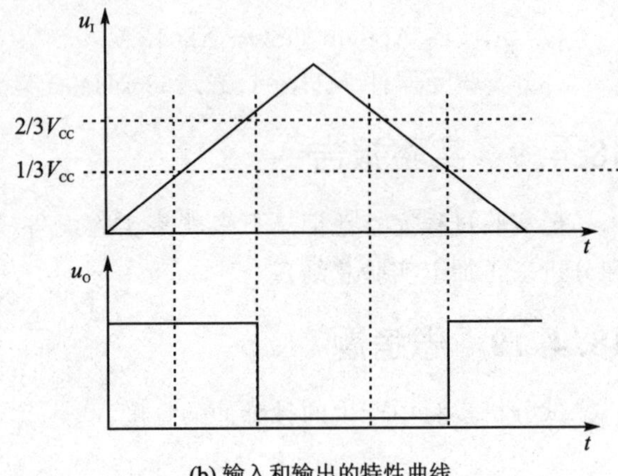

(b) 输入和输出的特性曲线

图 18.24 LM555 构成的施密特触发器及其特性曲线

18.5.4 实验原理框图

实验原理框图如图 18.25 所示。

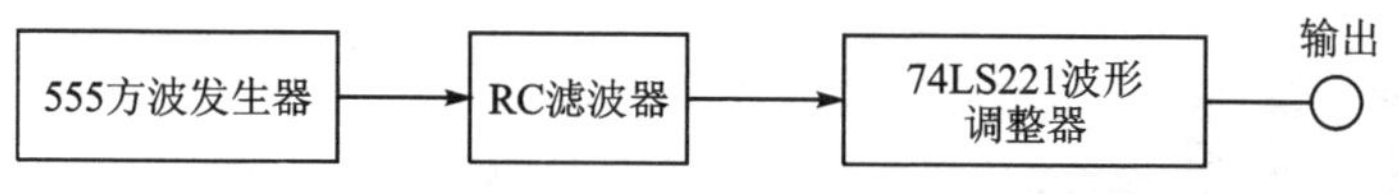

图 18.25　实验原理框图

18.5.5　实验室操作内容

(1) 连接实验电路板和电源。

(2) 按预定的实验操作步骤操作。

(3) 解决实验过程中的异常情况。

(4) 记录实验结果。

(5) 实验数据处理与分析。

18.5.6　实验器材

(1) 实验电路板。

(2) 示波器 Agilent DSO－X2012A。

(3) 实验元器件 LM555、74LS221 等。

18.5.7　实验报告

把实验过程完整地记录下来就是实验报告(预习—实验室操作—实验数据处理和分析—再加上实验总结)。

18.5.8　思考题

分析 LM555 构成的施密特电路和 74LS221 的差异。

第19章

时序电路实验

时序逻辑电路是数字逻辑系统中的重要组成部分，其核心是计数函数和存储函数。时序逻辑电路在任意时刻的输出不仅取决于当前时刻的输入，还取决于电路之前的输入或当前状态。本章的重点是通过实验掌握触发器的特性，并由触发器构造计数器和寄存器，基于触发器的同步时序逻辑电路的分析和设计方法，以及集成计数器的应用设计方法，引导学生理解“状态机”（Finite State Machine，FSM），为程序设计奠定基础。

19.1 基础知识

19.1.1 时序电路的基本概念

1. 存储函数

存储函数是一种具有数据存储和数据移动两种基本功能的数字电路，其物理实现就是锁存器和触发器。

锁存器是一种对脉冲电平敏感的存储单元电路，可以在特定输入脉冲电平作用下改变状态。触发器是一种对脉冲边沿敏感的存储单元电路，其状态只在时钟脉冲的上升沿或下降沿的瞬间改变。锁存器和触发器可由基本门电路（与门、或门和非门）引入反馈电路构造而成。

触发器是构成计数器、寄存器和其他时序逻辑控制电路的基本逻辑单元，并可用于构造某些特殊类型的存储器。

2. 计数函数

计数函数是数字系统8大函数的核心，它把其他7种函数有机联系起来了，并赋予数字系统“时间”的概念。计数函数的物理实现就是计数器——一种执行计数运算功能的数字电路，还用于分频、定时、产生节拍脉冲和脉冲序列以及进行数字运算等。

3. 状态机

计数函数的另一种数学表达。状态机指代呈现由内部逻辑和外部输入定义的状态序列的逻辑系统，在数字电路中指代呈现某个特定状态序列的时序逻辑电路。状态是划分逻辑事件或时序过程的不同状况或阶段，各状态应满足某些条件和执行某些操作。

4. 数字电路的状态

在时序电路当中，数字电路的状态包括触发、复位、置位、翻转、保持等形式。触发是指触发器的状态在时钟脉冲的上升沿或下降沿的瞬间发生改变。触发器或者锁存器输出为低电平的状态称为复位，输出为高电平的状态称为置位。触发器在每个时钟脉冲上改变状态时的触发器动作称为翻转，状态不改变时的触发器动作称为保持。

5. 同步时序电路和异步时序电路

时序逻辑电路区别于组合逻辑电路，输出不仅取决于当时的输入值，而且与电路过去的状态有关，根据触发器动作方式可将其分为同步时序电路与异步时序电路两类。同步时序电路意味着时序电路中的所有触发器同时由一个共同的时钟脉冲触发。异步时序电路意味着时序电路中的所有触发器不是由一个共同的时钟脉冲触发。

6. 时序电路工作在 3 种状态

时序电路的 3 种状态是指双稳态、单稳态和无稳态（谐振态）。

19.1.2　时序电路的设计步骤

时序逻辑电路设计的本质就是用数字电路实现一个确定功能的状态机，设计的方法和步骤将在本章 19.5 节进行具体说明。

19.2　锁存器构成和触发器特性的研究实验

引导初学者从组合逻辑电路过渡到时序逻辑电路，理解锁存器的构造和工作原理，认识锁存器与触发器的差异。

19.2.1　实验目的

（1）掌握锁存器的电路组成形式及功能，理解从组合电路到时序电路的过渡。

（2）掌握锁存器和触发器的异同，理解空翻现象的产生原理和消除办法。

19.2.2　预习要求

（1）复习双稳态电路的基本原理。

（2）阅读实验所用的 74LS74、74LS75、74LS76、74LS279、74LS373 芯片的参数手册，归纳实验中重要参数。

（3）学习实验电路图 U1、U2、U22、U23、U25 及相关区域，画出实验连线图。

19.2.3 实验原理

1. 双稳态器件

双稳态器件有复位($Q=0$)、置位($Q=1$)两种状态,在不受到外加信号作用时可以一直保持在原状态,但在一定的外加信号作用下可以从一种状态转变成另一种稳定状态,因此可以作为数字电路存储单元的结构基元。

2. 锁存器

受到输入电平控制的双稳态器件,称为锁存器。基本 $S-R$ 锁存器(又称基本 $R-S$ 触发器)是最简单的双稳态器件,也是构成其他双稳态器件的结构基础。它有两个输入和一对互补输出,受到输入电平控制,器件可处于置位、复位、保持和禁态 4 种状态,其中工作在禁态将导致器件处于无效状态,在使用中应尽量避免。基本 $S-R$ 锁存器的电路实现有与非门结构和或非门结构两种,其中与非门结构中低电平是有效输入电平,故可记作与非门 $\overline{S}-\overline{R}$ 锁存器(图 19.1(a));相应的,或非门结构中高电平是有效输入电平,故可记作或非门 $S-R$ 锁存器(图 19.1(b))。

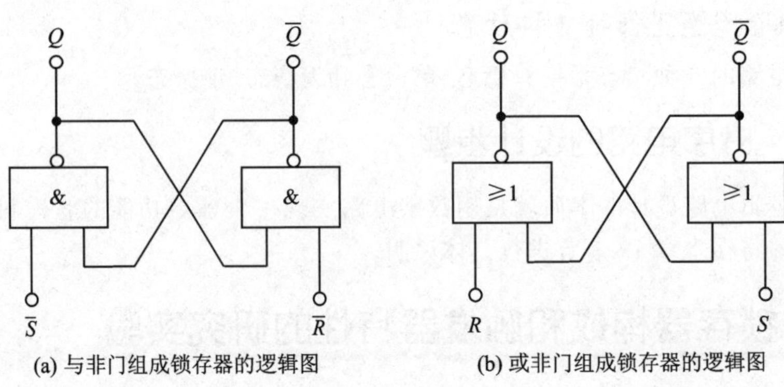

(a) 与非门组成锁存器的逻辑图 (b) 或非门组成锁存器的逻辑图

图 19.1 锁存器

74LS279 是一款集成四 $\overline{S}-\overline{R}$ 锁存器芯片,该集成电路芯片包含了 4 个与非门结构的 $\overline{S}-\overline{R}$ 锁存器,引脚图如图 19.2 所示。

在基本 $S-R$ 锁存器的电路基础上增加控制信号 EN 可构成门控 $S-R$ 锁存器(图 19.3(a)),门控 $S-R$ 锁存器可进一步构成门控 D 锁存器(图 19.3(b))。74LS75 是一款较为常用的集成门控 D 锁存器芯片,该集成电路芯片包含了 4 个门控 D 锁存器,其逻辑功能参见表 19.1。

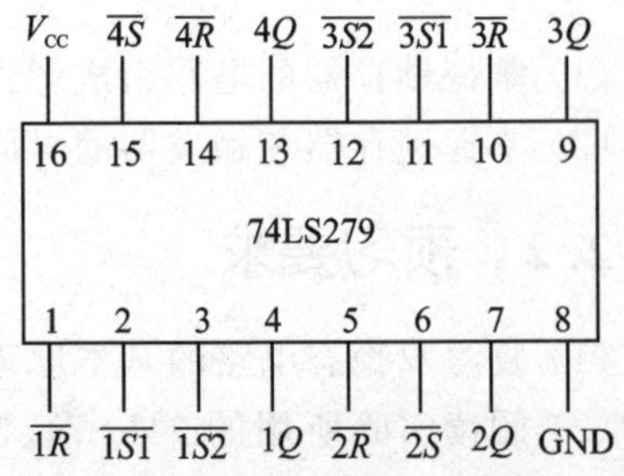

图 19.2 74LS279 引脚图

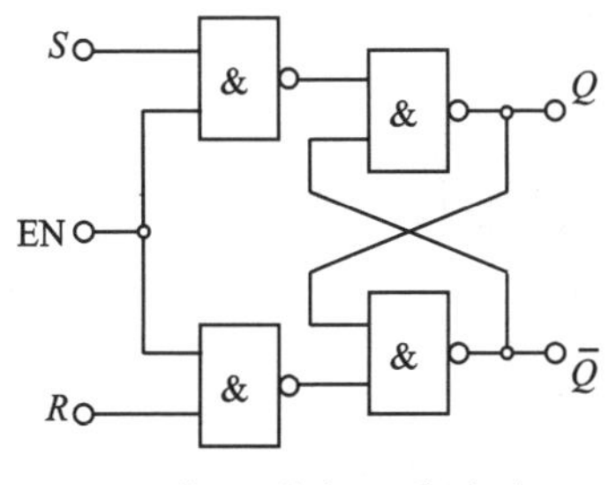

(a) 门控S–R锁存器逻辑电路

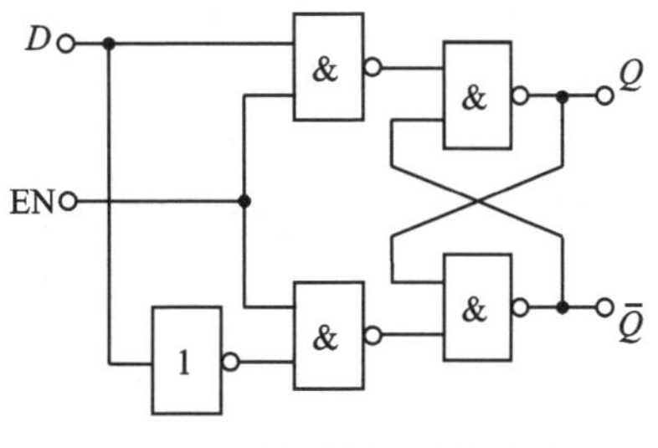

(b) 门控D锁存器逻辑电路

图 19.3　门控锁存器逻辑电路

表 19.1　门控 D 锁存器的功能表

D	EN	Q^{n+1}	$\overline{Q}^{n+1}$	功能
0	1	0	1	置 0
1	1	1	0	置 1
×	0	Q^n	$\overline{Q}^n$	保持

需要注意的是，锁存器在控制信号为有效电平时处于“透明状态”，输出会因输入信号的变化而产生翻转，即所谓的“空翻”现象，该现象制约了锁存器的应用场合。

3. 触发器

受到脉冲边沿控制的双稳态器件，称为触发器。

触发器和锁存器虽然都是双稳态器件，并且都能用作数字电路的存储单元，但两者也存在区别，即改变状态的方法不同——锁存器受控制脉冲电平控制，仅当控制信号为有效电平(高电平或低电平)时输出随输入改变，否则输出保持不变；触发器受控制脉冲边沿控制，仅当控制信号处在有效沿(上升沿或下降沿)时输出才随输入改变，其余时刻输出均保持不变。

触发器的输出信号仅在控制信号(时钟 CLK)的某一特定时间点才能被输入改变，即输出的改变与时钟同步，不存在“空翻”现象，因此触发器不仅可作为存储器件，还可用于构造各种时序逻辑控制电路。

19.2.4　实验内容及方法

1. S –R 锁存器

(1) 按照图 19.4 所示实验电路搭建与非门结构基本 S –R 锁存器，测量输入组合分别为①{ $S=1,R=0$}和②{$S=0,R=1$}时输出 Q 的逻辑电平，试根据实验结果说明该 S –R 锁存器的有效输入逻辑电平为高电平还是低电平。

(2) S –R 锁存器的输出不仅与输入有关，还与锁存器前一个状态有关，试在实验(1)的基础上测试该 S –R 锁存器的逻辑功能，测试结果和功能分析填写在表 19.2 内。

(3) 试根据表 19.2 确定该 $S-R$ 锁存器的约束条件。

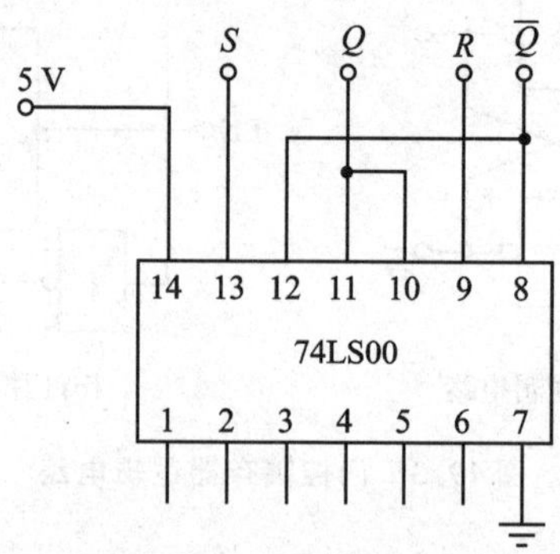

图 19.4　实验电路图

表 19.2　与非门组成 $S-R$ 锁存器的实验结果

输入		输出				功能
S	R	Q^n	$\overline{Q}^n$	Q^{n+1}	$\overline{Q}^{n+1}$	
0	0	0				
		1				
0	1	0				
		1				
1	0	0				
		1				
1	1	0				
		1				

(4) * 通过实验进一步理解 $S-R$ 锁存器的约束态,步骤如下:利用如图 19.4 所示 $S-R$ 锁存器电路,将两个输入 S 和 R 分别连接开关 K 和 K',同时拨动开关 K 和 K'改变输入的逻辑电平使得锁存器在约束态和保持态之间进行切换,利用示波器观察输出 Q^n 和 $\overline{Q}^n$,重复多次切换操作,注意观察每次从约束态切换到保持态后锁存器的输出状态是否保持一致,试分析这种现象形成的原因,并据此体会 $S-R$ 锁存器存在约束条件的理由。

2. 门控锁存器

验证门控 D 锁存器功能,以 74LS75 门控 D 锁存器芯片为实验对象,如无 74LS75 可采用与非门搭建所需的门控 D 锁存器,逻辑电路图可参考图 19.3(b),实验步骤如下:

连接电路,锁存器输入端 D 连接 100 Hz 的方波信号(如果实验现象变化过快可适当降低方波频率),锁存器控制端 EN 连接开关 K,切换开关 K 来改变控制端 EN

的逻辑电平，用示波器观察 EN、D 和 Q 的波形，注意观察 EN 在不同逻辑电平下的实验现象的区别，根据波形并说明 EN 的作用，思考什么是锁存器的空翻现象。

3. *D* 触发器

(1) 验证 D 触发器功能，以 74LS74 双正边沿 D 触发器芯片为实验对象，参照图 19.5 所示的 74LS74 芯片引脚图，正确连接在 V_{CC}(14 引脚)、GND(7 引脚)，其余实验步骤如下：

① 将清零端 $\overline{1CLR}$(1 引脚)和置位端 $\overline{1PR}$(4 引脚)连接开关 K 和 K'，通过切换开关改变两个控制端的逻辑电平实现 $D1$ 触发器的预清零和预置数，利用示波器观察并确认该实验操作，实验现象填入表 19.3；

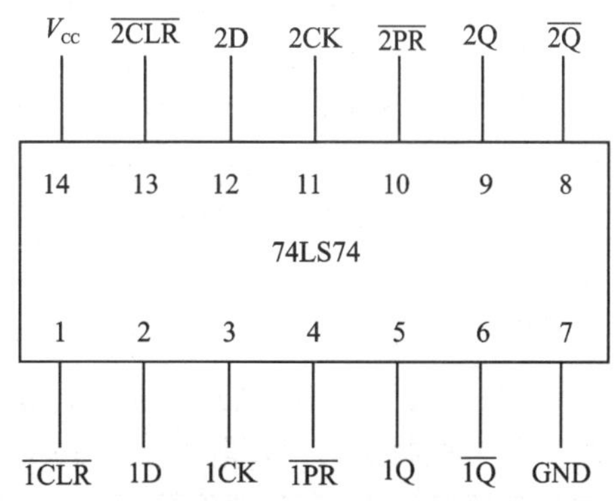

图 19.5 74LS74 双正边沿 D 触发器芯片引脚图

② 将清零端 $\overline{1CLR}$ 和置位端 $\overline{1PR}$ 从开关断开并重新连接合适的逻辑电平，使得芯片的 $D1$ 触发器处于工作状态，并将输入端 1D(2 引脚)连接开关 K，时钟输入端 1CK(3 引脚)连接 1 Hz 的方波信号(如果实验现象变化过快可适当降低方波频率)，然后通过快速切换开关 K 来快速改变输入端 D 的逻辑电平，用示波器观察 1CK、1D 和 1Q 的波形，实验现象填入表 19.3，观察并说明 D 触发器是否也存在类似 D 锁存器的空翻现象；

表 19.3 *D* 触发器的实验结果

输入		输出				功能
S	R	Q^n	$\overline{Q}^n$	Q^{n+1}	$\overline{Q}^{n+1}$	
0	0	0				
		1				
0	1	0				
		1				
1	0	0				
		1				
1	1	0				
		1				

③ 在上述电路的基础上，将时钟输入端 1CK 与方波信号断开后连接开关 K'，将输出端 1Q 通过保护电阻连接发光 LED 指示小灯，然后尝试通过切换开关 K 和

K'，分别在 D 触发器上实现“1”和“0”的存储，并用 LED 小灯指示实验过程，注意比较操作上与利用 D 锁存器存数时区别。

(2) * 尝试通过上述实验现象深入理解锁存器与触发器的区别联系，重点比较锁存器控制信号 EN 和触发器控制信号 CK 的差异，并在 D 锁存器的器件基础上借助必要的逻辑门自行搭建一个 D 触发器，请给出必要的逻辑电路说明你的电路方案。

4. JK 触发器

验证 JK 触发器功能，以 74LS76 双负边沿 JK 触发器芯片为实验对象，参照图 19.6 所示的 74LS76 芯片引脚图，正确连接在 V_{CC}(5 引脚)和 GND(13 引脚)，时钟输入端 1CK(1 引脚)接 1 kHz 方波，其余实验步骤如下：

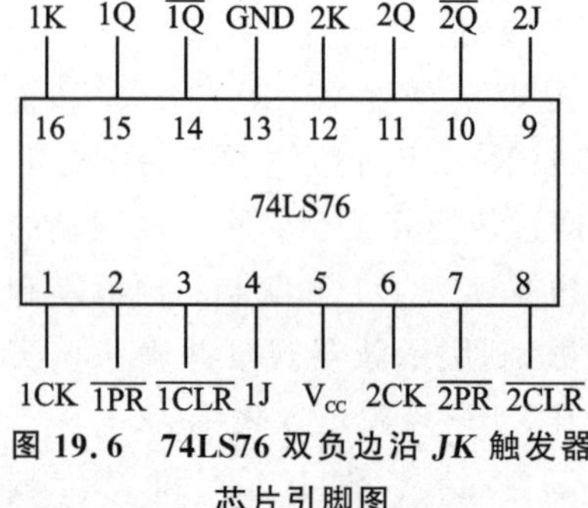

图 19.6 74LS76 双负边沿 *JK* 触发器芯片引脚图

(1) 将清零端 $\overline{1CLR}$(3 引脚)置位端 $\overline{1PR}$(2 引脚)连接开关 K 和 K'，通过切换开关改变两个控制端的逻辑电平实现 JK1 触发器的预清零和预置数，利用示波器观察并确认该实验操作，实验现象填入表 19.4；

(2) 将清零端 $\overline{1CLR}$ 和置位端 $\overline{1PR}$ 从开关断开并重新连接合适的逻辑电平，使得芯片的 JK1 触发器处于工作状态，并将输入端 $1K$(16 引脚)和 $1J$(4 引脚)连接开关 K 和 K'，切换 $1K$ 和 $1J$ 的输入逻辑电平，用示波器观察数据输出端 $1Q$(15 引脚)的输出波形，分析和验证 JK 触发器的逻辑功能，实验现象填入表 19.4。

(3) 在实验(2)基础上画出 JK 触发器处于翻转模式下 CK、J、K、Q 的时序波形，并观察说明此时 Q 与 CK 的频率关系。

表 19.4 JK 触发器的实验结果

输入					输出		功能
$\overline{PR}$	$\overline{CLR}$	CK	J	K	Q^{n+1}	$\overline{Q}^{n+1}$	
0	0	×	×	×			
0	1	×	×	×			
1	0	×	×	×			
1	1	↓	0	0			
1	1	↓	0	1			
1	1	↓	1	0			
1	1	↓	1	1			
1	1	0	×	×			

注：其中×表示任意值，↓表示脉冲下降沿，Q^n 表示触发器前一个状态的输出。

19.2.5　实验操作内容

(1) 连接实验电路板和电源。

(2) 按预定的实验操作步骤操作。

(3) 解决实验过程中的异常情况。

(4) 记录实验结果。

(5) 实验数据处理与分析。

19.2.6　实验器材

(1) 实验电路板。

(2) 直流稳压源。

(3) 数字示波器 Agilent DSO－X2012A。

(4) 实验元器件 74LS00、74LS74、74LS75、75LS76 等。

19.2.7　实验报告要求

整理实验结果,并进行分析和总结。

19.2.8　思考题

(1) 按键会由于机械振动而产生毛刺,试分析图 19.7 所示的由 $S-R$ 锁存器构成的消抖电路的工作原理。

(2) 思考不同触发器之间的转换方法。例如,用 JK 触发器实现一个 D 触发器,或者用 D 触发器实现一个 JK 触发器,给出对应的逻辑电路图。

(3) JK 触发器可工作在翻转状态,相当于一个 T'触发器,请用 D 触发器也实现一个 T'触发器,试给出并搭建逻辑电路,然后通过示波器验证电路功能。注意比较 T'触发器的时钟 CK 与输出 Q 之间的频率关系,试分析 T'触发器的可能用途。

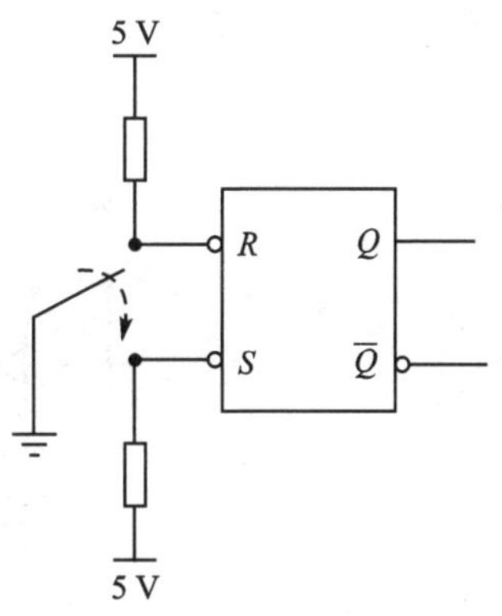

图 19.7　$S-R$ 锁存器构成的消抖电路的实验原理图

19.3　利用触发器构成计数器实验

触发器的一个重要应用就是在数字计数器方面。一个数字计数器可由一组触发器以一定方式连接构成,而所使用的触发器个数以及它们之间的连接方式决定了计数器的状态数(模)及其状态序列。

本章将通过实验训练引导学生理解和掌握利用触发器构成计数器的基本原理和

常用方式,初步了解计数器的不同分类和特性差异。

19.3.1 实验目的

(1) 掌握利用触发器构成异步计数器的基本方法。

(2) 掌握利用译码信号改变计数器模数的方法。

(3) 掌握利用触发器构成同步计数器的基本方法。

(4) 用示波器分析计数器状态序列,观察异步计数器延迟和分析译码信号。

19.3.2 预习要求

(1) 熟悉触发器的工作原理及逻辑功能。

(2) 掌握示波器数字通道的用法。

(3) 查阅资料了解逻辑分析仪。

(4) 查看实验板电路图 U1、U2、U22、U23 及相关区域,设计实验连线图。

19.3.3 实验原理

1. 异步计数器

将一组触发器以一定方式连接构成电路,如果具有确定的工作状态序列和状态数即成为一个计数器,如图 19.8 所示的逻辑电路就是一个简单的 2 位异步二进制计数器。

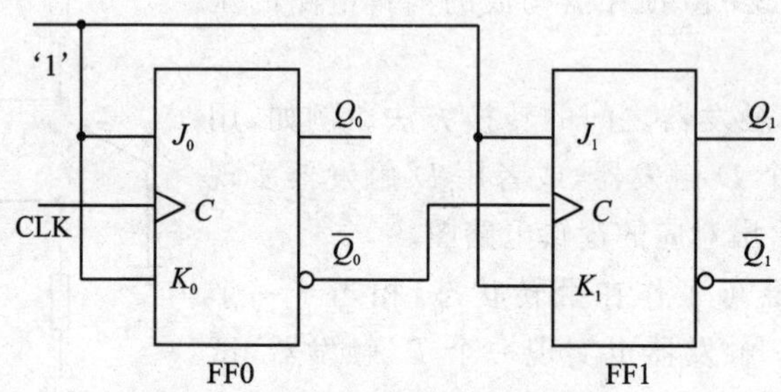

图 19.8 2 位异步二进制计数器

根据图 19.9 所示的时序图不难发现该逻辑电路具有 4 个工作状态,以这组触发器的输出 Q_1 和 Q_0 的组合表示这些状态,则该状态序列按照 2 位二进制加计数方式顺序出现,故称为 2 位二进制(加法)计数器。又因为这组触发器所用时钟信号不统一,故称为异步计数器。

在 2 位二进制异步计数器的电路结构基础上很容易扩展构成更多位数的二进制异步计数器,其基本原理就是将若干个 T'触发器(D 触发器和 JK 触发器等均可转化为 T'触发器)按一定方式级联,使得每下一级的触发器均利用前一级的输出作为时钟,这样每下一级的输出都是前一级输出的二分频,而且如果每前一级输出每次从

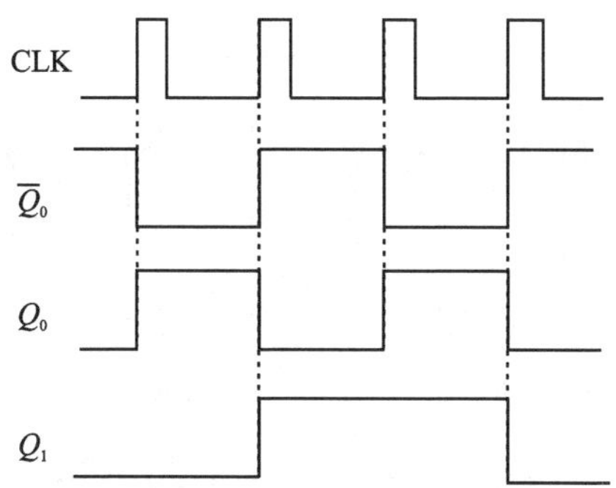

图 19.9　2 位异步二进制计数器时序图

1 跳转 0 时都能够产生一个时钟有效沿触发下一级输出状态的翻转(即进位),那么该电路就成为一个二进制加法计数器。

这种异步二进制计数器的设计思路非常简洁直观,但在应用上也存在着一些制约,因为触发器存在传输延迟的问题,而在这种电路方案中,每下一级触发器输出的翻转都必须等待前一级触发器输出产生一个时钟有效沿,如此一来触发器的传输延迟就会被逐级累积,级数越多整体传输延迟越大,不但限制了计数器的运行速度,而且产生了译码问题。

二进制计数器的另一个局限是模只能是 2 的 n 次方,但是利用部分译码对触发器进行异步控制,可以很容易地实现状态序列的截断,理论上可以构成任意进制计数器。

当如图 19.10(a)所示的计数器进入计数值 10(1010)时,译码门输出变为低电平,并且使能触发器的异步清零功能使所有触发器异步复位,其时序图如图 19.10(b)所示,注意由于计数器会在 1010 状态上停留一个短暂的时间,因而波形图上会出现假信号。其他的截断序列可以用相似的方式实现。

2. 同步计数器

如图 19.11 所示的是一个 2 位二进制同步计数器,其电路构造和设计原理与异步计数器有明显区别。

同步计数器的状态转换时刻由统一的时钟脉冲控制,而状态转换方式由各触发器的输入 J 和 K 控制。除了可以采用同步时序电路的一般性设计方法进行同步计数器的设计之外,也可以采用一些简化方法进行设计,其基本原理就是利用 T 触发器(D 触发器和 JK 触发器等均可转化为 T 触发器)级联构成电路,然后根据计数器的状态序列运算出每个 T 触发器在各个时钟有效沿到来时应该采取保持($T=0$)还是翻转($T=1$)操作,然后据此设计逻辑电路。

3. 加/减同步计数器

如果计数器的状态序列按照计数值累加运算规则进行循环排列的称为加法计数

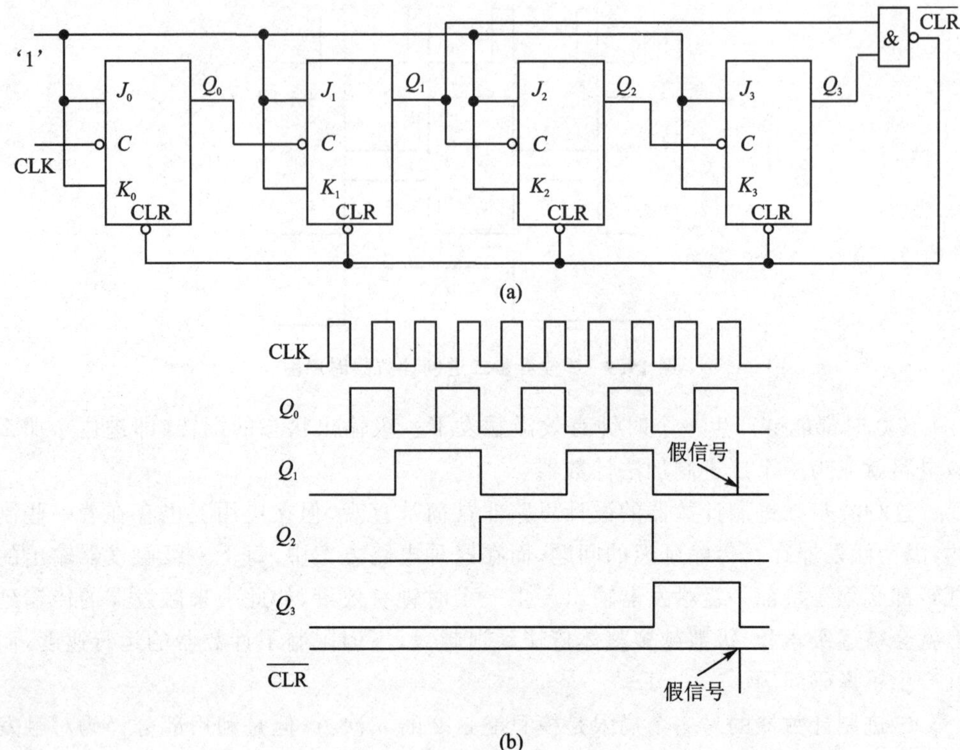

图 19.10　异步触发的十进制计数器

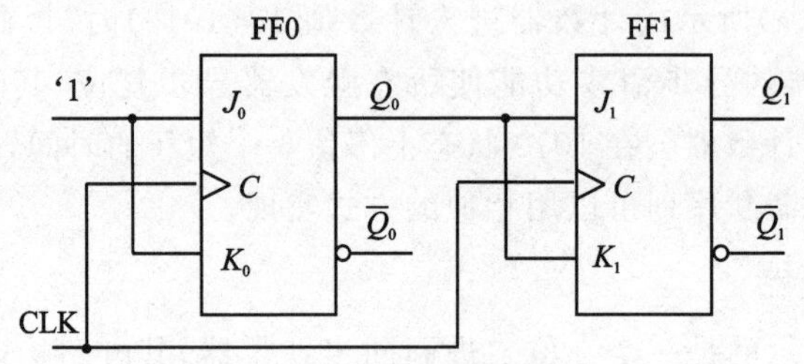

图 19.11　2 位同步二进制计数器

器，反之如果计数器的状态序列按照计数值累减运算规则进行循环排列的称为减法计数器。减法计数器的分类也有异步和同步两种，其设计方法也可完全参照加法计数器的设计方法，即便简化设计流程也十分相似。以异步二进制减法计数器为例，仅需修改 T' 触发器的翻转时刻，使得每前一级输出由 0 跳变到 1 时触发下一级的翻转（即借位），即能实现一个异步二进制减法计数器。而对于同步二进制减法计数器来说，只需要重新设置运算触发器的保持和翻转的条件，即当低位全为 0 时下一个时钟有效沿到来时本位输出翻转（即借位），其余情况均采取保持，这样就能实现一个同步二进制减法计数器。

加/减计数器是一种集合了加计数和减计数两种计数方式的计数器，而且一般情况下，大多数的加/减计数器可以在序列中的任何地方反转计数方式。如图19.12所示就是一个3位加/减可逆同步计数器，电路当中的控制信号 $U/\overline{D}$ 用于切换计数方向。

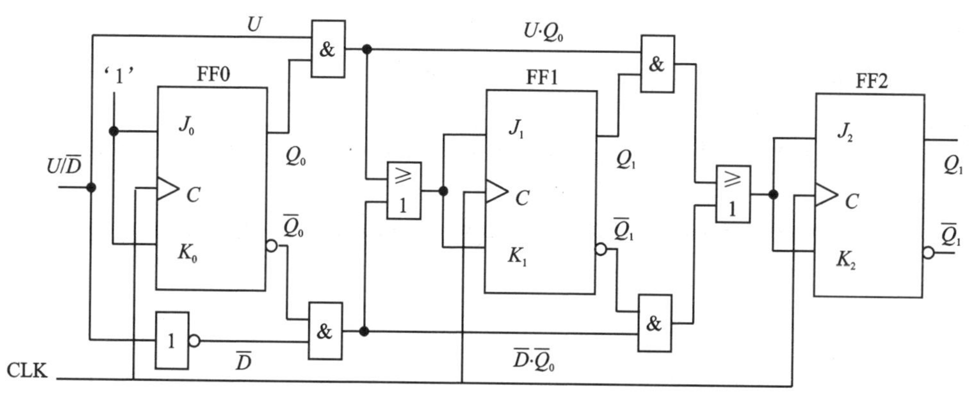

图19.12 3位加/减可逆同步计数器

19.3.4 实验内容及方法

1. 异步计数器

(1) 利用JK触发器构造一个2位二进制异步计数器，并观察触发器传输延迟，实验步骤如下：

① 按照图19.8搭建电路，时钟脉冲CLK输入一个1 MHz方波信号，利用示波器观察CLK、Q_0、Q_1 波形，画出波形时序图。

② * 测量并记录以下几个触发器传输延迟 t_{PLH}(CLK 到 Q_0)、t_{PHL}(CLK 到 Q_0)、t_{PLH}($\overline{Q}_0$ 到 Q_1)和 t_{PHL}($\overline{Q}_0$ 到 Q_1)。

③ 要求在图19.8实验电路基础上进行适当修改，实现一个同类型的减法计数器，请画出电路方案，实际动手修改电路，并利用示波器观察波形和验证功能，要求画出CLK、Q_0、Q_1 波形时序图。

(2) 利用JK触发器构造一个模3异步计数器，并观察译码毛刺现象，实验步骤如下：

① 自行设计电路，要求在图19.8实验电路基础上采用部分译码方式产生一个异步清零 $\overline{\text{CLR}}$ 信号，实现计数序列截断，并利用示波器观察CLK、Q_0、Q_1、$\overline{\text{CLR}}$ 波形。请画出对应的逻辑电路，并画出波形时序图。

② 测量并记录 $\overline{\text{CLR}}$ 的脉宽，试说明假信号的形成原理。

2. 同步计数器

(1) 利用JK触发器构造一个4位二进制同步计数器，实验步骤如下：

① 自行设计电路,可参考图 19.11 的电路构造来搭建需要的计数器电路,时钟脉冲 CLK 输入一个 1 kHz 方波信号,利用示波器观察 CLK、Q_0、Q_1、Q_2、Q_3 波形,画出波形时序图。

② 利用示波器观察 CLK、$\overline{Q_0}$、$\overline{Q_1}$、$\overline{Q_2}$、$\overline{Q_3}$ 波形,画出波形时序图,说明如果以 $\overline{Q_3}\,\overline{Q_2}\,\overline{Q_1}\,\overline{Q_0}$ 表示状态会得到一个什么功能的电路。

(2)利用 JK 触发器构造一个 16 以内任意进制同步加法计数器,序列截断由异步清零方式实现,实验步骤如下:

① 请以设计一个模 12 加法计数器为例,自行确定实验方案,要求做出逻辑电路;

② 按设计方案搭建计数器,利用示波器观察并验证该电路功能,要求画出关于 CLK、Q_0、Q_1、Q_2、Q_3、$\overline{\text{CLR}}$ 的波形时序图。

19.3.5 实验操作内容

(1) 连接实验电路板和电源。

(2) 按预定的实验操作步骤操作。

(3) 解决实验过程中的异常情况。

(4) 记录实验结果。

(5) 实验数据处理与分析。

19.3.6 实验器材

(1) 实验电路板。

(2) 直流稳压源。

(3) 数字示波器 Agilent DSO - X 2012A。

(4) 实验元器件 74LS00、75LS76 等。

19.3.7 实验报告要求

整理实验结果,并进行分析和总结。

19.3.8 思考题

(1) 如果利用 D 触发器替代 JK 触发器实现一个异步计数器,电路方案应做如何修改。

(2) 试自行设计一个 3 位二进制加/减可逆异步计数器,请说明你的电路方案。

19.4 同步时序电路分析的验证实验

分析时序逻辑电路就是要根据电路的逻辑图总结出其逻辑功能,并用一定的方式描述出来。时序逻辑电路常用的描述方式有逻辑方程、状态转换表、状态转换图、时序图等。

理解数字电路的行为是可以用数学方法来推导的,数字电路是可以计算的。

19.4.1 实验目的

(1) 掌握同步时序逻辑电路的分析方法。

(2) 根据给定时序逻辑电路结构,正确分析出该电路的逻辑功能。

(3) 用示波器分析数字电路。

19.4.2 预习要求

(1) 熟悉触发器的工作原理及逻辑功能。

(2) 掌握根据电路写出输出函数、激励函数和次态方程,及状态表和状态图的分析方法。

(3) 掌握示波器数字通道的用法。

(4) 查阅资料了解逻辑分析仪。

(5) 查看实验板电路图 U16、U21、U22、U23 及相关区域,设计实验连线图。

19.4.3 分析方法

分析时序逻辑电路的一般步骤如下:

(1) 根据逻辑图写方程,包括时钟方程、输出方程、各个触发器的驱动方程。

(2) 将驱动方程代入触发器的特性方程,得到各个触发器的状态方程。

(3) 求出各种不同输入和现态情况下电路的次态和输出,并根据计算结果列次态表。

(4) 画状态转换图、时序图。

(5) 根据状态转换图(或次态表、工作波形)确定电路的逻辑功能。

对于同步时序逻辑电路而言,由于时钟都是统一的,时钟方程可以省略不写。分析流程框图如图 19.13 所示。

19.4.4 实验内容及方法

1. 同步时序电路分析验证实验一

(1) 根据下列分析过程,确定图 19.14 所示逻辑电路的逻辑功能。分析过程如下:

电路输出方程为

$$Z^n = Q_3^n Q_2^n Q_1^n Q_0^n$$

驱动方程为

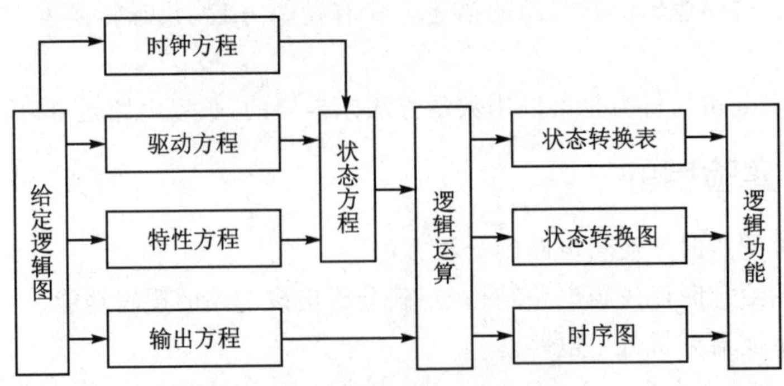

图 19.13　同步时序电路分析流程框图

$$\begin{cases}J_3^n=Q_2^nQ_1^nQ_0^n\\K_3^n=Q_2^nQ_1^nQ_0^n\end{cases},\quad\begin{cases}J_2^n=Q_1^nQ_0^n\\K_2^n=Q_1^nQ_0^n\end{cases},\quad\begin{cases}J_1^n=Q_0^n\\K_1^n=Q_0^n\end{cases},\quad\begin{cases}J_0^n=1\\K_0^n=1\end{cases}。$$

将驱动方程代入 JK 触发器的特性方程

$$Q^{n+1}=J\overline{Q}^n+\overline{K}Q^n,$$

得出状态方程

$$\begin{cases}Q_3^{n+1}=Q_3^n\oplus Q_2^nQ_1^nQ_0^n\\Q_2^{n+1}=Q_2^n\oplus Q_1^nQ_0^n\\Q_1^{n+1}=Q_1^n\oplus Q_0^n\\Q_0^{n+1}=\overline{Q}_0^n\end{cases},$$

根据上述输出方程和状态方程,计算并列出电路的次态表,如表 19.5 所列。

表 19.5　次态表

$Q_3^nQ_2^nQ_1^nQ_0^n$	$Q_3^{n+1}Q_2^{n+1}Q_1^{n+1}Q_0^{n+1}$	Z^n	$Q_3^nQ_2^nQ_1^nQ_0^n$	$Q_3^{n+1}Q_2^{n+1}Q_1^{n+1}Q_0^{n+1}$	Z^n
0000			1000		
0001			1001		
0010			1010		
0011			1011		
0100			1100		
0101			1101		
0110			1110		
0111			1111		

根据次态表列出状态转换图,如图 19.15 所示。

画出电路的工作波形,如图 19.16 所示。

(2) 根据图 19.14 搭建实验电路,CLK 取 1 kHz,用示波器观测 CLK、Q_0、Q_1、Q_2、Q_3 和 Z 各点波形,验证分析的正确性。

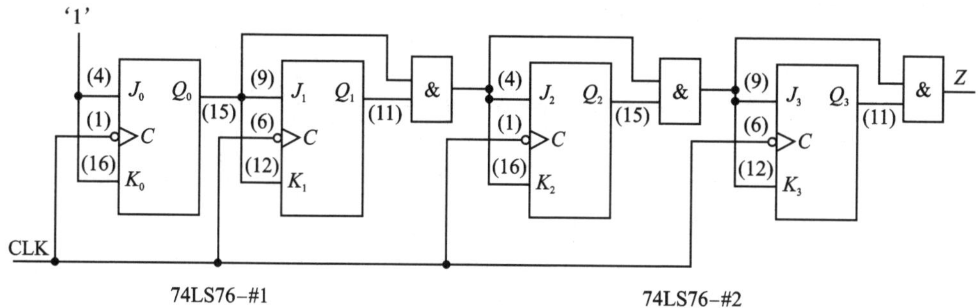

图 19.14　电路图

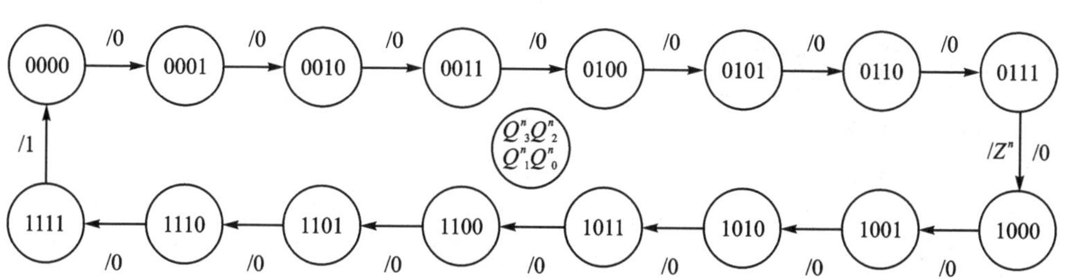

图 19.15　状态转换图

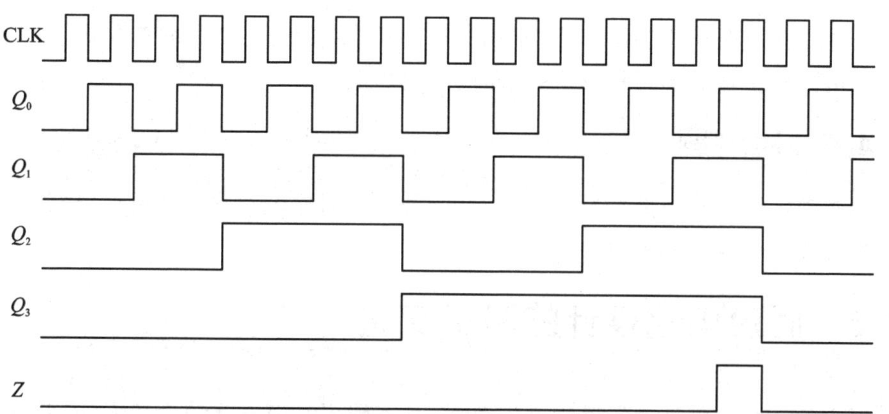

图 19.16　波形图

(3) 分析时钟与各触发器输出之间的关系。

2. 同步时序电路分析验证实验二

(1) 自行分析并确定图 19.17 所示逻辑电路的逻辑功能。

(2) 根据图 19.17 搭建实验电路，CLK 取 1 kHz，用示波器观测 CLK、Q_0、Q_1、Q_2、Q_3 各点波形，验证分析的正确性。

(3) 对比图 19.14 和图 19.17,说明两逻辑电路功能的异同。

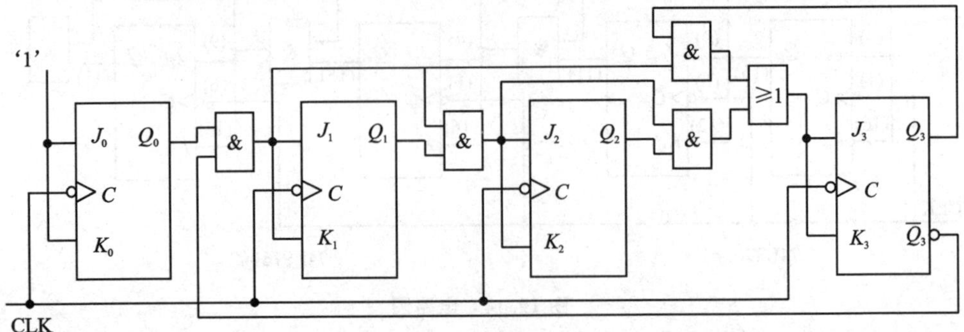

图 19.17　电路图

19.4.5　实验器材

(1) 实验电路板。

(2) 直流稳压源。

(3) 数字示波器 Agilent DSO - X 2012A。

(4) 实验元器件 74LS00、74LS32、75LS76 等。

19.4.6　实验报告要求

按照实验电路写出输出方程、驱动方程和状态方程,以及次态表和状态转换图,并画出电路的工作波形,最后确定电路的逻辑功能。

19.4.7　思考题

请参考同步时序电路的分析方法,并结合同步时序电路与异步时序电路的异同,尝试思考异步时序电路的分析方法。

19.5　时序电路设计的验证实验

以 JK 触发器或 D 触发器为基础单元,学习同步时序电路的设计方法,验证其有效性。

19.5.1　实验目的

(1) 掌握用触发器设计同步时序电路(Moore 型/Mealy 型)的流程及方法。

(2) 根据电路图连接好实物图,并实现其功能。

(3) 学会在设计时序电路的过程中进行检验与完善。

19.5.2　预习要求

(1) 掌握设计同步时序电路的基本流程和方法。

(2) 掌握非自启动电路中打破无效循环的方法。

(3) 按照实验要求设计逻辑电路，记录设计过程，画出电路图。

(4) 查看实验原理图 U_{12}、U_{22}、U_{29} 及其相关区域，设计实验连线图。

19.5.3　设计方法

应采用最简单的电路满足设计要求，一般要求所使用的触发器、门电路等元器件种类的数量尽可能少，连线尽可能短。设计步骤如下：

① 分析逻辑功能要求，导出状态转换图及状态表。

② 进行状态化简，确定状态数 N。

③ 确定触发器的数目 $Y(Y=\log_2 N)$，进行状态分配。

④ 选定触发器的类型，根据状态转换表列出激励表。

⑤ 用卡诺图求解各触发器的激励函数和电路的输出函数。

⑥ 检查电路能否自启动，如不能自启动，则进行修改。

⑦ 画逻辑图并实现电路。

设计流程框图如图 19.18 所示。

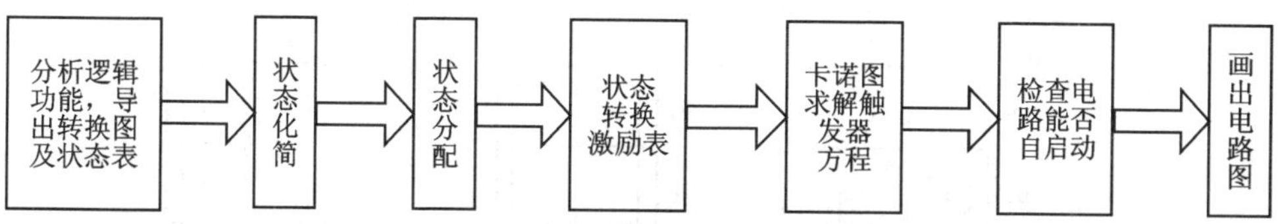

图 19.18　同步时序电路设计流程框图

19.5.4　实验内容及方法

1. Moore 型电路设计验证实验——触发器构成计数器

(1) 用 JK 触发器设计一个非规律计数序列的二进制计数器，计数序列如图 19.19 所示。要求读懂设计过程并解答附带问题。

具体设计过程如下：已知计数器的状态码由 3 位二进制数表示，因此要由 3 个 JK 触发器构建电路。状态转换图 19.19 对应的编码状态表为表 19.6。

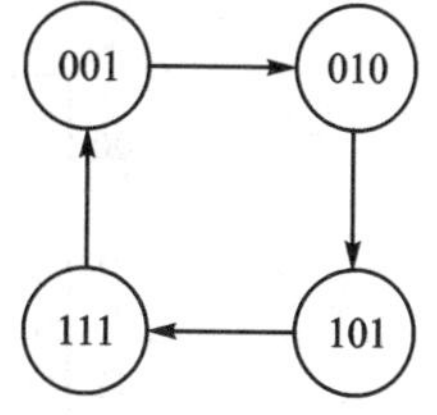

图 19.19　状态转换图

表 19.6 编码状态表

现态			次态		
Q_2^n	Q_1^n	Q_0^n	Q_2^{n+1}	Q_1^{n+1}	Q_0^{n+1}
0	0	1	0	1	0
0	1	0	1	0	1
1	0	1	1	1	1
1	1	1	0	0	1

根据 JK 触发器的驱动表 19.7 可确定各 JK 触发器的驱动条件，并通过次态卡诺图 19.20 化简得到各个 JK 触发器的激励函数。

表 19.7 JK 触发器驱动表

Q_2^n	→	Q_0^n	J	K
0	→	0	0	×
0	→	1	1	×
1	→	0	×	1
1	→	1	×	0

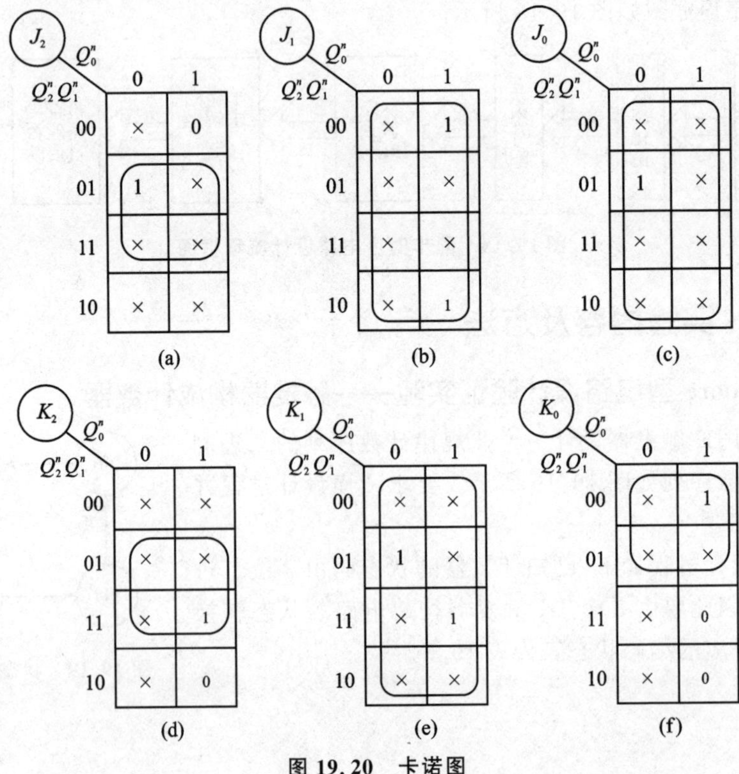

图 19.20 卡诺图

化简得到的各个 JK 触发器的激励函数如下

$$\begin{cases}J_2=Q_1^n\\K_2=Q_1^n\end{cases},\quad\begin{cases}J_1=1\\K_1=1\end{cases},\quad\begin{cases}J_0=1\\K_0=\overline{Q}_2^n\end{cases}$$

则所需设计的计数器逻辑电路图如图 19.21 所示。

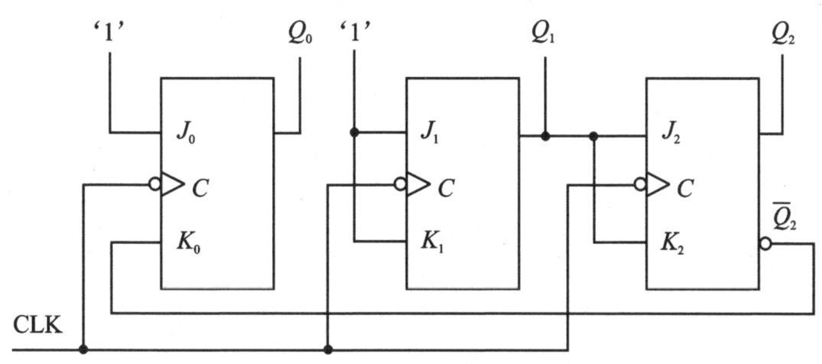

图 19.21　逻辑电路图

请确定此电路有哪几个多余状态，并分析电路能否自启动。

(2) 根据图 19.21 搭建逻辑电路，CLK 取 1 kHz，用示波器观测 CLK、Q_0、Q_1、Q_2 各点波形，验证设计的正确性。

(3) 用 D 触发器自行设计一个同步 7 进制计数器，用示波器观测所需的实验波形，验证设计的正确性。

(4) 用 JK 触发器自行设计一个同步 3 位格雷码计数器，用示波器观测所需的实验波形，验证设计的正确性。

2. Mealy 型电路设计验证实验——触发器构成序列检测器

(1)设计一个采用格雷码计数的同步 3 位加/减可逆计数器，当控制信号 UP/$\overline{\text{DOWN}}$ 为 1 时进行加计数，当 UP/$\overline{\text{DOWN}}$ 为 0 时进行减计数。要求读懂设计过程并解答问题。具体设计过程如下：

根据题设，计数器状态转换图应如图 19.22 所示，图中 UP/$\overline{\text{DOWN}}$ 用输入 Y 表示。状态转换图 19.22 对应的编码状态表为表 19.8。

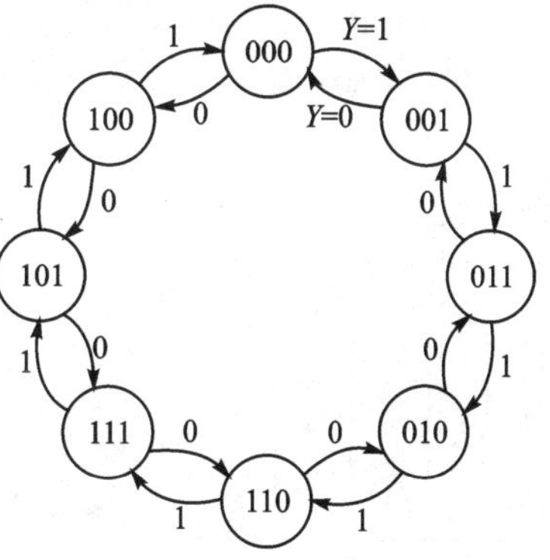

图 19.22　状态转换图

表 19.8　编码状态表

现态	次态	
	Y=0 (Down)	Y=1 (UP)

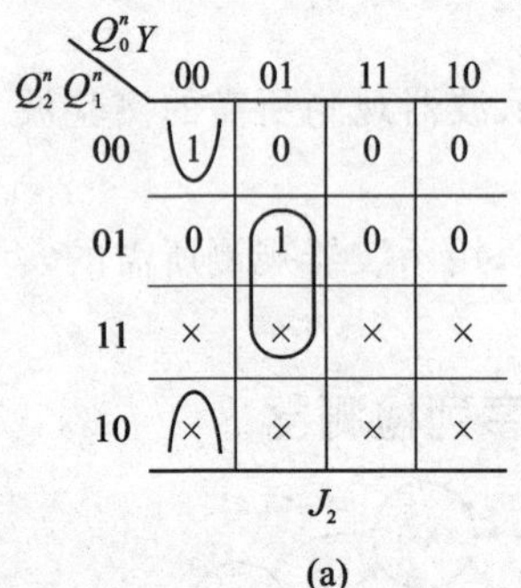

根据 JK 触发器的驱动表 19.7 可确定各 JK 触发器的驱动条件，并通过次态卡诺图 19.23 化简得到各个 JK 触发器的激励函数。

(a) J_2

$Q_2^n Q_1^n$ \ $Q_0^n Y$	00	01	11	10
00	1	0	0	0
01	0	1	0	0
11	×	×	×	×
10	×	×	×	×

(b) J_1

$Q_2^n Q_1^n$ \ $Q_0^n Y$	00	01	11	10
00	0	0	1	0
01	×	×	×	×
11	×	×	×	×
10	0	0	0	1

(c) J_0

$Q_2^n Q_1^n$ \ $Q_0^n Y$	00	01	11	10
00	0	1	×	×
01	1	0	×	×
11	0	1	×	×
10	1	0	×	×

(d) K_2

$Q_2^n Q_1^n$ \ $Q_0^n Y$	00	01	11	10
00	×	×	×	×
01	×	×	×	×
11	1	0	0	0
10	0	1	0	0

(e) K_1

$Q_2^n Q_1^n$ \ $Q_0^n Y$	00	01	11	10
00	×	×	×	×
01	0	0	0	1
11	0	0	1	0
10	×	×	×	×

(f) K_0

$Q_2^n Q_1^n$ \ $Q_0^n Y$	00	01	11	10
00	×	×	0	1
01	×	×	1	0
11	×	×	0	1
10	×	×	1	0

图 19.23　卡诺图

化简得到的各个 JK 触发器的激励函数如下：

$$J_2 = Q_1^n \overline{Q_0^n} Y + \overline{Q_1^n}\,\overline{Q_0^n}\,\overline{Y}, \quad K_2 = Q_1^n \overline{Q_0^n}\,\overline{Y} + \overline{Q_1^n}\,\overline{Q_0^n} Y$$

$$J_1 = \overline{Q}_2^n Q_0^n Y + Q_2^n Q_0^n \overline{Y}, \quad K_1 = \overline{Q}_2^n Q_0^n \overline{Y} + Q_2^n Q_0^n Y$$

$$J_0 = \overline{Q}_2^n \overline{Q}_1^n Y + \overline{Q}_2^n Q_1^n \overline{Y} + Q_2^n \overline{Q}_1^n \overline{Y} + Q_2^n Q_1^n Y$$

$$K_0 = \overline{Q}_2^n \overline{Q}_1^n \overline{Y} + \overline{Q}_2^n Q_1^n Y + Q_2^n \overline{Q}_1^n Y + Q_2^n Q_1^n \overline{Y}$$

则所需设计的计数器逻辑电路图如图 19.24 所示。试比较 Mealy 型电路和 Moore 型电路设计过程的异同，简述两者的主要差异。

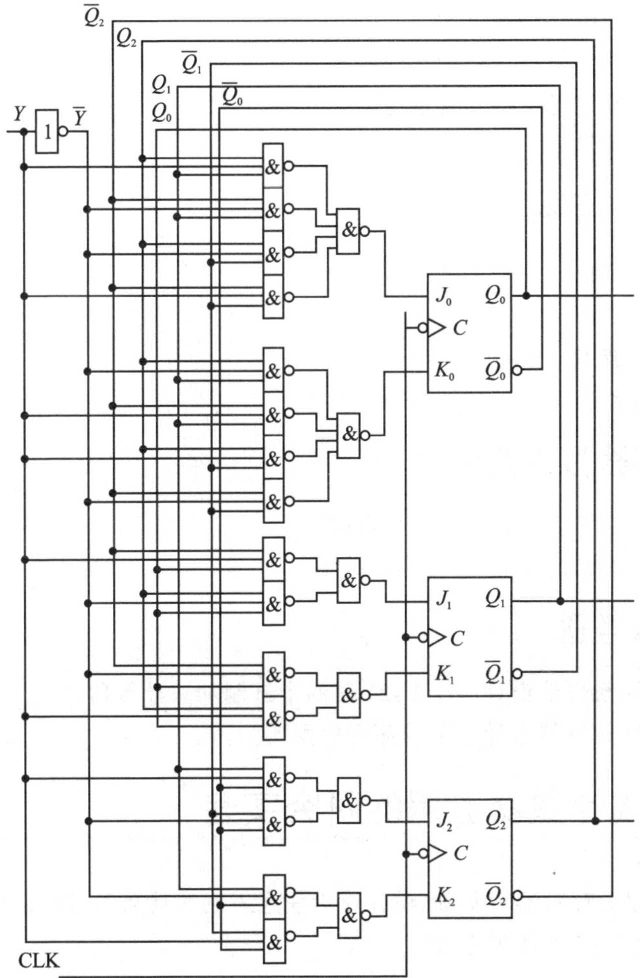

图 19.24　逻辑电路图

(2) 根据图 19.24 搭建逻辑电路，CLK 取 1 kHz，用示波器观测 CLK、Q_0、Q_1、Q_2 各点波形，验证设计的正确性。

(3) 用 JK 触发器设计一个同步序列检测器，当输入序列为 1001 时，输出一个"1"，即：

输入序列 X 为 0100110011，

输出序列 Y 为 0000100010，

要求搭建实验电路，用示波器观测所需实验波形，验证设计的正确性。

19.5.5 实验操作内容

(1) 根据题目要求设计电路和确定实验步骤。

(2) 连接实验电路板和电源。

(3) 按设计的实验操作步骤操作。

(4) 解决实验过程中的异常情况。

(5) 验证实验结果。

19.5.6 实验器材

(1) 实验电路板。

(2) 直流稳压源。

(3) 数字示波器 Agilent DSO－X 2012A。

(4) 实验元器件 74LS74、74LS76 等。

19.5.7 实验报告要求

(1) 列出完整的设计思路和关键电路图。

(2) 记录观察到的波形，验证实验结果。

19.5.8 思考题

(1) 试用 D 触发器设计一个 8421 码的十进制加法计数器。

(2) 试用 D 触发器设计本节的序列检测实验。

19.6 集成计数器应用的研究实验

以中规模集成计数器为基础，设计模为任意进制的计数器，涉及方法包括截尾法和级联法。学习计数器译码方法。

19.6.1 实验目的

(1) 掌握中规模集成电路计数器的功能及使用。

(2) 运用集成计数器构成任意进制计数器。

(3) 掌握异步计数器译码毛刺现象和解决方法。

19.6.2　预习要求

(1) 复习集成计数器的电路结构和工作原理。

(2) 复习集成计数器的截尾和级联操作的原理和方法。

(3) 复习异步计数器译码毛刺的产生原因和解决方法。

(4) 阅读 74LS160、74LS93、74LS138 参数手册。

(5) 画出实验电路图 U17 及其有关区域和设计连线图，设置实验波形测试点。

(6) 预先计算各测试点波形图。

19.6.3　实验原理

1. 集成计数器

74LS160 是中规模集成 8421BCD 码同步十进制加法计数器，计数范围是 0～9。它具有同步置数、异步清零、保持和十进制加法计数等逻辑功能。74LS160 的模块符号如图 19.25 所示。

$\overline{\text{CLR}}$ 是低电平有效的异步清零输入端，它通过各个触发器的异步复位端将计数器清零，不受时钟信号 CLK 的控制。当低电平应用于 $\overline{\text{LD}}$ 输入端时，该计数器的输出端 Q_0～Q_3 会取得下一个时钟脉冲上数据输入端 D_0～D_3 的状态。因此，该计数器可以被同步预置到 0～9 的任意二进制数。两个启动输入端 EP 和 ET 必须均为高电压时，计数器才能顺序计数，否则计数功能失效。当计数到 9 时，进位输出信号 CO 输出一个正脉冲。表 19.9 是 74LS160 的功能表，74LS160 的时序图如图 19.26 所示。

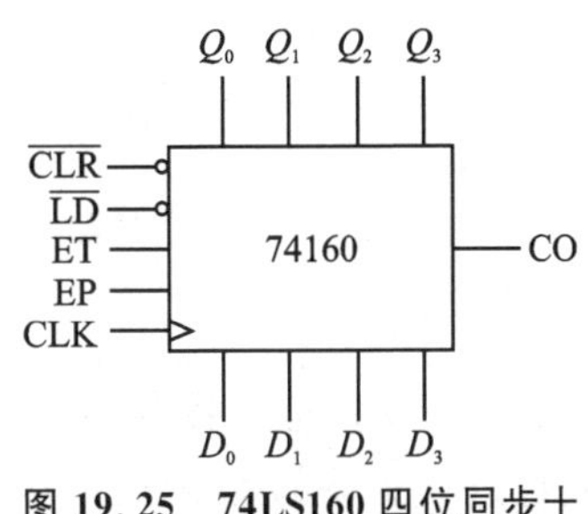

图 19.25　74LS160 四位同步十进制加法计数器模块符号

表 19.9　74LS160 四位同步十进制加法计数器功能表

输入									输出				工作模式
$\overline{\text{CLR}}$	$\overline{\text{LD}}$	EP	ET	CLK	D_0	D_1	D_2	D_3	Q_0^{n+1}	Q_1^{n+1}	Q_2^{n+1}	Q_3^{n+1}	
0	×	×	×	×	×	×	×	×	0	0	0	0	异步清零
1	0	×	×	↑	d_0	d_1	d_2	d_3	d_0	d_1	d_2	d_3	同步置数
1	1	0	1	×	×	×	×	×	Q_0^n	Q_1^n	Q_2^n	Q_3^n	保持
1	1	×	0	×	×	×	×	×	Q_0^n	Q_1^n	Q_2^n	Q_3^n	保持 (CO=0)
1	1	1	1	↑	×	×	×	×	十进制加法计数				计数

采用集成计数器构成任意进制计数器通常有两种方法，即截尾方法和级联方法。

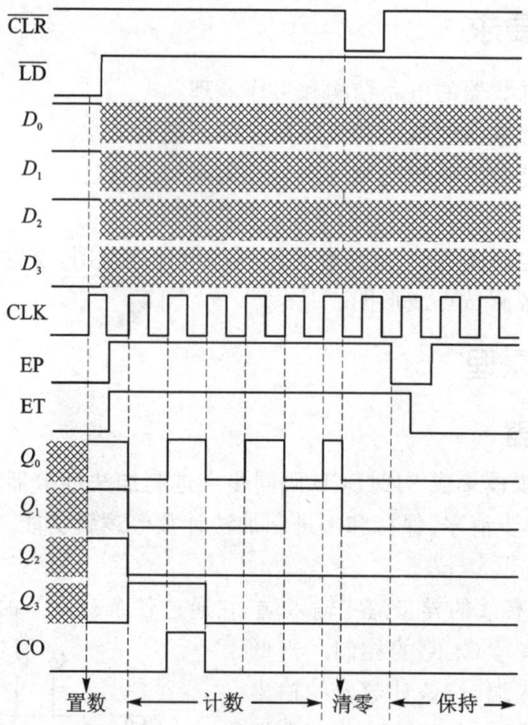

图 19.26　74LS160 四位同步十进制加法计数器的时序图

通过截尾序列方法改变集成计数器的计数周期适用于“$N>M$”模式，此时计数器的模 N 大于要构造计数器的模 M。主要有两种方式：一是通过清零端的反馈归零法；二是通过预置端的置数法。

通过计数器级联方法改变集成计数器的计数周期适用于“$N<M$”模式，此时计数器的模 N 小于要构造计数器的模 M。如果 M 可以表示为已有计数器的模的乘积，则只需将计数器串接起来即可，无须利用计数器的清零端和置数端；如果 M 不能表示为已有计数器的模的乘积，则不仅要将计数器串接起来，还要利用计数器的清零端和置数端，使计数器跳过多余的状态。计数器之间的级联方法又可分为串行进位连接和并行进位连接两种。

2. 计数器译码毛刺

在计数器的许多应用中，需要译码一些或者全部状态，这就需要使用译码器或者逻辑门。但在译码过程中有可能产生毛刺信号问题，即便对于同步计数器来说也可能存在这种可能，而对于异步计数器中来说译码毛刺问题则表现得更加普遍和严重。

以集成电路异步计数器 74LS93 为例，该芯片内部包含一个独立触发器和一个 3 位异步计数器组成的，分别可以实现模 2 计数和模 8 计数，也可以通过将两个分电路级联来实现一个模 16 的 4 位异步计数器。74LS93 芯片同时提供了一对门控复位输

入 $R0(1)$ 和 $R0(2)$，当两个输入都是高电平时，计数器就复位到 0000 状态。74LS93 芯片也很容易通过设置门控复位输入来配置成为 16 以内任意进制的异步计数器。在如图 19.27 所示逻辑电路中，74LS93 被用作一个模 8 计数器，并用 74LS138 对计数器状态进行全部译码，在示波器观察到的译码器输出波形中，很明显可以观察到假信号，也就是所谓的译码毛刺。

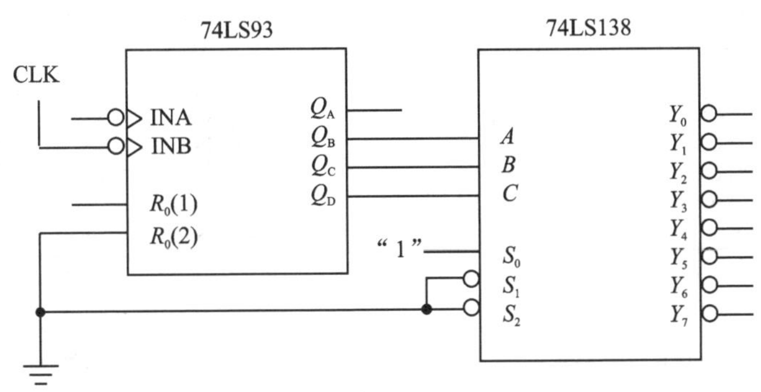

图 19.27　异步计数器的译码毛刺现象研究

一种消除毛刺信号的方法是在毛刺信号消失的同时启动译码输出，这种方法称为选通，比如图 19.27 所示电路中，74LS93 在时钟 CLK 下降沿到来后才开始异步改变各触发器的输出状态，译码毛刺也就因此产生，那么如果对 74LS138 的使能控制信号做适当修改，使得该译码器仅在 CLK 为高电平的时间窗口内进行译码，就能有效避免译码毛刺现象，请自行思考电路方案及内在原理。

19.6.4　实验内容及方法

1. 截尾计数器实验——采用清零法

(1) 按图 19.28(a)搭建电路，计数时钟 CLK 取 1 kHz，用示波器观测 CLK、Q_0、Q_1、Q_2、Q_3、CO、$\overline{\text{CLR}}$ 各点波形。

(2) 根据实验波形说明计数器功能，并解释其实现原理，着重说明 $\overline{\text{CLR}}$ 的波形特征及其成因。

(3) 用 74LS160 以清零法实现一个 9 进制计数器。计数时钟 CLK 取 1 kHz，用示波器观测 CLK、Q_0、Q_1、Q_2、Q_3、CO、$\overline{\text{CLR}}$ 各点波形验证计数器功能。

2. 截尾计数器实验——采用置数法

(1)按图 19.28(b)搭建电路，计数时钟 CLK 取 1 kHz，用示波器观测 CLK、Q_0、Q_1、Q_2、Q_3、CO、$\overline{\text{LD}}$ 各点波形。

(2) 根据实验波形说明计数器功能，并解释其实现原理，请着重说明 $\overline{\text{LD}}$ 的波形特征及其翻转的时间节点。

(3) 用 74LS160 以置数法实现一个 9 进制计数器。计数时钟 CLK 取 1 kHz，用

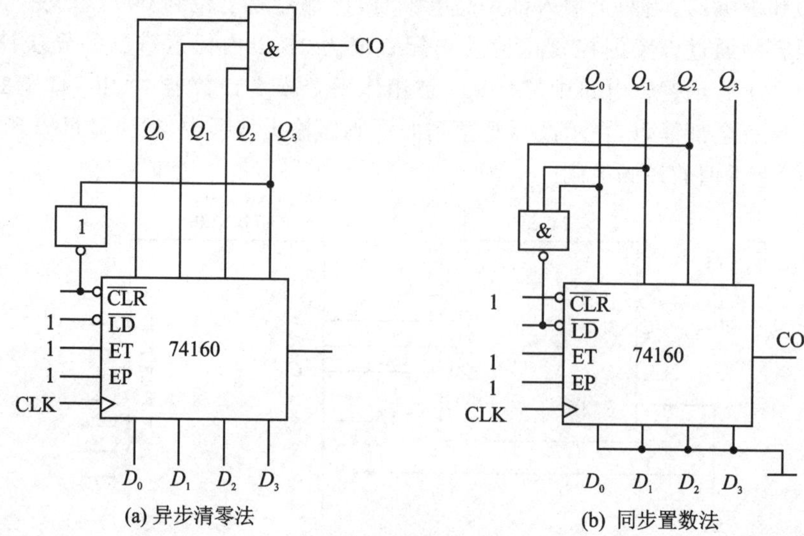

图 19.28　通过截尾方法用 74LS160 构造计数器

示波器观测 CLK、Q_0、Q_1、Q_2、Q_3、CO、$\overline{LD}$ 各点波形验证计数器功能。

3. 级联计数器实验——采用串行进位法

(1) 按图 19.29(a)搭建电路,计数时钟 CLK 取 1 kHz,用示波器测量 CO_1、CO_2 各点频率,说明 CLK、CO_1、CO_2 之间的频率关系。

(2) 确定该电路的功能,并解释其实现原理。

(3) 用 74LS160 以串行进位法实现一个 60 进制分频器。计数时钟 CLK 取 1 kHz,用示波器测量 CO_1、CO_2 各点频率,验证分频器功能。

4. 级联计数器实验——采用并行进位法

(1) 按图 19.29(b)搭建电路,计数时钟 CLK 取 1 kHz,用示波器测量 CO_1、CO_2 各点频率,说明 CLK、CO_1、CO_2 之间的频率关系。

(2) 确定该电路的功能,并解释其实现原理。

(3) 用 74LS160 以并行进位法实现一个 60 进制分频器。计数时钟 CLK 取 1 kHz,用示波器测 CO_1、CO_2 各点频率,验证分频器功能。

5. 译码毛刺现象的观测和研究实验

(1) 按图 19.27 搭建电路,计数时钟 CLK 取 100 kHz,用示波器测量 CLK、Y_0～Y_7 的输出波形,画图并分析译码毛刺现象。

(2) 对图 19.27 电路进行适当修改,采用选通法消除译码毛刺现象,用示波器测量 CLK、Y_0～Y_7 的输出波形,画图并分析实现原理。

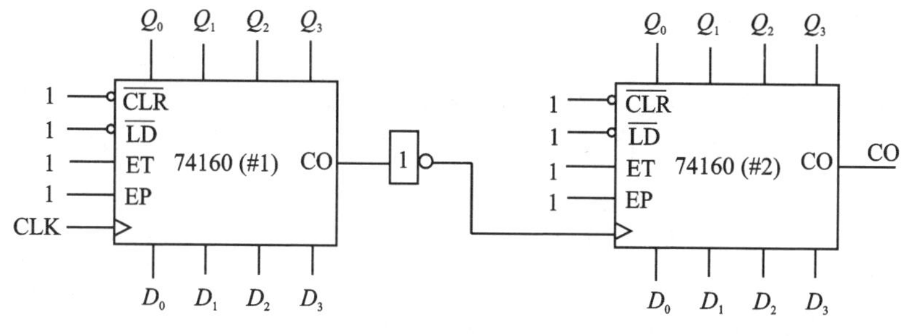

(a) 串行进位法

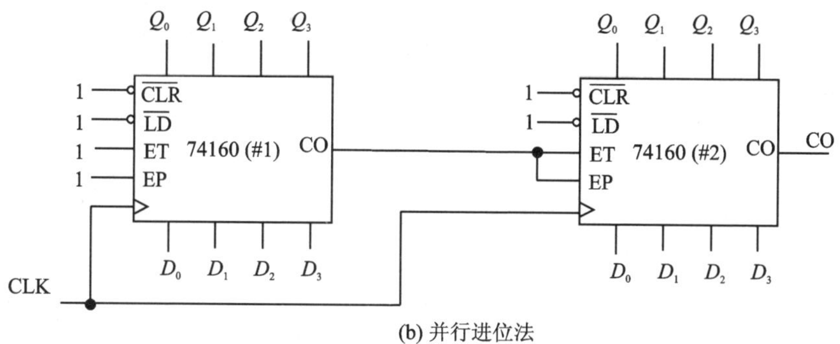

(b) 并行进位法

图 19.29　通过级联方法用 74LS160 构造计数器

19.6.5　实验操作内容

(1) 连接实验电路板和电源。

(2) 按预定的实验操作步骤操作。

(3) 解决实验过程中的异常情况。

(4) 记录实验结果。

(5) 实验数据处理与分析。

19.6.6　实验器材

(1) 实验电路板。

(2) 直流稳压源。

(3) 数字示波器 Agilent DSO-X 2012A。

(4) 实验元器件 74LS160 等。

19.6.7　实验报告要求

(1) 总结 74LS160 计数器的功能和特点。

(2) 整理实验电路,画出必要的时序波形图。

19.6.8 思考题

(1) 用 74LS160 如何完成任意进制计数的实验。

(2) 如果一个任意进制计数器是用 BCD 码来表述每一个计数状态，那么这种计数器在使用时有哪些好处，又该如何设计？

(3) 试比较计数器和分频器的异同。

19.7 移位寄存器应用的研究实验

寄存器在数字系统中也是一种常用的时序逻辑电路，主要功能是对数据进行存储和移位，多用于控制系统的通信媒介。

19.7.1 实验目的

(1) 掌握移位寄存器的工作原理。

(2) 熟悉移位寄存器的几种典型应用方式和功能。

19.7.2 预习要求

(1) 复习移位寄存器的工作原理。

(2) 阅读 74LS164、74LS165、74LS195 的参数手册。

(3) 画出实验电路图 U20 有关区域和连线图，设置实验波形测试点。

(4) 预先计算各测试点波形图。

19.7.3 设计原理

例如，键盘译码器是移位寄存器作为环形计数器连接于其他设备的一个良好示例。图 19.30 展示了一个简化键盘译码器，用以译码一个 4×4 的键合矩阵。一个 4 位移位寄存器 74LS195 被连接为 4 位环形计数器，当电源打开时一个 0 会预置到计数器中，其余位置 1。两个 74LS147 优先译码器被用作 4－2 线的译码器(只用低 4 位)，以译码键盘矩阵中的 ROW 和 COLUMN。一个 74LS195 用作并入并出寄存器，用于存储来自优先译码器的 ROW－COLUMN 代码。

图中键盘译码器的基本运算如下所示：环形计数器，当时钟信号以 10 kHz 的速度移位 0 时，“扫描”行中的键合。0(低电压)顺序应用于每个 ROW 线上，同时所有其他的 ROW 线都是高电压。所有的 ROW 线都连接到 ROW 译码器输入上，所以 ROW 译码器的 2 位输出任何时候都是低电压状态 ROW 线的二进制表达式。当按键被键合时，一条 COLUMN 线就连接于一条 ROW 线。当 ROW 线被环形计数器设定为低电压时，那条特殊的 COLUMN 线也同样被设定为低电压。COLUMN 译码器产生一个相关于存在键关闭 COLUMN 的二进制输出。2 位 ROW 代码加上 2

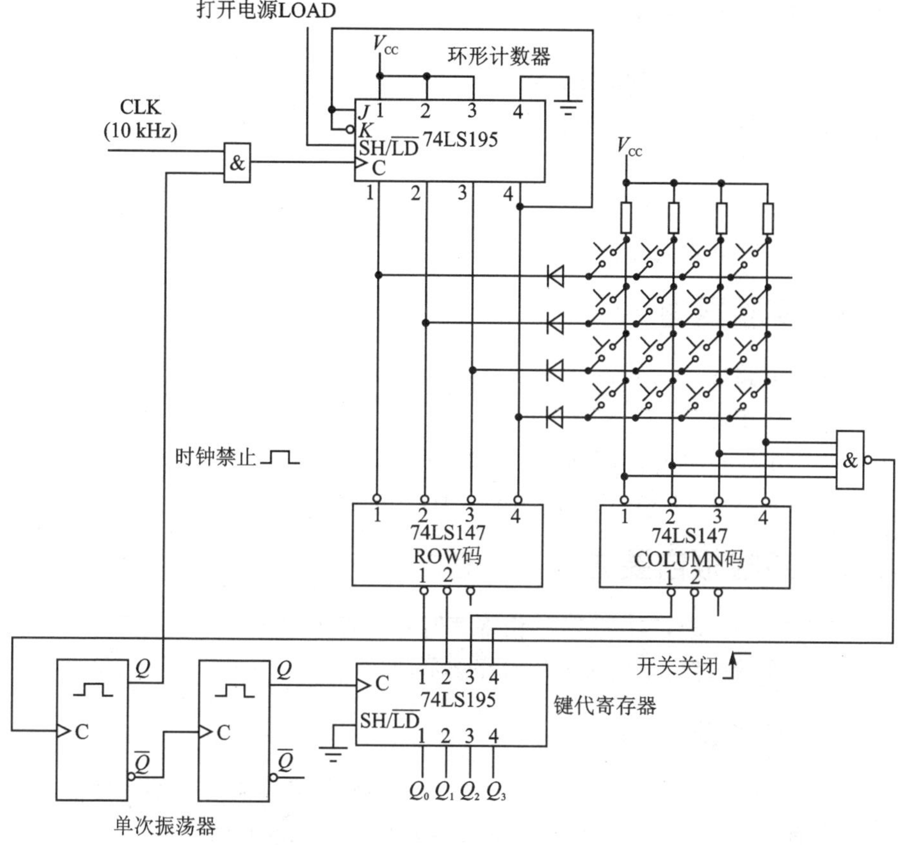

图 19.30　键盘译码器原理

位 COLUMN 代码就唯一地识别了被按下的键。该 4 位代码被应用于键代码寄存器的输入上。当某个按键被键合时，两个单次振荡器就会产生一个延迟的时钟脉冲，将该 4 位代码并行载入键代码寄存器中。这个延迟允许按键触点有短时间内的颤动。同样，第一个单次振荡器输出禁止环形计数器，使得数据载入时不进行扫描。

键代码寄存器中的 4 位代码可用发光二极管指示，在实际应用中可应用于 ROM(只读存储器)，以变换为识别键盘字符的相应的字母数字代码。

19.7.4　实验内容及方法

(1) 参照图 19.30 搭建电路，用发光二极管作为 $Q_3Q_2Q_1Q_0$ 的输出指示，观测并记录该键盘译码器的译码结果。

(2) 用 74LS164 实现一个 8 位约翰逊计数器，记录观察到的时钟信号 CLK 和各输出端的波形。

(3) 用 74LS165 实现一个序列发生器，要求产生的序列为 11010100(从左到右输出)，用示波器观察时钟信号 CLK 和输出端 Q_7 的波形。

19.7.5 实验操作内容

(1) 连接实验电路板和电源。

(2) 按预定的实验操作步骤操作。

(3) 解决实验过程中的异常情况。

(4) 记录实验结果。

(5) 实验数据处理与分析。

19.7.6 实验器材

(1) 实验电路板。

(2) 直流稳压源。

(3) 数字示波器 Agilent DSO - X 2012A。

(4) 实验元器件 74LS161、74LS164、74LS165 等。

19.7.7 实验报告要求

(1) 总结 74LS164,74LS165 移位寄存器的功能和特点。

(2) 整理实验电路,画出必要的时序波形图。

19.7.8 思考题

(1) 74LS164 和 74LS595 都具有 8 位数据的串行移位和并行输出功能,在实际使用中二者能否完全替代?请在查阅相关资料后给出你的判断。

(2) 如要求对一个 8×8 键合矩阵的设计一个简易键盘译码器,图 19.30 应做哪些修改?

19.8 有限状态机方法与编程实现

有限状态机(Finite State Machine,FSM)是对时序控制电路的一种非常有用的抽象,它把复杂的控制逻辑分解成有限个稳定状态,在每个状态上判断事件,变连续处理为离散数字处理,符合数字电路的工作特点。同时,只有有限个状态便于其在实际工程上的实现。有限状态机不仅只是一种时序电路设计工具,更是一种重要的设计思想和软件编程的基础。

19.8.1 实验目的

(1) 了解有限状态机的基本概念。

(2) 掌握时序电路的有限状态机设计方法。

19.8.2 预习要求

（1）自学有限状态机的基本概念。

（2）自学时序电路的有限状态机设计方法。

19.8.3 设计原理

有限状态机源自人们将一个复杂的问题分割成多个简单的部分来处理的思想。状态机通过时钟驱动下的有限个状态以及状态之间的跳转规则来实现复杂的逻辑，一旦当前的状态确定，就明确了相关的输入输出。

状态机的特点非常适用于描述具有逻辑顺序和时序规律事件。图 19.31 给出了状态机的基本原理图。由图可知，要分析或者设计一个状态机，前提是必须正确理解状态（分现态和次态）、输入、输出等基本要素。

在实际的应用中，根据有限状态机是否使用输入信号，可分为 Moore 型有限状态机和 Mealy 型有限状态机两种类型。

示例：以实现一个 4 位数字密码锁为例，假设连续输入“4739”就可以解锁密码锁。按照状态机设计原理，很容易建立如图 19.32 所示的状态转换图。

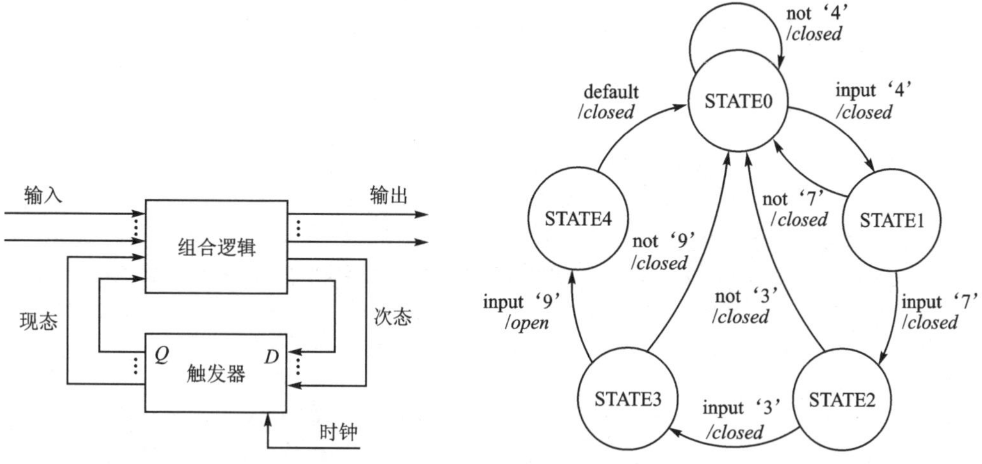

图 19.31　状态机原理图

图 19.32　密码检验核心过程状态转换图

在确定问题对应的状态机之后，余下就是具体如何实现的问题，而根据实际应用需要，既有可能要求采用软件方式实现，也有可能要求采用硬件方式实现，手段就比较灵活了。比如，若要求采用软件形式实现该状态机，可建立如下的示例程序：

```
#include <stdio.h>
#include<stdlib.h>
#include<string.h>
#typedef enum
```

```
{
    STATE0 = 0,
    STATE1,
    STATE2,
    STATE3,
    STATE4,
}STATE;

int main()
{
    char ch;
    STATE current_state = STATE0;
    while(1)
    {
        printf("please input number to decode:");
        while((ch = getchar())! ='/n')
        {
            if((ch<'0')||(ch>'9'))
            {
                printf("not number, please input again! /n");break;
            }
            switch(current_state)
            {
                case STATE0:
                    if(ch == '4') current_state = STATE1;break;
                case STATE1:
                    if(ch == '7') current_state = STATE2;break;
                case STATE2:
                    if(ch == '3') current_state = STATE3;break;
                case STATE3:
                    if(ch == '9') current_state = STATE4;break;
                default:
                    current_state = STATE0;break;
            }
        }
        if(current_state == STATE4)
        {
            printf("corrent, lock is open! /n");
            current_state = STATE0;
        }
        else
        {
```

```
            printf("wrong, unlocked! /n");
            current_state = STATE0;
        }
    }
    return 0;
}
```

而若要求采用硬件方式来实现本例中的数字密码锁，则可以通过构建一个同步时序电路来完成，参考流程如下：出于节约资源和简化电路的考虑，需要对图 19.32 所示状态转换图做进一步的分析和化简，获得如图 19.33 所示的简化状态转换图。

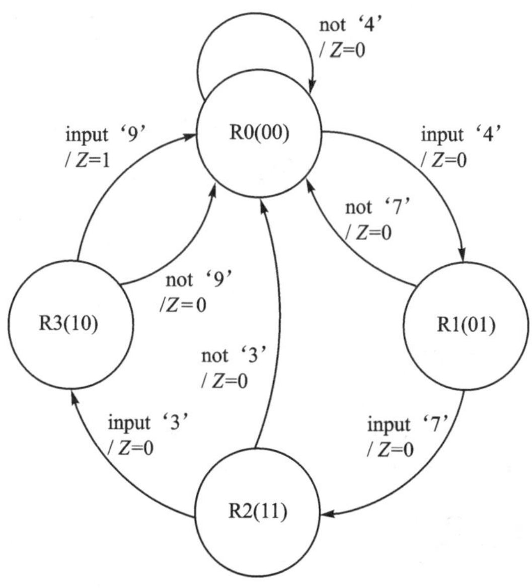

图 19.33　简化状态转换图

简化后的状态转换图只包含 4 个状态，则选择 2 个触发器和适当的逻辑门即可实现密码锁核心电路。图中给出了一种状态码分配方案，并以输出 Z 作为解锁成功与否的指示信号，至于触发器可考虑选择 JK 触发器使得驱动电路更为简化，但在实际设计过程中，上述这些建议均仅可作为参考，学习者可结合实际情况适当进行修改以确保数字密码锁电路的最终实现。

考虑到电路实现数字密码锁的复杂性，此处提供一个参考方案以简化除状态机 FSM 之外的副电路部分，如图 19.34 所示，此处 On/$\overline{\text{Off}}$ 作为电路开关，当开关断开时副电路不工作，而当开关闭合时副电路工作，密码 4739 以硬连线方式“固化”在电路中。

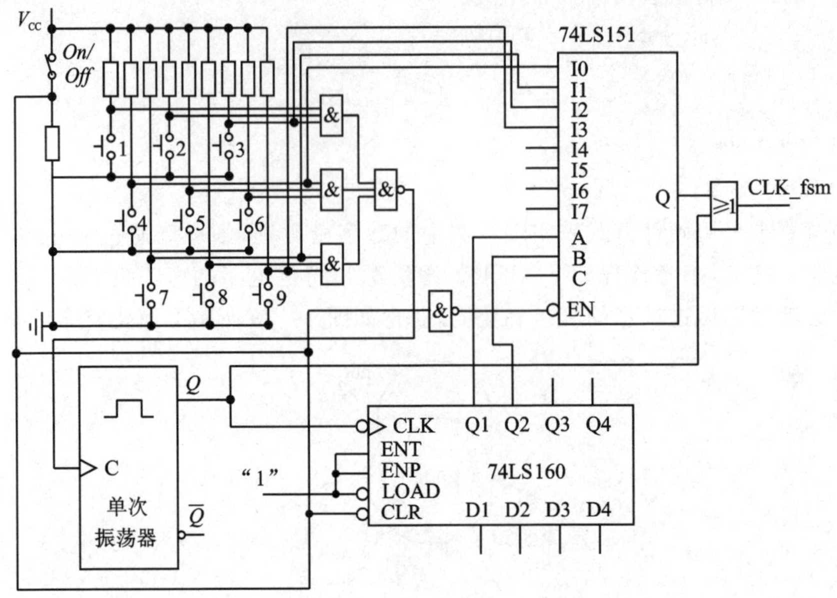

图 19.34　副电路参考方案示例

19.8.4　实验内容及方法

(1) 请在图 19.33 所示的简化状态转换图基础上,自行设计和补全电路方案。

(2) 请通过仿真或者搭建实验电路验证电路方案。

19.8.5　实验报告要求

(1) 设计相关实验电路图。

(2) 记录仿真实验结果或真实实验结果,验证电路逻辑功能。

19.8.6　思考题

试将本例所设计的数字密码锁扩展为 8 位的数字可重复密码锁,请问电路方案如何修改。

第 20 章

数字电路综合设计

数字电路综合设计的宗旨是提高学生在电路方面的综合设计能力和创新意识。从前几章以局部电路为主的验证性实验和局部设计性实验过渡到多模块、综合性的系统实验。把门电路、脉冲产生电路、时序电路与实际工程问题联系起来，用数字电路的理论和方法解决工程问题是工程设计的启蒙。

综合设计实验主要是运用前面所学的数字电路基础知识和基本的中小规模集成电路构建成一个小型的数字系统。目的是为了帮助学生初步掌握数字电路系统的基本设计思想及设计方法，同时通过实践，更进一步加深对基本数字电路的运用和对理论知识的理解。

20.1 数字电路设计步骤

20.1.1 总体方案设计

在设计总体方案时，首要的是对给定的课题进行分析，明确该课题要实现的功能、性能指标、使用场合等，然后才能做总体设计方案。在设计方案的过程中，需要查阅相关的资料，查阅具有先进性、稳定性、易设置易操作、价格低的集成电路芯片和电路结构，将多个方案进行分析和比较，还要考虑制作的难易程度，从而设计出最佳的总体方案。这就是方案的论证过程。

一般总体设计方案用框图和注释表示，如图 20.1 所示。每个框图表示一个功能单元，用表示信号流向的箭头把各个框图连接起来。对于方案中主体部分或者关键部分，描述要详细和准确。对于次要的部分，可以简单一点。

20.1.2 单元电路设计

(1) 明确各单元电路的各项性能指标。事实上，单元电路的各项性能应该在设计总体方案时已确定，在此应该是更明确和更具体化。在设计各单元电路时，还应注意各单元电路间的逻辑电平匹配、负载匹配等问题，同时各单元电路要尽可能地选择同一系列的集成电路。

(2) 单元电路结构的选择，同样应该反复地比较和论证。要多查阅资料和生产

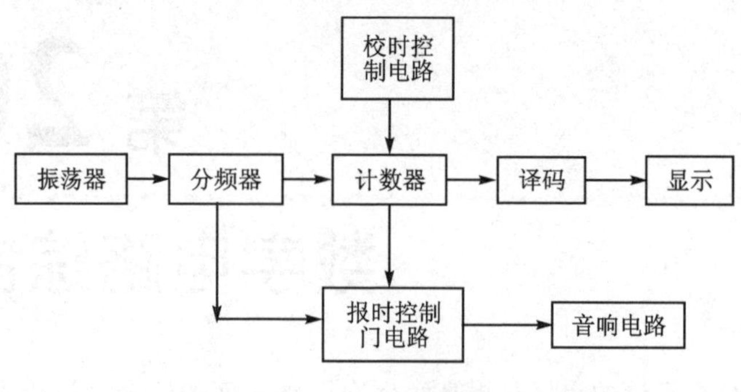

图 20.1　设计框图

厂商的技术说明,从中选择性能优越、各项参数符合本课题要求、价格低的集成电路。

(3) 各单元电路参数的计算要准确,各波形间的配合,在时间上要留有一定的余量,避免因温度等其他的原因使得波形间产生毛刺,使得电路产生不稳定的因素。

(4) 画出单元电路的电路图,写出单元电路的技术说明,包括参数的计算和各点的波形。

(5) 对单元电路进行实验,测试各点的波形和参数,看是否符合设计要求,同时可对不合理的地方进行再一次的修改。

20.1.3　画出总体电路图

各单元电路设计完成后,画出总体电路图。在画总体电路图时,要注意各单元电路的摆放位置,原则上是从待处理的信号开始依次画出,要特别注意的是各单元电路间的关系应该清晰、明了和美观。

20.1.4　总体电路安装及调试

按照要求,画出 PCB 图,或者在面包板上搭出整体电路进行调试。调试时要注意首先是测试各单元电路的波形或者参数是否和原设计相符合,从而可以快速地找出是哪个单元电路出现了故障。

20.2　自动售货机的设计实验

设计一个自动售火柴机的逻辑电路。它的投币口每次只能投入一枚(1 分或 2 分)硬币。在投入 3 分硬币后,数码管显示 3,并且机器给出 一盒火柴。如果投入 4 分硬币后,数码管显示 4,机器给出 一盒火柴,同时找回 一枚 1 分硬币。

20.2.1　实验目的

运用所学的数字电路基本理论知识学习课题设计的完整过程。理论联系实际,锻炼实践操作，培养理论知识的实践应用能力。

20.2.2　预习要求

(1) 认真观察自动售货机的售货过程，记录售货机售货时的每一步骤，考虑售货机在售货过程的每一步骤中可能发生的各种情况。

(2) 对课题进行设计，写出设计的详细步骤，画出逻辑电路图。

20.2.3　设计原理

1. 设计分析

售货机在售货的每一过程均可看作是一个状态，并且下一状态的进程取决于上一状态的进程，每一个状态必须具有记忆功能。因此主体电路可采用时序电路设计方法。

(1) 总体设计

在本课题的设计中，忽略一些机械的或传感器信号的设计。对于投币等传感信号，均采用按钮或拨动开关取代。

自动售货机操作说明：

- 2 个投币口，分别能投入 1 分、2 分的硬币。
- 一个 8 段数码管，显示投入硬币的数量。
- 一个“输出”按钮，在投入硬币后，按下按钮，售货机即可输出“火柴”。
- 2 个指示灯，分别显示“输出”火柴和“找零”两个状态。

具体操作见实验任务。根据以上分析，画出如图 20.2 所示的电路框图。

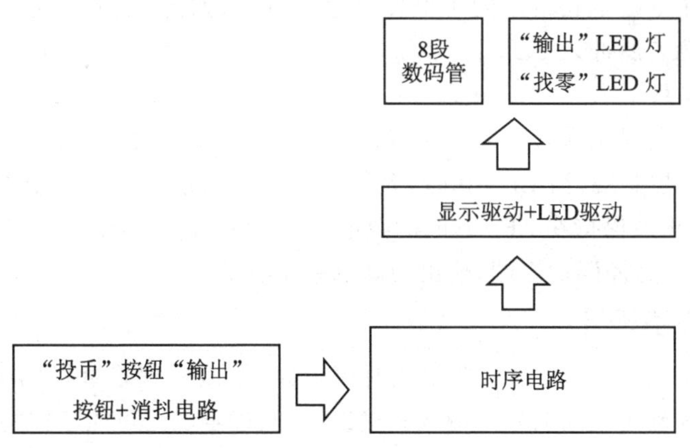

图 20.2　售货机总框图

(2) 各辅助单元电路原理

- 各个开关或者按钮的消抖动电路。
- 显示投币数量的七段数码管和驱动电路。

● 出货、投币状态 LED 指示灯和驱动电路。

(1) "输出"按键

"输出"按键的功能是产生一个单脉冲，把投币口的开关信号打入触发器。时序电路中采用的是下降沿触发的 JK 触发器 74LS76，所以按键的功能是产生一个负跳变的单脉冲。输出按键电路如图 20.3(a)所示，由 RS 触发器构成。常态时，开关接在上端，$\overline{P}$ 为 1；当按钮按下，开关接到下端，$\overline{P}$ 变为 0，产生一个负脉冲，作为 JK 触发器的打入脉冲。

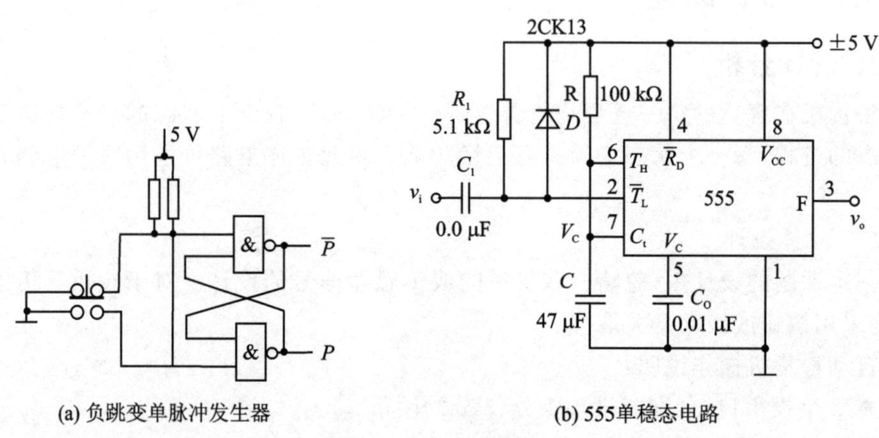

图 20.3　负跳变单脉冲发生器和 555 单稳态电路

(2) 清零电路

每次操作完成后，对于具有记忆功能的电路要清零，为第二次的操作做好准备。清零电路采用了 555 电路组成的可触发单稳态电路，如图 20.3(b)所示。"输出"信号作为触发单稳态脉冲。

(3) 显示电路

采用 8 段数码显示管，CD4511 为译码驱动器，如图 20.4 所示。

LE 为锁定控制端，当 LE=0 时，允许译码输出。LE=1 时译码器是锁定保持状态，译码器输出被保持在 LE=0 时的数值。A、B、C、D 为 8421BCD 码输入端。a、b、c、d、e、f、g、h 为译码输出端，输出为高电平 1 有效。

2. 主体电路设计

主体设计采用 74LS76 触发器组成时序电路，用以实现售货机的各个状态。设计时序电路必须确定电路的外部输入和输出，以及确定电路可能存在的各种状态。

(1) 状态定义

$Q_1Q_0=00$ 表示状态 S_0，为初始状态以及火柴售出的状态；

$Q_1Q_0=01$ 表示状态 S_1，为售货机中有 1 分钱硬币的状态；

$Q_1Q_0=10$ 表示状态 S_2，为售货机中有 2 分钱硬币的状态。

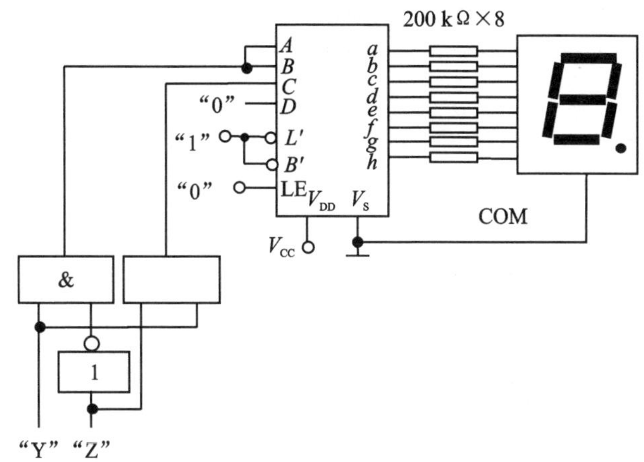

图 20.4　译码显示电路

(2) 变量定义

设输入变量 A、B 分别表示投入 1 分和 2 分硬币的数量，即：

$A=1$ 表示投入 1 枚 1 分硬币；$A=0$ 表示没有投入 1 分硬币；

$B=1$ 表示投入 1 枚 2 分硬币；$B=0$ 表示没有投入 2 分硬币。

设输出变量 Y、Z 分别表示是否给出一盒火柴及同时找回一枚 1 分硬币，即：

$Y=1$ 表示给出一盒火柴；$Y=0$ 表示没有给出一盒火柴；

$Z=1$ 表示找回一枚 1 分硬币；$Z=0$ 表示没有找回一枚 1 分硬币。

(3) 建立状态图

自动售货机状态图如图 20.5 所示。

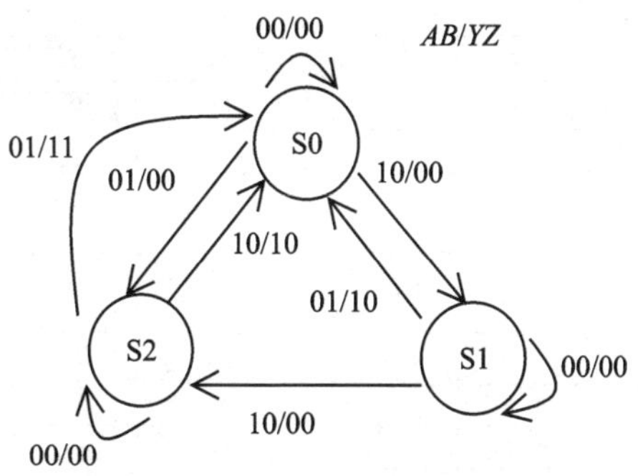

图 20.5　自动售货机状态图

(4) 建立状态真值表

自动售货机状态真值表如表 20.1 所示。

表 20.1 自动售货机状态真值表

A	B	Q_1^n	Q_0^n	Q_1^{n+1}	Q_0^{n+1}	Y	Z	J_1	K_1	J_0	K_0
0	0	0	0	0	0	0	0	0	φ	0	φ
0	0	0	1	0	1	0	0	0	φ	φ	0
0	0	1	0	1	0	0	0	φ	0	0	φ
0	1	0	0	1	0	0	0	1	φ	0	φ
0	1	0	1	0	0	1	0	0	φ	φ	1
0	1	1	0	0	0	1	1	φ	1	0	φ
1	0	0	0	0	1	0	0	0	φ	1	φ
1	0	0	1	1	0	0	0	1	φ	φ	1
1	0	1	0	0	0	1	0	φ	1	0	φ

(5) 卡诺图化简

卡诺图化简图如图 20.6 所示。

AB \ $Q_1^nQ_0^n$	00	01	11	10
00	0	0	φ	φ
01	1	0	φ	φ
11	φ	φ	φ	φ
10	0	1	φ	φ

AB \ $Q_1^nQ_0^n$	00	01	11	10
00	φ	φ	φ	φ
01	φ	φ	φ	1
11	φ	φ	φ	φ
10	φ	φ	φ	1

AB \ $Q_1^nQ_0^n$	00	01	11	10
00	0	φ	φ	0
01	0	φ	φ	0
11	φ	φ	φ	φ
10	1	φ	φ	0

AB \ $Q_1^nQ_0^n$	00	01	11	10
00	φ	0	φ	φ
01	φ	1	φ	φ
11	φ	φ	φ	φ
10	φ	1	φ	φ

AB \ $Q_1^nQ_0^n$	00	01	11	10
00	0	0	φ	0
01	0	1	1	1
11	φ	φ	φ	φ
10	0	0	φ	1

AB \ $Q_1^nQ_0^n$	00	01	11	10
00	0	0	φ	0
01	0	0	φ	1
11	φ	φ	φ	φ
10	0	0	φ	0

图 20.6 卡诺图化简图

20.2.4 实验内容及方法

写出自动售货机设计的全过程，画出售货机的完整图纸，在面包板上搭出售货机的完整电路，调试电路，验证是否实现功能，指出可以改进和增强的地方。

20.2.5　实验器材

(1) 示波器 Agilent DSO - X 2012A。

(2) 数字万用表。

(3) 直流稳压电源。

(4) 主要元器件(供参考)

74LS76 芯片	1 片；
CD4511 芯片	1 片；
NE555 芯片	1 片；
七段数码管	1 个；
LED	4 个；
电容 0.01 μF	3 个；
二极管	1 个；
电阻	10 kΩ×1，22 kΩ×1，5 kΩ×2；
按钮	2 个。

20.3　数字锯齿波波形发生器的设计实验

晶体管特性图示仪是电子测量常用仪器之一，通常扫描信号和阶梯信号由 50 Hz 工频市电变换而来，其稳定性差，X 轴扫描为正弦脉冲，线性度差。本实验旨在用数字电路中的 555 定时器作为晶体管特性图示仪中的扫描信号发生器，通过 555 定时器产生同步的 X 轴扫描锯齿波和 Y 轴扫描阶梯波，其扫描频率不受工频市电限制，扫描信号同步性能好。

20.3.1　实验目的

(1) 熟悉数字电路的应用。

(2) 熟悉数字电路和模拟电路相结合的设计方法。

20.3.2　预习要求

(1) 复习 555、74LS161、运算放大器 741 等器件的工作原理。

(2) 对课题进行设计，写出设计和理论计算的详细步骤，画出电路图。

20.3.3　设计原理

1. 设计分析

晶体管的输出特性是指集电极电流 I_c 在一系列一定的基极电流 I_b 下，随集电

极一发射极电压 V_{ce} 变化的一簇曲线束，如图 20.7 所示。

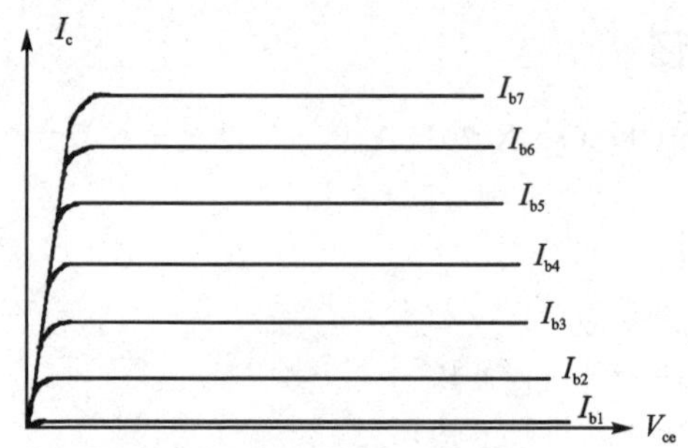

图 20.7 晶体管输出特性曲线

对于给定的 I_b，只能表现出其中一条曲线。为了显示出整个曲线簇，只要使得 I_b，即 V_b 是阶梯波变化，而 V_c 是锯齿波变化，锯齿波的周期等于每一阶梯的维持时间，如图 20.8 所示。

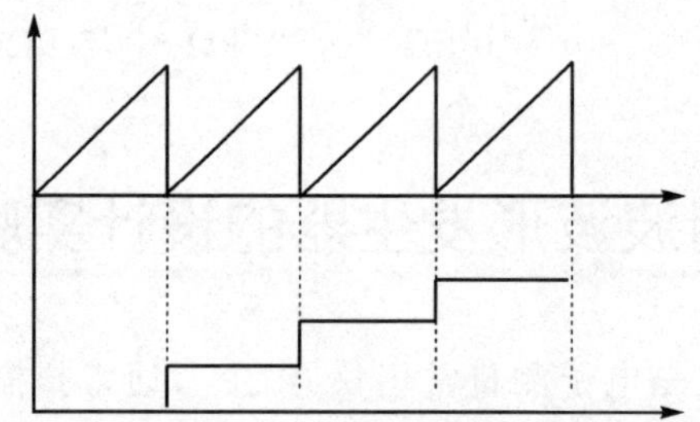

图 20.8 集电极扫描电压与基极阶梯电压(阶梯电流)间的关系

阶梯波产生电路由多谐振荡器(555 定时器构成)、4 位二进制加法器(CD4518)、数模转换电路和反相比例运算器组成。测试原理图如图 20.9 所示。

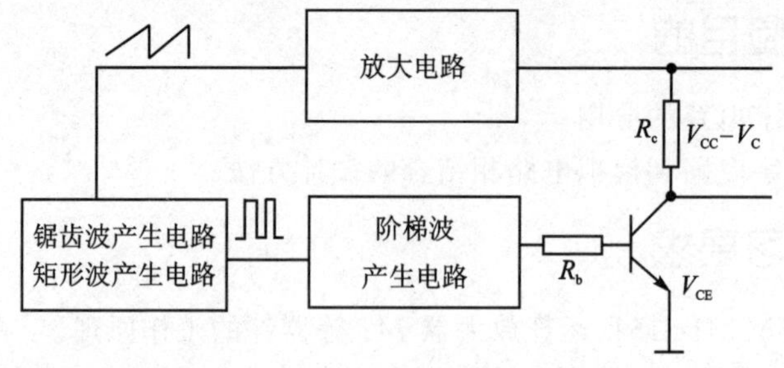

图 20.9 测试原理框图

2. 各辅助单元电路原理

(1) 多谐振荡器部分

由 555 定时器构成的多谐振荡器如图 20.10 所示。

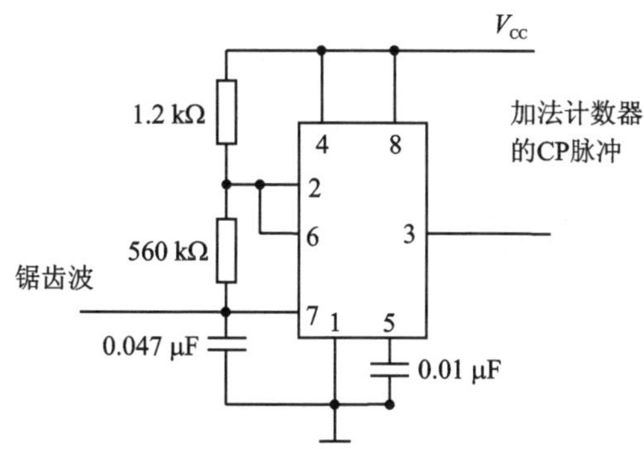

图 20.10　555 构成振荡器

555 定时器组成的多谐振荡器同时产生锯齿波和阶梯波的触发脉冲，以保证锯齿波和阶梯波的同步。555 定时器 7 脚输出电压幅值为 $1/2V_{CC}$ 的锯齿波，3 脚输出占空比接近 1 的同步方波。锯齿波的幅值由下式可得：

$$V_{CC}=\frac{2}{3}V_{CC}-\frac{1}{3}V_{CC}\approx\frac{1}{2}V_{CC}$$

该锯齿波通过电压跟随器和同相比例运算放大器进行电压放大，调节电阻可以改变锯齿波幅度，在测量晶体管特性曲线时，须经放大后再输入到待测晶体管集电极，同时作为 X 轴扫描信号输入到示波管的 X 轴偏转系统。

(2) 同步十进制加法计数器

计数器采用 CD4518 芯片。CD4518 芯片是一个双 BCD 同步加计数器，由两个相同的同步 4 级计数器组成(图 20.11)。电路中将 555 振荡器输出的脉冲作为 CD4518 的时钟计数脉冲，在计数到 1 001 时输出归零。

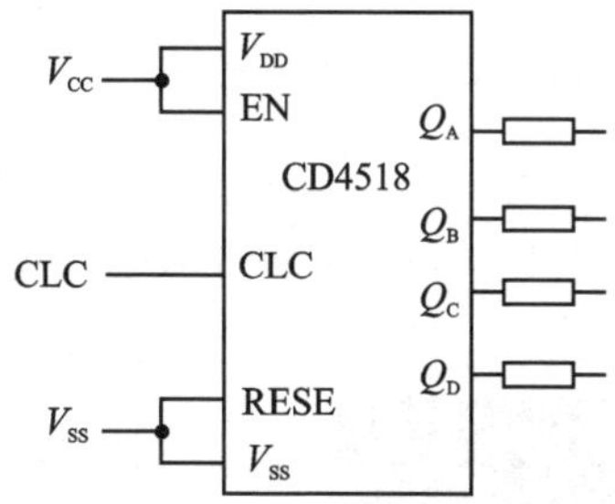

图 20.11　CD4518 构成 BCD 加法计数器

(3) 数模转换部分：

把 CD4518BCD 加法计数器和 uA741 构成了权电阻网络数模转换电路(图 20.12)。电阻取值应该满足 $8R_4=4R_3=2R_2=R_1$，R_f 是 10 kΩ 的电位器。

$$I_f=V_1/R_1+V_2/R_2+V_3/R_3+V_4/R_4$$

$$V_O=-I_fR_f$$

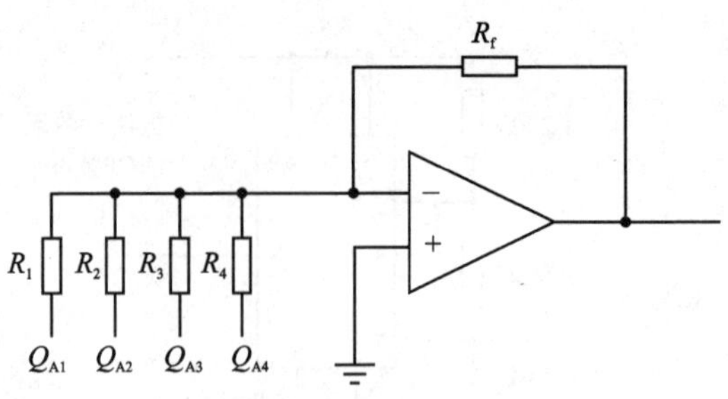

图 20.12　数模转换网络

3. 设计任务和要求

在面包板上实现电路功能，能够在示波器上稳定的显示出阶梯波，且阶梯波的幅度可调。用示波器观察并记录输出阶梯波，并改变电阻值，观察阶梯波幅度的变化，将实验结果和理论值作比较。

(1) 利用 555 电路构成的多谐振荡器的波形如图 20.13 所示。

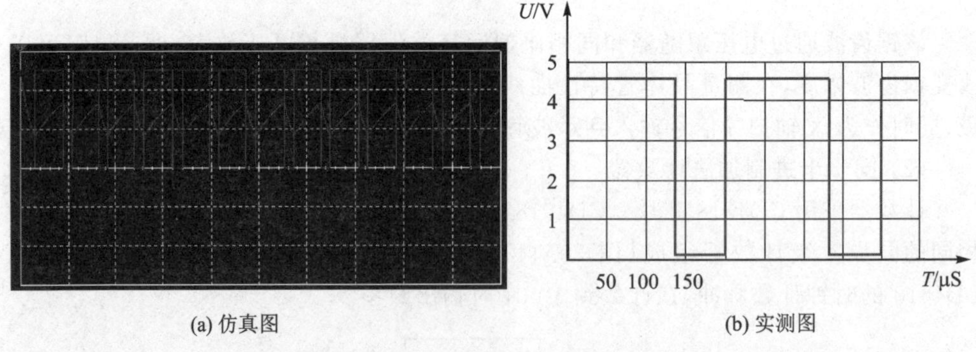

(a) 仿真图　　　(b) 实测图

图 20.13　555 电路构成多谐振荡器波形图

(2) CD4518 连接成加法计数器，对输出的脉冲波计数。

(3) 权电阻网络组成的数模转换电路，产生反相阶梯波形，如图 20.14 所示。

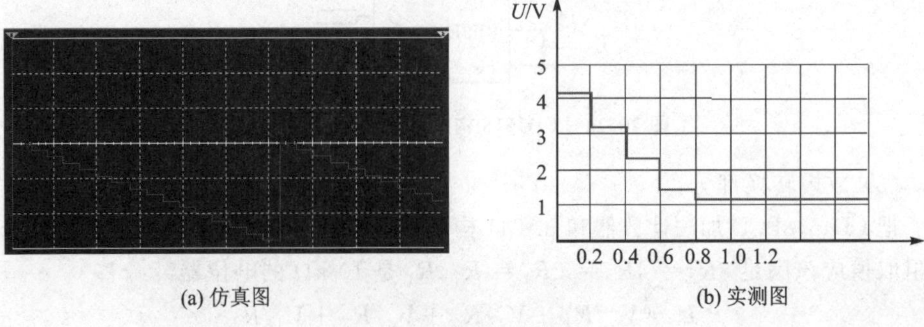

(a) 仿真图　　　(b) 实测图

图 20.14　反相阶梯波输出

（4）用反相比例运算电路调整输出波形的幅度，将前级的阶梯波形翻转，输出正相阶梯波（图 20.15）。

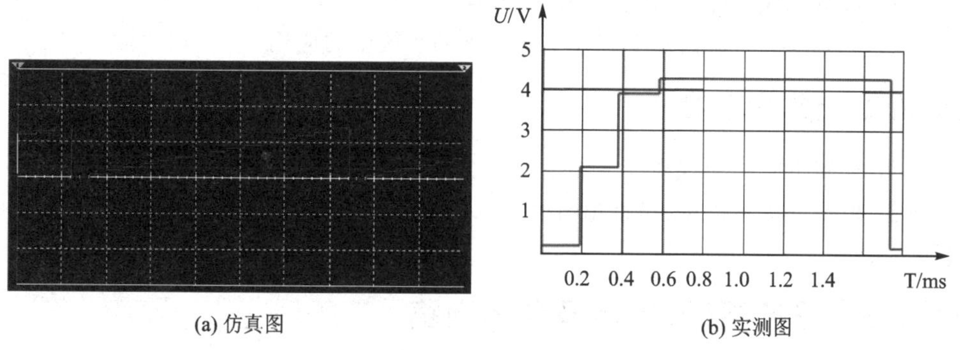

(a) 仿真图　　(b) 实测图

图 20.15　正相阶梯波输出

20.3.4　实验内容及方法

写出锯齿波发生器设计和计算的全过程，画出锯齿波发生器的完整图纸，在面包板上搭出锯齿波发生器的完整电路。调试电路，验证是否实现功能，指出可以改进和增强的地方。

20.3.5　实验器材

（1）示波器 Agilent DSO－X 2012A。

（2）数字万用表。

（3）直流稳压电源。

（4）主要元器件（供参考）

NE555 芯片	1 片；
CD4518 芯片	1 片；
μA741 芯片	4 片；

电位器、电阻、电容、导线若干。

20.4　多功能数字电子钟的设计实验

设计一多功能数字电子钟，其功能和要求：

（1）以数字形式显示时、分、秒。

（2）小时计时采用 12 进制的计时方式，分、秒采用 60 进制的计时方式。

（3）具有对“时、分”的校准功能。

（4）定时控制报时。

20.4.1　实验目的

(1) 熟悉中规模计数器电路的设计和应用。

(2) 学会不同的振荡器电路在不同要求的系统中的应用。

20.4.2　预习要求

(1) 查阅不同的中规模计数器使用说明,并加以分析和比较。

(2) 根据分析和提示,设计出符合要求的电路图纸,并对各部分电路的设计加以说明。

20.4.3　设计原理、提示及参考电路

多功能数字电子钟系统组成框图如图 20.16 所示。

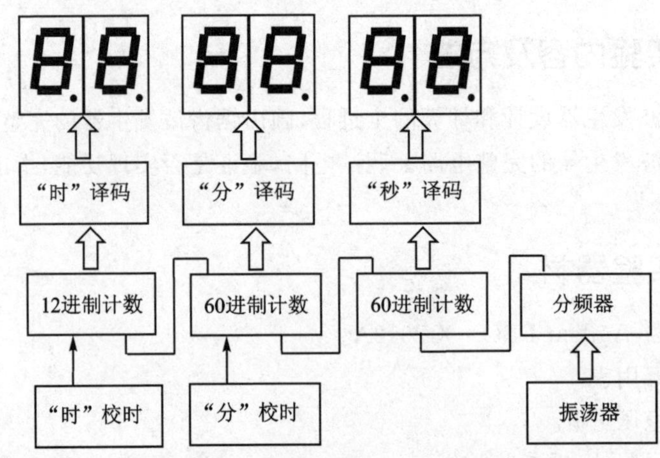

图 20.16　多功能数字钟系统原理图

系统由基准频率源、分频器、60 进制计数器、12 进制计数器、译码显示、校准电路组成。其中:

(a) 基准频率源是实现该系统精确度的关系部件。设计中应以晶体振荡器组成振荡电路,产生时间基准源。其稳定性和频率精确度决定了计时的准确度,振荡频率越高,计时精度也就越高。振荡器产生的基准源再由分频器分频后得到 1 s 的标准秒脉冲。避免用 555 电路等直接产生 1 s 的秒脉冲。

(b) 校准电路可采用按键及门电路组成。校准电路的按键应该接有 S－R 锁存器进行按键消抖。

20.4.4　校正"时""分"电路的设计

当数字钟接通电源或者计时出现误差时需要校正时间(校时)。为使电路简单,

本实验只进行“分”和“小时”的校时。对校时电路的要求是：

(1) 在“时”校正时不影响分和秒的正常计数；在“分”校正时不影响小时和秒的正常计数。

(2) 校正脉冲可以用 555 电路产生 1 Hz 的校时脉冲，也可以用手动产生单脉冲作校时脉冲。

(3) 图 20.17 所示为“校时”和“校分”的电路。其中 S_1 为校分用的控制开关，S_2 为校时用的控制开关，它们的控制功能如表 20.2 所示。

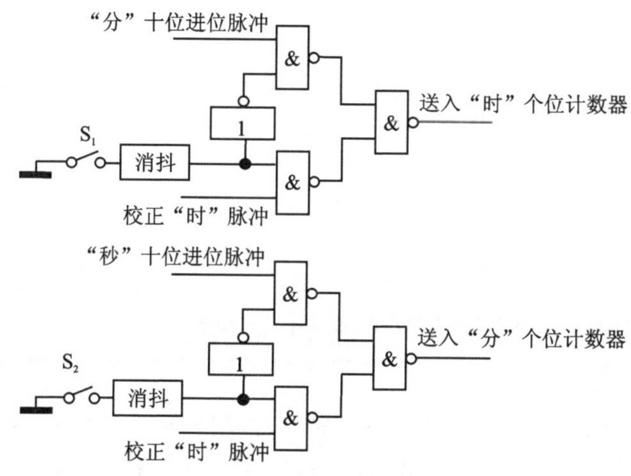

图 20.17　校正电路

表 20.2　控制功能表

S_1	S_2	功能
1	1	正常计数
1	0	“分”校正
0	1	“时”校正

要注意的是校时电路是由与非门构成的组合逻辑电路，开关 S_1 或 S_2 为“0”或“1”时，可能会产生抖动，需要加上基本 RS 触发器以便消除抖动。

20.4.5　设计任务和要求

(1) 按照设计任务要求写出详细的设计报告，主要包括：题目，设计任务及要求，画出详细框图、整机逻辑电路、详细的总体电路图，列出元器件清单。

(2) 单元电路调试和整机调试后，进行故障分析、精度分析以及功能评价。

(3) 在面包板上调试出数字电子钟，各部分功能要能准确实现。

20.4.6 实验器材

(1) 示波器 Agilent DSO－X 2012A。

(2) 数字万用表。

(3) 直流稳压电源。

(4) 主要元器件(供参考)

7 段显示器(共阴极)	6 片;
74LS48	6 片;
74LS90	10 片;
4 MHz 石英晶体	1 片;
74LS04	1 片;
74LS74	1 片;
74LS10、74LS00	10 片;

电阻、电容、导线、开关等。

20.5 汽车尾灯控制器的设计实验

设计一汽车尾灯控制电路，当汽车左转弯时，左边的 3 个 LED 灯向左依次点亮；当汽车右转弯时，右边的 3 个 LED 灯向右依次点亮；当汽车刹车时，左右共 6 个 LED 灯同时点亮。若在转弯情况下制动，则一侧 3 个尾灯周期性的亮灭，另一侧 3 个尾灯则均亮。

20.5.1 实验目的

学习分析时序电路和组合电路的整体设计，灵活运用中规模集成电路，培养分析实际问题的能力。

20.5.2 预习要求

(1) 复习 74LS194、NE555 等相关芯片的用法、功能、内部结构，重点写出课题中移位寄存器的真值表。

(2) 根据设计原理，设计出符合要求的电路图，并写出详细步骤。

20.5.3 设计原理及电路分析

1. 设计分析

要实现汽车尾灯左转或右转的 3 个 LED 灯循环点亮，需要有时序电路产生状态转换，这一部分电路可由 JK 触发器来实现。但这部分电路并不需要记忆状态，对于左边或右边的转向灯来说，只要实现 000→100→010→001→000 之间的循环即可，故主体电路可以考虑用移位寄存器来实现。

2. 总体设计

设计中主体电路采用移位寄存器芯片 74LS194。组合控制电路根据左转、右转、刹车 3 路信号的状态，对移位寄存器进行左移、右移、送数 3 个工作状态的设置。并把移位寄存器的输出信号送入左转弯 LED 驱动电路或者右转弯 LED 驱动电路。总体设计原理框图如图 20.18 所示。

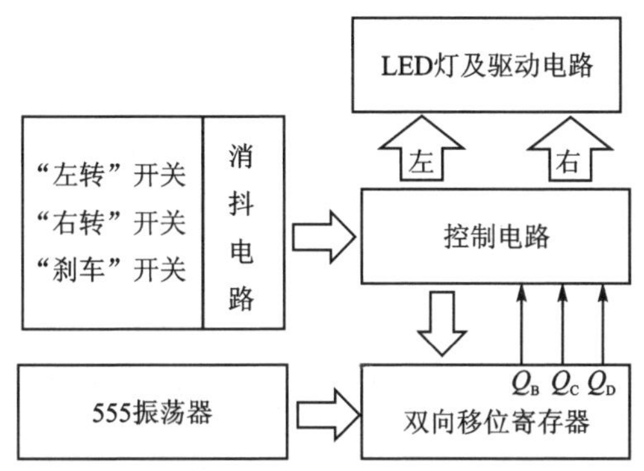

图 20.18　汽车尾灯控制总框图

3. 单元电路设计

(1) CP 脉冲的产生

555 芯片构成成振荡器的形式(图 20.19)，在 $R_1=R_2$ 及二极管的作用下，产生占空比为 50%的方波脉冲作为移位寄存器的打入脉冲。充放电回路的电阻为10 kΩ，电容为 47 μF，得出时钟周期应为 $T=0.7\times10^4\ \Omega\times47\ \mu F\times2=0.66\ s$，$T_H=0.33\ s$，$T_L=0.33\ s$。

时钟周期为 0.33 s 的闪烁频率，使得人眼的视觉能够清晰地分辨出 LED 灯的闪烁方向。

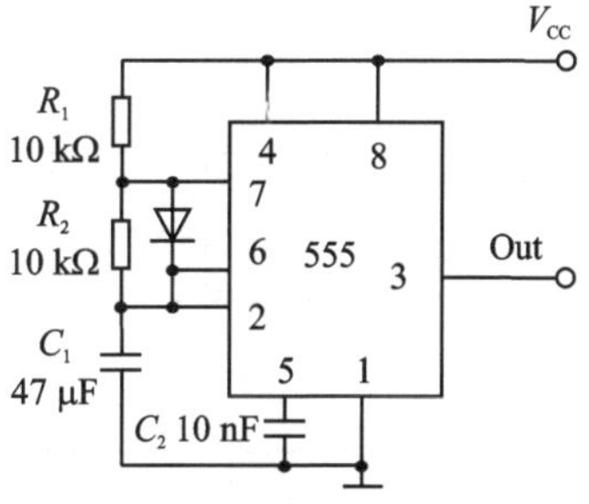

图 20.19　555 电路产生 CLK 方波信号

(2) 移位寄存器电路

如图 20.20 所示，或非门用于检测左右转弯开关，当左右转弯开关均置于接地端时，移位寄存器 S_0、S_1 为 1、1，此时移位寄存器工作在置数状态下，从 A、B、C、D 将 0001 置于移位寄存器当中，当左右转弯开关有一个置于高电平一端时，移位寄存器 S_0、S_1 为 0、1 置于左移状态，将 Q_A 与 S_L 连接起来，就能实现循环移位的功能。

(3) 与非门控制电路

由于左右两路的转向灯功能相同，因此只要设计其中一路转向灯的控制电路即可。刹车开关的控制逻辑与左转弯方向灯和右转弯方向灯的控制逻辑组合在一起进行设计。移位寄存器的 Q_A、Q_B 和 Q_C 通过驱动电路接到 LED 灯，因为 Q_A、Q_B 和

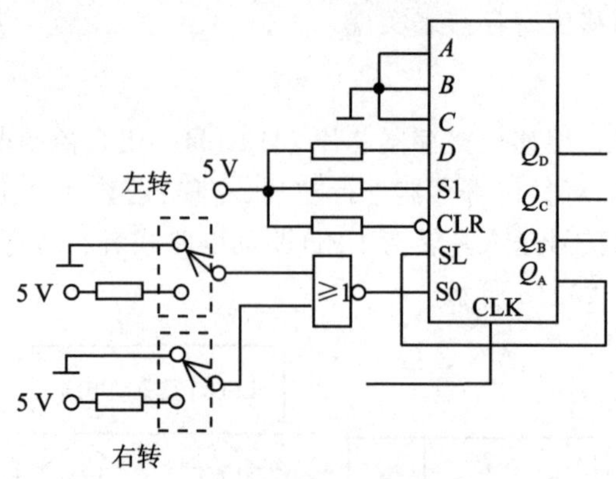

图 20.20　控制开关和移位寄存器

Q_C 的输出是在变化的，故定义移位寄存器的输出变量为 A、B、C，分别控制 3 盏灯的亮暗。用 L 表示左转弯控制开关，R 表示右转弯控制开关，S 表示制动开关。L_1 表示左边第一盏灯，L_2 表示左边第二盏灯，L_3 表示左边第三盏灯，如真值表(表 20.3)所示。

表 20.3　真值表

L	S	R	L_1	L_2	L_3	R_1	R_2	R_3
1	0	0	A	B	C	0	0	0
1	0	1	A	B	C	A	B	C
0	0	1	0	0	0	A	B	C
0	0	0	0	0	0	0	0	0
0	1	0	1	1	1	1	1	1
0	1	1	1	1	1	0	0	0
1	1	0	0	0	0	1	1	1
1	1	1	A	B	C	A	B	C

当 L 闭合并且 S 未闭合时，L_1、L_2、L_3 分别亮暗，每盏灯的亮暗由 A、B、C 控制，由此可以得出：

$$L_1 = LA\overline{S}$$

$$L_2 = LB\overline{S}$$

$$L_3 = LC\overline{S}$$

同时，在刹车开关 S 闭合并且 L、R 未闭合时，6 盏灯全亮，并且不受 A、B、C 的控制。

$$L_1 = LA\overline{S} + \overline{L}S$$

$$L_2 = LB\overline{S} + \overline{L}S$$

$$L_3 = LC\overline{S} + \overline{L}S$$

将上式做变换可以得出：

$$L_1 = LA\overline{S} + \overline{L}S = \overline{\overline{LA\overline{S}} \cdot \overline{\overline{L}S}}$$

$$L_2 = LB\overline{S} + \overline{L}S = \overline{\overline{LB\overline{S}} \cdot \overline{\overline{L}S}}$$

$$L_3 = LC\overline{S} + \overline{L}S = \overline{\overline{LC\overline{S}} \cdot \overline{\overline{L}S}}$$

同理，可以得出右边 3 盏灯的逻辑表达式。左右两边转弯灯控制逻辑如图 20.21 所示。

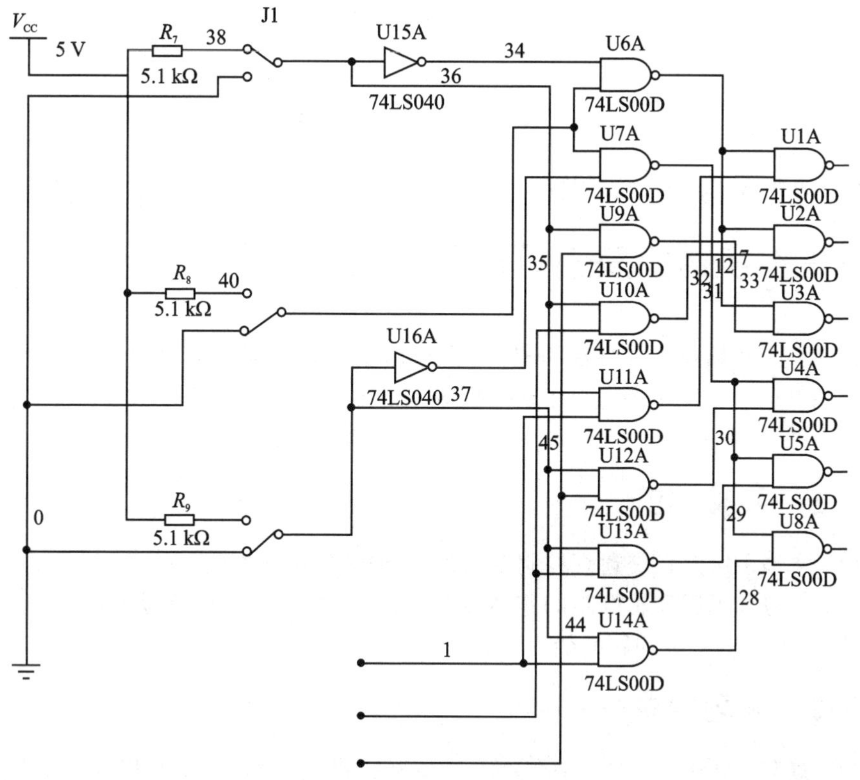

图 20.21　左右两边尾灯控制逻辑

20.5.4　实验内容及方法

（1）根据设计要求，设计各个模块的电路，画出原理图。

（2）调试电路，验证其是否符合设计任务中所要求的，并指出哪些方面可以增强和改进。

20.5.5 实验器材

(1) 示波器 Agilent DSO－X 2012A。

(2) 数字万用表。

(3) 直流稳压电源。

(4) 主要元器件(供参考)

NE555 芯片	1 片;
LED 灯	6 个;
74LS00 芯片	2 片;
二极管 IN4001	1 片;
74LS04 芯片	1 片;
74LS194 芯片	1 片;
74LS10 芯片	2 片;

电阻、电容、导线、开关等。

20.6 十字路口交通灯控制器的设计实验

设计一十字路口交通灯控制器,要求满足以下条件:亮灯顺序为 A 车道是绿(亮灯 25 s)、黄(亮灯 5 s)、红(亮灯 30 s),对应的 B 车道是红(亮灯 30 s)、绿(亮灯 25 s)、黄(亮灯 5 s)。

20.6.1 实验目的

(1) 掌握十字路口交通灯控制器的构成、原理与设计方法。

(2) 学习和巩固逻辑电路的整体设计和单元模块设计,灵活运用所学的集成电路芯片,培养分析实际问题的能力。

20.6.2 预习要求

(1) 复习 74LS163、74LS153、74LS74、NE555 等相关芯片的用法、功能、内部结构。

(2) 根据设计框图和设计原理,设计出符合要求的电路图,并写出详细步骤。

20.6.3 设计原理及电路分析

1. 设计分析

设计一个十字路口的交通信号灯控制器,来控制 A、B 两条交叉路上的车辆通行。其中,绿灯表示允许通行,红灯表示禁止通行,黄灯表示该车道上已过停车线的车辆继续通行,未过停车线的车辆停止通行,也可理解为车辆缓行。信号灯的工作状态如下：

S_0：A 车道绿灯亮，B 车道红灯亮。当 A 车道绿灯亮达到 25 s 后，进入下一个状态 S_1。

S_1：A 车道黄灯亮，B 车道红灯亮。当 A 车道黄灯亮达到 5 s 后，进入下一个状态 S_2。

S_2：A 车道红灯亮，B 车道绿灯亮。当 B 车道绿灯亮达到 25 s 后，进入下一个状态 S_3。

S_3：A 车道红灯亮，B 车道黄灯亮。当 B 车道黄灯亮达到 5 s 后，进入下一个状态 S_0。

2. 总体设计

交通灯控制器电路的组成框图如图 20.22 所示。

该系统主要由秒脉冲信号发生器、定时器、控制器、译码器等部分组成。秒脉冲发生器是该系统中定时器和控制器的标准时钟信号源，译码器输出两组信号灯的控制信号，经驱动电路后驱动信号灯工作，控制器是系统的主要部分，由它控制定时器和译码器的工作。图中：

T_L：表示绿灯亮的时间间隔为 25 s。定时时间到，$T_L=1$，否则 $T_L=0$。

T_Y：表示绿灯亮的时间间隔为 5 s。定时时间到，$T_L=1$，否则 $T_L=0$。

S_T：表示定时器到了规定的时间后，由控制器发出状态转换信号。由它控制定时器开始下一个工作状态的定时。

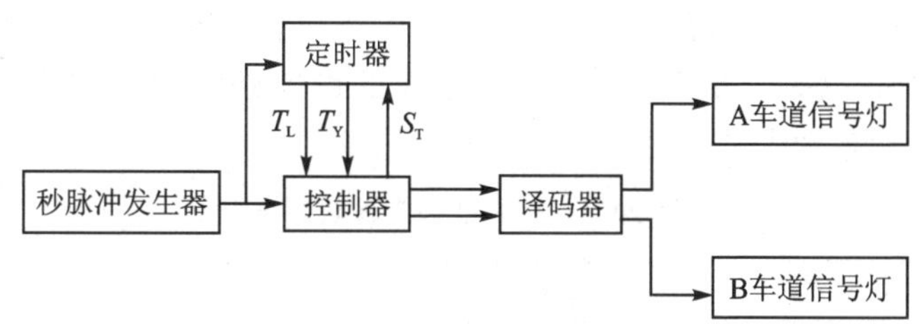

图 20.22　交通灯控制器的组成框图

3. 单元电路设计

(1) 秒脉冲发生器

脉冲信号发生器可由 555 定时器构成多谐振荡器而得，振荡频率为：$f=1.43/(R_1+2R_2)C$。通过选择合适的电阻和电容值，可得振荡频率为 1 Hz 即周期为 1 s 的脉冲信号。

也可采用石英晶体振荡器输出脉冲，经过整形、分频而获得 1 Hz 的秒脉冲。例如，用晶体振荡器 32 768 Hz 经 14 分频器分频为 2 Hz，再经一次分频，即可得到 1 Hz 的标准秒脉冲信号，供计数器使用。

(2) 定时器

定时器是与秒脉冲信号发生器同步的计数器构成,要求计数器在 ST 信号作用下,首先清零,然后在时钟脉冲上升沿作用下,计数器从零开始进行增 1 计数,向控制器提供模 25 的定时信号 T_L 和模 5 的定时信号 T_Y。

计数器选用集成电路 74LS163 进行设计。74LS163 是 4 位二进制同步计数器,具有同步清零、同步置数的功能。模 25 的定时信号,可由两片 74LS163 级联而得。定时器电路图如图 20.23 所示。

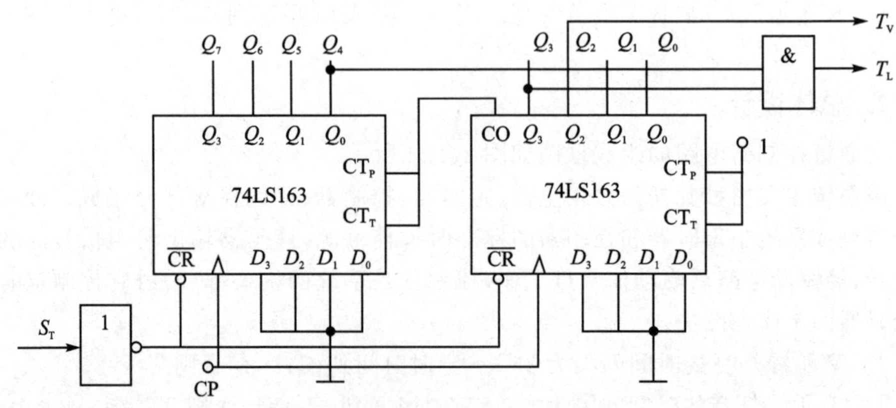

图 20.23 定时器电路图

(3) 控制器

控制器是整个交通灯控制系统的核心部件,主要作用是按照交通管理规则控制信号灯工作状态的转换。根据上述对整个系统的设计分析,可归纳得出控制器的工作状态及功能,如表 20.4 所示。

表 20.4 控制器的工作状态表

控制器状态	信号灯状态	车道运行状态
S_0(00)	A 绿,B 红	A 车道通行,B 车道禁止通行
S_1(01)	A 黄,B 红	A 车道缓行,B 车道禁止通行
S_2(11)	A 红,B 绿	A 车道禁止通行,B 车道通行
S_3(10)	A 红,B 黄	A 车道禁止通行,B 车道缓行

可得控制器的状态转换表,如表 20.5 所示,其中"x"表示无关项。根据表 20.5 可得状态方程和状态转换信号方程,再用 4 选一数据选择器 74LS153 和双 D 触发器 74LS74 来实现即可。

表 20.5　控制器的状态转换表

输入				输出			
现态		状态转换条件		次态		状态转换信号
Q_1^n	Q_0^n	T_L	T_Y	Q_1^{n+1}	Q_0^{n+1}	S_T
0	0	0	x	0	0	0
0	0	1	x	0	1	1
0	1	x	0	0	1	0
0	1	x	1	1	1	1
1	1	0	x	1	1	0
1	1	1	x	1	0	1
1	0	x	0	1	0	0
1	0	x	1	0	0	1

（4）译码器

译码器的主要任务是将控制器的输出信号 Q_1Q_0 的 4 种工作状态翻译成 A、B 车道上 6 个信号灯的工作状态。控制器的状态编码与信号灯控制信号之间的关系如表 20.6 所示。根据表格可得 AR、AY、AG、BR、BY、BG 与 Q_1、Q_0 之间的逻辑关系：

$$AR=Q_1 \quad AY=Q'_1Q_0 \quad AG=Q'_1Q'_0$$
$$BR=Q'_1 \quad BY=Q_1Q'_0 \quad BG=Q_1Q_0$$

表 20.6　信号灯译码电路真值表

控制器状态	A 车道			B 车道		
$S(Q_1Q_0)$	红灯 AR	黄灯 AY	绿灯 AG	红灯 BR	黄灯 BY	绿灯 BG
$S_0(00)$	0	0	1	1	0	0
$S_1(01)$	0	1	0	1	0	0
$S_2(11)$	1	0	0	0	0	1
$S_3(10)$	1	0	0	0	1	0

20.6.4　实验内容及方法

（1）根据设计要求，设计各个模块的电路，画出原理图。

（2）调试整个电路，验证其是否符合设计任务中所要求的，并指出哪些方面可以增强和改进。

20.6.5　实验器材

（1）示波器 Agilent DSO－X 2012A。

(2) 数字万用表。

(3) 直流稳压电源。

(4) 主要元器件(供参考)

NE555 芯片	1 片;
LED 灯(红、黄、绿)各	2 个;
74LS08 芯片	1 片;
74LS153 芯片	2 片;
74LS04 芯片	1 片;
74LS163 芯片	2 片;
74LS74 芯片	1 片;

电阻、电容、导线、开关等。

20.7 药片计数和装瓶系统的设计实验

本实验是设计一个药片计数和装瓶的系统。当键盘输入每瓶药的预置数(最多两位数)时,实时显示出该预置数,并控制下方电路每瓶药瓶装药品的数量。系统开始运行时,实时显示本次生产药总瓶数。

20.7.1 实验目的

(1) 灵活运用所学的数字电路基本理论知识进行课题设计。

(2) 锻炼实践操作,培养理论知识的实践应用能力。

20.7.2 实验原理

把键盘输入的数字转换成 BCD 码,二进制数输出(编码器),使用 BCD 码来进行药品预置数的数码显示,并通过二进制数来与下一级电路药品规定数量装载的实时计数进行比较以控制每瓶药片的数量。药片装瓶过程实时计数并显示总瓶数。

1. 总体设计(见图 20.24)

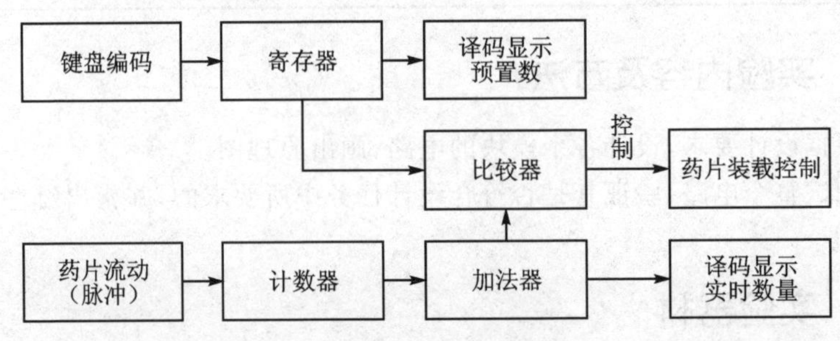

图 20.24 总体电路框图

2. 各部分单元电路设计思路

(1) 数字输入与存储

这部分电路完成 3 个功能，一是键盘预置数(编码器)，二是编码暂存(寄存器)，是将得到的两位 BCD 码保存以供显示电路和比较器使用，三是数字分离，为了实现预置数的显示，必须实现十位数字和个位数字的分离，从而可以进行独立的保存和显示。当有按键操作时一个低电平输入信号送到编码器，其产生数字键对应的 BCD 码输出。同时，该低电平与初始值为零的 JK 触发器相连，将触发器的输出两两异或，得到一个输出 Q_1，该输出即可指示预置数的位数。当第一个数按下时，其相连触发器的值反转，Q_1 输出表现为一个低电平到高电平的跳变，形成一个上升沿；第二个数按下时，其相连的触发器的值也反转，Q_1 输出再次返回低电平，形成一个下降沿。通过 Q_1 的上升沿来触发保存第一个输入的数字得到的 BCD 输出 $B_3B_2B_1B_0$，下降沿来触发保存第二个输入的数字得到的 BCD 输出 $A_3A_2A_1A_0$。将 Q_1 反相后通过一个 D 触发器之后得到的输出 Q_2 来记录输入的状态。故只按了一位数字的时候，$Q_2=0$，按了两个数字的时候 $Q_2=1$。由此可得如表 20.7 所列的真值表。

表 20.7　真值表

输入			输出	
Q_2	A_n	B_n	十位数 D_n	个位数 C_n
0	0	B_n	0	B_n
1	A_n	B_n	A_n	B_n

容易得到：

$$D_n = Q_2B_n + Q'_2A_n$$

$$C_n = Q_2A_n + Q'_2B_n$$

其中 A_n 表示 $A_3A_2A_1A_0$ 的 BCD 形式，以此类推。

按照上述表达式即可设计出对应的组合逻辑电路图，从而实现十位数和个位数的分开保存。

最后只需将得到的十位数和个位数 BCD 通过一个 8 位的寄存器保存即可。寄存器的触发时钟为输入完成后的按键“确认”产生的脉冲触发沿。

(2) 处理电路

本部分电路完成以下功能，一是实现 BCD 码到二进制码的转换，方便后续操作；二是对每瓶的药片进行计数，三是对生产的药物瓶数进行计数，四是将得到的二进制瓶数转化成 BCD 方便后续进行显示。

换瓶控制电路键盘输入的预置数转换成二进制码后，与正在装载的药片数进行比较，当两者相等时，输出一个脉冲关闭药片流出开关，控制瓶子的传送带移动一单位，并将装药开关打开进行下一瓶的装填。

(3) 计算电路

所装药品的总数由两部分构成,一部分是已经装满的药品瓶数,一部分是正在装瓶的药片数(计数器)。已装满瓶的药品总数由两个8位加法器和若干个D触发器组成。加法器的一端预置数为零,而另一端的预置数为键盘输入数字的二进制码。传送带每移动一次,D触发器就触发一次,而加法器就加一次,取上一次所加的结果为求和结果,如此循环累加得到的结果即为装填完毕整瓶的数量总和。而正在装的药品数由8位计数器进行计数,而传送带每移动一次,就将计数器清零一次。最后药片总数就为已装满瓶的药品总数和正在装的药片数之和(加法器)。

(4) 二进制到BCD的转化

设计思路与BCD到二进制的转化相反,设计一个BCD的递加计数器,用二进制递减计数器来控制递加的次数,即将二进制递减计数器的输入为要转化的二级制数,当递减到结果为0的时候控制BCD递加计数器的计数,此时BCD计数器的输出结果就是该二进制对应的BCD输出。

(5) 显示电路

使用数据选择器(将键盘输入预置数或是实际药品总数BCD码到7段数据显示的译码器中,数码显示管显示数据。

数据选择器默认输出为输入的预置数,即每瓶药品的数量,当通过键盘确认键产生低脉冲后,控制一个D触发器产生一个高电平再来控制数据选择药品总数输出。如此可实现先显示键盘预置数,再实时显示实际药品总数。

20.7.3 实验内容和方法

(1) 根据功能要求设计出电路图,确定相关元件参数,并对电路进行仿真验证。

(2) 仿真验证无误后使用 Altium Designer 软件将原理图画出来,并制作相应PCB电路板。

(3) 焊接电路、调试和测试电路。

(4) 指出可以改进和增强的地方。

20.7.4 实验器材

(1) 示波器 Agilent DSO - X 2012A。

(2) 数字万用表。

(3) 直流稳压电源。

(4) 主要元器件(供参考)

门电路:与或门,异或门,与非门,反相器;

触发器:D触发器,JK触发器,同步计数器,优先编码器,数据选择器,数值比较器,比较器、加法器,555定时器;

LED数码管,精密运放,继电器,电容等。

第五篇：数模综合运用实验

在理解了基本概念、掌握了基本方法、培养了基本技能后，本篇通过数模综合实验训练，让学生在实践过程中认真思考，使专业技能得到提高，专业思维能力得到提升，综合技能得到进一步发展。

第21章 可自动播放音乐的电子琴

现在的家长越来越重视孩子的全面发展,也更加重视对儿童音乐素养的培养,本章节将制作一个培养儿童乐感的电子琴,电子琴产生的音调精准,有助于培养儿童的乐感,激发孩子们对音乐的兴趣,同时该电子琴能够自动播放儿歌,做到寓教于乐。

21.1 实验目的

(1) 熟练运用数字电路8大基本函数。

(2) 理论联系实际,能将所学理论灵活运用。

(3) 了解555振荡电路的工作原理和调试方法。

21.2 实验原理

21.2.1 系统总体设计

整个电子琴电路主要包括以下5个部分:

(1) 电源部分:采用5 V直流供电,并使用电容进行滤波,采用稳压二极管进行稳压。

(2) 电子琴主体部分:包括琴键、555振荡电路以及蜂鸣器。

(3) 电路升降调部分。

(4) 数码管显示部分。

(5) 自动播放音乐及流水灯部分。

系统总体框图如图21.1所示。

21.2.2 各辅助单元电路原理

(1) 电源部分

本系统的供电使用学校实验室的直流稳压电源,采用5 V直流供电。在电源部分,使用0.1 μF和100 μF的电容并联进行滤波,采用1N4733稳压二极管进行稳压。

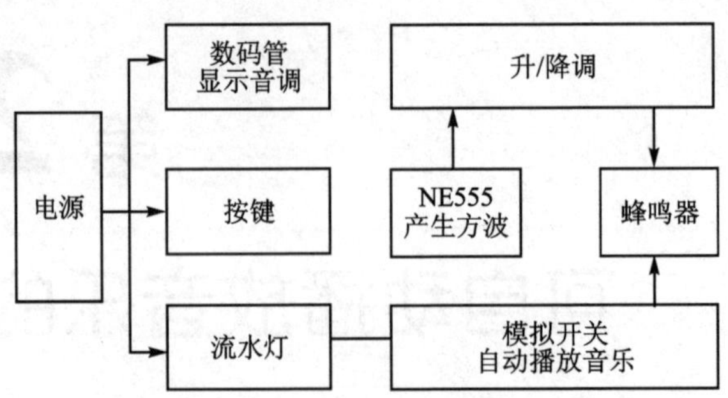

图 21.1　电子琴系统总体框图

(2) 电子琴主体部分

使用 NE555 芯片来产生方波,电路图如图 21.2 所示。

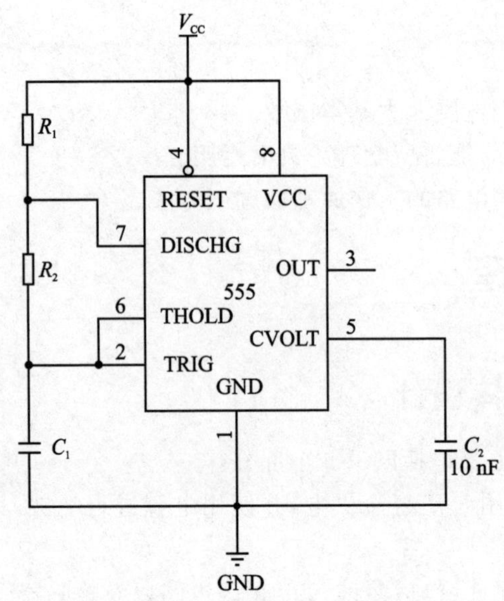

图 21.2　NE555 芯片构成的多谐无稳态振荡电路

无源蜂鸣器可以根据输入方波的频率来产生相应频率的声调,因此,只需调整 NE555 电路的电容、电阻值就可以按照需求产生音调。为了便于控制,本电路使用一片 NE555 芯片,固定 C_1、C_2 与 R_2 的值,通过按钮将不同阻值的 R_1 接入振荡电路中,产生不同的振荡频率。

每个音阶与频率的关系如表 21.1 所列。

表21.1　音阶与频率的关系

音符	频率/Hz	音符	频率/Hz
低 1D0	262	中 5SO	784
低 2RE	294	中 6LA	880
低 3MI	330	中 7XI	988
低 4FA	349	高 1DO	1 046
低 5SO	392	高 2RE	1 175
低 6LA	440	高 3MI	1 318
低 7XI	494	高 4FA	1 397
中 1DO	523	高 5SO	1 568
中 2RE	587	高 6LA	1 760
中 3MI	659	高 7XI	1 967
中 4FA	698		

为了避免各支路之间相连对振荡电路的振荡频率产生干扰，本实验在每个支路使用两个开关将其与振荡电路分隔开，除此之外，琴键还将与后一级的数码管显示电路相连接，因此使用电容进行消抖处理，电子琴主体部分电路图如图21.3所示。

(3) 电路升降调部分

使用74LS161芯片对NE555产生的方波进行二分频，由表21.1可知，中音进行二分频后正好与低音部分的频率吻合达到了降调的目的。

利用锁相环CD4046对方波进行二倍频处理，将中音的频率倍频为高音频率，设计框图如图21.4所示。将压控振荡器(VCO)的输出经过计数器二分频后再与输入信号进行相位比较，即可得到频率为输入信号频率二倍的方波输出。采用拨码开关来对升/降调模式进行选择。

(4) 数码管显示部分

将电子琴的琴键与七段数码管相连，在弹奏音乐时能显示代表音阶的数字。利用74LS147优先编码器及74LS48译码器将相应按键的数字显示在数码管上。

(5) 自动播放音乐及流水灯部分设计

本实验使用CD4067十六路模拟开关及74LS161十六进制计数器实现自动播放音乐的功能。CD4067芯片是16路模拟开关，具体接通哪一通道由输入地址码ABCD来决定。74LS161芯片选通不同的通路，将不同阻值的电阻接入555振荡电路中，从而自动产生不同音阶的声音，实现自动播放音乐的功能。自动播放音乐及流水灯部分的电路框图如图21.5所示。

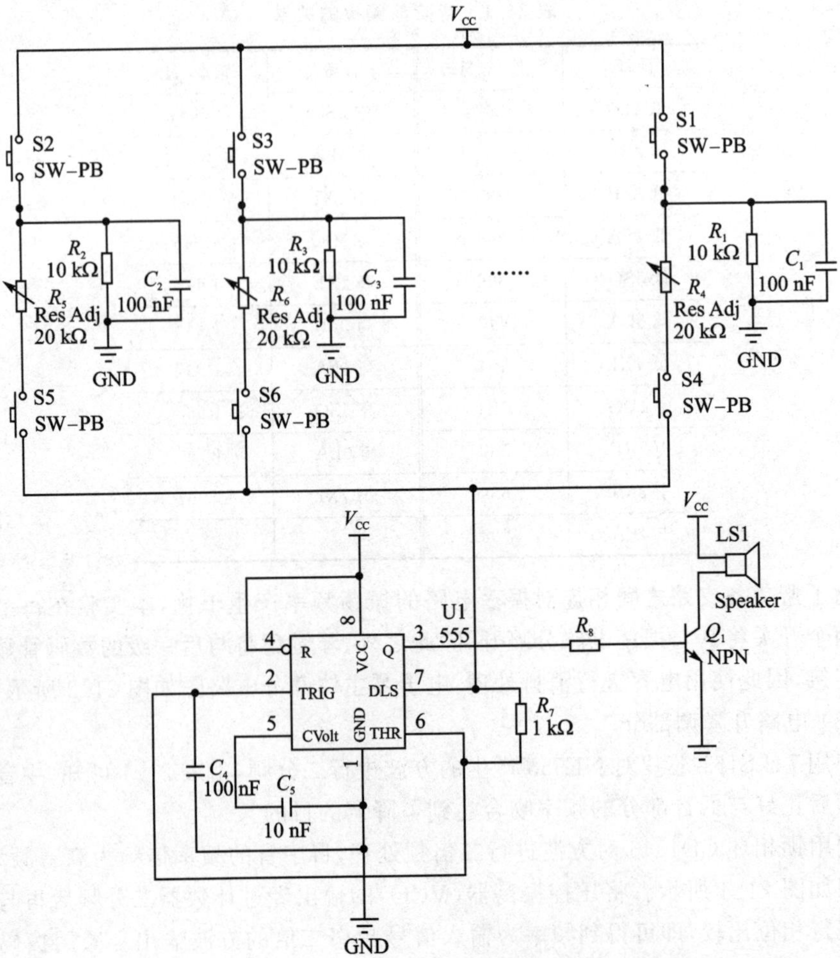

图 21.3　电子琴主体部分电路图

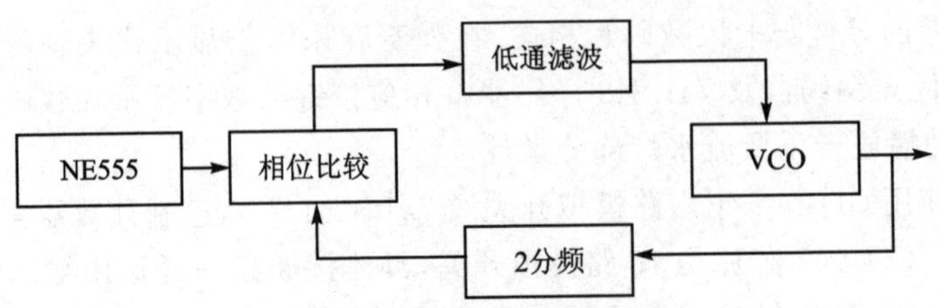

图 21.4　锁相环倍频电路框图

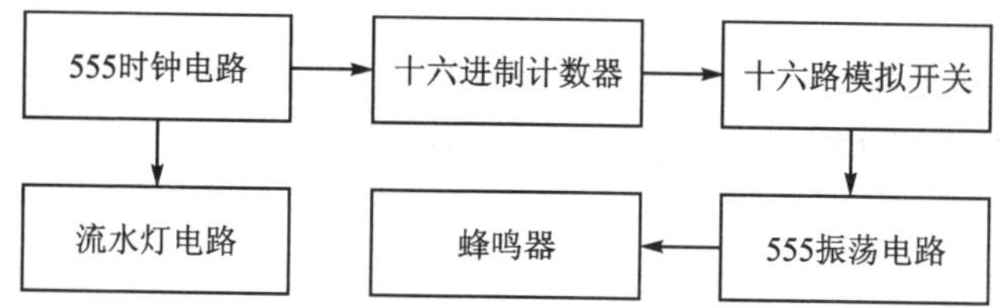

图 21.5　自动播放音乐及流水灯部分电路框图

21.3　实验内容和要求

设计制作一个发音准确的电子琴，能发出 8 个音调，经过分频和锁相环倍频处理后，能产生 24 个音调，能自动播放音乐，同时具备流水灯和数码管显示音阶等功能。

(1) 使用 NE555 制作无稳态振荡电路，作为时基电路和控制蜂鸣器音调的电路。

(2) 使用计数器分频实现降低音调功能，使用锁相环和计数器倍频实现升高音调功能。

(3) 利用 74LS147、74LS48 芯片和七段数码管完成显示音调的功能。

(4) 利用移位寄存器和多彩 LED 完成流水灯的效果。

(5) 使用模拟开关和计数器来达到自动播放音乐的目的。

写出设计的全过程，画出设计电路图，在仿真软件中进行仿真、验证功能，并指出可以改进的地方。最后根据设计绘制原理图和 PCB 版图，制作电路板并对电路进行调试。

21.4　实验器材

(1) 示波器 Agilent DSO－X 2012A。

(2) 数字万用表。

(3) 直流稳压电源。

(4) 主要元器件(供参考)

74LS04	2 片；
74LS48	1 片；
74LS147	1 片；
74LS161	1 片；
74LS195	2 片；
CD4066	1 片；
CD4067	1 片；

NE555	3片;
无源蜂鸣器	1个;
七段共阴数码管	1个;
自锁开关	1个;
拨码开关	2个;
按键开关	16个;
彩色LED	8个。

第22章

简易温度测量与报警系统

本章节设计一款简易的温度测量与报警系统，该系统可实时显示当前环境温度，并可预设温度上下限数值，当实时温度超出设置范围(高于上限或低于下限)时进行报警，其原理大致如下：

利用基于74LS147的键盘输入模块以及74LS373锁存器芯片，分别输入并锁存4位数据作为温度上下限数值的十位和个位。将上下限数值分别与前级模块输出的实时温度数据进行比较，比较结果经逻辑门处理后分为高于上限、低于下限以及低于上限且高于下限3种情况，通过3种不同颜色的LED加以显示，从而实现报警的目的。

22.1 实验目的

(1) 掌握温度测量的原理和方法。

(2) 熟悉数字电路、模拟电路的协同应用，掌握由时基电路产生逻辑控制信号的原理。

22.2 实验原理

22.2.1 系统总体设计

系统总体设计框图如图22.1所示。

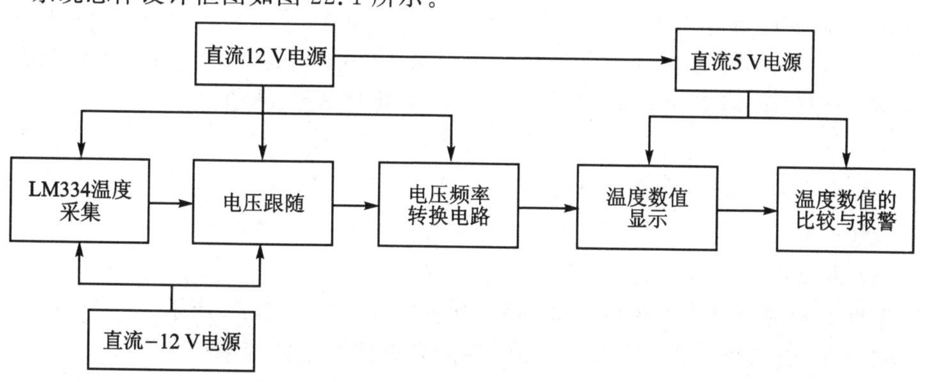

图22.1 系统总体设计框图

22.2.2 各功能电路分析

(1) 电源部分

一般来说,电源性能的优劣对系统有直接的影响,人们设计制作各式各样的电源电路满足不同的需要。集成稳压器是常用的一种稳压器,其性能明显优于分立元件稳压器。

用78系列三端稳压IC芯片来组成稳压电源所需的外围元件少,电路内部还有过流、过热及调整管的保护电路,使用起来可靠、方便。考虑到系统中所选用的芯片额定供电电压均为5 V,在本设计中选用7805集成三端稳压器。

(2) 温度信号处理部分

温度信号处理部分负责将系统检测探头周围的环境温度转换为电信号,并经过处理传递给后级电路,是温度测量仪系统实现温度信息到电信号转换的第一环。温度采样部分电路可根据本书"15.7 温度测量仪设计实验"中的基本原理和参考电路设计实现。

(3) 电压—频率转换部分

电压频率转换部分将前级电路产生的模拟直流电平转换为数字信号以便后续的处理。

LM331是美国NS公司生产的性能价格比较高的集成芯片,可用作精密频率电压转换器、长时间积分器及其他相关器件。LM331采用了新的温度补偿能隙基准电路,在整个工作温度范围内都有极高的精度。其输出方波的频率与输入的直流电平的关系式为(数值关系):

$$f_{out}=\frac{1}{2.09}\frac{V_{in}R_s}{R_LR_tC_t} \qquad (式 22.1)$$

其中V_{in}单位为V,R_L、R_t、R_s单位为Ω,C_t单位为F,f_{out}单位为Hz。

根据这个公式,可以通过设置芯片外围电路的电阻电容参数,来获得期望的电压。根据datasheet中给出的参数,在该电压—频率转换部分设计为:输入0~10 V的模拟直流电压,输出0 Hz~10 kHz的方波,且输出频率与输入的模拟直流电平成正比。经过计算,取$R_L=100\ k\Omega$,$R_t=10\ k\Omega$,$C_t=1\ nF$,R_s为2 kΩ定值电阻与2 kΩ滑动变阻器串联,通过调节滑动变阻器,可近似得到(数值关系):

$$f_{out}=1\,000\ V_{in} \qquad (式 22.2)$$

其中V_{in}单位为V,f_{out}单位为Hz。

电压—频率转换部分原理图如图22.2所示。

(4) 温度显示部分

温度显示部分是该系统的主体部分,其主体框架如图22.3所示。

其中f_x为LM331的输出频率,f_t为时基电路产生的频率。

温度显示部分中逻辑控制电路选择74LS123可多次触发的单稳态触发器来作

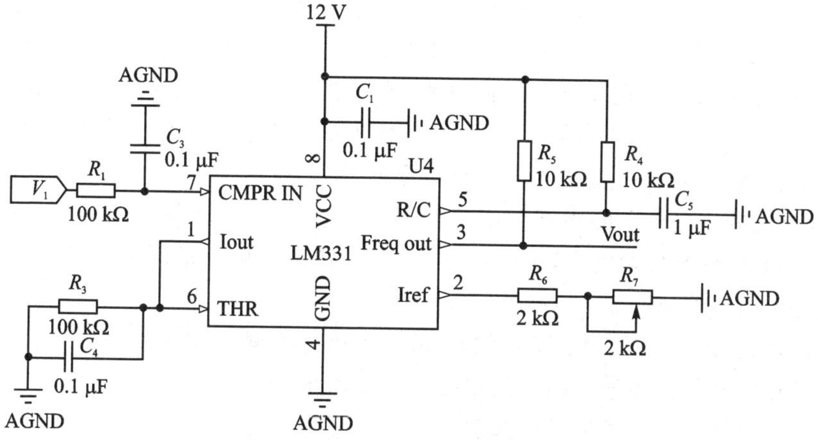

图 22.2　电压—频率转换部分原理图

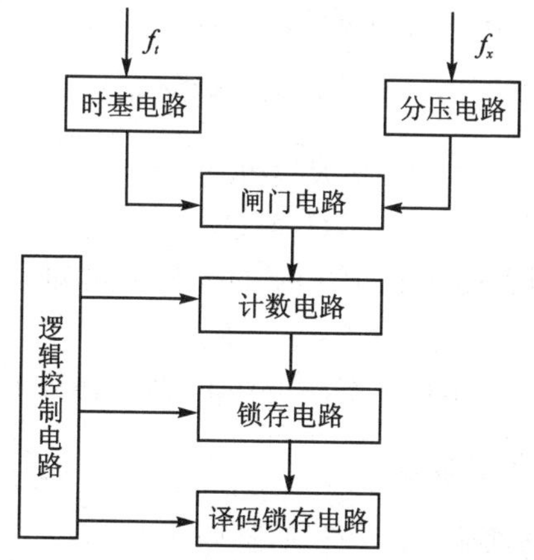

图 22.3　温度显示部分框图

为锁存信号与清零信号的产生器件，由时基电路产生逻辑控制信号的原理图如图 22.4 所示。

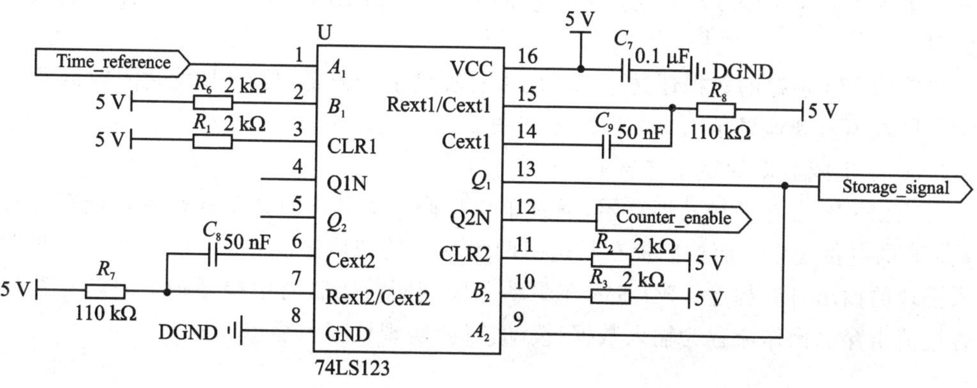

图 22.4　由时基电路产生逻辑控制信号原理图

根据 74LS123 的 datasheet 的相关介绍，将芯片的 CLR 端以及不用的信号输入端接高电平之后，将时基信号连至信号输入的 1 号脚，当时基信号下降沿到来时，则会触发 Q_1 输出端从低电平翻转为高电平（单稳态触发），而持续高电平的时间由其外围的电阻阻值与电容的容值所决定。Q_1 输出端即为锁存信号的输出端，用于锁存计数数据。当 Q_1 输出从高电平回到低电平时，会产生一个下降沿，根据时序上的关系，可以再次利用这个下降沿产生清零信号，将 Q_1 与第二个触发器相连，从而使得 Q_2N 从高电平转换为低电平，产生清零信号，其持续低电平的时间由其外围电阻的阻值与电容的容值所决定。

根据以上分析可知，由于 74LS123 是一个可多次触发的单稳态触发器，故一个周期内锁存信号与清零信号的时间宽度之和必须小于 555 产生的时基信号一个周期内的低电平时常。从上述推导可知理论上低电平时长为：

$$t_l = 0.7R_3C_1 = 0.7 \times 160 \times 10^3 \times 68 \times 10^{-9} \approx 7.62(\text{ms}) \quad (式\ 22.3)$$

假设 Q_1 与 Q_2N 的输出的时间宽度均一致，设为 t_w，则有以下式子成立：

$$t_w \leqslant \frac{1}{2}t_l = 3.81\ (\text{ms})$$

$$R_7 = R_8$$

$$C_8 = C_9 \quad (式\ 22.4)$$

而对比图 22.4，同时参阅 74LS123 的 datasheet 可知

$$t_w = 0.45R_7C_8 \quad (式\ 22.5)$$

故选取 $R_7 = R_8 = 110\ \text{k}\Omega$，$C_8 = C_9 = 50\ \text{nF}$，此时得到 $t_w = 2.475\ \text{ms}$，满足 $t_w \leqslant \frac{1}{2}t_l$ 的条件，理论上满足设计要求。

(5) 温度比较与报警部分

利用基于 74LS147 的键盘输入模块以及 4 片 74LS373 锁存器芯片，分别输入并锁存 4 位数据作为温度上下限数值的十位和个位。将上下限数值分别与前级模块输出的实时温度数据进行比较，比较结果经逻辑门处理后分为高于上限、低于下限以及低于上限且高于下限 3 种情况，通过 3 种不同颜色的 LED 加以显示，从而实现报警的目的。

74LS373 锁存的数据还送往 74LS48 七段显示译码器，驱动七段共阴数码管将上下限数值直观地显示出来。原理图如图 22.5 所示。

① 上下限数据的锁存与显示

74LS373 为电平触发锁存器，通过单位拨码开关和电阻的串联来实现锁存允许端 CE 的电位变化从而控制锁存与透明两种状态的切换。$D_0 \sim D_3$ 输入端与键盘输入模块的输出对应相连。74LS48 在驱动七段共阴数码管时串接保护电阻防止数码管过流击穿。操作流程为输入数据、拨动拨码，实现锁存与显示。

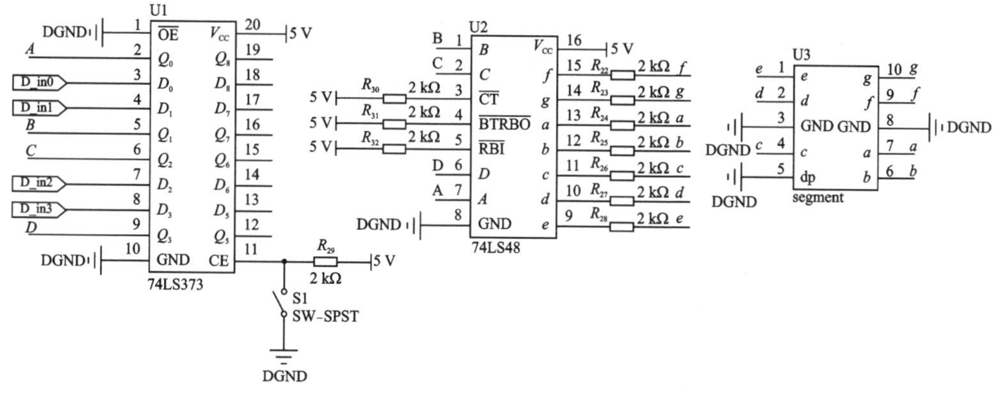

图 22.5　上下限数据的锁存与显示部分原理图

② 比较电路

74LS85 是 4 位数值比较器，通过 3 个输出端的高低电平来表示两个输入 4 位二进制数之间的大小关系。在温度测量比较与报警模块中，实时温度与上下限温度均为 8 位二进制数，因此需要通过两片 74LS85 级联实现位扩展进行比较。

74LS85 的输入与输出关系通过逻辑表达式应写为：

$$
\begin{aligned}
O_{A>B} = & \overline{A_3}B_3 + (A_3 \odot B_3)A_2\overline{B_2} + (A_3 \odot B_3)(A_2 \odot B_2)A_1\overline{B_1} \\
& + (A_3 \odot B_3)(A_2 \odot B_2)(A_1 \odot B_1)A_0\overline{B_0} \\
& + (A_3 \odot B_3)(A_2 \odot B_2)(A_1 \odot B_1)(A_0 \odot B_0)I_{A>B}
\end{aligned}
$$

$$
O_{A=B} = (A_3 \odot B_3)(A_2 \odot B_2)(A_1 \odot B_1)(A_0 \odot B_0)I_{A=B}
$$

$$
\begin{aligned}
O_{A<B} = & \overline{A_3}B_3 + (A_3 \odot B_3)\overline{A_2}B_2 + (A_3 \odot B_3)(A_2 \odot B_2)\overline{A_1}B_1 \\
& + (A_3 \odot B_3)(A_2 \odot B_2)(A_1 \odot B_1)\overline{A_0}B_0 \\
& + (A_3 \odot B_3)(A_2 \odot B_2)(A_1 \odot B_1)(A_0 \odot B_0)I_{A<B}
\end{aligned}
$$

比较电路原理图如图 22.6 所示。

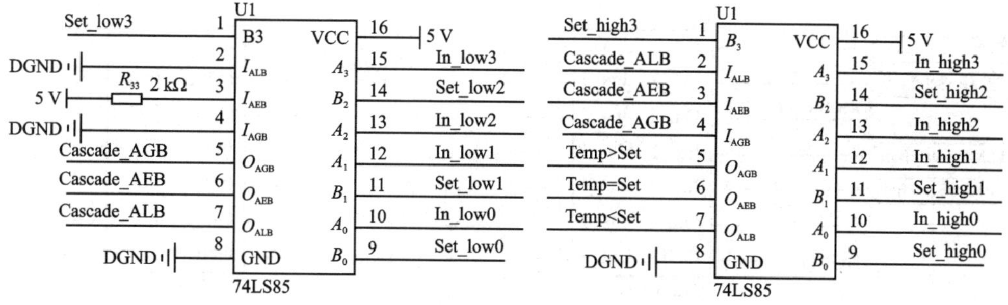

图 22.6　比较电路原理图

③ 报警模块

上下限比较模块共有 6 个输出作为逻辑门模块的输入，通过组合逻辑实现 3 种状态与对应现象的划分。超过上限时红灯亮起，低于下限时蓝灯亮起，此外绿灯亮起。根据上述要求列写真值表(注：一片 74LS85 同时有且仅有一个状态端输出为高，因此共 9 种可能输入组合)。其真值表如表 22.1 所列。

表 22.1 报警模块真值表

输入						输出		
$O_{AEB(H)}$	$O_{AGB(H)}$	$O_{ALB(H)}$	$O_{AEB(L)}$	$O_{AGB(L)}$	$O_{ALB(L)}$	R	G	B
0	0	1	0	0	1	0	0	1
0	0	1	0	1	0	0	1	0
0	0	1	1	0	0	0	1	0
0	1	0	0	0	1	不合逻辑		
0	1	0	0	1	0	1	0	0
0	1	0	1	0	0	不合逻辑		
1	0	0	0	0	1	不合逻辑		
1	0	0	0	1	0	0	1	0
1	0	0	1	0	0	0	1	0

经卡诺图化简后得到表达式为：

$$R = O_{AGB(H)}$$

$$B = O_{ALB(L)}$$

$$G = O_{AEB(H)} O_{ALB(H)} + O_{AEB(L)} O_{AGB(L)} \quad (式 22.6)$$

根据逻辑表达式设计报警模块原理图如图 22.7 所示。

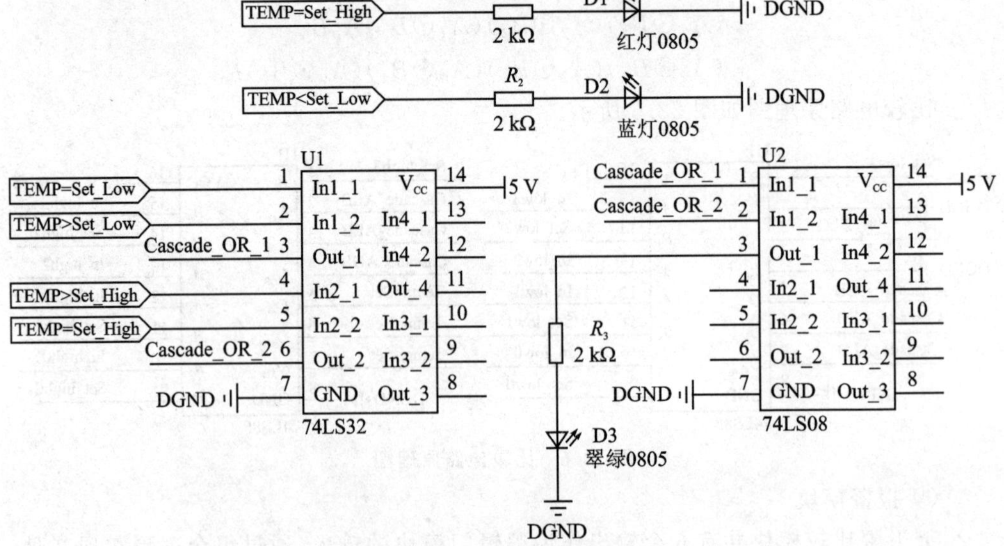

图 22.7 报警模块原理图

22.3 实验内容和要求

制作简易温度测量器，实时显示当前环境温度，并可预设温度上下限数值，实时温度超出设置范围（高于上限或低于下限）时进行报警。

根据功能要求设计出电路图，并确定相关元件参数。对电路进行仿真验证后，使用 Altium Designer 等软件绘制原理图，并制作相应 PCB 文件进行制版。后期焊接电路，进行调试，验证功能是否得到实现。

22.4 实验器材

(1) 示波器 Agilent DSO - X 2012A。

(2) 数字万用表。

(3) 直流稳压电源。

(4) 主要元器件（供参考）

74LS08	1 片；
74LS32	1 片；
74LS48	4 片；
74LS85	4 片；
74LS194	1 片；
74LS373	4 片；
LM334	1 片；
LM7805	1 片；
TL431	1 片；
七段共阴数码显示管	4 个；
彩色 LED	3 个；
一位拨码开关	4 个；

电容、电阻、电位器、导线和插座若干。

第23章

Memory Master 游戏电路

为提高幼儿记忆力与手脑协调能力，本章节设计一款 Memory Master 记忆大师游戏。孩子的记忆多以无意识记忆为主，凡是直观、形象、有趣味、能引起孩子强烈情绪体验的事物大多能使他们自然而然地记住。因此，本实验利用彩色 LED、数码管、蜂鸣器和按键等器件，通过视觉、听觉、触觉等多种角度，全方面锻炼孩子的左右脑协调能力。通过本实验综合锻炼学生的电子电路综合设计能力，掌握电子电路的设计方法。

23.1 实验目的

(1) 学会运用数字电路知识进行小游戏的设计。

(2) 掌握时钟脉冲电路的产生原理。

(3) 初步理解状态机的概念和随机信号产生的方法。

23.2 实验原理

本系统共由 4 个大模块组成，分别是 8 位状态机模块、随机信号产生模块、按键判断模块和计分模块。8 位状态机模块由按键 NEXT 触发进行状态的跳转，同时随机信号产生模块通过按键 NEXT 将跳转后的 8 位状态置数给移位寄存器，移位寄存器时钟端接 20 kHz 时钟进行循环，由 START 按键触发寄存器点亮 LED 点阵，按键判断部分对按键结果进行判断，将输出结果作为计分模块的时钟信号输入端，触发计分模块累加，进行计分。系统总体设计框图如图 23.1 所示。

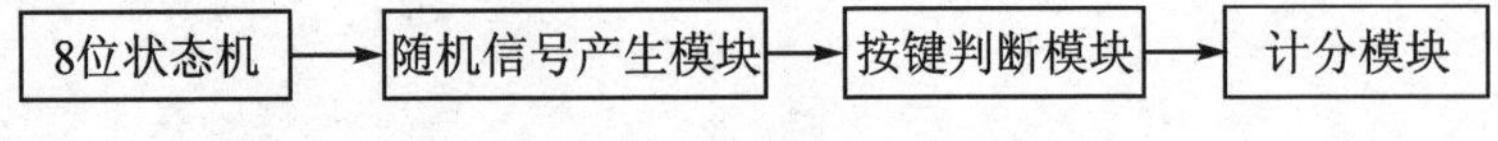

图 23.1 系统总体设计框图

23.2.1 8 位状态机设计

利用 74HC273 8D 触发器设计 6 个状态的时序电路，D 触发器逻辑：$Q^{n+1}=D$，状态转换表如表 23.1 所列。

表 23.1　8 位状态机状态转换表

现态								次态							
Q_8^n	Q_7^n	Q_6^n	Q_5^n	Q_4^n	Q_3^n	Q_2^n	Q_1^n	Q_8^{n+1}	Q_7^{n+1}	Q_6^{n+1}	Q_5^{n+1}	Q_4^{n+1}	Q_3^{n+1}	Q_2^{n+1}	Q_1^{n+1}
0	0	0	0	0	0	0	0	0	0	0	0	0	0	0	1
0	0	0	0	0	0	0	1	0	0	0	0	0	1	0	1
0	0	0	0	0	1	0	1	0	0	1	0	0	1	0	1
0	0	1	0	0	1	0	1	1	0	1	0	0	1	0	1
1	0	1	1	0	1	0	1	1	0	1	1	0	1	1	1

化简得：

$$D_1 = Q_1^{n+1} = V_{CC}$$
$$D_2 = Q_2^{n+1} = Q_5^n$$
$$D_3 = Q_3^{n+1} = Q_1^n$$
$$D_4 = Q_4^{n+1} = Q_4^n$$
$$D_5 = Q_5^{n+1} = Q_8^n$$
$$D_6 = Q_6^{n+1} = Q_3^n$$
$$D_7 = Q_7^{n+1} = Q_2^n$$
$$D_8 = Q_8^{n+1} = Q_6^n \qquad \text{（式 23.1）}$$

8 位状态机电路原理图如图 23.2 所示。

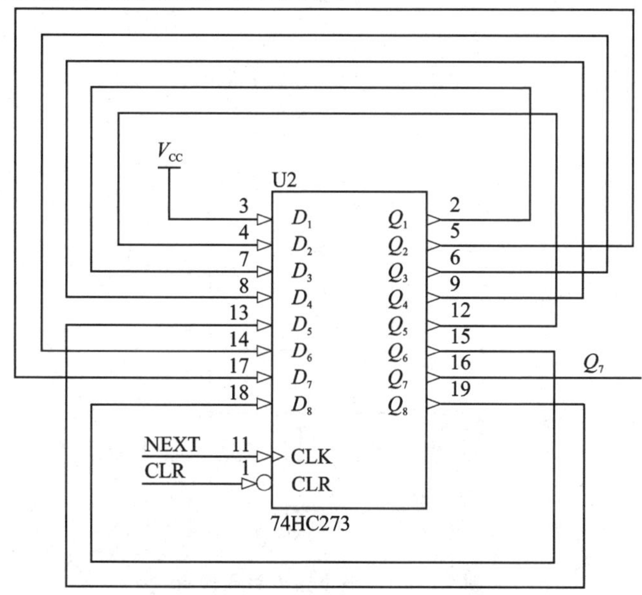

图 23.2　8 位状态机电路原理图

23.2.2 随机信号产生模块

随机信号产生模块主要包括两个部分:数据循环电路和时钟电路。

(1) 数据循环电路

按键按下低电平时,74LS165 把前级产生的状态置数,并将 Q_7 输出接反馈到 SER 串入端口,维持原来状态不变;Q_7 输出接 74LS164 串入并出移位寄存器,时钟端接 20 kHz 方波,让数据在寄存器中快速循环,开始按键按下后,数据锁存到 74LS374 8D 触发器中,点亮 LED。数据循环电路原理图如图 23.3 所示。

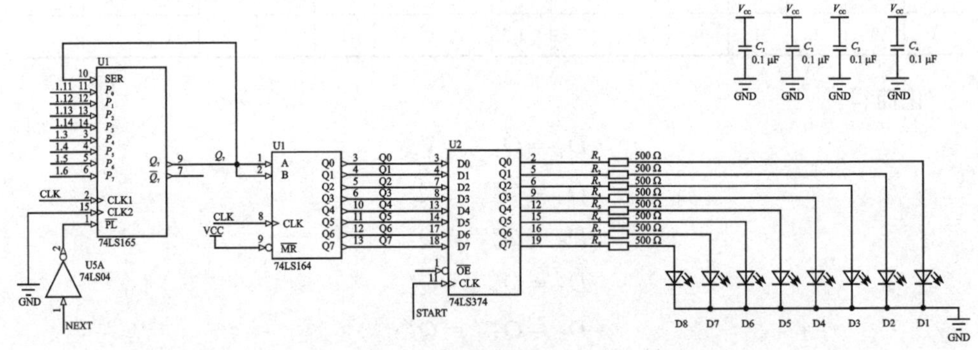

图 23.3 数据循环电路原理图

(2)时钟电路

时钟部分包括 20 kHz 方波产生电路和单稳态电路。

① 方波产生电路原理图如图 23.4 所示。

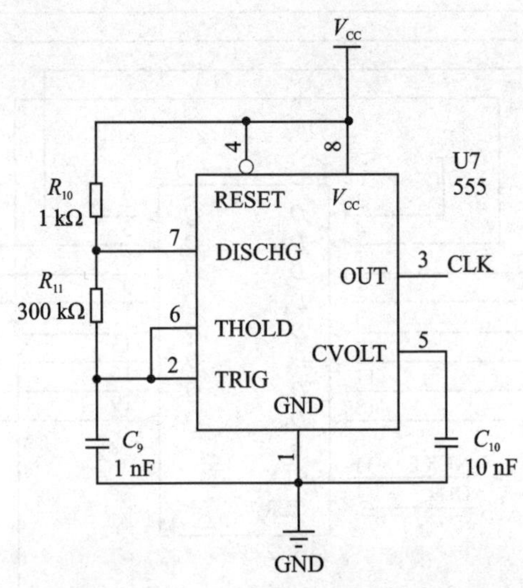

图 23.4 方波发生电路原理图

② 单稳态电路

NE555 产生不可重复触发单稳态(低电平),74LS04 输出接 74LS374 的 OE 端,高电平时 74LS374 输出高阻态。

产生脉宽:$T_w = RC\ln\dfrac{V_{CC}}{V_{CC}-2/3V_{CC}} = RC\ln 3 = 1.1RC$

理论计算:取 $R=50\ \text{k}\Omega$,$C=22\ \mu\text{F}$,$T_w=1.21\ \text{s}$

单稳态电路原理图如图 23.5 所示。

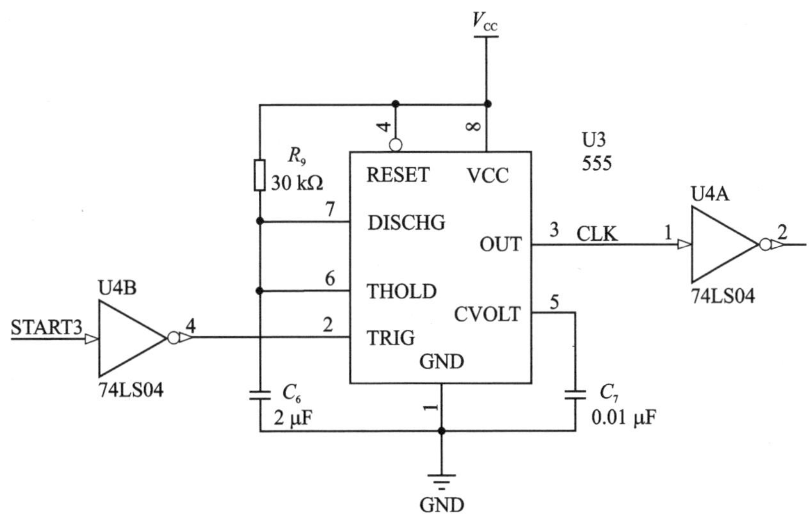

图 23.5 单稳态电路原理图

23.2.3 按键判断模块

按键判断模块判断正确时产生时钟输出到下一级,判断错误时 LED 灯亮起表示游戏结束。设按键状态为 K,74HC273 输出状态为 S,判断正确为 R,判断错误为 W,无输出结果为 N。

按键判断真值表如表 23.2 所列。

表 23.2 按键判断真值表

K	S	R	W	N
0	0	0	0	1
0	1	0	0	1
1	0	1	0	0
1	1	0	1	0

化简得:

$$R = K \cdot \overline{S} \qquad \text{(式 23.2)}$$

$$W = S \cdot \overline{R} \qquad (式\ 23.3)$$

按键判断电路原理图如图 23.6 所示。

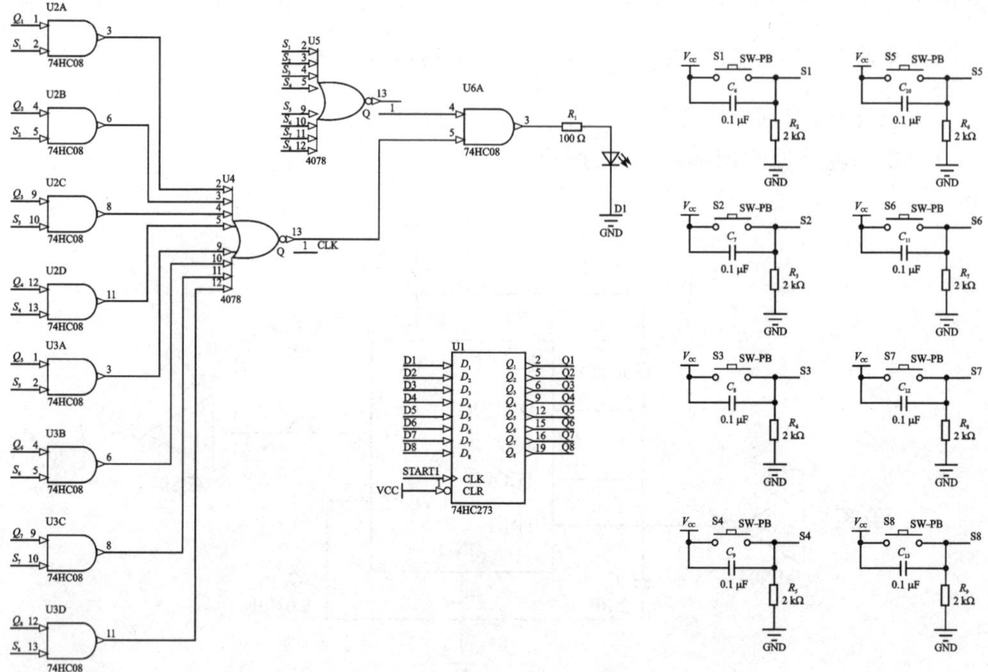

图 23.6　按键判断电路原理图

23.2.4　计分模块

利用 74HC160 十进制计数器，时钟触发为前级按键判断正确输出信号，将第一级 74HC160 进位端 TC 接非门接后一级 74HC160 时钟信号 CLK，两片 74HC160 的输出接 74HC48 译码并显示在数码管上。其原理图如图 23.7 所示。

23.3　实验内容和要求

设计一款记忆类闯关游戏，欲实现 6 种不同难度的关卡，第一关随机点亮 LED 点阵的一个红灯，一秒左右后熄灭，需要玩家在 LED 熄灭后，成功按下之前被点亮 LED 所对应的按键，若判断正确，数码管计一分，若判断错误，蓝灯亮起，游戏结束。同一关可重复触发多次随机信号，也可按下 NEXT 按键，挑战下一关（关卡数对应 LED 被随机点亮的个数），可多次累计分数。

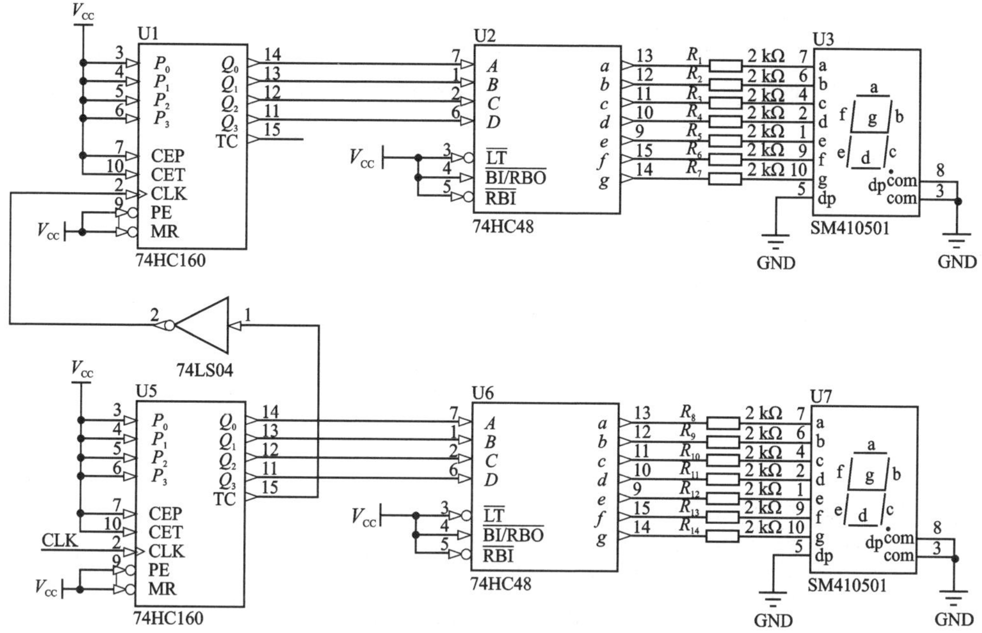

图 23.7　计分模块原理图

写出设计的全过程，画出设计电路图，在仿真软件中进行仿真，验证能否实现功能，并指出可以改进的地方。最后根据设计绘制原理图和 PCB 版图，制作出电路板后，再次对电路调试。

23.4　实验器材

(1) 示波器 Agilent DSO - X 2012A。

(2) 数字万用表。

(3) 直流稳压电源。

(4) 主要元器件(供参考)

74LS04	1 片；
74HC08	2 片；
74HC48	1 片；
74HC160	4 片；
74LS164	1 片；
74LS165	1 片；
74HC273	1 片；
74LS374	4 片；
CD4078	1 片；

NE555	1片；
七段共阴数码显示管	2个；
彩色LED	9个；
蜂鸣器	1个；
轻触开关	7个；

电容、电阻、电位器、导线和插座若干。

第24章

太鼓达人

现在音乐游戏已经成为大多数年轻人爱好的游戏,太鼓达人便是其中一类按节奏敲击类的游戏。本章节设计一款简单的音乐节拍敲打/按键游戏,该游戏的玩法为:屏幕上有4列从上到下滚落长短不一的节拍点,正确击打相应的鼓面即可得分,在规定的时间内累积得分最高者为游戏赢家。该游戏考验操作技巧和反应速度,不仅可以为生活带来乐趣,还可以锻炼反应能力。

24.1 实验目的

(1) 熟练掌握时钟脉冲电路的设计调试。

(2) 理论联系实际,能根据设计要求设计电路,选取对应芯片型号。

(3) 初步理解晶振电路的调试方法。

24.2 实验原理

24.2.1 系统总体设计

系统分为4个模块。首先是时钟脉冲发生电路,晶振多谐振荡器产生32 kHz左右的方波,分频得到1 Hz频率的方波(用于30 s游戏倒计时)和移位寄存器的时钟频率。流水灯移位寄存器模块由6排散列的LED灯与按键和压敏传感器组成,形成自上而下滚落的组合节拍点。30 s倒计时模块设置游戏时间,控制计数器的开始和清零。系统总体设计框图如图24.1所示。

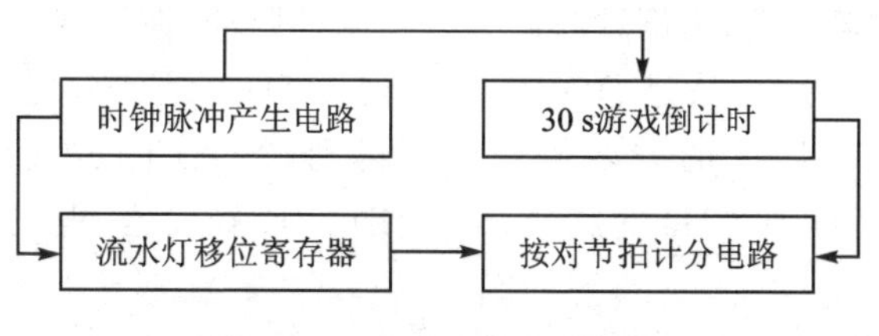

图24.1 系统总体设计框图

24.2.2 各子系统设计

(1) 时钟脉冲产生电路设计

时钟脉冲产生电路产生较为随机的流水灯，自上而下组合下落。该部分电路用3个双D触发器构成一个6位的移位寄存器，将每一列最后一个D触发器的输出Q接到按键上，当输出Q为高电平时，且按键按下，此路高电平可通过，并接到或门的输入端；当输出Q为低电平时，按键按下，低电平通过，接到或门输入端；3列灯的按键都接到或门，只要有一路按对，就会产生高电平，接到计数模块的时钟端，可以计一分。

时钟脉冲产生电路原理图如图24.2所示。

(2) 倒计时模块电路设计

倒计时模块对整个游戏进行30 s的倒计时，并且对按对的次数计分。

将子系统1的或门输出接到该子系统计分模块的第一级时钟端。计数器选用74LS160十进制计数器芯片。使用两片进行级联，可以实现从0～99的计数。将第一片的RCO端输入到第二片的时钟端，当第一位满9时，进位信号会触发第二片进行计数。

倒计时模块用两片十进制计数器74LS190芯片实现30 s倒计时。～Up/down端接高电平，使两片芯片工作在down计数模式下。当第一片芯片倒计数为0时，利用或门判断Q_A，Q_B，Q_C，Q_D是否都为0，将或门输出结果接到第二片芯片的时钟端口，触发十位数进行倒计。

利用拨码开关，同时接到74LS190芯片的～load端和74LS160芯片的～clear端，当拨码开关拨到GND时，会对74LS190芯片置位，并给74LS160芯片清零，即可以使倒计时重新置位为30 s，并且计分从0开始。再将拨码开关拨向VCC端，74LS190芯片的～load端为高电平，74LS190芯片开始工作，同时计数器从0开始计数。倒计时模块理图如图24.3所示。

(3) 显示模块

显示模块对记分和倒计时进行显示。将74LS160和74LS190芯片的输出引脚接到74LS48译码器的输入端，再将74LS48译码输出接到数码管进行显示。

(4) 流水灯移位寄存器的输入时钟设计

石英晶体多谐振荡器，为倒计时产生高精度秒脉冲，在得到32 kHz左右的方波后，采用计数器级联的方法进行分频以得到1 Hz的秒脉冲。该系统选用3片74LS160级联，将32 kHz的方波信号分频得到32 Hz的方波信号，再使用一片74LS161进行分频，得到2 Hz的脉冲，最后使用JK触发器，得到接近于1 Hz的脉冲信号。

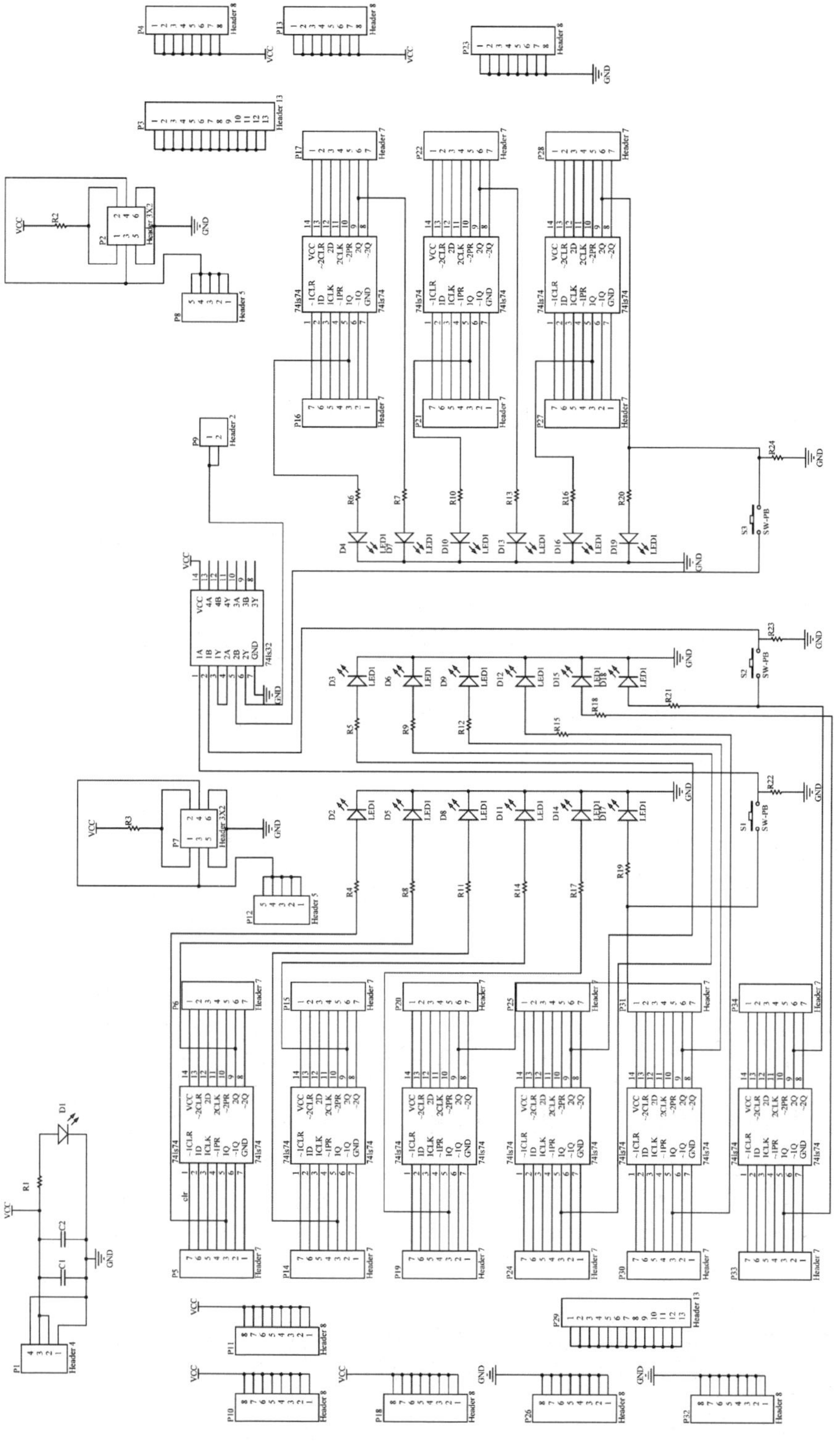

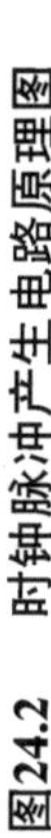

图24.2　时钟脉冲产生电路原理图

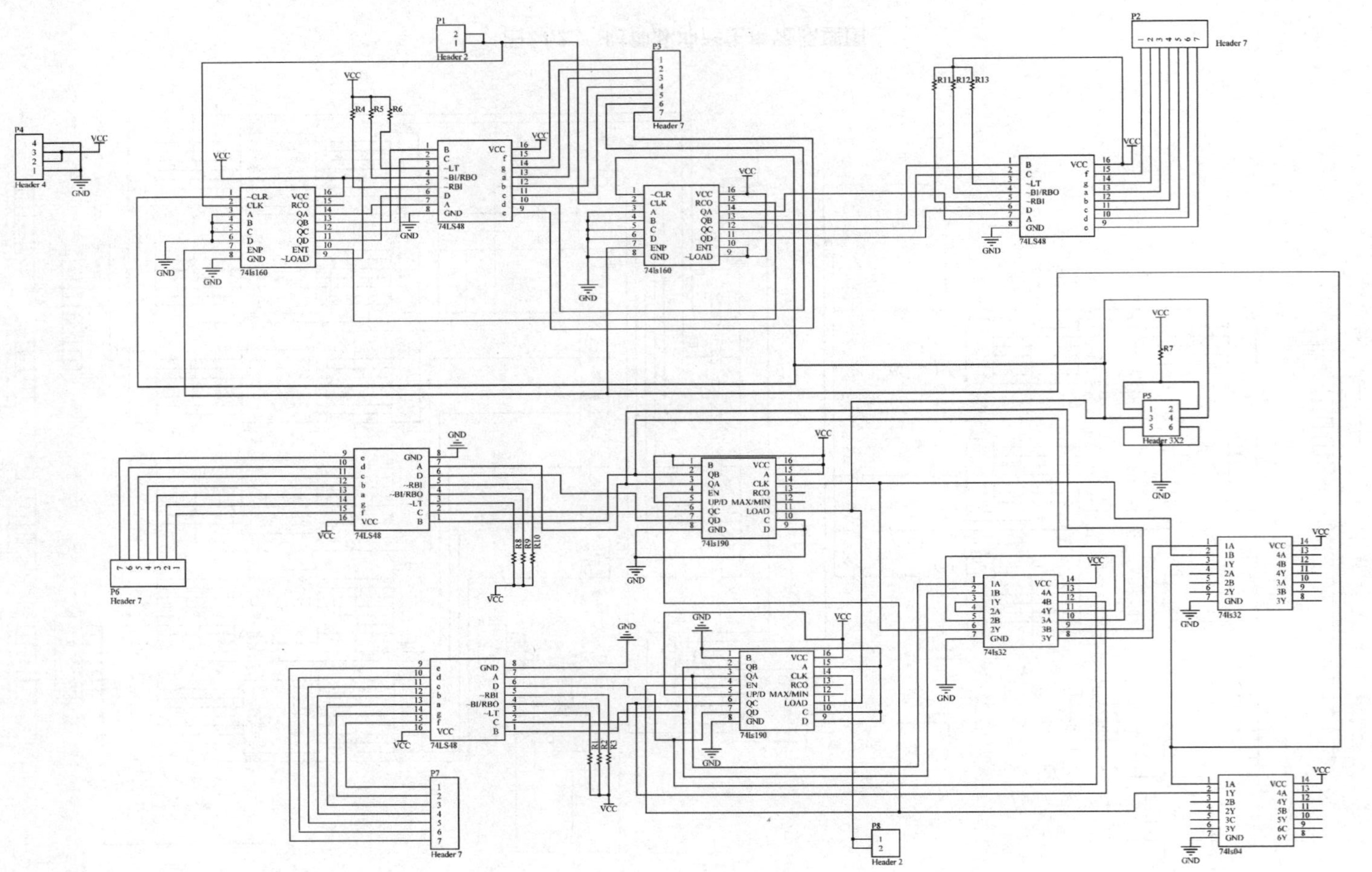

图24.3　倒计时模块原理图

24.3　实验内容和要求

设计一款音乐游戏，要求滚落的节拍点用 6 排 3 列的 LED 灯代替，节拍点即为亮的灯，自上而下组合滚落，在最后一排灯下面，是一排小鼓，此处用按键或者压敏传感器代替，当节拍点指示灯自上而下滚落到最后一排灯亮的同时，敲打并计一分。游戏时间一共为 30 s，在 30 s 期间，灯暗的时候敲打（敲错）或灯亮的时候未敲（漏敲）不计入分数。游戏模式分为简单、中等、困难 3 个，即更改节拍点流动的快慢。30 s 游戏时间结束，计数电路自动停下。

写出设计的全过程，画出设计电路图，在仿真软件中进行仿真，验证是否能实现功能，并指出可以改进的地方。最后根据设计绘制原理图和 PCB 版图，制作出电路板后，再次对电路调试。

24.4　实验器材

（1）示波器 Agilent DSO－X 2012A。

（2）数字万用表。

（3）直流稳压电源。

（4）主要元器件（供参考）

74LS04	1 片；
74LS08	1 片；
74LS32	1 片；
74LS48	4 片；
74LS74	9 片；
74LS76	1 片；
74LS160	5 片；
74LS161	1 片；
74LS190	2 片；
七段共阴数码显示管	4 个；
彩色 LED	18 个；
按键	3 个；
压敏传感器	3 个；
拨码开关	3 个；

导线和插座若干。

第25章

基于跳一跳的小游戏设计

设计实现小游戏跳一跳的基本功能，玩家通过按键控制小灯向前走的格数。指示灯显示目标位置，若恰好跳到指定位置，则计数器加一分，若没有跳到指定位置，则游戏结束，最终成绩通过数码管显示。

25.1 实验目的

(1) 掌握按键消抖的方法。

(2) 掌握译码显示的原理与方法。

(3) 能够运用模拟和数字电路基本理论知识设计电路，掌握电路系统调试的方法。

25.2 实验原理

25.2.1 系统总体设计

系统设计框图如图 25.1 所示。

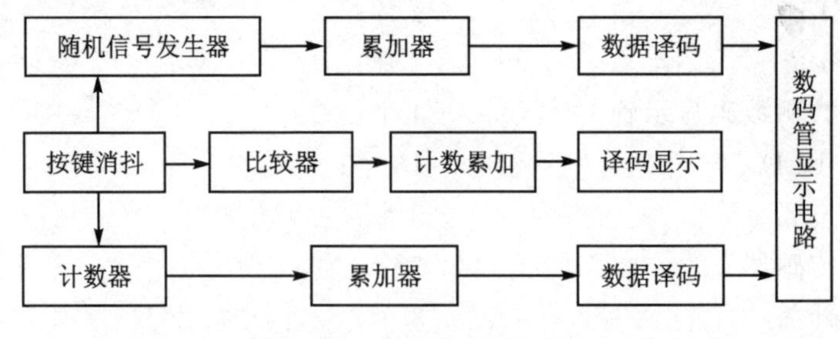

图 25.1 系统总体设计框图

随机信号发生器产生 50 Hz 的信号接到 D 触发器，每当按键按下时，随机产生一个从 1～4 的信号作为目标格数；当按键按下时，计数器开始计数，当按键抬起时停止计数，将这个信号与随机信号比较，判断是否跳到指定位置；如果跳到指定位置，则比较器输出一个高电平，经过计数器累加，在数码管上显示分数；累加器分别对随机信号和计数信号累加，并将所得结果进行译码显示。

25.2.2 各子系统设计

(1) 按键消抖电路

按键消抖电路对按键进行消抖，一般情况下，按键消抖电路在按键按下时触发一个上升沿，并将上升沿的持续时间延迟到按键结束，以避免电平恢复时触发后续电路。本系统中利用两个单稳态电路分别作为上升沿触发和下降沿触发，确保上升沿和下降沿都只触发一次单稳态。按键消抖电路的原理图如图 25.2 所示。

(2) 50 Hz 方波发生器与随机信号发生器

50 Hz 方波发生器与随机信号发生器电路原理图如图 25.3 所示。

由 NE555 构建一个方波发生器，输出 50 Hz 方波作为 74LS160 的时钟信号，74LS160 输出从 1～4 跳变，当按键按下时，74LS 173 随机锁存一个数，作为游戏的目标格数。

(3) 按键计数及比较器(见图 25.4)

(4) 累加器和显示电路

累加器和显示电路原理图如图 25.5 所示。显示电路用了共阳 RGB 数码管，其中红灯接到了随机数部分，绿灯和蓝灯接到了按键部分。用 74LS283 和 74LS 173 组成一个累加器，用两个 74LS 138 进行 16 位译码，用进位信号作为 74LS 138 的片选信号。

(5) 计分模块

计分模块对按键判断正确的输出信号进行累加计分并显示在数码管上，可根据本书“23.2.4 计分模块”中的基本原理和参考电路设计实现。

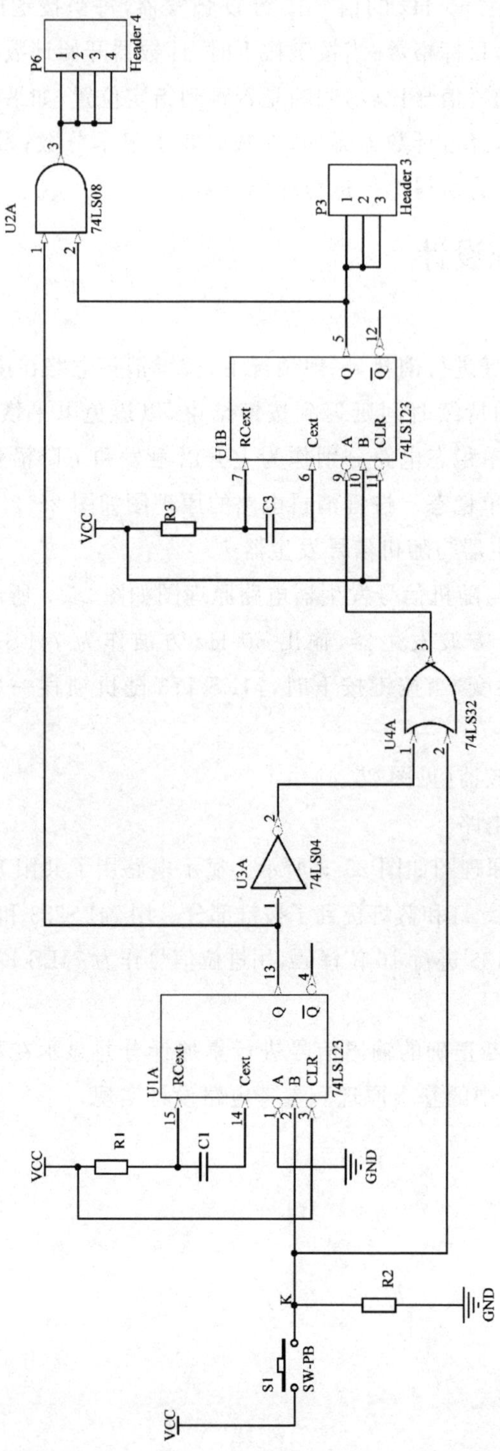

图25.2　按键消抖电路原理图

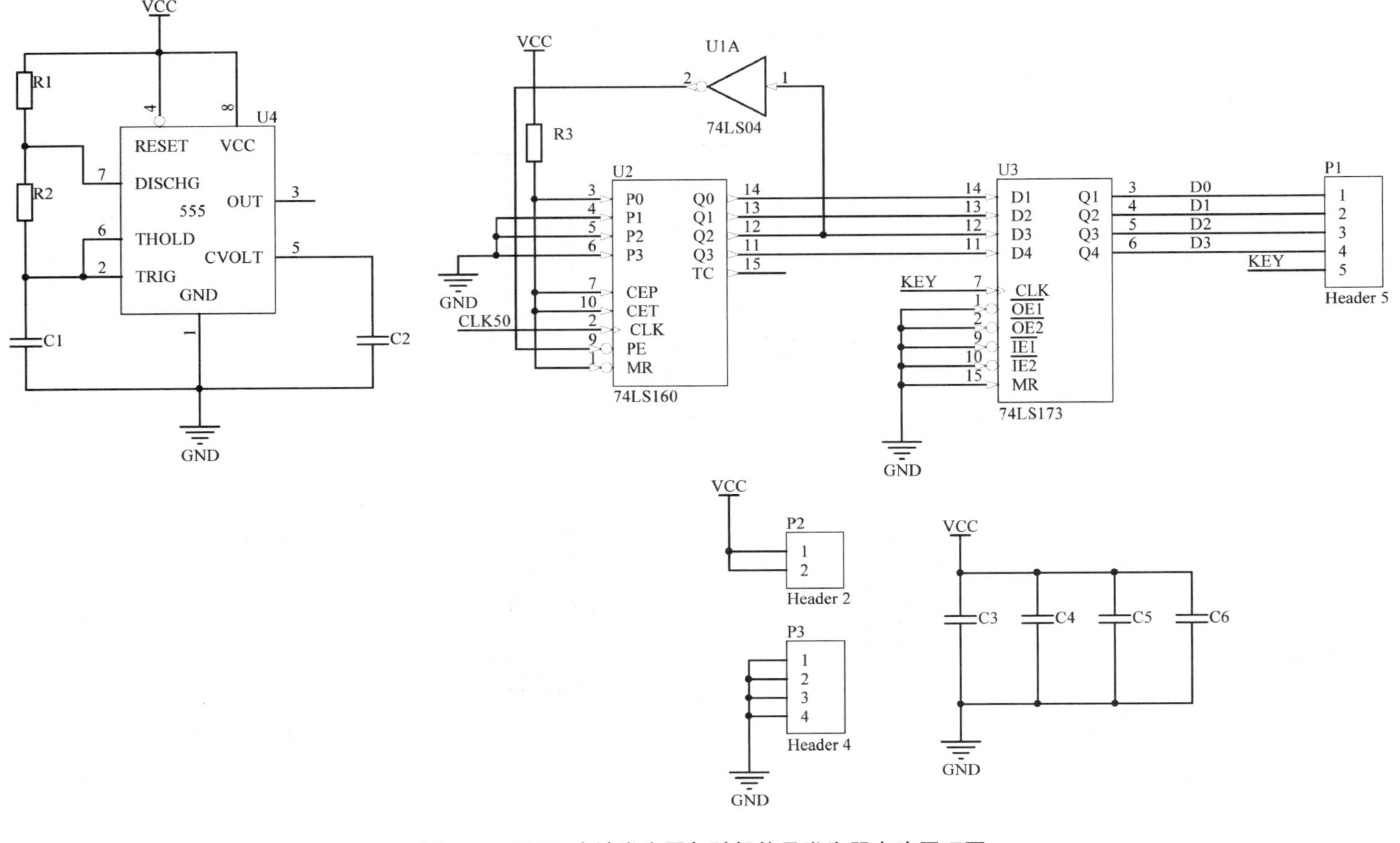

图25.3　50 Hz方波发生器与随机信号发生器电路原理图

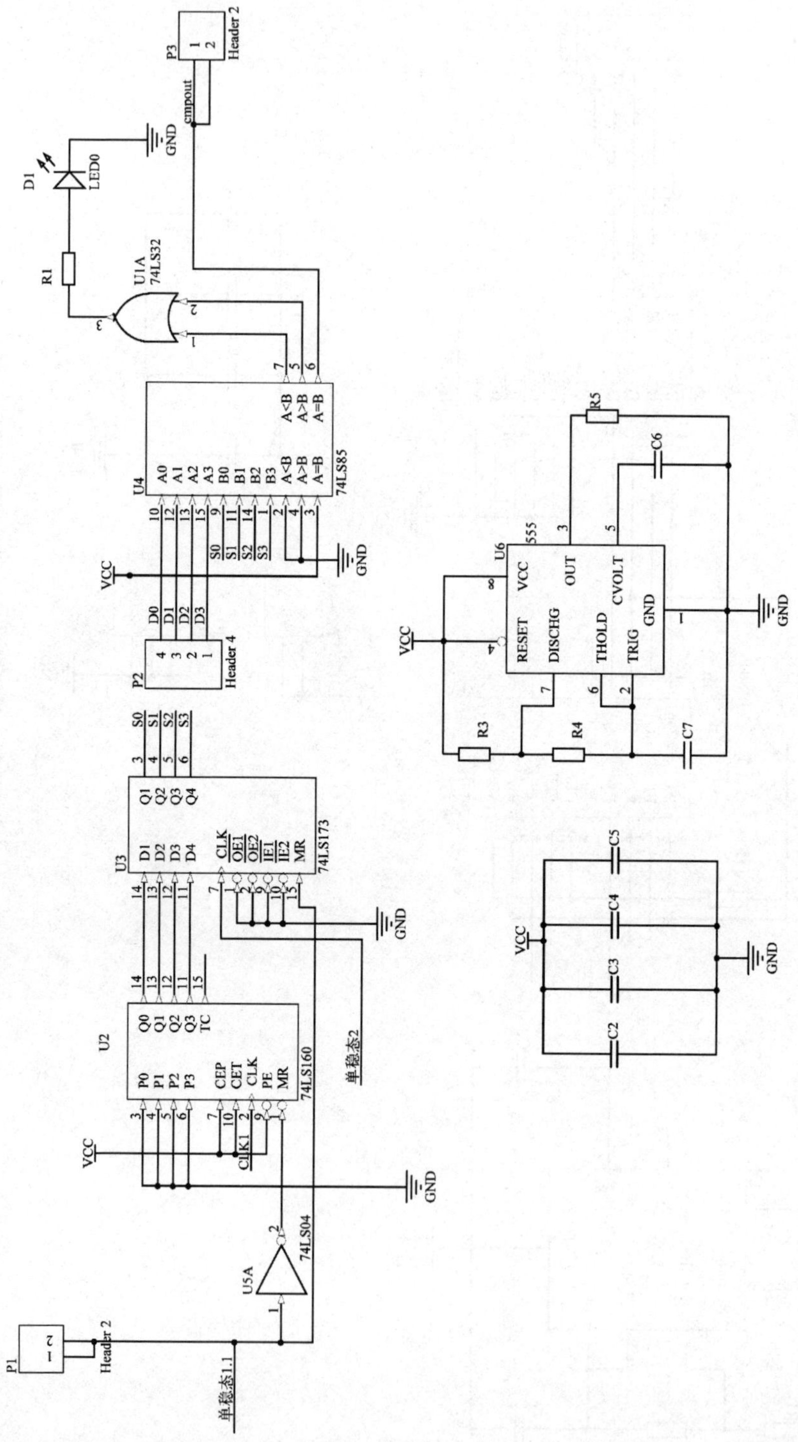

图25.4 按键计数及比较器原理图

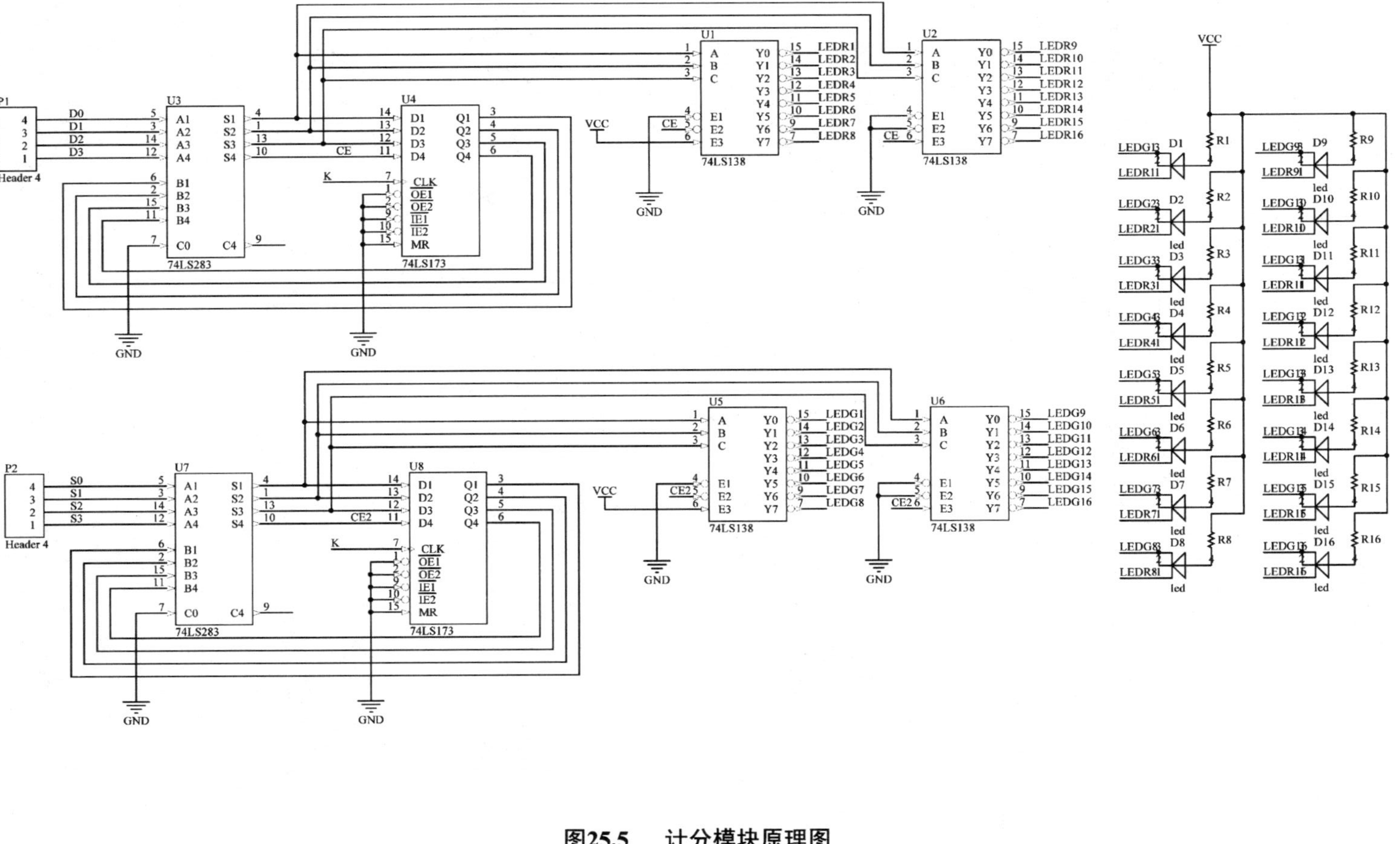

图25.5　计分模块原理图

25.3　实验内容和要求

设计实现小游戏跳一跳的基本功能，玩家通过按键控制小灯向前走的格数，指示灯显示目标位置，若恰好跳到指定位置，则计数器加一分，若没有跳到指定位置，则游戏结束，最终成绩通过数码管显示。

写出设计的全过程，画出设计电路图，在仿真软件中进行仿真，验证是否能实现功能，并指出可以改进的地方。最后根据设计绘制原理图和PCB版图，制作出电路板后，再次对电路调试。

25.4　实验器材

(1) 示波器 Agilent DSO－X 2012A。

(2) 数字万用表。

(3) 直流稳压电源。

(4) 主要元器件(供参考)

NE555	2片；
74LS138	4片；
74LS221	1片；
74LS85	1片；
74LS160	4片；
74LS04	1片；
74LS283	2片；
74LS48	2片；
74LS173	4片；
74LS32	1片；
七段共阴数码显示管	2个；
彩色LED	16个；

电阻、电容、导线和插座若干。